KONRAD RÖHR

KLEINES HANDBUCH DER VERMESSUNG

Kleines Handbuch der Vermessung

unter Berücksichtigung
der Vermessung beim Tiefbau

von

Konrad Röhr

Mit 147 Abbildungen

HAMBURG
CRAM, DE GRUYTER & CO.
1949

Printed in Germany

Druck: Stader Zeitungs- und Verlags-Druckerei G. m. b. H., Stade

Inhaltsverzeichnis

Vorwort

Das „Kleine Handbuch der Vermessung" soll kein großes wissenschaftliches Werk darstellen; es soll vielmehr bei Anfängern Passion für das Vermessungswesen erwecken, Berufstätigen ein kleines Hilfs- und Nachschlageheftchen sein und ihnen Anregungen auf verschiedenen Gebieten geben.

Neben der Grundform jedes Vermessungsverfahrens sind viele Abarten angeführt als Zeichen dafür, wie man sich helfen kann, denn der erste Grundsatz für den Vermessungsmann ist:

„Der Mensch kann so dumm sein, wie er will;
er muß sich nur zu helfen wissen!"

Es gibt noch eine große Zahl weiterer Verbindungsmöglichkeiten von mehreren Vermessungsverfahren miteinander; auch die Anwendung anderer Hilfsmittel als die gerade angeführten ist in jeweiliger Lage möglich.

Jeder, der an die Durchführung einer Vermessungsaufgabe herangeht, muß sich darüber klar sein, welchem Zweck sie dienen soll; er darf nicht engstirnig an *einem* Verfahren kleben, sondern muß unter Ausnutzung aller Möglichkeiten, vom Gelände und von den vorhandenen Grundlagen bedingt, das schnellste und das der Genauigkeitsforderung am meisten genügende Vermessungsverfahren durchführen.

Er muß mit allen Vermessungsverfahren „jonglieren" können.

Jedes überfeinerte, zu der Aufgabe in keinem Verhältnis stehende Verfahren, ist zwecklos; es kostet unnütz Zeit und Geld!

Stets ist „*vom Großen ins Kleine*" zu arbeiten; umgekehrte Arbeitsweise zieht nur bittere Enttäuschungen nach sich und verursacht ebenfalls nur Zeit- und Geldverlust!

Jede voreilig abgeschlossene Vermessungsarbeit kann unübersehbaren Schaden verursachen, wenn es die notwendige Genauigkeitsforderung nicht erreicht. Darum beherzige jeder Vermessungsmann den letzten Grundsatz:

„*Mißtraue der eigenen Arbeit,*
kontrolliere sie!"

Auf die Notwendigkeit der Kontrollen kann nicht eindringlich genug hingewiesen werden! Es gibt kein Vermessungsergebnis, das nicht durch ein zweites, vom ersten unabhängig durchgeführtes Verfahren geprüft und kontrolliert worden ist!

Sämtliche Beispiele sind für Vermessungsarbeiten einfachster Art gewählt, bei denen dem Bearbeiter weder vorgedruckte Rechenformulare zur Verfügung stehen, noch besondere Genauigkeitsforderungen bei der Auswertung vorgeschrieben sind, die innegehalten werden müssen. In jedem Falle sind die von jeder Behörde angeordneten Rechenvordrucke und Anordnungen für die Durchführung der Vermessungsarbeiten *allein maßgebend* und zu beachten!

Die Fehlerrechnung und die Ausgleichsrechnungen, die die Grundlagen für exakte Vermessungsarbeiten bilden, sind im vorliegenden Handbuch nicht behandelt, da es einen Allgemeinüberblick vermitteln und eine Hilfe für allgemeine Aufgaben des Feldmessens sein soll.

Diese Worte zum Geleit! Nun wünsche ich allen Lesern des Kleinen Handbuches, das aus der Praxis für die Praxis geschrieben ist:

Eine recht erfolgreiche Vermessungstätigkeit!

Hamburg, Winter 1945/46. **Der Verfasser.**

Teil A

Kleines Vermessungslexikon

Teil A.

Kleines Vermessungslexikon.

A.

Abbildung: Wirkliche Abbildung der Erde unter Beachtung der Längen-, Winkel- und Flächentreue ist nur auf dem Globus möglich; jede andere Abbildung ergibt Verzerrungen. So wird die Erde rechnerisch und zeichnerisch auf das Gebilde abgebildet, das den Zweck der Karte am ehesten erfüllt. Die wichtigsten Abbildungen sind die auf eine Ebene oder einen Hilfskörper, z. B. einen Zylinder oder einen Kegel. Siehe Gauss-Krügersche Abbildung. Auch ein Vielflächner kann als Bezugsfläche dienen. (Polyederprojektion.) s. Karte.

Ableiten eines Punktes: siehe „Anhängen".

Ablenkung (Deviation) eines Kompasses (d): Winkelunterschied zwischen der Richtung der unbeeinflußten und der durch Störeinflüsse abgelenkten Magnetnadel oder Kompaßrose. s. Deviation.

Abloteinstrument, Zentrierapparat: Optisches Instrument zum Ab- und Aufloten von trigonometrischen Signalen und Zielpunkten sowie zur Feststellung der genauen Lage bzw. der Zentrierelemente des Ziel- oder Beobachtungspunktes. s. Zentrierelemente.

Abloten: Lotrechtes Verlegen eines Punktes nach unten, z. B. eines sichtbaren Zielpunktes (Tafelkreuz, Zielstab), auf die Marke eines Pflockes oder auf das Kreuz der Platte, eines lagerichtig vermessenen Punktes an der Erdoberfläche in Schächte, Gräben oder Gruben. Man benutzt hierzu Handlot, Lotbock, Ablotinstrument oder Theodolit.

Abplattung: Unterschied der Gestalt der Erde als Ellipsoid gegenüber der als Kugel; sie ist das Verhältnis der Differenz der beiden Erdhalbachsen zur großen Halbachse: $\alpha = \frac{a-b}{a}$ und beträgt nach Bessel 1841 $= \frac{1}{299,15}$, nach Hayford 1909 $= \frac{1}{297,0}$

Abrundung: Abstreichung einer über eine gewisse Anzahl von Dezimalstellen hinausgehenden Reihe von Zahlen, wobei deren Größe für die Restzahl berücksichtigt wird; Zahlen **unter** 0,500 werden **abgerundet, über** 0,500 **aufgerundet**, mit **genau** 0,500 werden zur **geraden** Zahl hin **ab- oder aufgerundet**; z. B. 34,344 auf 34,34; 34,3451 auf 34,35; 34,345 auf 34,34; 34,335 auf 34,34.

Abriß: Zusammenstellung aller von einem Festpunkt (einer Station) aus zu anderen Festpunkten beobachteten Richtungswinkeln, gerechneten und ausgeglichenen Richtungswinkeln (sphärische [Azimut] oder ebene) und der gerechneten Entfernungen (Logarithmen) sowie der Nordrichtung. Der Abriß erleichtert die Rechenarbeiten bei der

Bestimmung von Neupunkten, die Nachprüfung der Lagerichtigkeit eines Festpunktes durch Richtungswinkelkontrolle und die Auffindung von gesuchten Festpunkten s. Orientierung [Stations-], s. Kontrolle.

Abschlußpunkt: Festpunkt, auf dem die Feld- und Rechenarbeit abschließt.

Abschlußrichtung: Richtung nach einem Festpunkt, mit der die Feld- und Rechenarbeit abschließt.

Abstecken: Sichtbares Übertragen von Punkten, Linien, Winkeln, Flächen und Höhen von Zeichnungen und Berechnungen in das Gelände und zwar so, daß nach ihnen maßgerecht gearbeitet werden kann und daß die praktischen Arbeiten nicht gestört werden. Für Straßen, Geleise, Wasserläufe werden die Achsen, für Fundamente meist die Außenkanten als Parallele zu den Achsen abgesteckt. Die Absteckmarkierungen, z. B. Pflöcke, Fluchtstäbe, Baken, Mastfahnen und sonstige gut sichtbare Signale müssen gesicherte Plätze erhalten s. Teil C, V.

Abszisse: Der zur Bestimmung eines Punktes gehörige Abschnitt, auf der x-(Abszissen-)Achse eines Koordinatensystems, der die Entfernung vom Koordinatenausgangspunkt angibt.

Abtrag: Bezeichnung der bei Erdarbeiten als überflüssig bezeichneten Masse; Aushub, Einschnitt; in Zeichnungen und Plänen erhält der Abtrag meist gelbe Kennfarbe (auch grau und blau üblich).

Abweichung: (Deklination) (δ): Winkelabstand eines Gestirns vom Äquator nach Norden oder Süden, von 0° bis 90° zählend; auch der Winkel (D), um den eine frei, horizontal schwingende Magnetnadel vom geographischen Meridian abweicht, s. geographische Breite, s. Deklination oder Mißweisung.

Achse: Gerade, um die sich eine Linie, eine Fläche oder ein Körper dreht, zu der die Punkte einer Figur symmetrisch liegen; man unterscheidet Drehungsachse, optische Achse, Erd-, Himmels- und Weltachse, magnetische Achse, Straßen-, Fluß- und Bahnachse.

Längs- und Quer-Achse bei Gebäudegrundrissen, Tür- und Fensterachse (Mittellinie); Abstecken von Achsen s. Teil C, Abschnitt V.

Addition (hinzufügen, zusammenzählen): Grundrechnungsart; die Einzelposten heißen Summanden (a, b, c), das Ergebnis heißt Summe (d): $a + b + c = d$; auch negative Zahlen werden addiert: $a + (-b) + c = a - b + c = e$.

Additionskonstante (c): Konstante bei optischen Entfernungsmessungen mittels Entfernungs-(Distanz-)fäden nach einer Entfernungs(E-)latte; sie ergibt sich aus dem Abstand der Objektivlinse des Fernrohrs von der Stehachse und der Brennweite des Fernrohrs; sie beträgt bei Fernrohren mit ausziehbarem Okular etwa 0,25—0,40 m und ist zu der ermittelten Entfernung hinzuzuzählen; bei Fernrohren mit Innenfokussierung entfällt sie.

Äquator: Die senkrecht zur Polarachse durch den Erdmittelpunkt gelegte Ebene schneidet die Erdoberfläche in einem Kreis, dem Äquator. Er teilt die Erde in eine nördliche und eine südliche Halbkugel. Länge des Äquators rund 40 076 km.

Der Äquator ist der größte Breitenkreis auf der Erdoberfläche; er ist von beiden Polen gleich weit entfernt und wird in 360° eingeteilt; seine Projektion auf die scheinbare Himmelskugel ist der Himmelsäquator. Teil D, 12 a und b.

Äquatorhöhe: Neigungswinkel der Äquatorebene gegen den Horizont.

Äquinoktien: Tag- und Nachtgleichen s. Ekliptik.

Aerokartograph: Photogrammetrisches Auswertegerät für fortlaufendes linienmäßiges Ausmessen von Stereoluftbildern zur Herstellung von Karten; die Einzelpunkte werden in ihrer horizontalen wie vertikalen Lage ausgemessen.

Aerotopograph: Großes Auswertegerät, mit dessen Hilfe Luftbildaufnahmen unter Ausnutzung der Stereowirkung topographisch umgezeichnet werden.

Algebra (Gleichungslehre): Teil der Arithmetik, der sich mit der Bestimmung ein oder mehrerer unbekannter Größen aus ein oder mehreren Gleichungen befaßt, s. Arithmetik, Gleichung, Mathematik.

Alhidade (Lineal): Zeiger an geodätischen und astronomischen Winkelmeßinstrumenten, z. B. Sextant, der um den Mittelpunkt des geteilten Kreises drehbar ist und mit Nonius oder Schraubenmikroskop zum Ablesen der Winkel versehen ist; beim Theodolit wird der drehbare Oberteil als A bezeichnet. Die Alhidadenlibelle sichert die Horizontalstellung der Ablesevorrichtung.

Altgrad (Grad, °): Der 360. Teil des Kreises; er wird nach dem System der Sexagesimalteilung in 60 Minuten ('), diese wieder in 60 Sekunden ('') unterteilt, s. D, 7 a—c.

Anaglyphenkarte: Kartographische Art der Höhen- und Geländedarstellung mit roten und grünen Linien, durch die das dargestellte Gelände bei Betrachtung mit einer gleichfarbigen Brille räumlich wirkt.

Analytisches Maß: Der zur Bogenlänge 1 gehörende Winkel auf dem Einheitskreis

$\rho = \frac{4\,R}{2\pi}$: 360^0: $\rho^{(0)} = 57{,}3^0$, $\rho^{(')} = 3438'$, $\rho^{('')} = 206265''$; 400^g: $\rho^{(g)} = 63{,}6620^g$, $\rho^{(c)} = 63.66{,}20^c$, $\rho^{(cc)} = 636620^{cc}$; 6400^{-}: $\rho^{(-)} = 1018^{-}$; 32 Str: $\rho^{(Str)} = 5{,}093^{St}$

Aneroidbarometer: s. Dosenbarometer.

Angabe (ε): Maß der Empfindlichkeit einer Libelle, ausgedrückt in einem

a) W i n k e l w e r t, um den eine Libelle geneigt werden muß, damit die Blase um einen Strich (pars) weiterläuft. Eine Libelle ist umso empfindlicher, je geringer ihre Angabe ist: $\varepsilon = \frac{p}{r} \cdot \rho$, wobei r den Libellenradius, p die Parslänge (2 mm oder 2,256 mm) darstellt. Die Angabe beträgt im allgemeinen bei astronomischen R ö h r e n l i b e l l e n 1'' bis 4'' (hochempfindlich), bei geodätischen Röhrenlibellen 4'' (12^{cc}) bis 60'' (185^{cc}) (empfindlich), bei technischen Röhrenlibellen 2' (4^c) bis 10' ($18{,}5^c$) (gering empfindlich), bei D o s e n l i b e l l e n 4' (8^c) bis 10' ($18{,}5^c$);

b) N e i g u n g s w e r t, um den ein Punkt bei einem Blasenausschlag von einem Strich (pars) in einer Entfernung von einem Meter vom Normalpunkt der Libelle der Höhe nach verlegt wird. Die Libelle ist umso empfindlicher, je geringer ihre Angabe ist $\varepsilon = \frac{p}{r}$. Die Angabe der technischen Wasserwaagen beträgt 0,02—0,30 mm s. Ermittlung der Angabe, Libellengenauigkeit, Setzwaage.

Anhängen, Ableiten, Herablegen: Art der Lagebestimmung eines Punktes, bei der auf einem Festpunkt nach Anschlußnahme an einen weiteren Festpunkt der Richtungswinkel zum Neupunkt und die Strecke dorthin ermittelt wird. s. Teil C, Abschnitt II, 1 b.

Anschlußpunkt, Anschlußrichtung: Festpunkt, der im Aufstellungsort des Theodoliten als Zielpunkt für die erste Richtung, Anschlußrichtung, genommen wird. Er soll gut sichtbar, im Fernrohr scharf einstellbar und feststehend sein und auf mittlerer Entfernung, etwa 3 bis 5 km, liegen. An diese Richtung werden anschließend sämtliche Winkel gemessen.

Arithmetik (Zahlenlehre): Teil der Mathematik, der sich mit der Lehre vom Rechnen mit in Ziffern oder in Buchstaben bezeichneten Zahlen befaßt s. Algebra, Mathematik, s. Teil B, II 1.

Arithmetisches Mittel: s. Mittel.

Aspirationspsychrometer: Kleines meteorologisches Instrument zur Temperatur- und Feuchtigkeitsmessung; durch eine kleine Windschraube, die den Luftstrom an den Meßröhren entlang streichen läßt, werden die Messungen von der unmittelbaren Sonnenbestrahlung kaum beeinflußt; um auch die Reflexionsstrahlen auszuschalten, darf das Aspirationspsychrometer nicht unmittelbar an Hauswände oder an andere Gegenstände aufgehängt werden; es wird bei Durchführung barometrischer Höhenmessungen verwandt. s. auch Schleuderthermometer.

Astrograph: Refraktor zur Aufnahme von Teilen der Himmelskugel auf photographischen Platten (Photographische Himmelskarte). Brennweite von etwa 20 cm bis zu einigen Metern.

Astronomie (Astronom): Sternenkunde; Himmelskunde.

Astronomische Einheit: Mittlere Entfernung Erde — Sonne $\approx$ 149 455 000 km, s. Eros und Lichtjahr.

Astronomische Orientierung: Festlegung der Gitter = Nord-Richtung mit Hilfe von Sonne oder Sternen.

Astronomischer Ort: Der nach Koordinaten bestimmte Punkt der scheinbaren Himmelskugel, an dem ein Gestirn dem Beobachter erscheint. Die Koordinatenangabe kann in folgenden Systemen erfolgen:

a) im Horizontalkoordinatensystem:
Höhe h auf dem Vertikal-(Höhen-)Kreis vom Äquator nach Norden oder Süden und
Azimut a (A) auf dem Horizont von Süden über Westen, Norden, Osten;

b) im Äquatorialkoordinatensystem:
Deklination δ auf dem Deklinations-(Stunden-)Kreis vom Äquator nach Norden (+) oder Süden (—) (Polabstand $p = 90^{\circ} - \delta$) und Stundenwinkel t auf dem Äquator vom Meridian des Beobachtungsortes als Anfangsstundenkreis bis zum Meridian des Gestirns über Westen, Norden, Osten; Zählung nach Grad oder Stunden
oder
Deklination δ und
Gerade Aufsteigung (Rektaszension) α (AR) auf dem Äquator vom Frühlingspunkt (♈) entgegengesetzt der Azimutzählung.

s. Tafel D 12b.

Astronomische Ortsbestimmung: Lagebestimmung eines Punktes auf der Erde nach geographischer Breite φ und geographischer Länge λ durch Winkel- und Zeitmessungen am Tage nach der Sonne, bei Nacht nach Gestirnen. Anwendung der a. O. zur Bestimmung der geographischen Koordinaten des Ausgangspunktes eines neuen Netzsystems, von Punkten in schwer zugänglichen Gebieten für photogrammetrische Auswertung, bei Forschungsexpeditionen und auf See. s. Teil C II 1a.

Auflockerung: Unterschied im Raumbedarf eines Stoffes in ruhendem, festen Zustand gegenüber den in aufgehobenem, gelockerten Zustand. Als Anhaltspunkte mögen folgende Werte dienen:

		eine bleibende von
leichter Boden erhält eine vorübergehende Auflockerung von rd.	10 %	etwa 2 %
mittelschwerer Boden	15 %	etwa 4 %
fester Boden (Mergel)	25—30 %	6—8 %
„ „ (leichte Felsen Mauerschutt)	30—35 %	8—10 %
fester Felsen	35—50 %	10—15 %

Aufloten: Lotrechtes Verlegen eines Punktes in die Höhe, z. B. des Kreuzes auf der Platte auf die Tafelstange eines Signals; einen lagerichtig vermessenen Bodenpunkt in die Höhe bringen, z. B. einen Absteckungspunkt auf das Schnurkreuz eines Schnurgerüstes. Benutzte Instrumente wie beim Abloten.

Aufmaß: Zusammenfassender Begriff für alle in der Bautechnik zur eindeutigen Bestimmung einer Fläche oder einer Masse ermittelten Maße.

Aufnahme: Genaue Messung und Zeichnung eines Teiles der Erdoberfläche zur Herstellung einer Karte oder eines Planes für geodätische Zwecke, für Kultur und Bergbau, Kataster und Bauwesen. Als Grundlage gelten meist die durch die trigonometrische Vermessung geschaffenen Festpunkte; als Hilfsmittel dienen Meßtisch mit Kippregel, Theodolit und Tachymeter, Bussole und Photokammern für Erd- und Luftaufnahmen, Meßlatte, Meßband, Dioptergeräte und Prismen zur Herstellung von Lageplänen. Aufnahmemaßstab für topographische Aufnahmen ist 1 : 5000 oder 1 : 25 000, für Lagepläne meist 1 : 1000 s. Geländeaufnahme.

Aufnahmenetz: Triangulationsnetz zur Bestimmung der in Ergänzung des Reichs-(T P [R]) und Landes-(T P [L])-Festpunktfeldes eingeschalteten trigonometrischen Punkte bis zur Maschenweite von etwa 2 bis 3 km = (T P [A]).

Aufnahmepunkt (T P [A]): Trigonometrischer Punkt des Aufnahmenetzes.

Aufrichteprisma: Prismenform, in optische Instrumente eingebaut, das durch totale Reflektion ein „Aufrichten" des Bildes bewirkt; das Bild wird dann wieder so wie in der Natur, nicht mehr „auf dem Kopfe stehend", gesehen.

Aufriß: Lotrechte Ansicht oder Darstellung eines Gegenstandes, Geländes oder Gebäudes in verjüngtem Maßstab unter Angabe der Höhen und Tiefen. s. Grundriß.

Auftrag: Bezeichnung der bei Erdarbeiten zum Erreichen einer bestimmten Oberflächenhöhe zu bewegenden Masse; Anschüttung, Damm; in Zeichnungen und Plänen erhält der Auftrag rote Kennfarbe.

Auftragegenauigkeit: s. Zeichengenauigkeit.

Augenabstand: Abstand des Mittelpunktes beider Pupillen; seine Kenntnis ist notwendig zur richtigen Einstellung aller binokularen optischen Geräte, vor allem der Stereogeräte; er beträgt im Durchschnitt 62 — 65 mm.

Ausdehnungskoeffizient (α)**:** Zahl, die angibt, um den wievielten Teil seiner Länge sich ein Körper bei einer Temperaturänderung von 1^0 ausdehnt. Bei einer Temperaturänderung um t^0 erhält ein Körper

die Länge: $l_t = l_0 (1 + \alpha t)$, wobei l_0 die Länge bei 0° bedeutet. 5-m-Meßlatte aus Tannenholz : $\alpha = 3{,}6 \cdot 10^{-6}$, Temperaturänderung von 10° : $l_t - l_0 = 0{,}18$ mm;
20-m-Stahlmeßband, 15—20 mm breit, 0,3—0,4 mm dick : $\alpha = 12 \cdot 10^{-6}$. Temperaturveränderung von 10° : $l_t - l_0 = 2{,}4$ mm;
20-m-Invarstahlband : $\alpha = 1 \cdot 10^{-6}$, Temperaturänderung von 10° $l_t - l_0 = 0{,}2$ mm;
2-m-Basislatten : $\alpha = 11 \cdot 10^{-6}$ (l_0 bei + 15° Cels.), Temperaturänderung von 10° : $l_t - l_0 = 0{,}22$ mm, wodurch z. B. die Entfernung von 100 m um 11 mm zu kurz (+ 25°) oder zu lang (+ 5°) ermittelt wird.

Ausfluchten: Gerades Ausrichten einer Anzahl von Pflöcken oder Fluchtstangen zu einer Geraden, die eine bestimmte Lage im Gelände oder im Verhältnis zu bereits bestehenden Linien oder Gegenständen haben soll. s. Fluchtlinie.

Ausgangspunkt: Anfangspunkt für ein Koordinatenkreuz, auch Anfangspunkt für ein Vermessungsverfahren. Ausgangspunkt der deutschen Triangulation ist der Helmertturm im Geodätischen Institut in Potsdam : $\varphi = 52° 22' 53{,}96''$ N, $\lambda = 13° 04' 01{,}14''$ Ö; H = 108 m üb. NN. (Zentralpunkt). s. Gauß-Krügersche Abbildung.

Ausgangsseite: Auf Grund genauer Basismessung bestimmte Dreiecksseite, auf die ein trigonometrisches Dreiecksnetz aufgebaut wird. s. Teil B. III, 2, Bild 258, s. Basismessung.

Ausgleichung: 1. Bei Durchführung von Vermessungsaufgaben: Anteilige Verteilung und Tilgung der durch überschüssige Messungen entstandenen Widersprüche im Rahmen der für die Berechnung zulässigen Fehlergrenzen durch einfache Mittelung oder durch Ausgleichung nach der Methode der kleinsten Quadrate. (Ausgleichung von Dreiecks- und Höhennetzen, von Richtungen und Längen, von Koordinaten und Flächen. 2. Kompaßausgleichung (Kompensation): Beseitigung des störenden Einflusses von magnetisch wirksamen Stoffen (Eisenteile eines Schiffes, eines Kraftfahrzeuges) durch Anbringen von Magneten (Kompensations- oder Ausgleichsmagneten), deren Kraftfeld dem störenden entgegengesetzt gleich ist. s. Kompensieren.

Autokartograph: Photogrammetrisches Auswertegerät zum laufenden Ausmessen von Stereobildpaaren von Erd- und Luftbildaufnahmen in ihrer ebenen und in ihrer Höhenlage.

Azimut (arab.: Richtung) (a): Winkel zwischen dem durch den sichtbaren Pol (Zenit) gehenden Vertikal-(Längen-)kreis und dem Meridian (Höhenkreis) eines Gestirns, auf dem Horizontalkreis gemessen. In der Geodäsie wird das Azimut von Norden über Osten, Süden und Westen, in der Astronomie vom Südpol über Osten, Norden und Westen von 0°—360° (rw. Azimut) auch nach Osten und Westen von 0°—180° oder von Norden und Süden nach Ost und West von 0°—90° gezählt. s. Teil D, Tafel 12 b, 2; s. Magnetisches Azimut.

Azimutalkreis: Bezeichnung für den Horizontalkreis an astronomischen Instrumenten zur Messung des Azimuts; auch Bezeichnung für den durch das Gestirn gehenden Parallelkreis. s. Teil D, Tafel 12 b, 2.

B.

Bake: Anderweitige Bezeichnung für Fluchtstab oder Stange zum Bezeichnen von Punkten und zum Ausfluchten von Achsen und Grenzen.

Ballontheodolit: Theodolit zum Anschneiden von Pilot-, oder Registrierballonen bei Tag und bei Nacht mit Horizontal- und Vertikalteilkreis; die optische Achse des Fernrohres ist um 90° gebrochen zur besseren Beobachtung der Pilotballone beim Aufstieg; der Ballontheodolit ist gleichzeitig zur Vermessung der Standlinie geeignet. Mit dem Ballontheodolit können bei Nacht Beobachtungshöhen von etwa 10 000 m Höhe erreicht werden.

Barograph: Instrument zur Messung des atmosphärischen Luftdruckes, das die Ergebnisse fortlaufend aufzeichnet. Es besteht aus einem Dosenbarometer in Verbindung mit einer Registriertrommel und einer Zeichenfeder.

Barometer: Schweremesser zum Messen des Drucks der Atmosphäre; es gibt Quecksilber- und Aneroid- (Dosen- oder Feder-)barometer.

Barometrische Höhenmessung: Die Bestimmung der Höhe eines Punktes mit Hilfe des Barometers; sie beruht auf dem Abnehmen des Luftdrucks mit steigender Höhe um etwa 1 mm je 11 m Höhenunterschied. Aus gleichzeitigen Barometerbeobachtungen an nicht zu weit voneinander gelegenen Punkten wird der Höhenunterschied errechnet. Statt Quecksilber- und Aneroidbarometer finden auch Siedethermometer Anwendung; die Siedetemperatur des Wassers beträgt 100° bei 760 mm Luftdruck, 99° bei 733 mm Luftdruck. s. Siedetemperatur. Die barometrische Höhenmessung wird besonders im Gebirge und in schwer zugänglichen Gegenden durchgeführt. Die erreichte Genauigkeit der Höhenbestimmung beträgt etwa ± 1—3 m.

Barometrische Höhenstufe: Der Höhenunterschied, um den man den Standpunkt eines Barometers verändern muß, um eine Luftdruckänderung von 1 mm zu erhalten. Der Luftdruck nimmt um 1 mm ab, während die Höhe um ein bestimmtes Maß zunimmt.

Die barometrische Höhenstufe beträgt etwa 11 m in Höhen bis zu 350 m; etwa 12 m: in einer Höhenschicht von etwa 350 bis 1000 m; 13 m: 1100 bis 1750 m; 14 m: 1750 bis 2300 m; 15 m: 2300 bis 2800 m; 16 m: 2800 bis 3250 m; 17 m: 3250 bis 3650 m; 18 m: 3650 bis 4000 m.; 20 m: 4600; 25 m2 6500; 30 m: 8000 m. s. geothermetische Tiefenstufe und Siedetemperatur.

Basis (Grundlinie): Strecke, die vergrößert wird, von der weitere Strekken abhängig sind; sie wird wegen ihrer Wichtigkeit als Grundlage für weitere Messungen besonders genau gemessen; z. B. Basis zur Bestimmung der Ausgangseite für trigonometriche Dreiecksnetze; Basis zwischen den Aufstellungspunkten des Phototheodoliten bei terrestrischen Aufnahmen; auch zur Bezeichnung für die Entfernung zwischen den Ausblicken des Entfernungsmessers.

Basis(meß)latte: Meßlatte mit festen Endmarken, die 1, 2, 3 oder 5 m auseinanderliegen. Zur Entfernungsermittlung wird der Winkel zwischen ihnen gemessen. s. Repetitionsmessung, Tangentenschraube. Vorteilhafte Verwendung zur Messung von Polygonseiten. Fertigungsmaterial jetzt meist Stahlrohr; anfangs wurde die Entfernung der Meßmarken durch Invardraht gesichert. Die Entfernungsermittlung liefert, unabhängig von der Geländegestaltung, stets horizontale Längen. Bei Stahlrohr-Basislatten muß die Ausdehnung durch Temperaturveränderung berücksichtigt werden. Der Beobachtungsfehler beträgt etwa ± 1 " (3cc) s. Ausdehnungskoeffizient.

Basismessung: Als Ausgangsmessung für eine Triangulation oder Ausgleichung zwischen mehreren Netzen erfolgt sie entweder mit dem

Besselschen Basismeßapparat (Meßbalken) mit einer Meßgenauigkeit bis zu Tausendstel mm oder mit 24 m langen Jäderindrähten aus Invarmetall. Nach Vergrößerung der Basis auf die „Ausgangsseite" wird die weitere Punktvermessung nur durch Messung von Dreieckswinkeln durchgeführt. s. Jäderindraht, s. Teil B III 2, Bild 258.

Baumtafel: Trigonometrisches Signal, dessen Tafelstange mit Tafelkreuz an einem Baum befestigt ist. Auf standfeste Bäume muß geachtet werden. Die Baumtafel muß mindestens zu einem Drittel ihrer Länge am Baum befestigt werden; ein Flatterwimpel unterhalb des Tafelkreuzes läßt bei Durchführung der Winkelbeobachtungen auch auf größere Entfernungen Augenblicke der Windstille ausnützen. s. trigonometrisches Signal.

Bautheodolit: Einfacher Theodolit mit und ohne Repetitionseinrichtung, meist mit unverdecktem Seiten- und Höhenteilkreis zur Erledigung der im Bauwesen anfallenden Vermessungsarbeiten. Das Fernrohr besitzt etwa 18—25fache Vergrößerung mit einer Brennweite von 120—150 mm und Zielweiten bis zu etwa 250 m.

Beobachtungssatz: Richtungsbeobachtungen mit Theodolit nach mehreren Zielpunkten in beiden Fernrohrlagen ohne Teilkreisverstellung.

Bergstriche (Schraffen): Art der Höhendarstellung, bei der die Höhenform durch Striche gleichlaufend zur Hangrichtung dargestellt werden; je enger die Striche, je dunkler also der Eindruck, um so stärker ist die Böschung und der Höhenunterschied. Senkrechte Beleuchtung. Bergstriche werden oft von Höhenlinien wirksam unterstützt.

Bezugsellipsoid: Erdform und Erdmaße, die der Herstellung eines Kartenwerks zugrunde gelegt werden. s. Erdhalbmesser, Karte.

Bildkartiergerät: Gerät zum unmittelbaren kartographischen Auswerten von Stereobildern, z. B. Entzerrungsgerät, Stereoplanigraph, Aeroprojektor Multiplex.

Bildmaßstab: Verhältnis der Länge einer Strecke im Bild zu der in der Natur. Für photographische Aufnahmen zu errechnen aus dem Verhältnis der Objektivbrennweite der Aufnahmekammer zur Aufnahmeentfernung und der Bildentfernung zweier Punkte zu ihrer Erdentfernnung wie 1 zu x (Maßstab). s. D 5.

Bildmeßgeräte: Geräte zum Ausmessen von Stereobildern in Bezug auf die koordinatenmäßige Lage und Höhe von Punkten. Z. B. Stereokomparator, Radialtriangulator.

Bildmittelpunkt: Schnittpunkt, der auf einem Bild durch die Verbindungslinien der Seitenmarken einer justierten Meßkammer gebildet wird.

Bildplan: Bildpläne werden aus zusammengefügten entzerrten Luftbildern hergestellt. Die Genauigkeit entspricht einer guten Karte in gleichem Maßstab bei gleichwertigen Entzerrungsunterlagen.

Binokular: „Zweiglasiges" Sehen. s. Monokular.

Blatteckenwerte: Koordinatenmäßige Festlegung der Ecken eines Kartenblattes im Gauß-Krügerischen oder einem anderen Koordinatensystem; sie ermöglichen das Eintragen des Gitternetzes in Karten mit geographischer oder anderer Blattbegrenzung. s. Gauß-Krügersches Koordinatensystem.

Bodenformen: Abweichung der Erdoberfläche vom Niveau des Landeshorizonts. Ihre Darstellung erfolgt in Form von Höhenlinien,

Verbindungslinien der Punkte mit gleicher Höhe (auch: Schichtlinien, Höhenkurven, Niveaulinien, Isohypsen), von Schraffen, enge Parallelstriche in Böschungsrichtung zur Darstellung des Böschungswinkels bei senkrechter Beleuchtung oder durch Schattenschraffen bei Beleuchtung von links oben, von Schummerung, Tuschverwaschung in verschiedener Stärke, von farbigen Höhenschichten in Regionalfarben oder als Höhenplastik, von Reliefplastik durch schräge Beleuchtung mit Schattenplastik, von Anaglyphen, rot-grüne Ausführung versetzten Höhenlinien zur Erreichung einer Stereowirkung.

Eine Darstellungsart kann die andere unterstützen. Am anschaulichsten und einfachsten ist die kombinierte Darstellung durch Schraffen und Höhenlinien.

Bodenpunkt: Festpunkt, der auf, an oder in der Erdoberfläche vermarkt ist, z. B. mit Pfeiler und Platte, Mauerbolzen, Tonrohren, Holzpflöcken, mit einem Kreuz auf einem Felsen. Bodenpunkte sind im allgemeinen ohne weiteres für Durchführung von Beobachtungen zugänglich. Bodenpunkte können durch Bebauung mit Signalen gleichzeitig auch zu Hochpunkten werden. s. Hochpunkt.

Böschungsbreite: Horizontales Ausmaß eines Böschungsquerschnittes (waagerechte Kathete). s. Teil D, 6.

Böschungshöhe: Vertikales Ausmaß eines Böschungsquerschnittes (lotrechte Kathete). s. Teil D, 6.

Böschungsmaßstab: Maßstab, oft auch auf großmaßstablichen Karten aufgedruckt, mit dessen Hilfe leicht aus der Entfernung der Höhenlinien voneinander der Grad der Böschung ermittelt werden kann. s. Teil D, 6.

Böschungswinkel: Winkel aus Holz als Bauhilfsmittel zum Böschungsbau, bei dem eine Kathete entsprechend dem Böschungsverhältnis das Vielfache der anderen ist. Z. B. 1 : 3; 1 : 10; beim Gebrauch wird eine Kathete mit Hilfe einer Libelle in die Waagerechte gebracht; die Hypothenuse gibt dann die richtige Lage der Böschung an.

Bogen: Aneinanderreihung von Punkten mit einem bestimmten Abstandsverhältnis (Radius oder Halbmesser) von ein oder mehreren Punkten oder Geraden. (Kreismittelpunkt, Bogenmittelpunkt, im Straßenbau: Leierpunkt; Brennpunkt von Ellipsen, Parabeln und Hyperbeln; Leitlinie der Parabel).

Bogenhalbmesser: Abstand jedes Bogenpunktes vom Mittelpunkt. Der Bogenhalbmesser der Eisenbahnen in Mitteleuropa ist auf durchgehenden Hauptgleisen größer als 180 m, auf Klein- und Schmalspurbahnen ist er im allgemeinen nicht kleiner als 100 m bei 1,435 m Spurweite, 50 m bei 1,000 m Spurweite, 40 m bei 0,750 m Spurweite und 25 m bei 0,600 m Spurweite. s. Spurweite.

Bogenhöhe (h): s. Pfeilhöhe.

Bogenschnitt: Art der Punktbestimmung bei der Stückvermessung bei der zwischen zwei bekannten Punkten und dem Neupunkt nur die drei Seiten gemessen sind. s. C II, 1 d.

Brechkraft: Ablenkungsvermögen einer Linse für die durchlaufenden Lichtstrahlen; sie gibt das Maß für die optische Leistung einer Linse an. s. Dioptrie.

Brechpunkt, Polygonpunkt: Punkt im Verlauf des Streckenzuges, in welchem ein (Brechungs-)Winkel gemessen wird.

Brechungszahl (n): In der Optik bestimmtes festes Verhältnis zwischen Einfalls- und Ausfallswinkel. Angabe für die Größe der Strahlenbrechung beim Übergang von einem Mittel bestimmter Dichte in ein anderes von größerer oder geringerer Dichte: $n = \frac{\sin \alpha}{\sin \beta}$, wobei α den Einfallswinkel, β den Ausfallswinkel bezeichnet. Z. B. $\frac{\text{Luft}}{\text{Glas}} \approx \frac{3}{2} \approx 1{,}5$; $\frac{\text{Glas}}{\text{Luft}} \approx \frac{2}{3} \approx 0{,}67$ Brechungszahl Luft / Flintglas = 1,61; / Kronglas = 1,52; / Wasser = 1,33. s. Strahlenbrechung, s. Rückstrahlung (Reflexion).

Breite (φ): Die geographische Breite eines Ortes ist der Winkel, den die Verbindungslinie zum Erdmittelpunkt dort mit der Äquatorebene bildet. Orte mit einer gleichen geographischen Breite liegen auf einem zum Äquator parallelen gleichen Breitenkreis; nördliche, südliche Breite. s. Gradnetz, geographische Breite.

Breitenkreis: Kreise, die parallel zum Äquator liegen; auch Parallel- oder Breitenkreise genannt. Sie werden, vom Erdmittelpunkt aus in nahezu gleichen Abständen gesehen, vom Äquator aus bis zum Pol beziffert: 0^0—90^0 nördlicher, 0^0—90^0 südlicher Breite; z. B. B = 50^0 N. Der Abstand zweier Breitenkreise von einander beträgt rund 111 km.

Brennpunkt (F): Treffpunkt der beim Durchgang durch eine Sammellinse oder bei der Reflexion eines Parabolspiegels gebrochenen oder reflektierten Lichtstrahlen. Im Brennpunkt entsteht beim Betrachten mit einer Lupe oder dem Einblickokular das Bild genau so wie das Photo auf der im Brennpunkt stehender Platte. s. Dioptrie.

Brennweite (f): Bei optischen Instrumenten = Entfernung zwischen der Mitte des Linsenkörpers und dem Brennpunkt. Sie gilt, wie die Brechkraft bei der Beurteilung von Linsen in unmittelbarer Verbindung mit dem menschlichen Auge (Dioptrie), als Maß für die optische Leistung einer Linse für geodätische, astronomische und photographische Objektive. Zwischen Brennweite (f) und Dioptrieenzahl (dptr) besteht folgende Verbindung: $F \cdot \text{dptr} = 100$ oder $F = \frac{100}{\text{dptr}}$; $\text{dptr} = \frac{100}{F}$
Ein Objektiv
von 25 cm Brennlänge hat also eine Brechkraft von 4 Dioptrieen
oder
5 Dioptrieen sind gleichbedeutend mit einer Linse von 20 cm Brennweite.

Bruttoregistertonne (BRT): Hohlmaß zur Angabe des Rauminhalts (Gesamthohlraum) eines Schiffes. Eine BRT = 100 Kubikfuß zu je 2,8316 m^3. (s. Nettoregistertonne.)

Bussole oder Kompaß: Eine in einem verschlossenen Gehäuse in horizontaler Ebene drehbare Magnetnadel, die zum Zweck der Bestimmung einer Himmelsrichtung entweder über einer konzentrischen Kreisteilung spielt oder selbst eine Rose mit Kreisteilung trägt.

Verwendungsgebiet von Bussolen: Bussolen von Meßgeräten können nur in den Gebieten verwendet werden, für die ihre Magnetnadel horizontiert wurde, da der senkrechte Anteil der erdmagnetischen Kraft (Inklination), der die horizontale Lage der Magnetnadel beeinflußt, auf der Erde verschieden groß ist.

In unübersichtlichem oder anhaltslosem Gelände (Wüste) und

unter der Erdoberfläche (Bergwerk) ist sie oft das einzige anwendbare Winkelmeßinstrument. Doch können ihre Meßergebnisse oft nur Näherungswerte darstellen. Siehe Erdmagnetismus, Magnettheodolit, Grubentheodolit. Kompaß. Magnetische Orientierung.

Bussolenzug (Kompaßzug): Art der Lagebestimmung eines Punktes; ein Streckenzug, bei dem die Winkel- und Streckenmessung (bei optischer Streckenmessung) nur auf jedem zweiten Brechpunkt (in Springständen) ausgeführt und als Anschlußrichtung stets Magnetisch Nord genommen wird. s. C II 1 i.

C.

Chronograph (Zeitschreiber): Apparat zum Aufzeichnen elektrisch gegebener Stromstöße, z. B. von Radiozeitzeichen zum Vergleich mit einer Präzisionspendeluhr.

Chronometer (Zeitmesser): Sehr genau arbeitende gleichmäßig gehende Uhr, die sorgfältig stoßsicher in einem Holzkasten kardanisch aufgehängt ist. Bei der Durchführung von astronomischen Ortsbestimmungen gibt der Chronometer die Grundlage für die Bestimmung der geographischen Länge; mehrmaliger Uhrenvergleich am Tage mit anderen Chronometern und mit dem Radiozeitzeichen ist unerläßlich.

Collinscher Hilfspunkt (Q): Hilfspunkt, der bei der Auswertung einer Art des Rückwärtseinschnitts benutzt wird; er liegt mit dem Neupunkt und zwei Festpunkten auf einem Kreis und zwar auf dem Schnittpunkt mit der Verbindungslinie zwischen dem Neupunkt und einem dritten Festpunkt.

D.

Dekadische Ergänzung (E oder cpl): Ergänzung einer Zahl zu 10, einer Potenz von 10 oder einem Vielfachen von 10, z. B. E 0,12345 = 9,87655 — 10. Als Rechenvorteil besonders beim Rechnen mit Logarithmen und mit der Rechenmaschine verwandt s. Teil B II, 1 e.

Deklination (Abweichung): a) In der Astronomie (δ): Bogen des Stundenkreises zwischen einem Gestirn und dem Äquator (siehe Abweichung.

b) in der Geodäsie; auch Mißweisung (D): Abweichung der Magnetnadel; Winkel zwischen der horizontal schwingenden Magnetnadel und dem geographischen Meridian; sie unterliegt täglichen Schwankungen, wobei sie um 8^h die östlichste, zwischen 13^h und 14^h die westlichste Stellung einnimmt; gegen 10^h und 18^h treten die geringsten Tagesschwankungen auf; diese Zeiten werden daher für die Bestimmung der Deklination bevorzugt. Das Jahresmittel der täglichen Schwankungen beträgt 8′, im Sommer 11′, im Winter 6′; die jährlichen Schwankungen sind gering. Die Ursache der Schwankungen liegt in der direkten und indirekten Wirkung der Sonne.. s. Nadelabweichung, Meridiankonvergenz, Erdmagnetismus, Magnetnadel, Magnettheodolit, magnetische Orientierung.

Deklinationsbussole: Bussole mit Teilkreis und kleinem Fernrohr zur Bestimmung der magnetischen Deklination.

Delogarithmieren, Entlogarithmieren: Umwandeln des Logarithmus einer Zahl in die natürliche Zahl, wobei aus der Kennziffer der

Zahlenbereich, aus der Mantisse die Ziffernfolge wird, z. B. lg. 1.56820 = 37.

Deutsche Grundkarte: Grundkarte des Deutschen Reiches im Maßstab 1 : 5 000 mit 4 qkm Karteninhalt, 40 × 40 cm Blattgröße und einem Gitternetz von 4 cm = 0,2 km Maschenweite.

Deviation (Abweichung) (δ): Abweichung der Magnetnadel von dem magnetischen Meridian, hervorgerufen durch die Eisenmassen des Schiffes, des Kraftfahrzeuges, des Flugzeuges, auf dem der Kompaß eingebaut ist. Sie wird beeinflußt von der Stärke und Veränderlichkeit des Induktionsmagnetismus des Schiffes usw., sowie von der geographischen Breite; sie ist daher ständig zu überprüfen, s. Ablenkung.

Diagramm: Graphische Darstellung von Bewegungen, Kräften, physikalischen und statischen Verhältnissen, deren Abhängigkeit von einander, meist in Verbindung mit einem Achsenkreuz; die Einzelwerte werden auf der Ordinaten- und Abszissenachse aufgetragen; die die Schnittpunkte verbindende Kurve bezeichnet einen dritten Wert.

Diopter „Durchblicker": Ziellineal (Diopterlineal) zum Messen von Richtungen und Winkeln; an beiden Enden ist je eine aufklappbare Fläche, von denen die dem Auge zugekehrte (Okular) ein Schauloch, die andere (Objektiv) einen Spalt, oft mit einem senkrechten Faden zum Visieren trägt; schon im Altertum bekannt und für einfache sowie für Behelfs- und Reisevermessungen als Ersatz für eine Kippregel verwandt; auch als Zieleinrichtung für Winkelmeßinstrumente verwandt z. B. Kreuzscheibe, Winkelkopf, Schlitzdiopter, Schlitz-Faden-Diopter.

Dioptrie (dptr): Optische Maßeinheit für die Brechkraft einer Linse. Eine Linse mit der Brennweite 1 m hat die Brechkraft von 1 Dioptrie; eine Linse von 6 Dioptrieen besitzt eine Brennweite von $\frac{100}{6}$ cm. Also je höher die Dioptrieenzahl, desto kleiner die Brennweite, desto größer die Brechkraft der Linse; Sammellinsen werden mit + = Dioptrieen, Zerstreuungslinien mit — = Dioptrieen bezeichnet.

Dioptrieenring: Ring am Fernrohrokular mit Angabe von Dioptrieenzahlen; er wird vor Beginn jeder Beobachtung auf die richtige, für das Auge passende Zahl gestellt, und zwar so, daß in dem gegen die freie Weite (Himmel) gerichteten Fernrohr das Fadenkreuz gerade klar und scharf sichtbar ist; das Okular ist dann „als Betrachtungslupe" für das auf der Fadenstrichplatte entstehende Bild des Zielgegenstandes richtig eingestellt. Man hüte sich vor „zu scharfer Einstellung". Der Ring wird nach einmaliger Einstellung für einen Beobachter nicht mehr verstellt; die Schärfe des angezielten Gegenstandes wird dann durch Drehen des Fokussierringes oder der Fokussierschraube von Fall zu Fall eingestellt. s. Fokussieren, Fokussierring.

Division (Teilung): Eine der vier Grundrechnungsarten, bei der die Zahl, die geteilt wird, Dividendus (a), die Zahl, durch die geteilt wird, Divisor (b) und das Ergebnis Quotient (c) heißt: $\frac{a}{b} = c$; siehe Logarithmus.

Doppelpunkteinschaltung (nach Hansen): Art der Punktbestimmung, bei der unter Benutzung von zwei bekannten Hochpunkten gleichzeitig zwei Neupunkte bestimmt werden (Hansensche Aufgabe) siehe C II 1·f.

Doppelprisma: Kombination von zwei Winkelprismen, wodurch die Messung von 180°-Winkeln, d. h. das Einfluchten zwischen zwei Punkte ohne fremde Hilfe und das Loten von dieser Linie aus oder auf diese Linie (Ordinatenfußpunkt) möglich ist, z. B. Prismenkreuz von Bauernfeind, Doppelpentagonprisma, Prismenkreuz und Kreuzvisiere verschiedener Ausführungen.

Doppelrechenmaschine: Rechenmaschine, die mit einem zweiten Einstell- und Ergebniswerk gekuppelt ist, wodurch die rechnerische Lösung vermessungstechnischer Aufgaben erleichtert und beschleunigt wird. Beim Rechnen mit der Rechenmaschine werden die natürlichen Werte der Funktionen eingesetzt. Es gibt verschiedene Arten von Rechenmaschinen: Kurbelrechenmaschinen, graphische, optische und elektrische Rechenmaschinen.

Dosenbarometer (Aneroidbarometer) Luftdruckmesser: Flache, fast luftleere Dose mit elastischen Membranböden, die auf verschiedenartigen Luftdruck sofort ansprechen; die Bewegung der Membranen wird über einen Zeiger auf eine Skala so übertragen, daß der jeweilige Luftdruck abgelesen werden kann. Dosenbarometer sind auf 0° Celsius kompensiert. Regelmäßiger Vergleich mit einem Quecksilberbarometer ist notwendig. Das D. findet Anwendung bei der barometrischen Höhenmessung.

Dosenlibelle: Kleines Instrument zum schnellen Horizontieren eines Gegenstandes; zugeschmolzener Glaskörper von der Form einer Kugelkalotte, gefüllt mit leicht beweglicher Flüssigkeit (Alkohol, Schwefeläther) und einer Blase aus Flüssigkeitsdämpfen (nicht Luft). Die Deckelfläche trägt konzentrische Kreise mit 1 pars Abstand. Empfindlichkeit zwischen 4′ (8^c) und 8′ (16^c) s. Angabe, Libellenempfindlichkeit, -genauigkeit.

Dreieck (Triangel): Eine von drei Strecken begrenzte Fläche; man unterscheidet, rechtwinklige, spitz- und stumpfwinklige Dreiecke, gleichseitige, gleichschenklige und ungleichseitige Dreiecke. Die Summe der Dreieckswinkel beträgt beim ebenen Dreieck 180° (200^g), beim sphärischen Dreieck auf der Kugel bis zu 270° (300^g). Ein Dreieck wird bestimmt durch 3 Seiten oder Winkel, bei denen mindestens eine Seite vertreten sein muß. In einem „ausgemessenen" Dreieck sind alle drei Winkel gemessen worden, in einem „offenen" oder „geschlossenen" sind zwei Winkel beobachtet, der dritte Winkel ist „geschlossen", zu 180° (200^g) „ergänzt" worden.

Dreieckskette: Kettenähnliches Aneinanderreihen von Dreiecken, teils als Grundlage für ein trigonometrisches Festpunktnetz in Maschenform, das dann nach innen gefüllt wird, teils als Vermessungsverfahren ähnlich dem Streckenzug, wodurch sich die Streckenmessungen im allgemeinen erübrigen und nur als Kontrollstrecken in gewissen Abständen eingeschaltet werden. s. Hauptdreieckskette, s. C II 1 h.

Dreiecksnetz: Gleichmäßiges netzartiges Bedecken der Erdoberfläche mit Dreiecken (Triangulation). Die Eckpunkte heißen Festpunkte, Trigonometrische Punkte (T. P.) siehe Triangulation.

E.

Echo (Widerhall): Zurückwerfen eines Schallstrahls von einer senkrechten Fläche wieder zur Schallquelle hin. Das Echo wird zur Entfernungsmessung aus dem Zeitunterschied zwischen der Entstehung des Schalls und dem Ankommen des Echos ausgenutzt, s. Schallgeschwindigkeit.

Echolot: Unter Ausnutzung der Echowirkung zur Messung von Meerestiefen verwandt. Die Schallgeschwindigkeit beträgt im Wasser rd. 1430 m/Sek.

Einbinden, Einbindepunkt: Verlängern einer Grenz- oder Gebäudelinie bis zur Messungslinie (s. Aufnahme). Der Schnittpunkt zwischen dieser Fluchtlinie und der Messungslinie heißt Einbindepunkt; seine Messungszahl wird im Handriß (Feldbuch) einmal unterstrichen.

Eingemessener Punkt: Kartenpunkt, welcher mit größtmöglicher Genauigkeit entweder in den Kartengrundriß eingezeichnet oder bei der Kartenaufnahme bestimmt worden ist. Eingemessene Punkte sind in der Karte an dem „·" und einer Höhenzahl (z. B. „· 328,6", „♁ 125,4") zu erkennen. Siehe Lagegenauigkeit.

Einhängen, Einketten: Lagevermessung eines Punktes oder Netzes durch „Hineinpassen" zwischen mehrere Festpunkte oder Festpunktnetze; als Vermessungsverfahren dienen Dreieckskette, Strecken- und Bussolenzug (s. Teil C II; 1 h und i).

Einschneiden: s. Punkteinschaltung.

Einschnitt: Bei Erdbewegungen Bezeichnung für Abstich, für eine nach oben offene Vertiefung der Erdoberfläche mit seitlichen Böschungen und der Sohle als Begrenzung und der Einschnittiefe als senkrechten Tiefenmaßstab.

Einwägen: Höhenmessung durch Nivellieren; auch Ermitteln des Höhenunterschiedes und Festlegen von Höhenpunkten mit einer ausgerichteten Latte (Richtlatte, Setzlatte) und Wasserwaage. Ausrichtung der Latte und Justierung der Waage prüfen! (In beiden Lagen auflegen!)

Ekliptik: Scheinbare Bahn der Sonne im Verlaufe eines Jahres von West nach Ost; sie bildet mit dem Äquator einen Winkel von etwa 23,5°, die Schiefe der Ekliptik, die jährlich um 0,47" abnimmt. Am 21. 3. und 23. 9. schneidet die Sonne den Himmelsäquator und geht genau im Osten auf und im Westen unter: Frühlings- und Herbst-Nachtgleichen oder Äquinoktien.

E-Latte: s. Entfernungslatte.

Elle: Altes örtlich verschiedenes Längenmaß, wohl von der Ellenbogenlänge abgeleitet:

Brüsseler oder Brabanter E = 69,5 cm; bayerische E = 83,30 cm; Hamburger E = 57,31 cm; hannoversche E = 58,42 cm; preußische E = 25,5 Zoll = 66,69 cm; sächsische E = 56,64 cm; württembergische E = 61,42 cm; österreichische E = 77,76 cm.

Ellipse: Aneinanderreihung von Punkten, deren Entfernungssumme von 2 Punkten (Brennpunkte) stets gleich ist; die kleinste und größte Entfernung heißt Achse. $F = a \cdot b \cdot \pi$; $U = (a + b) \cdot \pi$.

Ellipsoid: Ellipsenähnliche Fläche mit Abplattungen, die durch Rotation um eine Achse entstehen. Die Erde bildet ein Rotationsellipsoid durch Drehung um ihre kleine Achse mit einer Abplattung an den Endpunkten der Drehachse, dem Nord- und Südpol.

Endpunkt: Punkt, auf dem beim Streckenzug die Feld- und Rechenarbeit endet.

Entfernung: Längenabstand der Horizontalprojektionen zweier Punkte von einander. Kleine Entfernung: Entf. kleiner als 3 km; mittlere Entf.: 3—6 km; große Entf.: über 6 km.

Entfernungslatte: Zwei bis vier Meter langer Maßstab mit übersichtlicher schwarz-weiß-, auch rot-weiß-Teilung zur optischen Entfernungsmessung mit Hilfe der Entfernungs(Distanz-)fäden in den Fernrohren des Theodoliten und des Tachymeters, der Kippregel, mancher Nivelliere und anderer geodätischer Instrumente. Wegen der E-förmigen Markierung der Teilung oder als Abkürzung für „Entfernungslatte“ wird sie oft mit „E-Latte“ bezeichnet.

Entfernungsmesser: Optisches Instrument, mit dem über einen durch ein Linsen- und Prismensystem vergrößerten Augenabstand als Meßbasis entweder unter Ausnutzung der Raumbild-(Stereo-)Wirkung oder mit Hilfe von Doppelkehrbildern Entfernungen gemessen werden.

Entfernungsmessung: Messung der Horizontalentfernung zwischen zwei Punkten:

a) unmittelbar durch Längenvergleich mit Meterstab (Zollstock), Geometermaßstab, Meßlatte (Schneidelatte), Meßkette, Invardraht, Jäderindraht, Invarband, Meßbalken;

b) optisch durch Lattenabschnitt mit den Entfernungsfäden im Fernrohr nach der Entfernungslatte 2-4 m, Tachymeterlatte, Geometermaßstab; zuweilen auch nach der Basislatte 2 m;

c) optisch durch Winkelmessung nach der Basis-Latte 1—3 m;

d) akkustisch durch Schallmessung im Wasser und in der Luft mit Mikrophon und Oszillograph.

Entzerrungsgerät: Photogrammetrisches Auswertegerät mit starker Lichtquelle und Linse, mit dem nicht lotrechte, also schräg aufgenommene Einzelluftbilder auf photographischem Wege zu Senkrechtaufnahmen umgeformt und auf den gewünschten Maßstab gebracht, d. h. entzerrt werden.
Durch Einpassen des Luftbildes in die Entzerrungs-Grundlage (Einzelpunkte oder Karte) können auch Punkte des Luftbildes unmittelbar ausgewertet und auf die Unterlage übertragen werden.

Ephemeride: Tabellenförmige Zusammenstellung der Vorausberechnungen des Orts eines Gestirns am Himmel nach Rektaszension und Deklination in den „astronomischen Jahrbüchern“ oder im „Nautischen Jahrbuch“, um Zeit und eigenen Standort nach astronomischen Beobachtungen bestimmen zu können (See, Wüste, Expeditionen).

Erdachse: Entfernung zwischen den beiden Polen als kleine Achse 2 · b, und Durchmesser des Äquatorkreises als große Achse 2 · a. Die Ergebnisse der angestellten Berechnungen sind nicht völlig übereinstimmend. Am gebräuchlichsten sind die Angaben von

Clarke (1880):	a = 6 378 249,17 m	b = 6 356 514,99 m
Bessel (1841):	a = 6 377 397,156 m	b = 6 356 078,964 m
Hayford (1909):	a = 6 378 388,00 m	b = 6 356 911,95 m

Für allgemeine Berechnungen: r = 6 370 km.

Die Verlängerung der Erdachse in den Weltraum hinein ist die Himmelsachse.

Erdbeschleunigung: g = 9,81 m/Sek. s. Schwerkraft.

Erddrehung: Vollständige Umdrehung der Erde im Verlauf von 24 Stunden um ihre Nord-Süd-Achse von West nach Ost entgegen dem scheinbaren Lauf der Gestirne von Ost nach West; alle Auf- und Untergänge von Gestirnen, die nach dem 15. Längengrad angegeben sind, treten in Orten östlich davon früher, in Orten westlich davon später ein; der Unterschied beträgt für jeden Längengrad 4 Minuten.

Bei Berechnungen werden also stets soviel mal 4 Minuten von den Kalenderangaben ab- oder zugezählt, als dieser Ort ostwärts oder westlich 15^0 östl. Länge (Görlitz) liegt. s. Sternzeit. s. D 8.

Erde: Der von den Menschen bewohnte Planet im Sonensystem von der Form eines an den Polen abgeplatteten Rotationsellipsoides, der in seiner Entfernung von der Sonne an dritter Stelle steht. Die Erde bewegt sich auf ihrer 936 Millionen km langen Bahn um die Sonne mit einer mittleren Geschwindigkeit von 29,755 km in der Sekunde in 365 Tagen 9 Min. 9 Sek. Die Abplattung schwankt nach verschiedenen Angaben zwischen 1 : 289 und 1 : 299. s. Abplattung.
Die Länge des Äquators beträgt 40 075,719 km (rd. 40 000 km).
Die Oberfläche 510 Millionen qkm, davon 134,8 qkm Boden- 375,2 qkm Wasserfläche; das Volumen: 1083 Milliarden Kubikkilometer (km^3).
Ein Meridianquadrant mißt 10 000 855,76 m,
ein Meridiangrad am Äquator 110,563 km; in 50^0 Breite: 111,232 km (rd. 111 km).

Die Erdmasse beträgt $\frac{1}{324439}$ der Sonnenmasse, während als mittlere Entfernung zur Sonne 149,455 Millionen km gelten. s. Gradnetz.

Erdkrümmung: Abweichung der Erdoberfläche von einer ebenen Tangentialfläche; sie wirkt sich im Neupunkt als Höhenunterschied h_1 zwischen der durch den Beobachtungspunkt an die Erde gelegten Tangente und dem an die Erdoberfläche durch Normal Null gehenden Landeshorizont aus: $h \approx \frac{s^2}{2r}$, wobei s die Entfernung zwischen Beobachter und Ziel, r den Erdradius mit 6 370 km bedeutet. Die Erdkrümmung beträgt bei einer Entfernung von

500 m:	0,02 m
1000 m:	0,08 m
2000 m:	0,31 m
3000 m:	0,71 m
4000 m:	1,25 m
5000 m:	1,96 m

bei einer Entfernung von ∞ 115 m : 0,001 m. s. Landeshorizont. s. Bild 359.

Erdkrümmung und Strahlenbrechung wirken einander entgegengesetzt $\frac{s^2}{2r} - \frac{s^2k}{2r}$; ihr Einfluß wird bei trigonometrischen Entfernungsmessungen von über 300 m an berücksichtigt und beträgt bei Entfernungen von

300 m	0,01 m
600 m	0,03 m
900 m	0,06 m
1 000 m	0,07 m
1 500 m	0,16 m
2 000 m	0,27 m
2 500 m	0,42 m
3 000 m	0,61 m
4 000 m	1,09 m
5 000 m	1,71 m
6 000 m	2,46 m
6 625 m	3,00 m

7 650 m	4,00 m
8 550 m	5,00 m
9 375 m	6 00 m
10 000 m	6,83 m

s. Strahlenbrechung (Refraktion). s. Landeshorizont. s. Bild 360.

Erdmagnetische Elemente: Deklination, Inklination, Totalintensität (F) (Horizontal(H)- und Vertikal(Z)-Intensität), durch die die Richtung und Größe der erdmagnetischen Kräfte bestimmt werden.

Erdmagnetismus: Wirkung des im Erdkörper ruhenden Magnetismus, zu dessen genauer Kenntnis die Erforschung und Messung der erdmagnetischen Elemente nötig ist.

Erdphotogrammetrie, terrestrische Photogrammetrie: Photographische Aufnahme und Ausmessung von Teilen der Erdoberfläche unter Ausnutzung der Stereowirkung. Die Aufnahmen erfolgen mit der Meßkammer des Phototheodoliten von 2 Punkten der Erde aus, mit möglichst vertikalen Bildebenen und parallelen Kammerachsen; die Ausmessung erfolgt entweder punktweise mit dem Stereokomparator oder linienweise mit dem Stereoautographen, s. Photogrammetrie.

Erkundung: Vororientierung im Gelände vor Durchführung der Vermessungsarbeiten; genaue Erkundung, im Bedarfsfalle mit Setzen von Erkundungssignalen, Baumtafeln, Stangen mit Tafelkreuz und rotweißen Flaggen, bedeutet meist bereits halbe Arbeit ohne Verdruß.

Ermittlung der Angabe: Aufstellen der Libelle und einer Nivellierlatte in gemessener Entfernung z. B. e = 50 m, Ablesen des Blasenmittelpunktes (beide Blasenenden geteilt durch 2) und des Schnittpunktes der Ziellinie mit der Nivellierlatte : a_1. Verändern des Blasenmittelpunktes um mehrere Pars z. B. 5, p = 5, erneutes Ablesen der Nivellierlatte : a_2. Mehrfaches Wiederholen. Das Bogenstück b auf dem Kreis mit dem Radius r = e = 50,00 m um den Standpunkt der Libelle ist $b = a_1 - a_2$. Die Angabe der Libelle ist dann z. B.

$$\varepsilon = \frac{b \cdot \rho''}{r \cdot p} = \frac{(a_1 - a_2) \cdot \rho''}{e \cdot p} = \frac{2,8 \cdot 206\,265}{5000 \cdot 5} = 23,1''$$

Eros: Kleiner Planet, der der Erde im Gegensatz zu anderen Planeten r e g e l m ä ß i g näherkommt; er liegt auf etwa $^1/_7$ der Entfernung zwischen Erde und Sonne und ist für die Bestimmung von Entfernungen im Sonnensystem und über die „astronomische Einheit“ (mittlere Entfernung Erde—Sonne) für alle Entfernungen im Weltall besondern wichtig; er dient zur Bestimmung der Sonnenparallele (p = 8,8 ").

Exzentrische Vermarkung: Vermarkung eines Festpunktes in höchstens 30 m Entfernung, wenn eine dauerhafte unmittelbare Vermarkung des Festpunktes selbst nicht möglich ist.

Exzentrizität: Lage eines Beobachtungs- oder Zielpunktes außerhalb des vermarkten Zentrums zur Zeit der durchgeführten Beobachtung. Lage des Zielpunktes und des Beobachtungspunktes zum Zentrum des Festpunktes muß bei jeder Beobachtung festgestellt werden (Verziehen des Signal- und des Beobachtungsgerüstes durch Witterungseinflüsse und Erdbewegungen jeglicher Art), sonst sind zeitraubende Nachmessungen die unausbleibliche Folge. Winkel und Strecke, die die Größe der Exzentrizität angeben, heißen Zentrierelemente.

F.

Faden: 1. altes Längenmaß von etwa Mannsgröße; in Preußen = 1,883 m, in Hamburg = 1,919 m.
2. nautisches Maß zur Messung von Meerestiefen; der tausendste Teil einer Seemeile = 1,852 m.

Fadenkreuz, Fadenkreuzplatte, Strichkreuz: Hilfsmittel zum Anschneiden von Zielen mit dem Fernrohr, jetzt meist auf einer Strichplatte eingeritzt, die meist im Brennpunkt des Objektivs angebracht und mit Fadenkreuz oder Kreis, Entfernungs(Distanz-)fäden oder -strichen oder mit anderen Marken versehen ist. Bildebene und Fadenkreuzebene müssen zammenfallen. s. Fokussieren.

Fehlergrenzen: Für die Bewertung der Güte einer Vermessungsarbeit und zur Erreichung eines bestimmten Genauigkeitsgrades hat jede Behörde oder andere Einrichtung innezuhaltende Fehlergrenzen festgelegt. Sie beziehen sich auf die höchst zulässige Abweichung zweier Längenbestimmungen einer Dreiecksseite, auf die Abweichungen mehrerer Steckenmessungen voneinander, auf die Abweichungen einzelner Winkelmessungen voneinander und von der Winkelsumme im Dreieck, auf die zulässigen Abweichungen der Abschlußwinkel bei Polygonzügen jeglicher Art, auf die Abweichungen einzelner Höhenmessungen voneinander, auf die Abschlüsse der Strecken- und Schleifennivellements, auf die zulässigen Unterschiede bei barometrischen Höhenmessungen. Die folgenden Werte gelten daher nur als Anhalt:

Zulässige Abweichung zweier Messungen voneinander in ebenem (I), mittleren (II) und bergigem (III) Gelände:

für L ä n g e n m e s s u n g e n bei der Stückvermessung:

$$\sim \frac{1}{2000}\text{ d.Länge}\quad \begin{aligned} dI &= 0{,}008\sqrt{s} + 0{,}0003\,s + 0{,}05 = 0{,}16\text{ m auf }100\text{ m}\\ dII &= 0{,}010\sqrt{s} + 0{,}0004\,s + 0{,}05 = 0{,}19\text{ m auf }100\text{ m}\\ dIII &= 0{,}012\sqrt{s} + 0{,}0005\,s + 0{,}05 = 0{,}22\text{ m auf }100\text{ m}\end{aligned}$$

für die Seiten von Polygonzügen:

$$\begin{aligned} dI &= 0{,}004\sqrt{s} + 0{,}000\,30\,s + 0{,}02 = 0{,}09\text{ auf }100\text{ m}\\ dII &= 0{,}006\sqrt{s} + 0{,}000\,35\,s + 0{,}02 = 0{,}12\text{ auf }100\text{ m}\\ dIII &= 0{,}008\sqrt{s} + 0{,}000\,40\,s + 0{,}02 = 0{,}14\text{ auf }100\text{ m}\end{aligned}$$

Grenzen für Längsfehler bei Nebenpolygonzügen

bei der Summe der Zugseiten von	400 m	600 m	800 m
bei Gelände I, II, III Δl:	0,21, 0,25, 0,29	0,28, 0,33, 0,39	0,35, 0,41, 0,48 m

Grenzen für Querfehler

bei der Summe der Zugseiten von	400 m	600 m	800 m
bei 4, 6, 8 Brechpunkten: Δw:	0,14, 0,14, 0,15	0,18. 0,19, 0,21	0,22, 0,24. 0,27m

Grenzen für W i n k e l abschluß

bei Hauptpolygonzügen: $f_\beta = 1'\sqrt{n} = 2^c\sqrt{n}$

bei Nebenpolygonzügen: $f_\beta = 1'\sqrt{n} + 1' = 2^c\sqrt{n} + 2^c$

wobei n die Anzahl der Brechpunkte angibt.

Grenzen für Winkelsummenfehler bei Dreiecksmessungen:

± 15" (50cc) bei Seitenlängen von rd. 5 km,
± 25" (80cc) bei Seitenlängen von rd. 1—2 km.

Grenzen bei der Richtungswinkelkontrolle zwischen der aus den ausglichenen Koordinaten gerechneten und der aus der Beobachtung genommene Richtung:

± 10" (30cc) auf mittlerer Punktentfernung von rd. 5 km,
± 20"-25" (±60cc-75cc) auf kleiner Entfernung von rd. 1-2 km.

Fehlergrenzen zwischen Flächenermittlungen nach verschiedenen Messungen:
bei einer Größe von 1, 10, 20, 30, 40, 50 ha beträgt
d = 1.40, 8.60, 15.60, 22.60, 29.60, 36.60 a
nach verschiedenen Berechnungen auf Grund derselben Messung:
$a = 0{,}01 \sqrt{60\,F + 0{,}02\,F^2}$
bei einer Größe von 1, 10, 20, 30, 40, 50 ha beträgt
a = 0.78, 2.38 4.47, 6.00, 7.48, 8.94 a
nach Flächenermittlung aus Planmaßen $a = 0{,}0004\,M \sqrt{F} + 0{,}0003\,F$
(M = Maßstab)

Plan im Maßstab	F = 1, 10, 20, 30, 40, 50 ha
1 : 250	a = 1, 3, 5, 6, 8, 9 a
1 : 500	a = 2, 7, 10, 12, 14, 16 a
1 : 1000	a = 4, 13, 18, 23, 26, 30 a

Fehlergrenzen für Einwägungen:
Feinnivellements: ± 1 mm auf 1 km; sonstige technische Nivellements: bis ± 1 cm bis ± 2 cm auf 1 km oder $9\sqrt{hm}$ (mm) d. i. auf 1 km : 28 mm; 2 km : 40 mm; 3 km : 49 mm; 4 km : 57 mm; 5 km : 64 mm.

Feldarbeit: Messen von Winkeln und Strecken, die zur Bestimung eines Punktes benötigt werden; bei der barometrischen Höhenbestimmung: Ablesen von Barometerstand, Temperatur und Uhrzeit; bei der magnetischen Messung: Feststellung der magnetischen Nord-Südrichtung für einen bestimmten Ort zu einer bestimmten Zeit.

Feldbuch: Gewissenhafte Aufzeichnung sämtlicher im Laufe der Feldarbeit durchgeführten Messungen. s. C I 4. s. Handriß.

Fernrohr (Teleskop): optisches Instrument, System von Linsen und Prismen, mit dem entfernte Gegenstände dem Auge näher gerückt und vergrößert werden; der Einblick heißt Okular, der Ausblick Objektiv. Die Leistung des Fernrohres ist abhängig von der Güte, vom Durchmesser und von der Brennweite sowie vom Öffnungsverhältnis (Brennweite: Durchmesser) des Objektivs. Die „Vergrößerung" gibt an, unter wievielmal größerem Sehwinkel ein Gegenstand durch das Fernrohr als mit bloßem Auge zu sehen ist; sie ist gleich dem Verhältnis der Brennweite des Objektivs zur Brennweite des Okulars. Vergrößerung und Helligkeit eines Fernrohrs stehen in umgekehrtem Verhältnis zueinander; hier entscheidet der Verwendungszweck, z. B. benötigen Grubentheodolite eine große Helligkeit, die auf Kosten der Vergrößerung zu erreichen ist. Fernrohre sind entweder fest oder um die Kippachse drehbar gelagert. s. Reflektor, Refraktor.

Fernrohrachse: Gerade Linie, in der alle Linsen und Prismen ausgerichtet und justiert sind (optische Achse); bei kippbaren Fernrohren muß die Fernrohrachse auf der Kippachse senkrecht stehen. Kippachsenfehler.

Fernrohrhöhe (i): Höhe der Kippachse oder der Zielachse des Fernrohres über dem Erdboden oder der Oberkante der Festlegung eines Festpunktes.

Ferro: Eine der Kanarischen Inseln, durch die als dem westlichsten Punkt Europas der alte Null-Meridian ging. Beim Übergang auf Greenwicher Längenrechnung sind 17° 40′ (17° 39′ 40″) von den Ferro-Längengraden abzuziehen. Paris liegt 20° östlich Ferro (s. Greenwich).

Festlegung: Hilfsmittel, um den Festpunkt im Gelände einwandfrei festlegen und ihn wiederfinden zu können. Festlegungen sind Pflöcke, Granitpfeiler meist auf einer Granitplatte, eiserne Turm- und Mauerbolzen, Tonröhren unter Feldsteinen, Leuchtbolzen usw. (s. Vermarkung).

Festpunkt: 1. Koordinatenmäßig bekannter Punkt der Vermessungsbehörden

T. P. = Trigonometrischer Punkt,
T. P. (R) im Reichsdreiecksnetz,
T. P. (L) im Landesdreiecksnetz,
T. P. (A) im Aufnahmenetz,
A. P. = Aufnahmepunkt.

2. Jeder trigonometrisch bestimmte und fest vermarkte Punkt; außer diesen T. P. kann jeder trigonometrisch, topographisch und photogrammetrisch einwandfrei bestimmte Neupunkt für die weiteren Vermessungsarbeiten als Festpunkt betrachtet werden. Man unterscheidet sie entweder nach ihrer Ordnung, siehe trigonometrische Punkte oder auch nach ihrer Lage als Bodenpunkte oder Hochpunkte (s. Vermarkung, s. Teil C, I, 3).

Festpunktfeld: Gesamtheit der koordinatenmäßig bekannten und dauerhaft vermarkten Festpunkte.

Festpunktnetz: Zusammenhängendes Netz vorhandener Festpunkte.

Festpunktverzeichnis: Zusammenstellung aller Festpunkte mit Angabe ihrer Koordinaten und Höhen über N. N. (s. Koordinatenverzeichnis).

Flächeninhalt: a) Inhalt von Flächen (s. Teil B, II, 3).

b) Sphärischer Inhalt von Karten:

Meßtischblatt der Zone	$\varphi = 50^0 - 50^0\ 6'$:	2,41075 Quadratmeilen = 132,7431 qkm,
Karte d. Deutsch. Reiches	$\varphi = 50^0 - 50^0\ 15'$:	18,0526 Quadratmeilen = 994,0303 qkm,
Gradabteilung	$\varphi = 50^0 - 51^0$:	143,297 Quadratmeilen = 7890,3627 qkm.

Flächenmaße (s. Teil D, 10, b).

Flächennivellement: Herstellen eines Höhenplanes mit Höhenschichtlinien durch Einwägen der Messungspunkte mit Nivelliergerät. Nur bei Flächen mit geringem Höhenunterschied anwendbar, da sonst zu häufiges Umsetzen des Nivelliergeräts den Zeitbedarf und die Genauigkeit beeinträchtigt. Bei größeren Höhenunterschieden wird die Aufnahme durch tachymetrische oder photogrammetrische Messungen ausgeführt. Die Aufnahme eines Flächennivellements erfolgt mit einem scharf horizontierten Nivelliergerät mit guter Angabe (etwa 20″) und gutem Fernrohr zur Ausnutzung der Zielweiten bis zu etwa 300 m Entfernung, möglichst mit Teilkreis und Entfernungsfäden. Die Höhenmessungen erfolgen entweder auf den die Bodenformen kennzeichnenden Profillinien oder auf den Kreuzungspunkten eines Rostes mit einer Maschenweite von 5—20 m je nach Geländeform. Profile und Rost müssen im Lageplan mit vorhandenen Punkten in Verbindung gebracht, in vorhandene Grenzlinien eingebunden werden.

Der Abstand der ausgesuchten Aufnahmepunkte von einander richtet sich nach dem Gelände; er beträgt auf dem Plan etwa 2—4 cm.

Die Ermittlung der genauen Lage der Höhenlinien erfolgt nach verschiedenen Verfahren, vom Augenmaß bis zum Rechenschieber; Augenmaß und Planimeterharfe dürften die gebräuchlichsten Hilfsmittel sein. Die Höhenlinien schmiegen sich an das Gelände in abgerundeten Formen an und lassen sich von den im Handriß gezeichneten Geripplinien leiten; eckige Formen treten nur bei Kunstbauten, z. B. Böschungen, auf.

Der Abstand der Höhenlinien ist abhängig von dem Zweck des Höhenplans, den Bodenformen und dem Maßstab (Lesbarkeit!) und beträgt 10, 5, 1 m, im Bedarfsfalle auch Dezimeter.

Zur Feststellung der mittleren Höhe für Planierungsarbeiten können die in den Rasterkreuzen gemessenen Höhen mit der Anzahl der anstoßenden Quadrate multipliziert werden; das arithmetrische Mittel ergibt die „mittlere Höhe" der Fläche (s. Geripplinien).

Flächenverbesserung (v): Flächenmaß, das von der mittels Gauß-Krügerscher Koordinaten ermittelten Fläche abzuziehen ist, um die wahre Fläche im Landeshorizont zu erhalten; sie beträgt bei Entfernungen y vom Mittellängengrad in m^2 je ha:

$$
\begin{aligned}
y &= 19\,500\text{ m} &: v &= 0{,}1\text{ m}^2/\text{ha}\\
&= 63\,800 \text{ „} & &= 1{,}0 \text{ „}\\
&= 90\,250 \text{ „} & &= 2{,}0 \text{ „}\\
&= 110\,550 \text{ „} & &= 3{,}0 \text{ „}
\end{aligned}
$$

Die größte Flächenverbesserung bei 3^0-Streifen beträgt bei einer Entfernung von 108 km vom Nullmeridian 2,86 m^2/ha.
s. Gauß-Krügersche Abbildung, Projektionsdifferenz.

Flucht: Eine gerade Linie, die durch mindestens drei Punkte festgelegt wird. Außer der Fluchtlinie im Vermessungswesen ist im Bauwesen noch zu unterscheiden: Straßenflucht als seitliche Begrenzung der Straße, Bauflucht als Linie des aufgehenden Mauerwerks, nicht einzelner vorspringender Teile, und Bodenflucht als Fluchtlinie der vorderen senkrechten Bordsteine. Sind in einer Straße Vorgärten angelegt, so spricht man von der Vorgartenflucht, die mit der Straßenflucht zusammenfällt. Genaue Lage der Fluchten sind stets bei der städtischen Vermessungsbehörde, der Bauaufsichtsbehörde oder Bauplanung vor Baubeginn zu klären!

Fluchten: Festlegen einer geraden Linie mit Schnur, Fluchtstäben oder anderen Hilfsmitteln (siehe auch Ausfluchten).

Fluchtlinie: Lange Strecke mit eingeschalteten Zwischenpunkten; sie kann als Strecke für das Messen der Entfernung beim „Anhängen" (s. Teil C II, 1 b), als Polygonseite, als Achse für Straßen, Eisenbahnen, Kanäle oder als Fundamentlinie dienen. Beim Festlegen einer Fluchtlinie wird stets beim weitesten Punkt angefangen; wichtige Fluchten werden mit dem Theodoliten oder einem anderen kippbaren Fernrohr abgesteckt; auch das Doppelglas ist ein wertvolles Hilfsmittel.

Fluchtstab: 1,5—2,5 m langer runder oder dreikantiger Stab von etwa 0,03 m Durchmesser, meist abwechselnd rot oder schwarz und weiß in 0,50 m Länge angestrichen; er dient zur Bezeichnung von Punkten oder zum Ausfluchten von Geraden oder Bögen.

Fokus (F): Brennpunkt eines Liniensystems.

Fokussieren: Scharf einstellen, das Bild des Objekts in den Brennpunkt des Okulars bringen; Bild und Fadenkreuzebene in Übereinstimmung bringen, z. B. das Ziel beim Fernrohr, das Bild beim Entzerrungsgerät usw. (s. Dioptrieenring).

Fokussierring: Ring oder Schraube am Fernrohr zum Scharfeinstellen des angezielten Gegenstandes (s. Fokussieren, s. auch Dioptrieenring).

Formlinien: Äußerlich gleiche Form wie die Höhenlinien; doch beruht ihre Zeichnung nicht auf genauen Messungen; sie sollen vielmehr die Geländeform zum Ausdruck bringen; sie bezeichnen oft Höhenunterschiede von einem Meter.

Fuß: Altes Längenmaß, etwa der Länge eines Fußes angepaßt, nur noch in England erhalten geblieben (s. Teil D, 10 a); im Quadratfuß wirkt es sich als Flächenmaß (s. Teil D, 10 b), im Kubikfuß als Hohl- und Körpermaß (s. Teil D, 10 c) aus. Es gelten folgende Daten:

	Fuß	Quadratfuß	Kubikfuß	
Bayern	29,186 cm	851,8 cm²	24,86 cm³	rechts des Rheins
Hamburg	28,66	821,2	23,54	
Hannover	29,21	853 2	24,92	
Preußen	31,385	985,04	30,92	
Sachsen	28,32	802,0	22,71	
Württemberg	28,64	820,8	23,51	
Belgien	27,58	760,0	21,0	
Frankreich	32,49	1055,2	34,28	
Großbritannien	30,48	929,0	28,32	
Österreich	31,61	999,1	30,58	
Rußland	30,48	929,0	28,32	
Ver. St. v. Am.	30,48	929,0	28 32	

Frühlings- oder Widderpunkt Fp (♈): Schnittpunkt zwischen Ekliptik und Himmelsäquator, an dem die Sonne auf ihrer Bahn von Süden nach Norden wechselt.

G.

Gauss-Krügersche Abbildung: Direkte, winkeltreue Abbildung des Erdellipsoides in die Ebene unter Verwendung von in West-Ost-Richtung liegenden Zylindern mit rechtwinkligem Gitter. Siehe Gitterstreifen. Die Berührungslinie des Zylinders ist jeweils der Mittellängenkreis des abzubildenden Gitterstreifens; sie ist gleichzeitig die Hochachse des Gitters. Diese Abbildungsart ist im Jahre 1923 zur deutschen Projektionsart erklärt worden. Denkt man sich im Erdmittelpunkt eine starke Lichtquelle, so erscheint es natürlich, daß die Abstände der Schattenstriche auf dem Zylinder von Meridian zu Meridian immer größer, damit also auch die Projektionsdifferenzen des Erdbildes auf dem Zylinder immer größer und wirklichkeitsfremder werden. Um diese untragbaren Projektionsverzerrungen zu beschränken, wird der Zylinder immer wieder gedreht und erhält einen neuen Null-Meridian wieder als neue X-Achse. In Deutschland sind die so erhaltenen Gitterstreifen 3° breit und haben den 3. 6. 9. 12. 15. 18. Längengrad von Greenwich als Null-Meridian; die einzelnen Gitterstreifen bilden also ein selbständiges Koordinatennetz, dessen 0-Punkt der Schnittpunkt des jeweiligen Mittellängenmeridians mit dem Äquator ist; sie haben die Kennziffer 1, 2, 3, 4, 5, 6 (Längenmeridian geteilt durch 3). Um in den Gebieten westlich des 0-Meridians nicht mit negativen Zahlen rechnen zu müssen, erhält der Koordinatenausgangspunkt jedes Gitterstreifens als Rechtswert die Zahl 500 000 m, während die Hochwerte die wahre Entfernung vom Äquator angeben; es wird somit nur im I. Quadranten mit positiven Rechts- und Hochwerten gerechnet. Jede Koordinatenangabe im Gauss-Krügerschen Koordinatensystem ist also siebenstellig, von denen die beiden ersten Ziffern klein geschrieben und hochgesetzt und bei der laufenden Rechnung nur an den Streifenrändern besondere Beachtung finden müssen. Beispiel: $y = {}^{25}\,25\,318{,}25$ m; $x = {}^{55}\,62\,214{,}44$ m heißt: der Punkt liegt im zweiten Gitterstreifen mit dem sechsten Längengrad als 0-Meridian, über 500 000, also rechts, und zwar 25 318,25 m östlich vom sechsten Längengrad und 5 562 214,44 m vom Äquator entfernt (s. Gradnetz, s. Teil D Tafel 12 a, 2).

Die Breite der Gitterstreifen beträgt in anderen Ländern 6° und sogar 8°, wodurch die Strecken- und Flächenverzerrungen größer werden und das G.-K.-Koordinatensystem nicht mehr für alle Zwecke z. B. Katastervermessung, Anwendung finden kann (s. Projektionsdifferenz, Flächenverbesserung).

Gefährlicher Kreis: Sonderfall für die Lage der Festpunkte und des Neupunktes auf einem Kreis, wodurch es keine graphische Lösung des Rückwärtseinschnitts gibt; er wird vermieden, wenn zur Auswertung zwei nahe und ein weitgelegener Festpunkt benutzt werden (s. Teil C II 1 e).

Gefälle: Abweichung der Geländeoberfläche von der Tangentialebene an die Erdoberfläche, bezogen auf die waagerechte Entfernung, ausgedrückt

a) in einer V e r h ä l t n i s z a h l z. B. 1 : 20 bedeutet 1 m Höhenunterschied auf 20 m Entfernung; oder

b) in P r o z e n t e n z. B. 1 % bedeutet 1 m Höhenunterschied auf 100 m Entfernung; 5 % = 5 m auf 100 m (= 1 : 20) s. Böschungsverhältnis (s. Teil D, 6).

Gefällmesser: Meist Handinstrumente von der einfachsten bis zur optischen Präzisions-Ausführung zur Ermittlung und unmittelbaren Ablesung des Höhenwinkels oder des Gefälles in Graden, Verhältniszahlen oder Prozenten oder zur Ermittlung der bei Längenmessungen anzubringenden Reduktion (r) oder des zu berücksichtigenden Zulegemaßes (z).

Gegenrichtungswinkel: Richtungswinkel des Gegenstrahls; die Gegenrichtungswinkel werden zur Durchführung der Stations-Orientierung verwandt. Der Vergleich der beobachtenden Richtungswinkel, der gerechneten Richtungswinkel und der Gegenrichtungswinkel ergibt ein Bild über die Feldarbeit und über die Genauigkeit der Lagebestimmung des Punktes im vorhandenen Festpunktnetz. s. Fehlergrenzen, Konrtolle, Orientierung.

Geländedarstellung: Topographische Darstellung der Oberflächenform der Erde auf der Karte; sie erfolgt durch Höhenlinien (Verbindungslinien der Orte mit gleicher Höhe), Schraffen oder Bergstriche (enge Parallelstriche zur Darstellung des Böschungswinkels bei senkrechter Beleuchtung), Schummerung (Tuschverwaschung in verschiedener Stärke), Höhenschichten (farbige Höhenplastik und Regionalfarben), Reliefplastik (schräge Beleuchtung mit Schattenplastik), Anaglyphen (grün-rot-Ausführung der Höhenlinien zur Erreichung einer Stereowirkung). Eine Darstellungsart kann die andere unterstützen. Am anschaulichsten und einfachsten ist die kombinierte Darstellung durch Schraffen und Höhenlinien.

Geländeorientierung: Eindrehen der Karte um den Kartenpunkt des Aufstellungsortes nach bekannten Punkten, im Notfall mit der Magnetnadel, und Bestimmung von Geländepunkten nach der Karte.

Geodäsie: Wissenschaftliche Bestimmung der Erdoberflächengestalt; Bestimmung der Lage von Punkten auf der Erde: H ö h e r e G e o d ä s i e befaßt sich mit der wissenschaftlichen und praktischen Bestimmung der **Erd**oberflächengestaltung und der Lagebestimmung von Punkten als Grundlage für weitere Vermessungsarbeiten; die **niedere Geodäsie** befaßt sich mit der Lagebestimmung auf kleinem fast ebenem Raum (Stückvermessung).

Geodät: Derjenige Berufszweig im Vermessungswesen, der sich in der Hauptsache mit der höheren Geodäsie befaßt im Gegensatz zum Geometer (Stückvermessungarbeiten), Trigonometer (Triangulationsarbeiten), Topograph (Aufnahmearbeiten), Photogrammeter (photogrammetrische Vermessungsarbeiten).

Geographie (Erdbeschreibung): Erdkunde.

Geographisch Nord (GeN): Richtung der zum geographischen Nordpol laufenden Längenkreise; bei Gradabteilungskarten Richtung des rechten und linken Kartenrandes; bei jeder Karte mit Längengradteilung Richtung der Verbindungslinie der entsprechenden Teilungen.

Geographische Breite (φ): Winkelabstand eines Punktes vom Äquator nach Norden oder Süden vom Erdmittelpunkt aus auf dem Ortsmeridian gemessen und von 0° bis 90° zählend, z. B. 15° nördlicher Breite; 50° südlicher Breite (s. Gradnetz und Teil D 12a).

Der Abstand zweier Breitenkreise von 1° von einander beträgt rund 111 km. Diese Zahl kann zur Ermittlung eines unbekannten Maßstabes einer Karte mit einem Gradnetz benutzt werden; es besteht das Verhältnis zwischen Länge des Breitengrades auf der Karte zu der in der Natur wie 1 zu x (Maßstab).

Geographische Koordinaten: Eindeutige Ortsangabe eines Punktes auf der Erde nach geographischer Länge und Breite, entsprechende Ortsangabe eines Gestirns nach seiner geraden Aufsteigung (Rektaszension) und seiner Abweichung (Deklination) oder nach Höhe und Azimut (s. Gradnetz und Teil D, 12 a und b; Astronomische Ortsbestimmung).

Geographische Länge (λ): Winkel zwischen dem 0-Meridian von Greenwich und dem Orts-Meridian auf der Äquatorebene gemessen, von ersterem nach Osten und Westen von 0°—180° zählend; z. B. 120° östlicher Länge von Greenwich; 75° westl. Länge von Greenwich (s. Gradnetz und Teil D 12a).

Geographisch-Nord (GeN): Auch Astronomisch-Nord: Richtung der zum geographischen Nordpol laufenden Längenkreise; bei Gradabteilungskarten-Richtung des rechten und linken Kartenrandes; bei jeder Karte mit Längengradteilung = Richtung der Verbindungslinie der entsprechenden Teilungen (s. Gradnetz).

Geoisothermen: Verbindungslinien aller Orte im Erdkörper mit der gleichen Temperatur (s. geothermische Tiefenstufe).

Geologie: Wissenschaft, die sich mit dem Zustand, dem Bau, der Zusammensetzung und der Struktur der Erde befaßt; die Ergebnisse sind wichtig für den Bergbau, für den Straßen- und Eisenbahnbau, für die Kanal- und Tunnelanlagen; sie sind zusammengefaßt und niedergelegt in den geologischen Karten, die meist im gleichen Maßstab wie die als Unterlage dienende topographische Karte, also 1 : 25 000, hergestellt werden.

Geometer: Landmesser, der sich mit der Ausführung einfacher Vermessungsarbeiten befaßt.

Geometermaßstab: Zusammenlegbarer Maßstab mit Nivellierlatten- und Zentimeterteilung, meist 3 m lang, zusammengeklappt 25—35 cm lang (s. Nivellierlatte).

Geometrie (Erd- und Flächenmessung): Teil der Mathematik, der sich mit der Lehre von den Flächen befaßt (s. Mathematik, s. Teil B II, 3).

Geometrisches Mittel: (s. Mittel).

Geothermische Tiefenstufe: Der Tiefenunterschied, um den man den Standpunkt des Thermometers verändern muß, um eine Temperaturveränderung von 1° zu erhalten. Die Temperatur nimmt mit steigender Tiefe zu und zwar um 1° bei etwa 25—35 m Tiefenunterschied. Sie ist nicht überall gleich, sondern von der Art der Gesteins- und Erdmassen, von der Oberflächengestaltung der Erde und der Richtung der in die Erde getriebenen Kanäle und Stollen abhängig (s. Barometrische Höhenstufe; s. Geoisothermen).

Gerade: Spur, die durch Bewegung eines Punktes in gerader Richtung entsteht (s. Strahl, Strecke).

Gerade Aufsteigung, Rektaszension (AR, *α*): Winkel, der zwischen dem durch den Widderpunkt (Frühlingspunkt ♈) gehenden Anfangsstundenkreis und dem Stundenkreis des Gestirns gebildet wird, vom Widderpunkt in entgegengesetztem Sinne der scheinbaren Bewegung der Himmelskugel von 0 bis 360°, meist im Zeitmaß von 0^h bis 24^h zählend.

Geripplinien: Hilfslinien, mit denen bei der Gelände-(Höhen-)aufnahme während der Feldarbeit die Charakteristik der Bodenformen skizziert wird in Form von „Rückenlinien" (gerissen gezeichnete Linie) von den Kuppen aus in „Richtung des schwächsten Gefälles" zur Kennzeichnung von Bergnasen, Sattel, Graten, von „Muldenlinien" (Wellenlinie) in „Richtung des stärksten Gefälles" in Richtung der Mulden, Schluchten, Senken, Einschnitte auf Täler und Kessel, von „Kuppen- und Kessellinien" (durchzogene Kreislinie) zur Kennzeichnung der ungefähren Lage und Form der Kuppen und Kessel.

Durch die Geripplinien wird die Führung und Zeichnung der Höhenschichtlinien unterstützt. Im Gegensatz zu den Geripplinien geben „Formlinien" skizzenhaft ohne Höhenmessung die Geländeform nach Art der Höhenschichtlinien unmittelbar wieder (s. C II, 2 e).

Geschwindigkeit: Stärkebezeichnung für eine Bewegung: z. B. der Erde auf ihrer Bahn um die Sonne = 29 761 m/sec. Punkt am Äquator in Bezug auf die Achsdrehung der Erde = 465 m/sec., Schall in der Luft rd. 333 m/sec., im Wasser rd. 1430 m/sec, Licht rd. 300 000 000 m/sec.

Gesichtsfeld eines Fernrohrs: Raum, der durch das Fernrohr gleichzeitig überblickt werden kann; als Winkel ausgedrückt ist es der Winkel, dessen Scheitel im Objektivmittelpunkt liegt, während die Schenkel die Peripherie der Okularblende streifen. Die Größe des Gesichtsfeldes eines Fernrohrs steht im umgekehrten Verhältnis zu dessen Vergrößerung.

Gewicht: a) spezifisches Gewicht eines Körpers ist sein Gewicht bei einem bestimmten Rauminhalt; das spez. Gewicht wird im allgemeinen gerechnet nach g/cm^3, kg/dcm^3 und t/m^3. Für Gase gilt kg/dcm^3.

b) wirkliches Gewicht ist der Vergleich zu 1000 cm^3 Wasser = Rauminhalt mal spez. Gewicht oder der Druck eines Körpers auf seine Unterlage, durch die Schwerkraft der Erde hervorgerufen, gemessen im Vergleich zum gleichen Volumen Wasser:

Einheit des metrischen Gewichts ist das Kilogramm (kg): Gewicht von 1000 ccm Wasser bei + 4° Celsius, dem Zustand seiner größten Dichte;

Einheit im englischen Gewichtssystem ist das pound avoisdupois (℔) mit 7000 Troygrains = 453,593 g (s. Teil D, Tafel 10 d).

Gewöhnlicher Kartenpunkt: Jeder Kartenpunkt, der in der Natur mit ausreichender Sicherheit angesprochen werden kann, aber nicht als „eingemessener Punkt“ bezeichnet ist, z. B. Wegkreuze, Brücken, aber keine Dorfränder, keine Waldränder, keine Wiesengrenzen, da diese Veränderungen unterworfen sind.

Gitternetz: Rechtwinkliges Gitternetz, parallel zu den Koordinatenachsen, das über die Karten gespannt ist (s. Gauß-Krügersches Koordinatensystem). Die Maschenweite beträgt bei Karten 1 : 5000: 4 cm = 0,2 km; 1 : 25 000: 4 cm = 1 km; 1 : 50 000: 4 cm = 2 km; 1 : 100 000: 5 cm = 5 km; 1 : 300 000: 3,33 cm = 10 km (s. Gradnetz).

Gitter-Nord: (GiN): Geodätisch Nord. Richtung der nach Norden laufenden Gitterlinien (s. Gauß-Krügersche Abbildung).

Gitterstreifen: Ein von zwei Längskreisen begrenzter und in Gauß-Krügerscher (winkeltreuer) Projektion dargestellter Ausschnitt der Erdoberfläche, über den ein rechtwinkliges Gitter gelegt ist. Breite der Gitterstreifen im Deutschen Reich: 3 Längengrade mit den Mittellängenkreisen 3^0, 6^0, 12^0 usw. ostwärts von Greenwich; jeder Gitterstreifen hat seinen eigenen Nullpunkt im Schnittpunkt des Mittellängenkreises mit dem Äquator (s. Koordinatenursprung).

Gleichung: Vergleich zwischen zwei Größen, die sich gegenseitig ersetzen können; das äußerliche Kennzeichen und Bestimmende ist das Gleichheitszeichen zwischen den beiden Seiten jeder Gleichung, z. B. $a + b = c + d$; $\frac{a}{b} = c - d$; $a = b \cdot c$.

Gleisfestpunkt: Festpunkt an den Hauptstrecken von Bahnlinien zur Festlegung des Geleises in seiner horizontalen und vertikalen Lage. Die Festpunkte werden bei eingleisigen Strecken meist in einem Abstand von 1,75 m von der Gleisachse, in Kurven an der Innenseite des Bogens, bei zweigleisigen Strecken in der Bahnachse gesetzt. In der Regel stehen sie auf Entfernungen von etwa 50 m in der Geraden und von 10—30 m in den Kurven. Die Gleisfestpunkte sind in ihrer horizontalen Lage oft im Gauß-Krügerschen Koordinatensystem in ihrer vertikalen Lage stets in Bezug auf N. N. vermessen.

Goldener Schnitt: Geometrische Teilung einer Strecke so, daß sich der kleinere zum größeren Teil verhält wie der größere zur ganzen Strecke. Teilungen nach dem Goldenen Schnitt findet man häufig in der Natur; angewandt wird er in der Kunst und Architektur.
EB : AE = AE : AB
(BC : AB = 1/2 AB; Kreis CB Kreis AD; AD = AE).

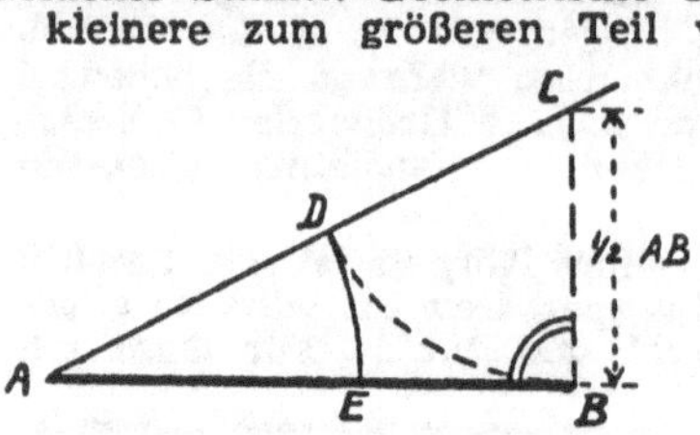

Das Verhältnis EB : AE beträgt etwa 5 : 8.

Goniometrie (Winkelmessung): Teil der Trigonometrie, der die Beziehungen zwischen Winkeln und Kreisbögen und den dazugehörigen Funktionen behandelt (s. Mathematik).

Gradabteilungskarte: Landkarte mit geographischen Längen- und Breitengraden als Blattbegrenzung, bei der die Meridiane als gerade Linien, die Breitenparallele als Bogen gezeichnet werden (s. Flächeninhalt, Kartenschnitt).

Gradbogen: (s. Neigungsmesser).

Gradbogenverfahren: Art der Längenmessung mit Meßlatte oder Meßband in unebenem Gelände, bei der das Meßwerkzeug auf dem Erdboden aufliegt und der Neigungswinkel gemessen wird. s. Reduktionsmaß.

Gradnetz: Geographisches über die Erdoberfläche gespanntes Koordinatensystem, das sich aus Längen- und Breitengraden zusammensetzt und auch auf die Himmelskugel projektiert wird.

a) auf der Erdoberfläche: Die Endpunkte der Erdachse treffen die Erdoberfläche im Nord- und Südpol. Die größten Kreise von Pol zu Pol heißen Längenkreise oder Meridiane; die senkrecht zu ihnen verlaufenden kleineren Kreise heißen Breitenkreise oder Breitenparallele, von denen der größte der Äquator ist.

In diesem Koordinatensystem wird die geographische Lage eines Punktes auf der Erdoberfläche nach geogr. Länge φ und geogr. Breite λ angegeben (s. Koordinatenkarteikarte; s. Triangulation; s. Teil D, 12 a, 1);

b) an der Himmelskugel: Die verlängerte Erdachse trifft die Himmelskugel im nördlichen und südlichen Himmelspol. Die größten Kreise von Himmelspol zu Himmelspol heißen Stundenkreise (Deklinationskreise); die senkrecht zu ihnen verlaufenden kleineren Kreise heißen Abweichungsparallele, von denen der größte der Himmelsäquator ist.

In diesem Koordinatensystem wird die Lage eines Gestirns nach Gerader Aufsteigung (Rektaszension), α, AR, und Abweichung (Deklination) δ angegeben. s. Teil D, 12 b, 1; s. astronomische Ortsbestimmung;

c) an der Himmelskugel: Die durch den Beobachtungspunkt in der Richtung der Schwerkraft gezogene Linie trifft die Himmelskugel im Scheitelpunkt (Zenit) und geht durch den Fußpunkt (Nadir); die größten Kreise durch Zenit und Nadir heißen Höhen- oder Vertikalkreise; die senkrecht zu ihnen verlaufenden kleineren Kreise heißen Höhenparallele, von denen der größte der wahre Horizont ist.

In diesem Koordinatensystem wird die Lage eines Gestirns nach Höhe h und Azimut a, A angegeben. s. Teil D, 12 b, 2; s. astronomische Ortsbestimmung.

Graphische Genauigkeit: Genauigkeit von $^1/_{10}$ mm, die bei sorgfältigem Zeichnen auf dem Plan oder der Karte zu erreichen ist. Das bedeutet bei Karten und Plänen im Maßstab

1 : 1 000: ± 0,1 m,
1 : 5 000: ± 0,5 m,
1 : 10 000: ± 1 m,
1 : 25 000: ± 2,5 m,
1 : 50 000: ± 5 m.

Greenwich: Ort mit Sternwarte bei London; der Ortsmeridian von Greenwich gilt jetzt allgemein als Anfangsmeridian für geographische Längenbestimmungen. G. liegt 17° 39′ 40″ östl. Ferro und 2° 20′ 14″ westl. vom Meridian von Paris.

Großblatt: Zusammendruck von 4 Blättern der „Karte des Deutschen Reiches“ 1 : 100.000, früher Einheitsblatt genannt. Größe: 1 Längengrad breit; 30 Breitenminuten hoch. Karteninhalt: 3500—4200 qkm, Maschenweite des Gitternetzes: 5 cm = 5 km.

Grubentheodolit: Theodolit mit Bussole zur vorzugsweisen Verwendung als Winkelmeßinstrument in Bergwerken, meist als Hängetheodolit gebaut und den engen Grubenverhältnissen angepaßt; kleine Vergrößerung — große Helligkeit des Fernrohrs.

Grundkarte: „Deutsche Grundkarte" 1 : 5000, teilweise vorhandenes, bis zur Vollzähligkeit geplantes Kartenwerk von Deutschland, bestehend aus etwa 144 000 Blatt; sie kann als Grenzblatt zwischen Plan und Karte angesprochen werden und dient zum Gebrauch für Kataster und Finanzen, für Planung und Städtebau. Größe des Einzelblattes: 40 cm = 2 km im Quadrat. Maschenweite des Gitternetzes: 4 cm = 0,2 km.

Grundlinie: Strecke, von der eine größere Strecke unmittelbar abgeleitet wird. Sie muß daher sehr genau bestimmt werden (Grundlinienmessung).

Grundriß, Grundrißprojektion: Draufsicht oder horizontale (waagerechte) Darstellung eines Gegenstandes oder Gebäudes unter Angabe der Längen, Breiten und Achsabständen (s. Achse und Aufriß).

H.

Hängepfeiler: Bei trigonometrischen Signalen der senkrechte Teil des Beobachtungsgerüstes, dessen oberes Ende den Instrumententisch trägt (Instrumentenpfeiler); durch Abschneiden des unteren Teiles soweit, daß auch über dem Zentrum des Granitpfeilers stationiert werden kann, wird der Instrumentenpfeiler zum Hängepfeiler. s. Signal.

Hamburger Null (H. N.): Pegelstand der Elbe bei Mittelwasser, Nullpunkt am Hauptpegel an den Landungsbrücken St. Pauli vermarkt. N.N. liegt 3,538 m unter N.N. HN = NN + 3,538 m; NN = HN — 3,538 m.

Handlot; Schnurlot: Handinstrument zur Prüfung und Herstellung von Senkrechten und Lotrechten (Fluchtstäbe, Lotrichtung für Staffelmessungen, Ab- und Aufloten).

Handriß: Zeichnerisches Ergebnis der Feld- und Außenarbeiten einer topographischen, tachymetrischen oder geometrischen Geländeaufnahme zum Zwecke der Herstellung von Karten und Lageplänen oder von bautechnischen Zeichnungen. Handrisse dürfen nicht nur für den Hersteller selbst allein lesbar sein, sondern für jeden, der die Zeichnungen vor ihrer Reinzeichnung einsehen muß (s. Feldbuch und C I, 4).

Hansensche Aufgabe: Punktbestimmungsart, bei der unter Benutzung von zwei bekannten Hochpunkten zwei Neupunkte bestimmt werden.

Harfenplanimeter: Zerlegen einer Fläche in schmale Streifen (Trapeze), um auf graphischem Wege ihren Inhalt zu bestimmen. Bei der Flächeninhaltsbestimmung langer unregelmäßiger Streifen sowie von Querprofilen angewandt. Breite der Streifen je nach Maßstab und Flächenform zwischen 2 und 10 mm.

Hauptdreieckskette: Dreiecksnetze I. Ordnung, die bei Landesvermessungen als Verbindung zwischen zwei gemessenen Basislinien mit möglichst gleichgroßen Dreiecksseiten gelegt werden. Länge der Dreiecksseiten im Durchschnitt etwa 50 km; Länge der Dreieckskette etwa 300—400 km.

Hauptvermessungsabteilung (H.V.A.): Reichsbehörde in den Ländern und Provinzen. Ihre Aufgaben sind: Überwachung des Reichsfestpunktfeldes und des Reichshöhennetzes; Herstellung und Erhaltung des Landesdreiecks- und des Aufnahmenetzes, der Haupthöhennetze; Herstellung und Fortführung (topographische und kartographische Bearbeitung) der Kartenwerke 1 : 5000 (Deutsche Grundkarte) und 1 : 25 000 (Topographische Karte, früher Meßtischblatt 1 : 25 000).

Hauptmessungslinie: (s. Standlinie).

Heliograph: Astronomisches Fernrohr mit Photokammer zur Herstellung von Sonnenbildern.

Heliotrop: Reflexspiegel, als einfaches geodätisches Signalgerät verwandt; durch ihn werden die Sonnenstrahlen als Signalisierung eines Punktes auf große Entfernungen in einer bestimmten Richtung geworfen; Beobachtungen I. Ordnung werden fast nur mit Heliotropenlicht durchgeführt; z. B. Dreieicksseite Schneekoppe-Schneeberg in Schlesien mit über 100 km Seitenlänge, bei Einbeziehung von Inseln in Dreiecksnetze; bei Verbindungen von Netzen auf sehr große Entfernungen etwa 100 bis 120 km über Wasser, z. B. Mittelmeer. Bei Nacht werden elektrische Scheinwerfergeräte benutzt.

Helligkeit eines Fernrohrs: Grad der Helligkeit des vom Objektiv entworfenen Bildes; sie steht im direkten Verhältnis zum Objektivdurchmesser und im umgekehrten Verhältnis zur Brennweite und damit zur Vergrößerung.

Die Helligkeit einer Linse mit dem Öffnungsverhältnis 1 : 5 ist etwa doppelt so groß wie die einer Linse mit dem Öffnungsverhältnis 1 : 7; sie liefert bei geringer Vergrößerung lichtstarke und scharfe Bilder. Der Bestimmungszweck entscheidet. Grubentheodolite benötigen große Helligkeit, aber für die kurzen Entfernungen eine geringe Vergrößerung; Theodoliten für Triangulationsaufgaben verlangen eine gute Vergrößerung zur Erfassung weitentferntliegender Zielpunkte.

Die durchschnittliche Helligkeit beträgt bei Theodoliten etwa 2,50, bei Nivellieren 1,50.

Helmertturm: Beobachtungsturm des Geodätischen Instituts in Potsdam und Ausgangspunkt (Zentralpunkt) des Reichsdreiecksnetzes. $\varphi = 52^0$ 22′ 53, 96″ N λ 13^0 04′ 01,14″ H = 108 m.

Herablegen eines Punktes: Lagebestimmung eines Punktes, von einem unzugänglichen Festpunkt auf kurze Entfernung ausgehend; meist im Zuge eines Polygonzuges angewandt.

Hilfskoordinaten: Angenommene Koordinaten für den Ausgangpunkt eines Vermessungsnetzes, wenn keine anderen Koordinaten zur Verfügung stehen. Anwendung bei örtlichen Netzen oder bei Durchführungen von Hilfsrechnungen.

Himmel: Scheinbares Kugelgewölbe um die Erde, an deren Innenfläche die Gestirne angeheftet zu sein scheinen.

Himmelsachse: Verlängerte Erdachse bis zur scheinbaren Himmelskugel.

Himmelsäquator: Mit dem Erdäquator gleichlaufende Linie an der scheinbaren Himmelskugel (s. Gradnetz; s. Teil D, 12 b, 1).

Himmelsjahr: Alle Angaben der Ephemeridensammlung rechnen für den Ort 15^0 öst. Länge und 50^0 nördl. Breite oder annähernd auf den 15. Längengrad Stettin—Görlitz—Graz.

Himmels-Nord-Südpol: Treffpunkt der über die Erdoberfläche hinaus verlängert gedachten Erdachse mit der scheinbaren Himmelskugel.

Hochpunkt: Festpunkt, dessen Zielpunkt über der Erdoberfläche liegt, z. B. der Knopf eines Kirchturms; oder, dessen 0-Punkt an der Erdoberfläche vermarkt ist, während er selbst durch ein Signal sichtbar gemacht wird. Die Vermarkung von Hochpunkten erfolgt oft durch Turm- und Leuchtbolzen sowie durch exzentrische Mauerbolzen, durch Einmeißelung einer Kreuzmarke auf einen festen Untergrund, z. B. Kircheneingang, Felsen oder durch die übliche T. P.-Festlegung als Bodenpunkt. Hochpunkte sind nicht immer für die Durchführung von Beobachtungen geeignet: Reine Signalgerüste und Kirchturmspitzen sind „nicht stationierungsfähige Hochpunkte", andere Kirchtürme und Türme lassen nur exzentrische Beobachtungen nach Bau von entsprechenden Ständen zu, während Signale mit Beobachtungs- und Signalgerüst sowie viele Kirchtürme „beobachtungsfähige oder „stationierbare" Hochpunkte" sind.

Höhe eines Gestirns (h): Winkelabstand vom Horizont, von 0°—90° zählend; dafür kann auch die Zenitdistanz (z) gesetzt werden, die sich mit der Höhe zu 90° ergänzt (s. astronomische Ortbestimmung, s. Gradnetz c; s. Teil D 12, b, 2).

Höhe über N. N. (H): Höhe eines Punktes über dem Landeshorizont. H_A = Höhe von Punkt A, H_J = Höhe des Instruments (Instrumentenhorizont) über N. N. (s. C II, 2).

Höhenbestimmung: Bestimmung eines Punktes nach der Höhe, bezogen auf Normal-Null (N. N.), durch Nivellieren durch trigonometrische, barometrische oder photogrammetrische Höhenbestimmung (s. C II, 2).

Höhenbolzen, Nummernbolzen: Eiserne Vermarkung mit Nummernangabe der im Zug von Nivellementsschleifen ermittelten Höhenfestpunkte des Reichs- und Haupthöhennetzes, meist in regelmäßigen Abständen von etwa 2 km Entfernung in Verfolg des durchgeführten Nivellements als Bolzen von 45 mm Durchmesser und 150 mm Länge in standfesten Häusern oder in Granitpfeilern eingelassen. Als Höhenpunkt und als Aufhaltepunkt für die Latte gilt die Oberkante des Bolzenkopfes (s. Höhenmarke).

Höhendarstellung: Wiedergabe der Höhenverhältnisse in der Natur durch Formlinien (Höhen-Schicht-Linien), Bergstriche oder Schraffen, Schummerung, Farbgebung und Reliefdarstellung in der Karte. s. Geländedarstellung.

Höhen-(Tiefen-)farbgebung: Art der Höhendarstellung, bei der die Erdmasse in Schichten über N. N. eingeteilt und in verschiedenen Farben je Schicht nach einer bestimmten Farbskala wiedergegeben wird; die Tiefen werden in verschiedener Blaufärbung gezeichnet, z. B. die Intern. Welt-Karte 1 : 1 000 000.

Höhenfestpunkt: In seiner Höhenlage zu N. N. genau bestimmter Punkt, der dauerhaft vermarkt ist. Die Vermarkung erfolgt durch Höhenmarken (Tafeln) mit Höhenangaben, durch Nivellementsmauerbolzen und durch Nummernbolzen mit Nummernbezeichnung; die Höhen sind in Nivellementsverzeichnissen zusammengestellt. Auch Pegel verschiedener Art sind Höhenfestpunkte (s. auch Höhenbolzen und Höhentafeln).

Höhen-(Schicht-)Linien: Verbindungslinien der Orte mit gleicher Höhe auf der Karte, dargestellt durch gerissene und durchgezogene Linien verschiedener Stärke, meist Höhenunterschiede von 5, 10, 20, 50 und 100 m darstellend. Um die Erdform und Hangform an einzelnen

Stellen besonders auszudrücken, treten stellenweise Hilfslinien für die Unterschiede von 2,5 m und auch zusätzlich von 1,25 und 3,75 m auf, letztere stets gemeinsam, nie einzeln. Aus der Entfernung der Höhenlinien voneinander kann rechnerisch oder graphisch der Grad der Böschung ermittelt werden (s. Böschungsmaßstab D, 6, s. Tiefenpfeil, s. Aufnahme, s. C II, 2 e).

Höhenmarke: Vermarkung von Höhenfestpunkten I. Ordnung (s. Höhentafel).

Höhenmesser: Barometer, dessen Skala mit einer geeichten Meterskala verbunden ist.

Höhenmessung (Hypsometrie): Bestimmung des Höhenunterschieds zweier Orte auf trigonometrischem oder geometrischem, auf barometrischem oder photogrammetrischem Wege mittels Theodolit oder Meßtisch, Nivellier oder Barometer, oder auch mittels Erd- und Luftbildmeßkammern.

In der Bautechnik werden Höhenmessungen meist mit einfachen Nivelliergeräten durchgeführt. Auch hier sind die Messungsprotokolle Urkunden und gehören stets in die Baustellenakten. Protokolle nach Teil D 11 haben sich besonders bewährt, da sie die oft vorkommenden Profil- und Flächennivellements berücksichtigen und für jeden, auch den Nichtvermessungsfachmann leicht verständlich und leserlich sind; Erläuterung der Punkte durch die Punktbeschreibung soll Zweifel ausschalten.

Höhennetze: Bezeichnung für die durch Nivellementsschleifen und Nivellementszüge ermittelten und vermarkten Höhenfestpunkte, die das Reichshöhennetz, Nivellement I. Ordnung, mit einer Genauigkeit von ± 1 mm/km Haupthöhennetze, Nivellements II. Ordnung, mit einer Genauigkeit von ± 20 mm / 1 km, und Nivellements III. Ordnung mit einer Genauigkeit von über 20 mm/1 km ergeben und als Grundlage für Geländeaufnahmen und für Bauten jeglicher Art dienen.

Höhenpflock: Höhenmarkierung bei Bauarbeiten; es ist zweckmäßig, die Höhenpflöcke so einzuschlagen, daß sie die Ausführung der Bauarbeiten nicht stören, an einem vor Beschädigungen einigermaßen sicheren Ort stehen und daß sie mit ihrer Oberkante mit der des nutznießenden Objektes abschließen, z. B. Fundamenthöhe, Pflasterhöhe, Straßendecke oder um ein bestimmtes gleichbleibendes Maß differieren, z. B. für Entwässerungskanäle und andere Tiefbauarbeiten. Anzeichnen von Zwischenhöhen erleichtert die Bauarbeiten, z. B. Höhenpflock für Pflasterarbeiten auf „Setzhöhe" setzen, einen schwarzen Strich auf „Rammhöhe", einen roten auf „Höhe der Kieslage", einen blauen auf „Planumhöhe" ziehen. Höhenpflöcke werden auch bei anderen Höhenvermessungen zur Vermarkung gesetzt.

Höhenplan: Für technische Zwecke oft benötigte Ergänzung zum Lageplan, aus dem für einen beschränkten Raum, auf und in der nächsten Umgebung der Baustelle die Höhenverhältnisse ersichtlich sind. Bei der Herstellung der Höhenpläne kommt vorzugsweise die tachymetrische Punktbestimmung und die Darstellung der Geländeformen durch Höhenschichtlinien zur Anwendung. Hauptsächlichster Maßstab 1 : 1000 (s. C I 4 und C II 2 e).

Höhenpunkt: Ein der Höhe nach eingemessener Punkt, der entweder von N. N. oder von einem örtlichen Nullpunkt abgeleitet ist und als Grundlage für durchzuführende Bauarbeiten dient. Auf zweckentsprechende Vermarkung ist Wert zu legen; wichtige Höhenpunkte werden gegen Beschädigung durch Latten- oder Drahtdreiecke geschützt.

Höhenschichten: Farbige Art der Geländedarstellung, durch die eine farbige Höhenplastik entsteht. Beispiele: Internationale Weltkarte 1 : 1 000 000 und Höhenschichtkarten von Bayern 1 : 250 000.

Höhenstufe: (s. barometrische Höhenstufe; s. geothermische Tiefenstufe).

Höhentafeln: Eiserne Platten mit Höhenmarke und Höhenangabe für besonders wichtige Höhenfestpunkte des Reichs- und Landesnivellements; meist an Bahnhofsgebäuden zu sehen.

Höhenvermessung: Bestimmung der Lage eines Punktes der Höhe nach unter Bezug auf N. N. oder einen örtlichen Höhennullpunkt durch trigonometrische oder tachymetrische, barometrische oder photogrammetrische Verfahren (s. C II 2).

Höhenwinkel (α): **Vertikalwinkel:** Winkel, in lotrechter Ebene vom Horizont aus oder als Zenitabstand z vom Zenit aus gemessen. s. Zenitabstand.

Hohlmaße: a) Einheit des metrischen Systems: Das Kubikmeter (m^3 oder cbm), (Festmeter) = einem Würfel mit einer Kantenlänge von 1 m; auch das Liter (l) = 1 dm^3, cdm wird als Einheit bezeichnet (s. D 10 c).

b) Einheit des englischen Systems: Imperial Standard Gallon bei 30 Zoll Barometerstand und $16^2/_3{}^0$ Luftwärme. 10 Pfund destilliertes Wasser = 4,54346 Liter (s. Teil D, 10 c).

Horizont: a) Natürlicher Horizont: scheinbare Berührungslinie zwischen Himmel und Erde, auch Kimm oder Kimmlinie genannt: Kreis um den Stand des Beobachters (Augenhöhe) mit der Sichtweite als Radius; Grenze zwischen dem sichtbaren und unsichtbaren Teil der Himmelskugel (s. Sichtweite).

b) Scheinbarer Horizont: Schnittlinie der waagerecht durch den Standpunkt des Beobachters gelegten Ebene mit der scheinbaren Himmelskugel

c) Wahrer Horizont: Parallelebene zum scheinbaren Horizont durch den Erdmittelpunkt (s. Gradnetz und Teil D 12 b).

d) Künstlicher Horizont: durch Libellen hergestellt (s. Libellenquadrant).

Horizontalachse (HH): Kippachse des Theodolitfernrohrs im Fernrohrträger.

Horizontalachsenfehler (i): (s. Kippachsenfehler).

Horizontalintensität (H): (s. Erdmagnetische Element und s. Intensität).

Horizontralkorrektur: Notwendige Entfernungskorrektur, um die nach einer außerhalb der Messungswaagerechten stehenden Entfernungslatte tachymetrisch ermittelte Entfernung auf die Waagerechte zu beziehen. Sie setzt sich zusammen aus

a) der Korrektur, die die Messung auf der schrägen (weiteren) Entfernung (Hypothenuse) ausgleichen und auf die Waagerechte reduzieren soll (Horizontalprojektion) und

b) der Korrektur, die durch die nicht senkrechte, also schräge Stellung der Entfernungslatte zur Fernrohrachse bedingt ist (s. Kotentafel, Tachymetertafel, s. B III 2, 3).

Horizontieren: Genaues Waagerechtstellen eines Instruments oder einer Ebene mit Hilfe von Dosen- und Röhrenlibellen, d. h. genaues Senkrechtstellen der Vertikalachse zur Libellenachse. Ohne genaue Horizontierung ist keine genaue Winkelmessung, vor allem keine genaue Höhenwinkelmessung und kein genaues Nivellieren möglich: Überprüfen der Libelle vor jeder Ablesung!

Hydrographisches Institut: Reichsamt zur Erforschung der Wasser-(Tiefen-)verhältnisse der Erde. Aufgabe: Herstellung und Laufendhaltung der Seekarten.

Hyperbel: Verbindungslinie einer Reihe von Punkten, deren Entfernungsdifferenz zu zwei Punkten, Brennpunkten, oder deren Entfernungsprodukt zu zwei Geraden (Asymptoten) stets gleich ist (s. Hyperbeltafel).

Hyperbeltafel von Kloth: Hilfsmittel zur graphischen Flächeninhaltsberechnung nach Aufteilung der Fläche in Dreiecke.

Hypsometer: Instrument zur Eichung von Dosenbarometern. Höhenmesser.

Hypsometrie: Höhenmessung.

I.

Inklination (Neigung) (J): Neigungswinkel zwischen der in der Ebene des magnetischen Meridians vertikal schwingenden Magnetnadel und der Erdoberfläche. Zur Messung der Inklination dient die Inklinationsbussole, an deren vertikaler Gradteilung die Größe der Inklination abgelesen wird.

Die Inklination ist, wie die Deklination, für die einzelnen Orte verschieden, sie beträgt am Äquator etwa 0°, am Nordpol etwa 90°; die Verbindungslinien der Orte mit gleicher Inklination heißen Isoklinen.

Die täglichen Schwankungen betragen in Deutschland 1—2′, die gegen 11 Uhr mittags ihren Höhepunkt erreichen, die jährlichen etwa 1′.

Instrumentenhöhe (i): Höhe der Horizontalachse (Kippachse) eines Instrumentenfernrohrs über dem Erdboden (Pflock, Pfeiler, Festlegung).

Instrumentenhorizont (J): Waagerecht durch die Fernrohrachse des stationierten Instruments gelegte Ebene; ihre Höhe über N. N. ist $H_J = H + i$ (Höhe über N. N. + Instrumentenhöhe) oder: $H_J = H_A + r$ (Höhe des Ausgangspunktes + rückblickende Ablesung beim Nivellieren).

Instrumentenpfeiler: (s. Hängepfeiler).

Intensität: Erdmagnetische Kraft, mit der eine aus ihrer Ruhelage gebrachte Magnetnadel nach einer verschieden großen Anzahl von Schwingungen wieder in die Ruhelage zurückkehrt. Die Totalintensität (F) zerfällt in die genau meßbare Horizontalintensität (H) und die Vertikalintensität (Z). Die Messung der Horizontalintensität H erfolgt meist mit dem Magnettheodoliten. Die Verbindungslinien der Orte mit gleicher Intensität heißen Isodynamen; die Totalintensität (F) nimmt im allgemeinen vom Äuquator zu den Polen hin zu. Die Abweichungen sind gering, erreichen bei etwa 20° ihren Höhepunkt und sind im Sommer etwa 50% stärker als im Winter.

Internationale Weltkarte: Kartenwerk im Maßstab 1 : 1 000 000. Blattgröße: 4 Breitengrade, 6 Längengrade. Bezeichnung der Blätter vom Äquator zu den Polen mit Buchstaben (A am Äquator) und von West nach Ost mit Zahlen. Der Streifen zwischen den Längenkreisen 0° und 6° trägt die Zahl 31.

Invardraht: Nickelstahldraht von rd. 1,5 mm Querschnitt (36 % Nickel, 64 % Stahl), der sich bei Temperaturunterschieden nur wenig verändert. Herstellungsort: Frankreich (invariable = unveränderlich). s. Jäderindraht.

Invarband, -draht: Band oder Draht aus Invarmaterial mit Meßmarken an beiden Enden zur genauen Ermittlung von Basislängen (s. Basislatte, s. Jäderindraht).

Invarbasislatte: Meist waagerecht auf einem Stativ aufgestellte Meßlatte mit Meßmarken an beiden Enden, deren stets gleichbleibender Abstand durch Invardraht gesichert ist, und einem kleinen Fernrohr zur senkrechten Einstellung der Latte zum Theodoliten. Es sind Invarlatten zu 1, 2, 3 m Länge gebräuchlich. Sie werden meist als Basislatte bei terrestrischen Photoaufnahmen sowie zum Messen von sonstigen Entfernungen, vor allem von Polygonseiten, benutzt. Hierbei wird der Winkel zwischen den Meßmarken gemessen, aus dem die Strecke ermittelt wird, die s t e t s ohne Rücksicht auf den Höhenunterschied die w a a g e r e c h t e Entfernung zwischen Theodolit und Meßlatte ergibt. Die Meßgenauigkeit eines guten Beobachters beträgt etwa ± 1 cc. Nach der 2-m-Invarlatte kann die Entfernung auch optisch als Lattenabschnitt abgelesen werden, wobei jedoch die abgelesene Strecke auf die Waagerechte reduziert werden muß. Basislatten werden jetzt meist aus Stahlrohr gefertigt (s. Basismeßlatte, s. Ausdehnungskoeffizient).

Isobaren: Verbindungslinien aller Orte mit gleicher Schwere, also der Orte mit gleichem Luftdruck oder gleichem Barometerstand.

Isodynamen: Verbindungslinien aller Orte mit gleicher Intensität (s. Erdmagnetismus).

Isogonen: Verbindungslinien aller Orte mit gleich großer Abweichung (Deklination, Mißweisung). Alle Isogonen laufen in den magnetischen Polen, nahe den Erdpolen, zusammen. Isogonenkärtchen sind den meisten Karten als Randbearbeitung beigefügt und dienen zur Entnahme der für den eigenen Standort gültigen Mißweisung.

Isohypsen: Verbindungslinien aller Orte mit gleicher Höhe, Höhenlinien.

Isoklinen: Verbindungslinien aller Orte mit gleichgroßer Inklination; vom Äquator aus nehmen die Werte nach den Polen hin zu, wo sie annähernd 90° erreichen. s. Inklination.

Isothermen: Verbindungslinien aller Orte mit gleicher mittlerer Jahrestemperatur oder einer anderen bestimmten Temperatur (s. Geoisothermen).

J.

Jäderindraht: Rd. 24 m langer und 1,7 mm starker Invardraht zur Ermittlung von Basislängen und Grundlinien mit Millimeterteilung an den Enden, die über die Meßmarken zweier Dreiböcke geführt werden, und deren Stellung bei Durchführung der Längenmessung abgelesen wird. Vor und nach Durchführung von Basismessungen wird die genaue Länge des Drahtes mit einem Normalmaß verglichen.

Jahr: Umlaufzeit der Erde um die Sonne = Sonnenjahr = 365 Tage, 6 Std., 9 Min., 9 Sek.

Das Jahr des Julianischen Kalenders zählt 365¼ Tage, das Bürgerliche Jahr nur volle 365 Tage, dafür in den durch 4 teilbaren Jahren, den Schaltjahren, 366 Tage.

Justierung: „Richtigstellung“ oder „Wiederherstellung der mathematischen Konstruktionsbedingungen“ bei einem Gerät oder Instrument nach vorangegangener Prüfung seiner Einrichtungen. Die Justierung muß in einer bestimmten Reihenfolge durchgeführt werden, um durch die folgende Handlung nicht die vorangegangene zu zerstören. Es müssen überprüft werden bei Winkelmeßinstrumenten: Teilkreis, Libellen-, Spiegel- und Achsenstellungen sowie Lage des Fadenkreuzes oder der Strichplatte; bei Meßbändern: genaue Längen für Basismessungen; bei Zeichen- und Auswertegeräten: 0-Stellung und Teilung (s. Prüfen der Instrumente).

Justierung der Libelle: Zusammenlegung des Spielpunktes (Punkt, in dem die Blasenmitte einspielt, wenn die Unterlage horizontal ist) und des Normalpunktes (Teilungsmittelpunkt).

K.

Kabellänge: Nautisches Längenmaß = $^1/_{10}$ Seemeile = 185,20 m.

Kanalwaage: Hydrostatisches Gerät als einfaches Nivellierinstrument, das auf dem Prinzip der kommunizierenden Röhren beruht: Ein etwa 1 m langes, waagerecht liegendes Rohr trägt an beiden Enden senkrechte Glaszylinder von etwa 20 cm Höhe und 1 cm Durchmesser. Die eingefüllte Flüssigkeit steht in beiden Zylindern gleich hoch: die Niveaufläche ist hergestellt. Die Kanalwaage eignet sich zu Einwägungen einfacher Art; die Genauigkeit der mit ihr durchgeführten Einwägungen ist etwa die gleiche wie bei optischen Nivellements mit 50 m Zielweite. s. C II 2.

Karat (K): Metrisches Gewichtsmaß = $^1/_5$ Gramm.

Karte: Verkleinertes, verebnetes, erläuterndes Abbild der Erdoberfläche oder von Teilen derselben. Die Erdoberfläche wird „verkleinert“ durch den Maßstab, „verebnet“ durch die Kartenprojektion (d. i. Übertragung des abgeplatteten Erdellipsoides auf die Ebene), „erläutert“ durch die Signatur und die Beschriftung. Die Grundlagen hierzu bilden die Arbeiten des Trigonometers und des Topographen (= Ergebnisse der Landesvermessung). Das Auswerten und Vervielfältigen dieser Arbeiten ist Aufgabe des Kartographen (s. Abbildung).

Karte des Deutschen Reiches: Kartenblatt im Maßstab 1 : 100 000, in Polyederprojektion; Gradabteilungskarte 30′ breit und 15′ hoch; je vier Blätter können zu einem Großblatt zusammengedruckt werden, dessen Ausmaß 1 Längengrad und 30 Breitenminuten ist, und dessen Flächeninhalt ∾ 3500—4200 qkm beträgt. Maschenweite des Gitternetzes 5 cm = 5 km.

Kartendehnung: Dehnung des bedruckten Kartenpapiers infolge Feuchtigkeit, hervorgerufen durch den Feuchtigkeitsgehalt der Luft; oft auch durch den Druckgang erzeugt; sie ist beim Herausgreifen von Koordinaten und Ermittlung von Entfernungen sowie bei der graphischen Flächeninhaltsermittlung aus Karten und Plänen zu berücksichtigen; bekannte Entfernungen abgreifen und vergleichen. Kartendehnung hat Überschreitung des Sollmaßes der Kartengröße zur Folge (s. Kartenschrumpfung).

Kartengenauigkeit: Genauigkeit, mit welche in den Karten der einzelnen Maßstäbe die eingemessenen und gewöhnlichen Kartenpunkte verzeichnet sind (s. Lagegenauigkeit, s. C I, 3).

Kartenmaßstab: Angabe des Verjüngungsverhältnisses zwischen Länge einer Strecke in der Karte zur wirklichen Länge in der Natur. Man spricht von Karten und Plänen großen Maßstabes, wozu solche von 1 : 5000, 1 : 10 000, 1 : 20 000, 1 : 25 000 gehören; Karten mittleren Maßstabes haben ein Verjüngungsverhältnis von 1 : 50 000 bis 1 : 200 000 Karten kleinen Maßstabes sind Karten 1 : 300 000 bis 1 : 800 000 und geographische Karten sind im Maßstab 1 : 1 000 000 und darüber hergestellt (s. Karte, s. Teil D 5).

Kartenprojektion: Rechnerische und zeichnerische Umbildung der Erdoberfläche (Natur) auf eine ebene Darstellung (Karte) (s. auch Abbildung, Karte).

Verebnung des Erdellipsoides auf verschiedene Körper: Ebene, Zylinder, Kegel, Kugel, die in verschiedener Lage mit der Erdoberfläche in Verbindung gebracht werden. Die Wahl der Projektionsart richtet sich nach der geographischen Gestaltung und Größe des aufzunehmenden Landes und nach dem Gebrauchszweck des Kartenwerks.

Die einzelnen Projektionsarten weisen Eigenarten auf, die sie für ihre Gebauchsbestimmung besonders befähigen: flächentreue und längentreue Projektionen werden da, wo es auf möglichst naturgetreue Wiedergabe von Flächen ankommt, winkeltreue Projektionen (z. B. Mercatorprojektion) für Navigation auf dem Wasser und in der Luft, weder winkel- noch flächentreue Projektionen für Sonderzwecke, angewandt.

Da nur eine Fläche von etwa 5 km im Umkreis als eben angesehen werden kann, entstehen bei Überschreitung dieser Fläche Verzerrungen (s. Projektionsdifferenzen, s. Mercatorprojektion, s. Polyederprojektion, s. Flächenverbesserung).

Kartenpunkt: Punkt in der Karte, der einwandfrei im Gelände wiedergefunden werden kann. Man unterscheidet „eingemessene" und „gewöhnliche" Kartenpunkte.

Kartenschnitt: Begrenzung der Blätter eines Kartenwerks meist nach Längen- und Breitengraden, seltener nach Gitterrichtungen; doch grundsätzlich nach Gitterrichtungen bei Karten und Plänen größer als 1 : 25 000, also 1 : 10 000, 1 : 5 000.

Kartenschrumpfung: Eingang, Schrumpfung des bedruckten Kartenpapiers infolge allzu großer Trockenheit, was Unterschreitung des Sollmaßes der Kartengröße zur Folge hat (s. Kartendehnung).

Kartenverzerrung: Verzerrung des ursprünglichen Kartenmaßstabes durch Dehnung oder Schrumpfung; sie ist stets beim Herausgreifen von Koordinaten und von Entfernungen durch Vergleich mit bekannten Strecken sowie beim Ermitteln von Flächeninhalten durch Vergleich mit bekannten Flächen (Quadrat oder Kreis bekannten Inhalts) in beiden Richtungen zu ermitteln und zu berücksichtigen (s. K.dehnung und K.schrumpfung).

Kartograph: Landkartenzeichner.

Kartographie (Kunst des Kartenzeichnens): Wissenschaftliche und praktische Landkartenzeichnung jeglicher Art.

Kegel: Körper, der durch Bewegen eines Streckenendpunktes auf einer Kreiskurve, Leitlinie, während der andere Streckenendpunkt, Kegelspitze, stehen bleibt, entsteht. Die Spitze von senkrechten (geraden)

Kegeln steht lotrecht über dem Kreismittelpunkt, von schrägen (schiefen) Kegeln steht sie außerhalb der Lotlinie (s. Teil B II 4, Bild 248).

Kegelstumpf: Kegel ohne Spitze mit paralleler oder schräger Stellung der Schnittfläche zur Grundfläche (s. Teil B II 4, Bild 250).

Kennziffer: 1. s. Logarithmen. 2. Ordnungszahl der Gauss-Krügerschen Gitterstreifen, die dem Rechtswert vorangesetzt wird.

Kette: s. Meßkette.

Kimmtiefe: Winkel zwischen Kimm und scheinbarem Horizont (siehe Horizont).

Kippachse (HH), Horizontalachse: Achse, um die das Fernrohr gekippt, gedreht wird, sie muß senkrecht zur Fernrohrachse stehen. Vor Benutzung durch Anzielen einer senkrechten Lotschnur überprüfen; im Bedarfsfalle die Kippachse justieren oder justieren lassen.

Kippachsenfehler (i): Abweichung von der lotrechten Stellung der Kippachse (HH = Horizontalachse) des Fernrohrs zur Umdrehungsachse (UU) des Theodoliten, die die Messung der Horizontalwinkel beeinflußt. Der Einfluß des Kippachsenfehlers wird durch Beoachtung der Horizontalwinkel in zwei Fernrohrlagen (Durchschlagen des Fernrohrs) aufgehoben.

Kippregel: Lineal mit aufgesetztem, kippbarem Fernrohr mit Entfernungsfäden, Höhenteilkreis und Magnetnadel zur Durchführung topographischer Aufnahmen auf dem Meßtisch; mit ihr wird die Seite (Richtung), die Entfernung und der Höhenunterschied zum aufzunehmenden Neupunkt ermittelt und sogleich auf dem Meßtischblatt festgelegt, wobei die Entfernung in ihrer waagerechten Projektion eingetragen wird; auch die Nordrichtung wird in das Meßtischblatt eingezeichnet. Aufnahmemaßstab ist meist 1 : 25 000, sie wird z. Zt. immer mehr durch die tachymetrische und photogrammetrische Geländeaufnahme verdrängt (s. Entf. Latte, Kotentafel, Meßtisch, Tachymetertafel).

Kleinpunkte: Punkte, die zur endgültigen und genauen Festlegung einer Kurve oder einer Fläche zwischen die ermittelten Polygonpunkte, Bogenhauptpunkte usw. eingeschaltet und von diesen abgeleitet werden.

Knoten: Längenbezeichnung für eine Seemeile bei der Geschwindigkeitsangabe von Schiffen: Knoten/Stunde = 1 sm/1 h; 1 Knoten = 1 852 m.

Knotenpunkt: Punkte, in dem mehrere Polygonzüge, von Festpunkten ausgehend, zusammenstoßen, enden und „verknotet" werden.

Komparator: Präzisionsmeßinstrument zum genauesten Vergleich, zur Justierung von Längenmaßen, vor allem für Basismeßgeräte auf Grund mikroskopischer Längenablesungen; s. auch Stereokomparator

Kompaß: Magnetinstrument zur Bestimmung von Himmelsrichtungen zu Lande, auf dem Wasser und in der Luft. Ein Stabmagnet stellt sich in die Richtung der magnetischen Nord-Süd-Achse, parallel zum magnetischen Meridian ein; durch Kenntnis und nach Berücksichtigung der Deklination oder Mißweisung ist mit Hilfe des Kompasses die geographische Nord-Süd-Richtung festgelegt. Man unterscheidet je nach Verwendungszweck und Konstruktion Kreiselkompaß, Markscheiderkompaß, Orterkompaß, Armbandkompaß, Orientierungsbussole; nach der Form des Magneten Nadel-, Stab-, Kasten-, Scheibenkompasse; die Magnetscheibe kann aufgehängt, oder in Flüssigkeit gelagert sein. Die Nadel oder der Kastenmagnet ist meist auf einer scharfen Spitze der „Pinnè", mit seinem „Hütchen" aus Beryll, Rubin oder anderem harten Stein gelagert (s. Erdmagnetismus, magnetische Orientierung).

Koinzidenz, koinzidieren: Zusammentreffen, zusammenfallen, zueinanderpassen, zur Deckung bringen; z. B. die Enden der Libellenblasen bei Prismenlibellen, die Doppelbilder beim Entfernungsmesser.

Kompensation: Ausgleichung, wechselseitige Aufhebung entgegengesetzt wirkender Kräfte, Kompensieren (s. Ausgleichung).

Kompensationsmagnete: Kleine Stabmagnete, die als Ausgleichsmagnete in der erforderlichen Anzahl beim Justieren von Kompassen in das Kompaßgehäuse eingesetzt werden; sie sollen die Ablenkung der Nadel (Deviation) auf Schiffen, in Kraftfahrzeugen, in Flugzeugen usw. aufheben.

Kontrolle: Notwendige Überprüfung jeder Vermessungs- und Kartenarbeit. Überprüfung von Festpunkten auf ihren ursprünglichen Standpunkt durch Abtasten mit dem Plattensucher nach der Platte, durch Messung und Vergleich der beobachteten Winkel nach anderen Festpunkten mit den gerechneten Winkeln (Abriß), durch Überprüfung der richtigen Lage des Punktes (Plattenkreuz) nach Ausgrabung und Entfernung des Pfeilers (seltene Ausnahme!), nach Messung und Vergleich der Längen von Festpunkt zu Festpunkt bei der Kataster- und Stückvermessung (s. Prüfen eines Festpunktes).

Überprüfung von Neupunkten auf ihre richtige Lageermittlung durch mehrfache Bestimmung unter Benutzung anderer Punkte und anderer Verfahren, durch Vergleich der im Neupunkt nach mehreren möglichst auf alle Quadranten verteilten Festpunkten beobachteten und gerechneten Winkel, durch Punkt- und Winkelkontrolle auf dem Abschlußpunkt bei Strecken- und Bussolenzügen und durch Punktschnitt, auch überschüssiger Messungen bei graphischer Auswertung. s. Gegenrichtungswinkel, Fehlergrenzen.

Überprüfung von Strecken auf ihre Längen, durch mehrmalige Messungen unter Verschiebung der Anlagemarken bei Invardraht-, -Band- und Meßbandmessungen, Veränderung des Teilkreises bei Winkelmessungen nach Basislatten und Veränderung der Ablesepunkte bei optischen Streckenmessungen; durch mehrfache Bestimmung einer Strecke aus mehreren Dreiecken.

Überprüfen von Flächeninhalten durch mehrfache Ermittlung auf Grund verschiedener Feldarbeiten und verschiedenartiger Auswertemethoden graphischer oder rechnischer Art. Diagonalprobe bei Absteckungen. „Ohne Kontrolle keine Vermessung!"

Koordinaten: Lageangebende Zahlen für einen Punkt in einem Achsenkreuz zu seiner eindeutigen Bestimmung (s. Gauss-Krügersches Koordinaten-System, s. astronomische Ortsbestimmung, s. Gradnetz, s. Koordinatenanfangspunkt, s. Teil D 12 a und b).

Koordinatenabschlußfehler: Unterschied, den die eigene Lagebestimmung für den End- oder Abschlußpunkt eines Vermessungsnetzes gegenüber den bekannten Koordinaten desselben aufweist.

Koordinatenanfangspunkt: Der Anfangspunkt der Koordinatenzählung ist in der Geodäsie nur sèlten mit dem 0-Punkt des Achsenkreuzes gleichlautend; er wird oft so gelegt, daß nur im I. Quadranten, also nur mit positiven Zahlen gerechnet zu werden braucht. s. Gauss-Krügersches Koordinatensystem und Gradnetz, Koordinatenursprung, s. Teil D 12 a und b.

Koordinatenkarteikarte: Koordinatenmäßige meist nach steigenden Hochwerten geordnete Zusammenstellung aller Koordinatenwerte der trigonometrischen Punkte eines Meßtischblattes (topogr. Karte 1 : 25 000) unter Angabe ihrer Ordnung, der Flurbezeichnung, auf der sie liegen, der geographischen Koordinaten- und der Höhenlage über NN.

Koordinatenkreuz: In der Geodäsie meist rechtwinkliges Achsenkreuz mit einer Abszissen-, meist als x-Achse, und einer Ordinatenachse, meist als y-Achse bezeichnet.

Koordinatenschieber: Lineal mit beweglichem Nonius als Hilfsmittel, um aus Karten mit Gitternetz die Koordinaten eines Punktes zu entnehmen oder einen koordinatenmäßig bekannten Punkt in eine Karte oder einen Plan mit Gitternetz einzutragen. Meist 1-m-Ablesung. Auf genaue Justierung (0-Stellung) muß geachtet werden.

Koordinatenumformung (-transformation): Umrechnung der Koordinaten eines Punktes von einem Koordinatensystem in ein anderes.

Koordinatenursprung: Ausganspunkt oder Nullpunkt für ein rechtwinkliges Achsenkreuz, z. B. für Gauss-Krügersches Gitter. Der Nullpunkt für jeden Gitterstreifen ist der Schnittpunkt eines Mittellängenkreises mit dem Äquator. Dieser Punkt erhält, um negative Vorzeichen für Punkte westlich des Mittellängenkreises zu vermeiden, den Rechtswert 500 000 m, während sein Hochwert 0 ist (siehe Gauss-Krügersche Abbildung).

Koordinatenverfahren: Aufnahmeverfahren in der Stückvermessung, bei dem, von einer Messungslinie als Abszissenlinie ausgehend, die Aufnahmepunkte durch die Länge der Lote (Ordinaten bis zu höchstens 50 m Länge) sowie deren Abstände voneinander auf der Abszissenlinie (Messungslinie, Standlinie) gemessen werden (s. C IV 1).

Koordinatenverzeichnis: Nach steigenden Hochwerten geordnete Zusammenstellung aller Koordinatenwerte der trigonometrischen Punkte eines Meßtischblattes (topogr. Karten 1 : 25 000) und ihrer Höhenlage über NN, oft unter Beifügung einer Anlage mit topographischer Punktbeschreibung zum leichteren Auffinden der Punkte und mit Ansichtsskizzen von Hochpunkten zum einwandfreien Erfassen des Festpunktes als Zielpunkt (s. Punktbezeichnung).

Koordinatograph: Zeichengroßgerät zum genauen Auftragen von Punkten nach Koordinaten; er wird bei Vermessungsbehörden bei der Kartenherstellung zur Eintragung der Blattecken, des Gitternetzes und der T. P. benutzt; seine Genauigkeit beträgt etwa ± 0,02 mm.

Korbbogen: Bogen, der sich aus Einzelbögen mit verschieden großen Halbmessern zusammensetzt.

Kotenhacke: Kleine Erdhacke, mit der der Meßgehilfe bei tachymetrischen Geländeaufnahmen den jeweiligen Aufstellungsort der Latte (Lattenpunkt) bezeichnet, um ihn beim Abgehen und genauen Aufnahmen des Geländes wiederzufinden.

Kotentafel: Tabellenmäßige oder graphische Zusammenstellung aller Zahlenwerte, die notwendig sind, um eine nach der Entfernungslatte schräg gemessene Strecke auf die Waagerechte zu reduzieren und den Höhenunterschied auch unter Berücksichtigung der Erdkrümmung und der Strahlenbrechung zu ermitteln (s. Kippregel, Meßtisch, Tachymetertafel).

Kreis: Aneinanderreihung von Punkten, die von einem festen Punkt (Kreismittelpunkt) gleichweit entfernt sind (Radius oder Halbmesser) (s. Teil B II 3, Bild 238).

Kreisabschnitt: Kreisfläche, die durch eine Sehne und einen Kreisbogen begrenzt ist (s. Teil B II 3, Bild 240).

Kreisausschnitt: Kreisfläche, die durch zwei Radialstrahlen und einen Kreisbogen begrenzt ist (s. Teil B II 3, Bild 239).

Kreiselkompaß: Kompaß mit besonderer Aufhängevorrichtung, die die stetige waagerechte Lage der Kompaßrose gewährleistet; vorzugsweise auf Schiffen verwandt.

Kreisteilung: Unterteilung des Kreises in Alt- (360°) oder Neugrad (400g), in Teilstriche (6400-) oder Striche (32 Str.) (s. Teil D 7 a—c).

Kreuzscheibe: Einfacher Kegel mit meist acht Diopterschlitzen, auf einen Stab gesetzt, zum Abstecken von Winkeln von 45°, 90° und 180°; im Baufach häufig verwandt.

Kugel: Körper, dessen Oberflächenpunkte von einem Punkt (Kugelmittelpunkt) gleichweit entfernt sind; er entsteht durch Drehung eins Halbkreises um den Durchmesser um 360° (s. Teil B II 4, Bild 251).

Kugelabschnitt: Kugelkörper, der durch einen Sehnenschnitt und die Kugeloberfläche begrenzt ist (s. Teil B II 4, Bild 252).

Kugelausschnitt: Kugelkörper in Kegelform, dessen Grundfläche ein runder Ausschnitt der Kugeloberfläche und dessen Seiten Kugelhalbmesser sind (s. Teil B II 4, Bild 254).

Kulminationspunkt: Gipfelpunkt; höchste Lage eines sich bewegenden Körpers auf seiner Bahn, z. B. Durchgang eines Sternes durch den Meridian.

Kurve: s. Bogen.

L.

Länge: 1. Begriff für die Entfernung zweier Punkte von einander, s. Längen- und Streckenmessung. 2. Georgaphische Länge (λ) ist der Winkel zwischen den durch den Nullängenkreis und den Ortslängenkreis gelegten Ebenen. Ostwärtige, westliche Länge.

Längenänderung durch Temperatureinfluß: s. Ausdehnungskoeffizient.

Längenkreise: Kreise, die die Pole mit einander verbinden, Längengrade oder auch Meridiane genannt. Die Bezifferung erfolgt meist von dem durch die Sternwarte Greenwich bei London gehenden Längenkreis aus nach Ost und West bis 180°: „Ostwärts bzw. Westlich von Greenwich"; auch: „ . . ° östl. Länge von Greenwich". Die Länge eines ganzen Längenkreises beträgt 40 009 150 Meter (siehe Meridian).

Längenmaß: Hilfsmittel zur Feststellung der Entfernung zwischen den Endpunkten einer Strecke mit verschiedenen Arten von Längenmeßinstrumenten. Normallängenmaßstab ist a) für das metrische System: etwa der 10-millionste Teil eines Meridianquadranten; das Normalmeter wird in Paris aufbewahrt; b) für Großbritannien: das Imperial Standard Yard von 1760 bei 62° Fahrenheit = 914,383 48 mm (s. D 10 a).

Längenmaße: Werkzeuge als Hilfsmittel zur Festlegung der Entfernung zwischen den Endpunkten einer Strecke (s. B III).

Längenmessung mit Meßlatte und Meßband: Zur Ermittlung der horizontalen Entfernung zweier Punkte werden folgende Verfahren angewandt:

1. Abloteverfahren, Staffelmessung: Jeder Lattenanfang einer horizontal liegenden Latte liegt lotrecht unter oder über dem Ende der vorangegangenen Latte; in steilem Gelände und bei der Aufnahme von Profilen bevorzugt. Verfahren liefert unmittelbar die Horizontallänge und bei gleichzeitiger Benutzung einer vertikalen Meßlatte auch die Höhenunterschiede. Bergab messen!

2. a) Gradbogenverfahren: Meßwerkzeug liegt ganz auf dem Boden auf; die gemessene Länge ist auf die horizontale Länge zu reduzieren. Reduktionsmaß r (stets negativ) = $l\,(1 - \cos\alpha)$. Verfahren ist vorteilhaft bei gleichbleibendem Neigungswinkel bis etwa 12° (s. Neigungsmesser, Reduktionswerkzeuge).

   b) Feldarbeit in wenig und gleichmäßig geneigtem Gelände wie zu 2 a. Die infolge schräger Lage bedingte Kürzung der gemessenen Länge auf die Horizontalebene wird durch „Zugabe" auf die volle Länge des Meßwerkzeugs ausgeglichen: $z = l\left(\frac{1}{\cos\alpha} - 1\right)$; bei der Stückvermessung angewandt (s. Neigungsmesser).

Meßbandmessungen werden im allgemeinen nur in Gelände bis zu 30 % Gefälle durchgeführt (s. optische Längenmessung, Entfernungsmessung, Streckenmessung, s. Teil B III und Teil C III, 1).

Längsprofil: s. Profil.

Längsschnitt: Vertikalschnitt durch die Erdoberfläche oder ein Bauwerk in der Straßen-, Wege-, Fluß-, Gebäude-Achse; er wird bei Geländeprofilen in verzerrtem Maßstabsverhältnis aufgetragen und zwar derart, daß die Längen stärker verkleinert sind als die Höhen. Am gebräuchlichsten sind die Maßstäbe: $M \frac{L}{H} = 1 : \frac{5000}{100}$ oder $1 : \frac{1000}{100}$.

Lagebestimmung: Bestimmung eines Punktes in einem rechtwinkligen Koordinatennetz und in seiner Lage zu anderen Punkten in der Ebene und in der Höhe, bezogen auf Normal-Null „N. N.".

Die Lagebestimmung kann mit und ohne Gerät erfolgen (s. Geländeorientierung; s. Teil C „Vermessung", s. astronomischer Ort).

Lagegenauigkeit: Genauigkeit, mit der Geländepunkte in die Karte eingetragen sind, im Vergleich zu ihrer Lage auf Grund der trigonometrischen Bestimmung (s. Zeichengenauigkeit). Die Lagegenauigkeit beträgt für eingemessene Punkte auf der Karte 1 : 5000 etwa ± 1 m, auf der Karte 1 : 25 000 etwa ± 5 m in der Karte 1 : 50 000 etwa ± 10 m. Die Lagegenauigkeit der übrigen Kartenpunkte erhöht sich auf etwa ± 20 m bzw. ± 30 m, in der Karte 1 : 100 000 auf etwa ± 200 m.

Lageplan: Für technische Zwecke hergestellter Grundrißplan einer kleinen Fläche, einer Siedlung, eines Bauplatzes mit seiner Umgebung im Maßstab 1 : 1000 oder größer, 1 : 500, 1 : 250 (s. Höhenplan).

Landesdreiecksnetz: Festpunktnetz, das in jedem Land durch die staatliche Vermessungsbehörde mittels trigonometrischer Vermessung geschaffen worden und auf einer der Größe und Gestalt des Landes entsprechenden Projektion aufgebaut ist. Triangulationsnetz zur Bestimmung der trigonometrischen Punkte (T. P. [L]) (s. Karte).

Landesfestpunktfeld: Bezeichnung der Gesamtheit der trigonometrischen Punkte, die zur Verdichtung des Reichsfestpunktfeldes von den Ländern, meist als trigonometrische Punkte III. und IV. Ordnung eingeschaltet werden (T. P. [L]).

Landeshöhennetz, Haupthöhennetz: Nivellementsschleifen und -züge der Länder, die an das Reichshöhennetz angeschlossen werden und das Netz der Höhenfestpunkte verdichten (s. Reichshöhennetz).

Landeshorizont: Eine unter dem Festland fortgesetzt gedachte Meeresspiegelfläche durch einen bestimmten Höhenfestpunkt, die für ein Land als Grundlage für die Höhenmessungen gilt; für Deutschland gilt als Landeshorizont die Fläche des am Amsterdamer Pegel ermittelten Mittelwassers. Sämtliche Basismessungen und sonstige Strecken von Wichtigkeit werden auf den Landeshorizont reduziert (s. Normal Null, Hamburger Null, Normal-Höhenpunkt).

Landesvermessung (s. Landesdreiecksnetz): Die Landesvermessung umfaßt auch das Landeshöhennetz und die Kartenwerke 1 : 5000 und 1 : 25 000 (s. Hauptvermessungsabteilung).

Lattenabschnitt (l): Entfernung an der Entfernungs- oder der 2-m-Basislatte, die zwischen den beiden Entfernungsfäden im Fernrohr abgelesen, „abgeschnitten", wird; l mit der Multiplikationskonstanten, meist 100, multipliziert ergibt die gesuchte Entfernung in der Natur (s. Multiplikationskonstante).

Lattenprofil: Lattengerüst aus Holz als Bauhilfsmittel für den Böschungsbau, bei dem entsprechend dem Böschungsverhältnis eine Kathete das Vielfache der anderen ist; es ist zweckmäßig, mit dem Lattenprofil die Angabe der Höhe zu verbinden (s. Böschungswinkel).

Lattenrichter: Dosenlibelle zur Prüfung der Vertikalstellung von Fluchtstäben, Baken und Nivellierlatten.

Leier: Im Straßenbau Bezeichnung für eine Schnur mit einer Schlinge am Ende, die lose um einen Schnurnagel im Mittelpunkt eines Kreises (Leierpunkt) gelegt wird; mit ihr wird mit Hilfe einer bestimmten Marke (Radius) die genaue Lage eines Bogens festgelegt.

Leierpunkt: Bezeichnung für den Mittelpunkt des Bordschwellenbogens im Straßenbau.

Leuchtbolzen (LB): Messingbolzen oder -schraube als Festlegung von Festpunkten im Mauerwerk, meist auf Türmen; geeignet zur Aufstellung eines Theodoliten oder Leuchtgerätes (s. trigonometrisches Signal).

Leuchtgerät: Gerät, zum Signalisieren eines Zielpunktes mit Hilfe
a) der Sonne: Heliotrop,
b) künstlichen Lichtes: Trigonometrisches Scheinwerfergerät.

Leuchtschraube: Messingschraube als Festlegung von Festpunkten in Holzwerk, meist auf Signalen (siehe Leuchtbolzen).

Libelle: Hilfsmittel zum Lotrechtstellen von Umdrehungs-(Vertikal-) Achsen und zum Horizontieren von Ebenen unter Ausnutzung der Schwerkraft, die auf die Flüssigkeit und des Auftriebs, der auf die Gasblase wirkt; in einem kreisbogenförmig geschliffenen und zugeschmolzenen Glaszylinder befindet sich eine leicht bewegliche Flüssigkeit (Alkohol oder Schwefeläther), die eine Blase aus Flüssigkeitsdämpfen freiläßt. Die Libelle wird entweder als selbständiges Instrument verwandt, an anderen Geräten angebracht oder in diese eingebaut. Man unterscheidet der Form nach R ö h r e n l i b e l l e n, meist an astronomischen und geodätischen Geräten befestigt, auch zum Aufsetzen als Reitlibelle, oft mit einer durchgehenden Skala zum Messen kleiner Neigungswerte versehen, und D o s e n l i b e l l e n zum groben Waagerechtstellen von geodätischen Geräten und zum Horizontieren von Großgeräten; ihre Blase stellt sich bei waagerechter Lage in den Kreis des hohlgeschliffenen Deckels ein.

Der Teilungsmittelpunkt heißt „Normalpunkt". „Spielpunkt" ist der Punkt der Libelleneinspielung bei horizontaler Unterlage; die „Libellenachse" ist die Tangente an den Libellenkörper im Spielpunkt.

Libellenempfindlichkeit, Angabe (ε): Bezeichnung für den Grad der Empfindlichkeit, mit der eine Libelle jede Abweichung von der Waagerechten angibt; sie wird ausgedrückt in dem Winkelwert, um den die Libelle geneigt werden muß, damit sich der Stand der Libellenblase um einen Strich verändert. Die Libelle ist um so empfindlicher, je kleiner ihre Angabe ist; die Empfindlichkeit richtet sich nach Art und Zweck der Libelle:

D o s e n l i b e l l e n zum schnellen Waagerechtstellen eines Instruments haben im allgemeinen eine Empfindlichkeit von 4'—10' auf 2 mm Entfernung auf dem Grundkreis.

R ö h r e n l i b e l l e n, i n t e c h n i s c h e W a s s e r w a a g e n eingebaut, haben eine Empfindlichkeit von 0,02—0,30 mm, oft auf dem Libellenglas verzeichnet; z. B. „0,20" bedeutet, bei einem Ausschlag der Libellenblase um einen Teilstrich wird ein Punkt in einer Entfernung von 1 Meter der Höhe nach um 0,2 mm verlegt; kurze Libellen haben meist nur eine Empfindlichkeit von 0,6 bis 0,8 mm. Als Winkelwert ausgedrückt beträgt die Empfindlichkeit etwa 2'—10'. Röhrenlibellen in a s t r o n o m i s c h e n I n s t r u m e n t e n besitzen eine Empfindlichkeit von 1" bis 4" (hochempfindlich), während sie in g e o d ä t i s c h e n I n s t r u m e n t e n eingebaut, etwa folgende Empfindlichkeiten für 1 Neupars = 2 mm aufweisen: als N i v e l l i e r l i b e l l e auf dem Fernrohr

von Nivelliergeräten	5"—30"
von Baunivellieren	15"—60"
von Theodoliten und Kippregeln rd.	30"
von Bautheodoliten	30"—60"

als H ö h e n k r e i s l i b e l l e meist 30" oder 60", selten darunter, als H o r i z o n t i e r l i b e l l e meist 30", als K r e u z l i b e l l e meist 60" (s. Angabe, Dosenlibelle, Röhrenlibelle).

Libellengenauigkeit: Bezeichnung für den wahrscheinlichen Fehler, unter dem eine Libelle zum Einspielen gebracht werden kann; sie ist abhängig von ihrer Empfindlichkeit, der Angabe ε: Die Genauigkeit beträgt bei Röhrenlibellen etwa $\pm 0{,}1 \cdot \sqrt{\varepsilon}$, bei Dosenlibellen etwa $\pm 0{,}25\sqrt{\varepsilon}$; d. h. bei einer Zielweite von 100 m ist nach Vertikalstellen der Stehachse mit Hilfe einer Röhrenlibelle, die eine Angabe von $\varepsilon = 30''$ (10") besitzt, mit einem Fehler der Höhe nach, nur durch den Einstellfehler bedingt, von ± 0,266 mm (± 0,154 mm) zu rechnen, während eine Dosenlibelle mit $\varepsilon = 4'$ (6') wahrscheinlich einen Fehler von ± 14,5 mm (± 17,8 mm) bedingen würde (s. Angabe).

Libellenradius: Radius der Schliffkurve einer Libelle; er beeinflußt die Empfindlichkeit der Libelle: je kleiner der Radius, desto größer die Krümmung, desto unempfindlicher die Libelle; je größer der Radius, desto kleiner die Krümmung, desto empfindlicher die Libelle auch bei schwachen Neigungen $r = \frac{\rho \cdot p}{\varepsilon}$, r bei Röhrenlibellen: 100—10 m, bei Dosenlibellen: 2—1 m.

ε	r	ε	r	ε	r
1″	412,53 m	20″	21,12 m	2′	3,43 m
4″	103,10 m	30″	13,75 m	4′	1 71 m
5″	82,50 m	60″	6,88 m	10′	0,69 m
10″	41,25 m				

Libellenquadrant: Gleiches Instrument wie der Sextant, bei dem der natürliche Meereshorizont durch einen künstlichen von Libellen gebildeten Horizont ersetzt wird. Auf genaue Justierung achten! (s. Horizont).

Lichtgeschwindigkeit: Sie beträgt rd. 300 000 000 m/sek., gleich der 7½fachen Länge des Äquators.

Lichtjahr (L.J.): Strecke, die das Licht in einem Jahr (31,56 Millionen Sekunden) mit einer Geschwindigkeit von 299 800 km/sek. zurücklegt: 1 L.J. = $9{,}461 \cdot 10^{12}$ km.

Lichtstärke des Objektivs: (s. Helligkeit).

Limbus: Bezeichnung für den Theodolitunterteil, der den Teilkreis trägt.

Linie: Altes Längenmaß; es gelten u. a. die Pariser L. = 2,256 mm (= 1 Pars bei Libellenteilungen), die rheinische L. = 2,18 mm; die englische Linie gilt noch und beträgt 2,117 mm (s. Teil D 10 a).

Liniennetz: Bezeichnung für das Netz der Messungslinien, das entsteht, wenn die Aufnahme der Grenzen einer Fläche nicht unmittelbar nach dem Strecken- oder Koordiatennverfahren oder mit Hilfe eines Polygonzuges erfolgen kann (s. C IV 1).

Linse: Körper aus fehlerfreiem optischen Glas mit nicht parallelen, sondern ausgewölbten (konkaven) oder nach außen gewölbten (konvexen) Flächen. Die Lichtstrahlen werden beim Durchgang durch eine Linse gebrochen (s. Optische Gesetze).

Ist die Linse auf einer Seite „eben“ („plan“) geschliffen, so wird sie als „plankonvex“, oder „plankonkav“ bezeichnet: beiderseits gewölbt geschliffene Linsen nennt man „bikonvex“ und „bikonkav“; eine einseitig konvex, einseitig konkav geschliffene Linse heißt konvex-konkav oder konkav-konvex (Meniskus = Halbmond-Linse).

Log (Fahrtmesser): Auf Schiffen benutztes Gerät zum Messen der Fahrgeschwindigkeit, Knoten, und der zurückgelegten Fahrstrecke in bestimmten Zeitabschnitten. Bei herrschenden Strömungen und Stürmen liefern diese Messungen sehr ungenaue, wenn nicht unbrauchbare Ergebnisse.

Logarithmus (Log): a) Für das praktische Rechnen: Der gemeine, Brigg'sche Logarithmus (lg) einer Zahl a ist die Zahl b, mit der man die Basis 10 potenzieren muß, um die 1. Zahl zu erhalten, also $\lg a = b$, wenn $10^b = a$ ist.

Wie $10 = 10^1$ und $100 = 10^2$ ist, kann auch jede Zahl zwischen 10 und 100 als Potenz von 10 ausgedrückt werden: $50 = 10^{1.69897}$; lg 50 ist also 1·69 897; 25 · 45 als Potenz von 10 ausgedrückt lautet:

$10^{1,39794} \cdot 10^{1,65321}$; Potenzen werden multipliziert, indem man ihre Exponenten addiert; Ergebnis: $10^{1,39794 + 1,65321} = 10^{3,05115} = 1125$.

Das Rechnen mit Logarithmen erleichtert das Rechnen mit großen Zahlen und Funktionen beim Multiplizieren und Dividieren, beim Potenzieren und Radizieren; es verlangt übersichtliches Schreiben der Zahlen!

Jeder Logarithmus besteht aus der „Kennziffer“ vor dem Komma und der „Mantisse“ hinter dem Komma; die Mantissenwerte sind in „Logarithmentafeln“ zusammengestellt.

Mit Vorteil wird bei der logarithmischen Division die dekadische Ergänzung angewandt (s. Teil B, II, 1 c).

b) in der höheren Mathematik wird mit dem natürlichen Logarithmus (ln) mit der Basis e = 2,718282 gerechnet. (Über Umrechnung s. Modul.)

Lot: Instrument zur Ermittlung der senkrechten Richtung zum Erdmittelpunkt. Verschiedene Arten: z. B. Faden, der durch Schwere eines angehängten Gewichts zum Schwerpunkt der Erde hin zeigt, also senkrecht zur Erdoberfläche steht. Man benutzt Lote zum Herstellen senkrechter, lotrechter Richtungen in der Bautechnik (meist Handlote), in der Vermessung zum Messen von Wassertiefen (Senklot) und zum Auf- und Abloten von Beobachtungs-, Ziel- und Festpunkten (Handlot mit und ohne Lotbock, optisches Lot. Abloteinstrument, Theodolit) (s. Echolot).

Lotbock oder Lotstand: Bock oder Stock mit angehängtem Lot als Hilfsmittel zum Auf- und Abloten von Punkten und zum senkrechten Aufstellen von Gerüsten, Rammen, Signalen usw. Vor Windeinfluß schützen!

Loten, Peilen: Bestimmung der Wassertiefen mit Peilleine und Peilstange, auch mit anderen Hilfsmitteln (s. C II, 2 c).

Lotstab: Metallstab, der mittels Dreifuß über einem Festpunkt zentrisch und lotrecht als Zielstab aufgestellt oder an ein Gerät (Theodolit oder Basislatte) zur Sichtbarmachung des Zentrums angehängt wird.

Luftbild: Photographische Wiedergabe eines Geländeabschnitts aus der Luft. Die Ermittlung der Längen aus Luftbildern erfolgt aus dem Verhältnis der Aufnahmeentfernung zur Brennweite und der Entfernung zweier Punkte in der Natur zu der in der Bildebene. Das Luftbild eignet sich besonders zur schnellen Aufnahme großer unerforschter Räume der Erdoberfläche, z. B. der Arktis bei Polarexpeditionen, der Wüste usw.

Luftbildmessung, Luftbildphotogrammetrie: Durchführung von Vermessungsarbeiten mit dem Luftbild als Grundlage.

Luftbildtriangulation: Vermessung des Erdbildes mit Hilfe von Luftbildern über zeichnerische Dreiecksmessung. Die Luftbilder erhalten bei der Aufnahme eine etwa 30%ige Überdeckung.

Luftdruck: Druck, den die atmosphärische Luft infolge der Schwerkraft auf ihre Unterlage ausübt. Er beträgt im allgemeinen in N. N. 760 mm Quecksilber auf einen qcm und nimmt mit der Höhe ab. Die Kenntnis des Luftdrucks ist für die Bestimmung von Höhen wichtig (s. barometrische Höhenstufe, barometrische Höhenmessung, s. C II, 2 c).

Luftphotogrammetrie: Photographische Aufnahme und Ausmessung von Teilen der Erdoberfläche meist unter Ausnutzung der Stereowirkung. Die Aufnahme erfolgt mit Hand- und automatischen Meßkammern verschiedener Art, während die Ausmessung entweder zeichnerisch unter Benutzung des Einzelbildes, mit Hilfe des Entzerrungsgeräts, durch Luftbildtriangulation oder unter Ausnutzung der Stereowirkung des Bildpaares bei 60 % Bildüberdeckung mit Hilfe von Stereoplanigraph, Aerokartograph usw. durchgeführt wird. Auf die Wichtigkeit der photogrammetrischen Großraummessung kann hier nur hingewiesen werden (s. Luftbild, s. Photogrammetrie).

M.

Magnet: Körper, der Eisenteile verschiedener Größe anzieht und festhält. Es gibt natürliche und künstliche Induktions- und Elektromagneten; zu den künstlichen Induktionsmagneten zählen die in den verschiedenen Arten von Bussolen und Kompassen verwandten Stabmagnete.

Magnetische Deklination: Abweichung (D) oder Mißweisung (Mw): Winkel zwischen der horizontal schwingenden Magnetnadel und dem geographischen Meridian; sie ist je nach der Lage des Ortes und der Ausschlagsrichtung der Magnetnadel vom magnetischen Meridian aus eine östliche oder eine westliche. Die Verbindungslinien der Orte mit gleicher Deklination heißen Isogonen (s. Deklination).

Magnetische Orientierung: Orientierung mit Hilfe der Magnetnadel, die bei Ausschaltung aller Fehlerquellen mit einem durchschnittlichen Fehler von ± 0,1° behaftet ist (s. Orientierung).

Magnetisches Azimut: Geographisches Azimut minus magnetischer Deklination, wenn geogr. Azimut von Nord über Ost, und die östliche Deklination positiv, die westliche Deklination negativ gerechnet wird.

Magnetisch-Nord (MaN): Richtung, in die der Nordpol einer in der Horizontalebene frei drehbaren, unbeeinflußten Magnetnadel zeigt.

Magnetisches Störungsgebiet: Gebiete mit großen Mißweisungsunterschieden (Nadelabweichungsunterschieden) auf kleinem Bereich.

Magnetnadel: Leichter Stabmagnet, meist in der Form einer spitzwinkligen Raute auf einer spitzen Nadel, der Pinne, mit einem Hartsteinhütchen als Lager frei schwingend aufgehängt. Sie hat auch die Form eines regelrechten Stabes oder eines Kastens; sie stellt sich durch Einwirkung der erdmagnetischen Kraft mit ihrem Nordpol auf den im Norden befindlichen Magnetpol der Erde, in ihrer Längsrichtung, also parallel zum magnetischen Meridian, ein.

Magnettheodolit: Vereinigung zwischen einem Theodoliten mit Horizontal- und Vertikalkreis und einer empfindlichen Magnetnadel, die sehr genaue Deklinationsmessungen ermöglicht; Magnetnadel und Pinne werden zur Erzielung genauer Ergebnisse in den einzelnen Beobachtungssätzen ausgewechselt.

Markscheiderausrüstung: Geräteausrüstung, die zur Durchführung der bergwerklichen Vermessungsarbeiten nötig ist: Theodolit mit Repetitionseinrichtung, Zwangszentrierung und Bussole, Markscheiderkompaß, Stahlmeßband bis zu mehreren 100 m Länge, Meßkette und Lot sind die Hauptgeräte. Für die Höhenmessung werden möglichst Nivelliergeräte mit Hängelatten verwandt; für Schlachtlotungen werden weitere Geräte erforderlich.

Markscheiderkompaß: Auch kleines Markscheidegerät genannt, Geologenkompaß mit Magnetnadel und Ausschaltevorrichtung der erdmagnetischen Inklination, Klappdiopter mit Hängeösen und Gradbogen mit Lot.

Markscheidekunde: Vermessung unter der Erdoberfläche in Bergwerken und in Gruben sowie in den Teilen der Erdoberfläche, die mit dem Bergbau in Verbindung stehen (s. Markscheiderausrüstung).

Marksteinschutzfläche: 2 qm große Fläche im Umkreis um einen Festpunkt, die Reichs- bzw. Landeseigentum ist.

Masse: Gewicht eines Körpers dividiert durch die Fallbeschleunigung (Fallbeschleunigung = 981).

Massenberechnung: Ermittlung von Erd-, Mauer-, Schuttmassen usw. als Grundlage für Kalkulation, Planung und Durchführung von Bauarbeiten. Die Massen werden im allgemeinen in Kubikmetern, bei Fachwerk in Quadratmetern, bei Holz und Eisen in laufenden Metern ausgedrückt (s. Schuttmasse, s. Simpsonsche Regel, s. Teil C, IV, 2).

Maß: Festgelegte Einheit, mit der die Größe anderer Körper der Länge, der Fläche, dem Winkel, dem Raum, dem Gewicht, der Zeit nach usw. verglichen wird (s. Normalmeter, Normalkilogramm).

Maßstab: 1. Vergleichendes Längenmaß mit einem Gegenstand (Meter). 2. Verhältnis der Strecken auf Karten und Plänen zur wirklichen Länge. Maßstab 1 : 100 000 besagt beispielsweise, daß 1 cm auf der Karte = 100 000 cm (1 km) in der Natur ist.

Große Maßstäbe: bis 1 : 25 000,
Mittlere Maßstäbe: 1 : 50 000 bis 1 : 200 000,
Kleinere Maßstäbe: 1 : 300 000 und darüber

(s. Kartenmaßstab, Längenmaßstab, Bildmaßstab und Teil D 5).

Mathematik: Wissenschaft, die sich mit den Zahlen, deren Eigenschaften und Verbindungen, deren Verhältnisse zueinander und deren Anwendbarkeit befaßt; sie teilt sich in die Arithmetik, die Lehre von den Zahlen, und die Geometrie, die Lehre von den Flächen und die Stereometrie, die Lehre vom Körper; zwischen ihnen steht die analytische Geometrie als Ausnutzung der arithmetischen Zahlenlehre für die Geometrie. Die Mathematik ist nicht nur Wissenschaft, sondern findet ihren Niederschlag in der angewandten Mathematik, in der darstellenden Geometrie, in der Astronomie, in der Nautik und in der Vermessung, im Wasser-, Wege- und Straßenbau, in der Physik, Mechanik und Statik (s. Arithmetik (Algebra); s. Geometrie (Trigonometrie, Goniometrie); s. Stereometrie).

Mauerbolzen: Eiserner Bolzen, mit den Buchstaben TP, als trigonometrische Festlegung in festem Mauerwerk; Mauerbolzen werden oft als exzentrische Festlegung von Hochpunkten, z. B. von Kirchturmspitzen am Fußpunkt des Gebäudes verwandt (s. Festlegung und Höhenfestpunkt).

Mauerstein: Normalmaß, Reichsformat (RF): 6,5 × 12 × 25 cm und 3,5 kg Gewicht. Zuweilen sind auch noch ältere Formate, meist kleinerer Ausmaße anzutreffen, z. B. Hamburger Format (HF) : 6,5 × 10,5 × 22 cm, Klosterformat 8,5 × 13,5 × 28,5.

Mauerwerkstärke: Stärke von Bauwerken aus Ziegelsteinen: ¼ Stein = 6 cm, ½ Stein = 12 cm, 1 Stein = 25 cm, 1½ Stein = 38 cm, 2 Steine = 51 cm. s. Umrechnung vom Flächen- zum Raummaß.

Meeresspiegel: Meist ist die Mittelwasserhöhe für die betreffende Wasseroberfläche gemeint; da die Seehöhe schwankt, wird an der Küste ein Punkt als Normal-Null (N. N.) und von da aus im Inneren des Landes in einer geologisch, wirtschaftlich und verkehrstechnisch ruhigen Gegend ein weiterer Punkt oder meist eine Punktreihe als Normal-Höhenpunkt (N. H.), von dem alle Höhenmessungen ausgehen, bestimmt und dauerhaft vermarkt. s. Normal-Höhenpunkt,

Meile: Längenmaß als Wegemaß; es ist zwischen geographischer und Landmeile zu unterscheiden.

a) georgaphische Meile $^1/_{15}$ Äquatorgrad = 4 Äquatorminuten: 7 420,43854 m (7,420 km)

Seemeile: $^1/_{60}$ Äquatorgrad = 1 Bogenminute eines Längenmeridians (v. 111,2979 km) (s. Faden = 1,852 m) 1 851,965 m (1,852 km)

Frz. Linie: $^1/_{25}$ Äquatorgrad = 4 452,260 m

b) Landmeilen:

deutsche Meilen Preußen u. Hamburg	= 7 532,485 m (2000 Ruten)
Bayern = 25 422 Fuß	= 7 420,438 m
Hannover = 1 587,5 Ruten	= 7 419,205 m
Sachsen = 32 000 Fuß	= 9 062,080 m
Württemberg = 26 000 Fuß	= 7 488,748 m
engl. Meile = 1760 Yards = 5280 Fuß	= 1 609,329 6 m (1,609 km)
österr. Meile = 4000 Klafter	= 7 585,946 m

Mercatorprojektion: Winkeltreue Zylinderprojektion, die hauptsächlich für großräumige Verkehrskarten, d. s. See- und Luftnavigationskarten, Kompaßkarten, Anwendung findet. Gleichbleibende magnetische Kurslinien bilden auf der Karte eine gerade Linie (Loxodrome). Äußere Merkmale: das Gradnetz ist rechteckig; die Längenmeridiane laufen in gleichen Abständen voneinander parallel; sie treffen sich also nicht in die Polen, sondern stehen auf den mit dem Äquator parallel laufenden Pollinien senkrecht; die Breitengradabstände nehmen nach den Polen hin zu (s. Gauss-Krügersches Koordinatensystem, Polyederprojektion).

Meridian (Mittagslinie, höchster Stand der Sonne): Größte Kreise auf der Erdkugel, die durch beide Pole gehen. Länge eines Quadranten nach Bessel = 10 000 855,76 m (s. Normalmeter).

Länge eines Meridiangrades rund 111 km; am Äquator rund 110,6 km, am Pol rund 111,7 km; bei 45° Breite rund 111,1 km (siehe Längenkreise).

Meridiankonvergenz (c): Der von Geographisch-Nord aus im Uhrzeigersinn gemessene Winkel zwischen Geographisch-Nord und Gitter-Nord. Winkel zwischen dem örtlichen Meridian und der Parallelen zur Abszissenachse.

Messungslinie: Fluchtlinie oder Polygonseite, die in einer zu einem aufzunehmenden Geländestück oder einer Fläche günstigen Lage abgesteckt wird, auf der im Laufe der Aufnahme alle Einbindemaße und Abszissenabstände der Ordinatenfußpunkte gemessen werden (siehe C IV 1).

Meßbalken: Präzisionsmeßbalken von Bessel zur genauen Ermittlung der Basislängen als Grundlage für die Reichs- und Landesdreiecknetze aus Eisen mit Zinkbelag und Schneideschuhen von 2 Toisen = 3,898 m Länge (s. B III, 1a).

Meßbild: Ein mit einer Meßkammer aufgenommenes Bild, bei dem mit Hilfe der Meßmarken der Bildmittelpunkt sowie die Brennweite des Objektivs, d. i. die Bildweite und meist auch die Horizontallage, erkennbar ist.

Meßkammer: Photokammer mit gutem Objektiv, ohne Randverzerrungen, in starrem Gehäuse, so daß die Platte stets den gleichen Abstand vom Objektiv hat, und mit Meßmarken, die sich auf jedem Bild abzeichnen und jederzeit die Herstellung des Bildmittelpunktes zulassen. Die Bildachse und optische Achse fallen zusammen.

Meßkeil: Keil aus Glas oder Stahl zur genauen Längenmessung kleinster Entfernungen, z. B. des Zwischenraums zwischen zwei Längenmeßwerkzeugen z. T. bis 0,01 mm Teilung, also 0,001 mm Schätzung.

Meßkette: 20 m langes Längenmeßgerät aus 50 cm langen Gliedern aus Stahldraht; die ganze Kettenlänge rechnet von Mitte zu Mitte der Anfangs- und Endringe; die Teilstrecken zählen von Mitte zu Mitte der einzelnen Kettenglieder; Meßketten für Grubenmessungen aus gesponnenem Draht haben verschiedene Längen. Für amtliche Messungen ist die Anwendung der Meßkette nicht zugelassen.

Meßlatte (Meßstange): Maßstab für Längenmessungen im Gelände, dessen Teilung je nach Bestimmungszweck zur leichteren Ablesemöglichkeit besonders gekennzeichnet ist. Es gibt Meßlatten von 3—5 m Länge, teils zur optischen Entfernungsmessung (Entfernungslatten [E-Latten]), teils zur unmittelbaren Längenmessung (Meßlatten). Die Meßlatten sind aus Holz gearbeitete Latten mit schwarz-weißem oder rot-weißem Farbanstrich, der jeden Meter wechselt; die Meter, halben Meter und Dezimeter sind durch verschieden geformte Nägel markiert; bei Schneidelatten sind die Enden der Latte mit einem eisernen Schneideschuh versehen. Zum Messen von Entfernungen werden die Latten so gelegt, daß die Schneiden kreuzweise aneinanderstoßen. Mit den Schneidelatten werden recht genaue Ergebnisse erzielt (s. Staffelmessung, s. Reduktion, s. Ausdehnungskoeffizient).

Meßskizze: Skizzenmäßige Darstellung der durchgeführten Winkel- und Längenmessungen.

Meßtisch: Genau zu horizontierender und zu orientierender 60×60 cm großer Zeichentisch, auf dem mit der Kippregel topographische Geländeaufnahmen (Meßtischaufnahmen, Meßtischblatt) durchgeführt werden (s. Kippregel, Entfernungslatte, Erdkrümmung, Kotentafel, Nivellierlatte).

Meßtischblatt: Topographische Karte 1 : 25 000 in Polyederprojektion, eine Gradabteilungskarte mit einer Breite von 10 Längenminuten, einer Höhe von 6 Breitenminuten und einem Flächeninhalt von etwa 120 qkm; es wurde bisher in Norddeutschland meist durch topographische Aufnahme mit Meßtisch und Kippregel hergestellt; das Meßtischblatt bildet die Grundlage für die Karte des Deutschen Reiches 1 : 100 000.

Metereologie (Wetterkunde): Lehre von den metereologischen Elementen und deren Bestimmung. Hierzu gehören die klimatischen Witterungsverhältnisse und deren Voraussage, Messungen in der Atmosphäre, Messungen von Luftdruck, -gewicht, -feuchtigkeit, der Mondrichtung und -geschwindigkeit, der Temperatur in den einzelnen Luftschichten, Niederschläge, Gewitter.

Metereologe: Wissenschaftlicher Berufszweig, der sich mit der Erforschung und Messung der metereologischen Elemente befaßt und als sachverständiger Berater an vielen Stellen eingesetzt wird.

Meterstab: Längeneinheit für das metrische Maßsystem, etwa gleich dem zehnmillionsten Teil des Erdquadranten zwischen Pol und Äquator (s. Normalmeter).

Mikromaße: Sehr kleine metrische Maße: Längenmaß: 1 Mikron (μ) = Mikromillimeter = $^1/_{1000}$ Millimeter = 1 Millionstel Meter. 1 Millimikron (μμ) = Millionstel Millimeter = $^1/_{1000}$ Mikron. Hohlmaß: Mikroliter (λ) = $^1/_{1000}$ ccm = 1 Millionstel Liter. Gewicht: 1 My (γ)

$= {}^{1}/_{1000}$ Milligramm $=$ 1 Millionstel Gramm. 1 MyMy ($\gamma\gamma$) $= {}^{1}/_{1000}\,\gamma$ $=$ 1 Millionstel Milligramm.

Mikrometerschraube: Schraube mit sehr feinem Gewinde und Meßeinrichtung zum Ermitteln kleinster Winkel und Körperstärken (siehe Theodolit).

Mißweisung (Mw): Winkel im eigenen Standpunkt zwischen Geographisch-Nord und Magnetisch-Nord. Er ist örtlich und zeitlich veränderlich (s. Deklination; s. Meridiankonvergenz; s. Nadelabweichung). Bei Ermittlung der Mißweisung sind die Zeiten um 8^h und 13^h als die Zeiten der größten täglichen Schwankungen der Magnetnadel zu meiden, während die Zeiten um 10^h und 18^h zu bevorzugen sind, da zu ihnen die geringsten Tagesschwankungen auftreten.

Mißweisungskarte (Nadelabweichungskarte, Isogonenkarte): Karte mit Linien gleicher Mißweisung (Nadelabweichung) mit Angabe der Bezugszeit sowie der Größe und Richtung der jährlichen Änderung der Mißweisung (Nadelabweichung).

Mittel: Mittelwert aus mehreren Einzelwerten; man unterscheidet arithmetrisches Mittel: Summe der Einzelgrößen dividiert durch deren Anzahl; z. B. $\frac{1}{4} \cdot (a+b+c+d)$, geometrisches Mittel: Quadratwurzel aus dem Produkt der Einzelgrößen: $\sqrt{a \cdot b}$ und harmonisches Mittel: Doppeltes Produkt der Einzelgrößen, dividiert durch ihre Summe: $\frac{2a \cdot b}{a+b}$

Mitteleuropäische Zeit (MEZ): Zeit des 15. Längengrades östlich Greenwich, gleich der Länge von Görlitz in Schlesien. Die MEZ eines Ortes wird durch Hinzufügen des Längenunterschiedes bei westlicher Lage, durch Abziehen des Längenunterschiedes bei östlicher Lage vom 15. Längengrad, in Zeit ausgedrückt, ermittelt. Die MEZ ist der Greenwicher Zeit um eine Stunde voraus (s. Zeitmaß, s. D 8).

Mittellängenkreis, Mittelmeridian: Mittlerer Längenkreis eines Gitterstreifens und gleichzeitig dessen Hochachse (Abszisse).

Mittlere Höhe einer Fläche: Einteilung der Flächen in gleichgroße Quadrate. Multiplizieren der auf den Kreuzungspunkten gemessenen Höhen mit der Anzahl der anstoßenden Quadrate; Summe dieser Ergebnisse dividiert durch die Summe der Multiplikationsfaktoren ist die mittlere Höhe (s. Teil C II, 2).

Mittlerer Sonnentag: Zeit zwischen zwei oberen Kulminationen der mittleren Sonne (24^h) oder 1 Sterntag $+ 3^m\,57^s = 24^h\,3^m\,57^s$.

Modul des Logarithmensystems (M): Faktor, der als Maßstab für die Umrechnung von Logarithmen dient. Für die natürlichen Logarithmen (ln) mit der Basis e $= 2{,}7182818$ ist $M_e = 1$, für die Briggschen Logarithmen (lg) mit der Basis 10 ist $M_{10} = 0{,}4342945$. Es gelten folgende Formeln:

a) $M_{10} = \lg e = \lg 2{,}71\,828\,18 = 0{,}4342945$

b) ${}^{e}\log a = \ln a = \frac{1}{M_{10}} \cdot \lg a = 2{,}3025851 \cdot \lg a$

c) ${}^{10}\log a = \lg a = M_{10} \cdot \ln a = 0{,}4342945 \cdot \ln a$

Mond: Himmelskörper mit der geringsten Entfernung von der Erde. Die Mondbahn beschreibt eine ellipsenähnliche Figur mit der Erde als Brennpunkt. Die Entfernung zwischen Mond und Erde beträgt zwischen 360 000 und 400 000 km. Die Ebene der Mondbahn ist gegen die Ebene der Erdbahn um 5° 8′ 48″ geneigt.

Die Masse des Mondes beträgt $^{1}/_{81}$ der Erdmasse, seine Dichte 0,62 der Erddichte, sein Volumen $^{1}/_{49}$ von dem der Erde, und sein Durchmesser beträgt rd. 3470 km.

Monokular: „Einglasiges“ Sehen im Gegensatz zu Binokular = „zweiglasiges“ Sehen. Einglas, monokulares Handfernrohr, Seefernrohr; Brille, Doppelglas, Doppelfernrohr; desgl. optische und geodätische Instrumente.

Morgen: Quadratisches Flächenfeldmaß, das ein Gespann an einem Morgen, Halbtag, pflügen konnte; ein hannoverscher Morgen mit rund 51,2 m Seitenlänge hat 120 Quadratruten oder 0,2621 Hektar; ein preußischer Morgen mit 180 Quadratruten oder gleich einem Quadrat von rd. 50,53 m Seitenlänge ist 0,2553225 ha (25,53 a) groß.

Multiplex: Kleines photogrammetrisches Auswertegerät zur kartographischen Einzelauswertung von Luftbildaufnahmen unter Ausnutzung der Stereo-(Raum-)wirkung (s. Stereokomparator).

Multiplikation: Eine der vier Grundrechnungsarten. Vervielfältigung: $a \cdot b = c$: a als die Zahl, die multipliziert wird, heißt Multiplikandus, b als die Zahl, mit der multipliziert wird, Multiplikator und c als Ergebnis das Produkt von a und b (s. Logarithmus).

Multiplikationskonstante (k): Gleichbleibende Vervielfältigungszahl, mit der die zwischen den Entfernungsfäden des Fernrohrs an der Entfernungslatte abgeschnittene Strecke, der Lattenabschnitt 1, multipliziert werden muß, um die zu ermittelnde Entfernung zu erhalten; sie ist meist rd. 100, doch kann man auch Geräte, meist Kippregeln, mit der Multiplikationskonstanten 200 antreffen. Jedes Gerät ist daher vor dem praktischen Gebrauch daraufhin zu prüfen! (s. Additionskonstante).

N.

Nadelabweichung (ν), auf Karten mit Gitternetz: Winkel zwischen der Einstellung der Magnetnadel parallel zum magnetischen Meridian (Magnetisch Nord) und der Parallelen zur Nord-Südrichtung (Abszissenachse) des Gitternetzes (Gitter-Nord) (s. Deklination, Mißweisung; s. Meridiankonvergenz).

Nadelverbesserung: Winkel zwischen der frei einspielenden Magnetnadel und der Zielachse des Fernrohrs. Sie wird für jedes Bussolengehäuse festgestellt. Die Nadelverbesserung b l e i b t u n v e r ä n d e r t, solange am Bussolengehäuse keine mechanischen Veränderungen vorgenommen werden.

Nadir (Fußpunkt): Der Punkt des Himmels, der in Verlängerung des Lotes vom Standpunkt des Beobachters aus auf der entgegengesetzten Seite der scheinbaren Himmelskugel liegt (s. Gradnetz c; s. Teil D, 12 b 2).

Nadirpunkttriangulation: Zeichnerische oder optische Triangulation über den Bildnadir, den Fußpunkt der Luftbildaufnahme, mit Hilfe verschiedener Verfahren.

Nautisches Dreieck: Bezeichnung für das sphärische Dreieck Zenit-Pol-Stern an der Himmelskugel als das für alle astronomischen Berechnungen grundlegende Dreieck (s. Teil D, 12 b 2).

Neigungsmesser: Hilfsmittel zur Feststellung des Höhen-(Tiefen)winkels, meist zur Umrechnung der in unebenem Gelände schräg zur Horizontalen gemessenen Längen auf die horizontale Länge in verschiedenen Ausführungen: Der Libellen-Neigungsmesser von Wimmer erspart die Rechenarbeit, indem der Zeiger nach eingespielter Libelle an einem Gradbogen das für die 5 m-Meßlatte jeweils gültige Reduktionsmaß (r) oder Zulegemaß (z) angibt. In gleicher Art wird der Pendel-Neigungsmesser Phönix (Pendel mit Libelle als Zeiger) angewandt. Neigungsmesser mit Visierlupe ermöglichen Ablesung des Neigungswinkels in Grad und in Prozenten. Der Neigungsmesser System Röhr läßt die Messung von Winkeln und von Steigungsprozenten zu.

Neigungswinkel, Richtungswinkel (ν oder '): Winkel im eigenen Standpunkt zwischen der Richtung der Parallelen zur Abszissenachse und der Richtung zum anderen Fest- oder Neupunkt (s. auch Richtungswinkel).

Nettoregistertonne: Hohlmaß zur Angabe des Rauminhalts (reiner Laderaum) eines Schiffes nach Abzug des Raumes für Wohn-, Maschinen- und Wirtschaftszwecke (s. Bruttoregistertonne).

Netzbild: Während und nach Beendigung der trigonometrischen Arbeiten geführter Plan, in den die beobachteten Richtungen und Strecken eingetragen werden. Das Netzbild gibt jederzeit Aufschluß über den Stand der Feld- und Rechenarbeit, für deren Ansatz es ein unentbehrliches Hilfsmittel ist, bis es schließlich eine Übersicht über die endgültige Triangulation gibt. Das Netzbild wird zweckmäßig für die einzelnen Phasen getrennt geführt. (Erkundung, Feld- und Rechenarbeit, abgeschlossene Bestimmungsübersicht.)

Netzentwurf: Netzbild der beabsichtigten Triangulationsarbeiten im Maßstab 1 : 25 000 auf Pauspapier.

Netzorientierung (s. Orientierung).

Netzverdichtung: Einschaltung von Neupunkten, die entweder bei einer genügenden Anzahl von Festpunkten höherer Ordnung als Ausgangspunkte durch „Einschneiden“ oder bei Vorhandensein nur einer geringen Anzahl von Festpunkten oder bei sehr abgelegenen Festpunkten höherer Ordnung vorhandene Dreiecksseiten als Basis benutzend, durch „Einketten“ bestimmt werden.

Neugrad (^{g}): Winkelmaß; der 400. Teil des Kreises: Er wird nach dem System der Zentisimalteilung in 100 Minuten (^{c}), diese wieder in 100 Sekunden (^{cc}) unterteilt (s. D, 7 a bis c).

Neupunkt (N): In seiner horizontalen und vertikalen Lage im geographischen Netz oder einem rechtwinkligen Koordinatensystem neu zu bestimmender Punkt.

Nivellement: Geometrische Höhenbestimmung, bei der die Lage von Punkten der Höhe nach zu einander und zu einem Niveau, zu einer horizontalen Ebene oder zu einer der Erdoberfläche parallelen Ebene, die senkrecht zur Richtung der Schwerkraft steht, über den senkrechten Abstand paralleler Linien oder Flächen zueinander bestimmt wird (s. Landeshorizont).

Ein Nivellement kann gelegt werden zur Bestimmung

a) einzelner Punkte — Punktnivellement — von Punkten des Reichs-, Landes- oder städtischen Höhennetzes ausgehend, als Grundlage zur Aufnahme von Längs- und Querprofilen, von Flächennivellements, für Geländeaufnahmen und für Bauvorhaben.

Die genaueste Höhenbestimmung ist das Präzisionsnivellement, das mit den besten Nivelliergeräten mit einer Genauigkeit von weniger als 1 mm/1 km durchgeführt wird (s. Höhennetz);

b) ganzer Linien zur Herstellung von Längs- und Querprofilen;
c) ganzer Flächen — Flächennivellement — zur Herstellung von Höhenplänen, zur Ermittlung der genauen Bodenform für Bauplanungen und Erdmassenberechnung; das geometrische Flächennivellement wird nur bei Flächen mit geringen Höhenunterschieden angewandt, während in bergigem Gelände die tachymetrische Aufnahme bevorzugt wird.

Nivellements-Mauerbolzen: Festlegung von Höhenfestpunkten I. Ordnung.

Nivellementspunkt: Höhenfestpunkt, der durch die staatliche Vermessungseinrichtung im Zuge der Höhenmessung geschaffen und festgelegt worden ist (s. Höhenfestpunkt).

Nivellementsschleife: Fortlaufendes Nivellieren zum Ausgangspunkt zurück; die Strecken des Hauptnivellements haben eine Länge von etwa 300—350 km.

Nivellementsverzeichnis: Zusammenstellung der Höhenwerte der vermarkten Nivellementspunkte.

Nivellementszug oder Streckennivellement: Fortlaufendes Nivellieren von einem Höhenfestpunkt ausgehend und auf einem anderen abschließend (Punkteinschaltung); seine Länge beträgt beim R.f.L. bis zu etwa 100 km.

Nivellierband: 3—5 m langer, etwa 8 cm breiter Wachstuchstreifen mit der gleichen Zentimetereinteilung wie auf der Nivellierlatte; es wird zum Transport gerollt getragen, zum Gebrauch auf einer Latte aufgespannt.

Nivellieren, einwägen: Feststellen des Höhenunterschiedes h zweier Punkte voneinander als Vertikalabstand zwischen den durch die beiden Punkte gehenden parallelen Geraden oder Flächen mit einer Genauigkeit von ± 1 mm bis ± 1 cm. Der ermittelte Höhenunterschied wird entweder in Verbindung zu N. N. gebracht oder besitzt nur örtlichen Wert im Bereich des Baugeländes. Als Instrumente werden benutzt: Hydrostatische Geräte (Geräte in Verbindung mit Wasser z. B. die Kanalwaage), einfache Libellengeräte (Setzlatte) und Nivelliergeräte (Libellengeräte in Verbindung mit einem Fernrohr).

Beim Nivellieren wird von höhenmäßig bekannten Punkten ausgegangen und auf ebensolchen in Nivellementszügen oder -schleifen geendigt. Zur reinen Feststellung der Form des Baugeländes und der höhenmäßigen Lage bautechnisch wichtiger Punkte zueinander als Grundlage für die Durchführung von Bauten jeglicher Art kann der Anschluß an das Höhenfestpunktnetz unterbleiben. Bei örtlichen Netzen sind Höhenzahlen unter Null unzulässig.

Die horizontale Visierlinie des Nivellierinstruments, die Sehlinie, trifft die rückwärts (r) und vorwärts (v) aufgestellte Nivellierlatte an irgend einer Stelle ihrer Maßstabsskala. Die Differenz dieser Lattenablesungen ist der Höhenunterschied beider Punkte $h = r - v$ (s. Teil C II, 2 a).

Nivellierinstrument: Gerät zur Feststellung einer Niveaulinie zum Nivellieren. Man kann drei Gruppen unterscheiden:

1. Das einfachste Gerät ist die Wasserwaage nach Art der „Kanalwaage" mit ihren Abarten, offen und geschlossen (s. Kanalwaage).
2. Pendelwaage, vom einfachen Handlot, seiner Verbindung mit einem Glasprisma bis zum Pendellot mit Diopterziellinie in der

Waagerechten. Beide Gruppen sind für Höhenmessungen mit geringer Genauigkeitsforderung geeignet.

3. **Optisches Nivelliergerät** mit guter Libelle und Fernrohr, oft mit Entfernungsfäden oder -strichen, und mit Teilkreis zur Messung von Seitenwinkeln (s. Angabe, Libellenempfindlichkeit).

Es gibt Nivelliergeräte verschiedener Ausführungen:

nach Art der Horizontalstellung der Zielachse: solche, bei denen vor Beginn der Messungen die Libellen- und Zielachse in die senkrechte Lage zur Vertikalachse (Stehachse) gebracht werden muß und solche, bei denen die Horizontalstellung der Zielachse mit Hilfe der Kippschraube vor jeder einzelnen Ablesung erfolgt,

nach Art der Verbindung der Libelle mit dem Fernrohr: Geräte mit fester Verbindung Libelle-Fernrohr, mit drehbarem Fernrohr mit fester Libelle, Reitlibelle oder Wendelibelle und Geräte, bei denen die Libelle fest mit dem Fernrohrträger bei in seinen Lagern drehbarem Fernrohr verbunden ist.

Nivellierlatte: Maßstab aus Holz von 3, 4—5 m Länge mit übersichtlicher schwarz-rot-weißer Zentimetereinteilung und Dezimeterbezifferung zur Messung des senkrechten Abstandes der Horizontalebenen beim Nivellieren in Verbindung mit einem Nivellierinstrument oder einem Theodoliten, deren gute Optik auch Ablesung auf Millimeter durch Schätzung zuläßt.

Dekadische Nivellierlatten tragen neben der Dezimeterbeschriftung noch deren dekadische Ergänzung, meist in roter Farbe (also 11 u. x88, 12 u. x87); sie sind besonders für die „Vorblick"-Ablesungen geeignet, da sie die notwendige Subtraktion (r-v) in eine Addition (r + v - 100) umwandeln und so die Auswertung erleichtern. Während vorgenannte Nivellierlatten auch „sprechende Latten" heißen, gibt es veraltete Nivellierlatten, meist in Verbindung mit der Kanalwaage, die als „stumme Schiebelatte" bekannt sind: Eine Scheibe wird in die Niveauebene eingewinkt; der Gehilfe liest dann an der Rückseite der Latte die Höhe der Zielebene ab (s. Geometermaßstab, s. Wendelatten). Nach Art ihrer Bauart werden Klapplatten und Schiebelatten unterschieden.

Nivelliertachymeter: Nivellierinstrument mit Teilkreis und Entfernungsfäden für optische Entfernungsmessung; in ebenem Gelände zu Tachymeteraufnahmen geeignet.

Nonius: Hilfsmittel zur genaueren Ablesung von Teilungen jeglicher Art, indem einer Strecke (einem Winkel) von 10 Teilen auf der gleichen Streckenlänge eine solche von 9 Teilen gegenübergestellt wird; die Noniusteilung gestattet dann „Einerablesung" oder die Ablesung einer anderen kleineren Teilung, z. B. Minuten, 15-Sekunden.

Nordrichtungen: Die im Vermessungswesen vorkommenden Nordrichtungen sind:

a) Geographisch Nord, Astronomisch Nord: nördlicher Endpunkt der Erdachse, Schnittpunkt aller Meridiane, Richtung des westlichen und östlichen Kartenrandes bei Gradabteilungskarten;

b) Magnetisch Nord: Schnittpunkt der magnetischen Meridiane, Einstellungsrichtung der ungestörten Magnetnadel (s. Nadelabweichung, Meridiankonvergenz, Mißweisung);

c) Gitternord, Geodätisch Nord: Richtung der Parallelen der zum jeweiligen Nullmeridian parallel laufenden Hoch-Gitterlinien, Abszissenachse, eines rechtwinkligen Gitternetzes (s. Teil D, 12 a 2).

Nordstern: s. Polarstern.

Normal-Höhenpunkt (N. H.): Festlegung des Landeshorizonts im Binnenfestland, 37,000 m über N. N., früher an der Sternwarte am Enckeplatz in Berlin (1879—1912), nach deren Abbruch in Gegend Hoppegarten, 39 km ostw. von Berlin durch fünf unterirdisch gut vermarkte Höhenpunkte auf voraussichtlich geologisch festem und standsicherem Gelände; wichtige Höhenmessungen werden von N. H. aus durchgeführt (s. Landeshorizont).

Normal-Kilogramm: Festgelegte Gewichtsmasse als Einheit des metrischen Gewichtssystems, das in Bréteuil nördlich Paris als Normal-Kilogramm aufbewahrt wird. Die Einzelstaaten besitzen als Urmaß Nachbildungen davon.

Normal-Meter: Festgelegter Maßstab als Einheit des metrischen Längenmaßsystems als der zehnmillionste Teil des Meridianquadranten; als gültiges Maß gilt die Entfernung der beiden Endmarken des in Bréteuil nördl. Paris aufbewahrten Normal-Meters bei 0° Celsius. Die Einzelstaaten haben als Urmaß Nachbildungen des Normal-Meters erhalten (= 0,513 074 Toisen oder 443,296 Pariser Linien). Deutschland besitzt Nr. 18, das in der Physikalisch-technischen Reichsanstalt aufbewahrt wird.

Normal-Null (N. N.): Festgelegter Höhen-Ausgangspunkt im Landeshorizont, die Höhe des Mittelfahrwassers des Amsterdamer Pegels, der zunächst für Preußen, jetzt für das ganze Reich gilt. Meist sind die Normal-Nullpunkte nicht unmittelbar an ihrer Bezugsstelle, sondern an anderen höher und sicherer gelegenen Punkten dauerhaft vermarkt, wo sie den Namen „Normal-Höhenpunkt" (N. H.) führen (siehe Hamburger Null (H. N.), s. Landeshorizont, s. Normalhöhenpunkt).

Null-Meridian: Längenkreis, von dem die Bezifferung der Längenkreise ausgeht. Für die deutschen Vermessungswerke ist der Längenkreis der Sternwarte von Greenwich Null-Meridian (s. Greenwich).

Normalpunkt (M): Teilungsmittelpunkt der Libelle.

O.

Objektiv: Der dem Objekt, dem angezielten Gegenstand, zugewandte Teil eines Fernrohres (Ausblick).

Objektivöffnung: Wirksamer Durchmesser der Objektivlinse; sie beträgt im Durchschnitt bei Nivellieren etwa 30—40 mm, bei Theodoliten etwa 20—30 mm.

Öffnungsverhältnis einer Linse: Verhältnis des wirksamen Durchmessers einer Linse zur Brennweite; eine Linse von 5 cm Durchmesser und 25 cm Brennweite hat ein Öffnungsverhältnis von 5 : 25 = 1 : 5 oder f = 5.

Örtliches Koordinatennetz: Koordinatensystem, das nicht an das Reichsfestpunktnetz angeschlossen, sondern nur für örtliche Messungen geschaffen ist; örtliche Systeme finden oft in der städtischen und in der Forstvermessung Anwendung.

Okular: Der dem Auge (oculus) zugewandte Teil eines Fernrohres (Einblick).

Optische Gesetze: Die in geodätischen Geräten eingebauten Prismen und Linsen unterliegen vornehmlich folgenden optischen Gesetzen:

a) Trifft ein Lichtstrahl senkrecht auf die Trennungsfläche zweier Mittel verschiedener Dichte auf, so geht er gerade hindurch.
b) Trifft ein Lichtstrahl schräg auf die Trennungsfläche, so wird er von seiner ursprünglichen Richtung abgelenkt, gebrochen, und zwar
   α) beim Übergang in ein optisch dichteres Mittel zum Einfallslot hin,
   β) beim Übergang in ein optisch duenneres Mittel vom Einfallslot weg.
c) Zwischen dem Einfallswinkel α und dem Brechungswinkel β besteht für je zwei Mittel ein festes Verhältnis: $\frac{\sin \alpha}{\sin \beta} = n$ (Brechungszahl). Brechungszahl der Luft = 1
d) Wird $\beta = 90^0$ ($\sin \beta = 1$), so geht der Lichtstrahl nicht mehr in das optische dünnere Mittel, sondern wird an der Trennungsfäche total reflektiert; der „Grenzwinkel" ist für jedes Mittel verschieden (s. Winkelprisma, Wollastonsches Prisma).
e) Geht ein Lichtstrahl nicht durch einen Körper hindurch und wird nicht von ihm verschluckt, so wird er total reflektiert; der Einfallswinkel ist gleich dem Ausfallswinkel.

Für den Strahlengang durch konvexe L i n s e n gelten weitere Gesetze:
f) Lichtstrahlen, die durch den optischen Mittelpunkt gehen (Hauptstrahlen), laufen außer einer kleinen Parallelverschiebung (siehe b) α und β gerade hindurch.
g) Lichtstrahlen, die parallel zur optischen Achse einfallen, gehen durch den Brennpunkt F; parallele Strahlen schneiden sich in der Brennebene.
h) Lichtstrahlen, die durch den Brennpunkt gehen (Brennstrahlen), werden so gebrochen, daß sie parallel zur optischen Achse weiterlaufen.
i) Lichtstrahlen, die von Gegenständen, die w e i t e r a l s die d o p p e l t e B r e n n l ä n g e entfernt sind, ausgehen, erzeugen i n n e r h a l b der Brennweite ein verkleinertes umgekehrtes Bild (Objektiv).
k) Lichtstrahlen, die von Gegenständen, die i n n e r h a l b d e r B r e n n w e i t e (z. B. Bild von i) liegen, ausgehen, erzeugen auf der gleichen Seite der Linse ein v e r g r ö ß e r t e s und g l e i c h g e r i c h t e t e s Bild; Linse = Vergrößerungslupe (Okular).

Optisches Glas: Material für Prismen und Linsen: Kronglas = bleifreies Glas; Flintglas = bleihaltiges Glas. Relative Brechungszahl gegen Luft f. Kronglas: n = 1,52; f. Flintglas: n = 1,61.

Optische Längenmessung: Ermittlung einer Strecke mit Hilfe feststehender oder gemessener kleiner Winkel:

Mit f e s t s t e h e n d e m W i n k e l wird eine Strecke über die auf der Strichplatte eines Fernrohrs horizontal liegenden Entfernungs-(Distanz-)Fäden nach einer vertikal stehenden Entfernungslatte gemessen. Unter Berücksichtigung der Multiplikationskonstanten (meist k = 100), der Additionskonstanten ($c \sim 0{,}30$ m) sowie der durch den Neigungswinkel α notwendigen Streckenreduktion (r) und der durch Schrägbeobachtung zur Entfernungslatte verursachten Horizontalkorrektion verkleinert sich die aus dem Lattenabschnitt l ermittelte Entfernung (E) auf die Horizontalentfernung : $s = E \cdot \cos^2 \alpha$.

Mit Hilfe von beobachteten Winkeln wird eine Strecke nach den feststehenden Zielmarken einer waagerecht und lotrecht zur Zielachse des Winkelmeßinstruments stehenden 1 m-, 2 m-, 3 m-Basismeßlatte gemessen, wozu Theodolite mit Repetitionseinrichtung oder mit einer

Tangentialmeßschraube besonders geeignet sind. Die durch eine Winkelmessung ermittelte Strecke ist **stets** die Horizontalentfernung (s. Repetitionsmessung, s. Basismeßlatte).

Optisches Lot: Optisches Instrument, das entweder in andere Instrumente, z. B. in das Theodolitgehäuse eingebaut oder als selbständiges Gerät hergestellt wird; es dient zur Zentrierung über Bodenpunkten oder unter Hochpunkten mit ± 0,2 mm Genauigkeit.

Ordinate: Der zur Bestimmung eines Punktes gehörende Abschnitt auf der y-(Ordinaten-)Achse eines Koordinatensystems, der die Entfernung vom Koordinatenausgangspunkt angibt. Auch Bezeichnung für die Lotlängen von den Fußpunkten einer Ausgangslinie, die als x-(Abszissen-) Achse angenommen wird, z. B. bei Flächenaufnahmen von der Messungslinie, bei Längs- und Querprofilen vom Landeshorizont, bei Flußquerschnitten von der Peillinie.

Orientierung: Eindrehen der Karte oder des Vermessungsnetzes in die richtige Lage in der Natur oder im Koordinatennetz: Sich unter Festlegung der Himmelsrichtung im Gelände zurechtfinden: **Geländeorientierung**, wozu oft die Nordnadel als Hilfsmittel benutzt wird. Im Vermessungswesen gibt es noch die **Stationsorientierung**; sie ist der Richtungswinkel nach dem Anschlußpunkt, der zu jedem beobachteten Winkel einer Station addiert wird, wodurch sämtliche Winkel zu „beobachteten Richtungswinkeln", von Gitter Nord zählend, werden; zur Durchführung einer sauberen Stationsorientierung werden zweckmäßig Gegenrichtungswinkel aus allen Quadranten benutzt. Die Stationsorientierung des Mißtisches wird durch Eindrehen nach Norden oder Anrichten mehrerer Ziele erreicht. Die **Netzorientierung** ist das Eindrehen eines ganzen Vermessungsnetzes in bereits vorhandene geodätische Grundlagen oder in die geographisch richtige Lage auf Grund astronomischer Beobachtungen (s. astronomische Orientierung, s. magnetische Orientierung).

In der Photogrammetrie gibt es noch die „Innere Orientierung" des Meßbildes, die durch die Festlegung des Bildmittelpunktes mittels der Meßmarken und der Kenntnis der Brennweite des Objektivs gegeben ist.

Orterkompaß: Im Flugzeug, auf Fähren oder im Kraftwagen eingebauter Kompaß, meist in Flüssigkeit gelagert, zur Festlegung der Fahrt- bzw. Flugrichtung (s. Kompaß, Routenaufnahmen).

Örtliches Netz: Festpunktnetz, das als zusammenhängendes Netz ohne Anschluß an eine Landesvermessung aufgebaut ist. Es besitzt somit nur örtliche Gültigkeit in einem begrenzten Gebiet, im Gebiet einer Stadt, Insel, einer Großbaustelle (s. Hilfskoordinaten).

Oszillograph: Photographischer Aufnahmeapparat zur Sichtbarmachung und Meßbarkeit von Wechselströmen und Schwingungen.

P.

Pantograph (Storchschnabel): Parallelogrammähnliches Gerät, mit dessen Hilfe Zeichnungen und Pläne umgezeichnet, d. h. vergrößert oder verkleinert werden.

Papiereingang: s. Kartenschrumpfung.

Parabel: Aneinanderreihung von Punkten, die von einem Punkt (Brennpunkt) und einer Linie (Leitlinie) gleichweit entfernt sind. Die Entfernung zwischen Brennpunkt und Leitlinie heißt der Parameter der Parabel.

Parallelkreis (Breitenkreis): Kreis auf der Erdoberfläche, der senkrecht auf dem Meridian steht (s. Gradnetz, Polarkreis und Wendekreis, s. Teil D, 12 a u. b).

Parallelogramm: Viereck mit je zwei parallelen, verschieden langen Seiten; die Winkelsumme beträgt 360° = 4 R.

Parameter: Konstante, von der die Gestalt einer Kurve abhängt.

Parallaxe (Abweichung): Änderung des scheinbaren Ortes eines Gegenstandes bei der Betrachtung von zwei verschiedenen Punkten (Blickrichtungen) aus, z. B. des Fadenkreuzes im Fernrohr bei nicht genauer Fokussierung (Scharfeinstellung) des Zielbildes. Einstellparallaxe: Abweichung der Bildebene von der Fadenkreuzebene (s. Sonnenparallaxe).

Pars (p): Teilwert auf Röhren- und Dosenlibellen = 1 Pariser Linie = 2,256 mm, ein Neupars = 2 mm (s. Angabe).

Peilleine: Leine, meist aus Gußstahldraht mit eingeflochtenen Zahlen- und Entfernungsmarken als Abszissenlängen zum Aufnehmen von Flußprofilen; in verschiedenen Längen von 15—200 m (s. Querschnitt, s. C II 2 e).

Peilstange Meßlatte mit Dezimeterteilung und Brett zum Aufsetzen auf den Grund, aus Holz oder Metallrohr von etwa 7 m Länge zur Messung der Ordinatenlängen in Verbindung mit der Peilleine beim Aufnehmen von Flußprofilen.

Pentagonprisma, Fünfseitprisma: Vierseitiges Prisma mit abgeschnittener 45°-Ecke aus Raumgründen, wodurch ein Fünfseitprisma entsteht; es dient zum Abstecken von rechten Winkeln, in der Zusammensetzung als Doppelprisma auch zum Einfluchten zwischen zwei Punkte unter gleichzeitiger Ermittlung des Lotpunktes vom oder zum dritten Punkt. Der Strahlengang ist durch zweimalige totale Reflexion an den beiden Spiegelflächen bedingt (s. Brechungszahl, optische Gesetze, Strahlenbrechung, Prisma, Wollastonsches Prisma).

Peripheriewinkel (Umfangswinkel): Ein Winkel, dessen Scheitel auf dem Umfang des Kreises liegt und dessen Schenkel durch die Endpunkte einer Sehne gehen; er ist halb so groß wie der zugehörige Mittelpunktswinkel über der gleichen Sehne.

Pfeilhöhe, Bogenhöhe (h): Lotrechte Entfernung zwischen der Sehnenmitte und dem Scheitelpunkt des Gradbogens, aus der der Bogenhalbmesser ermittelt werden kann: $r \approx \frac{s^2}{8\,h}$ (s. Sehnenabschnitt).

Photogrammeter: Berufszweig des Geodäten, der sich hauptsächlich mit photogrammetrischen Arbeiten befaßt.

Photogrammetrie, Bildmessung: Vermessung des Erdbildes mit Hilfe des Lichtbildes, meist unter Ausnutzung der Stereowirkung von zwei in ihrer Lage zu einander bestimmbaren Punkten aus. Sie hat besondere Bedeutung bei der Vermessung von großen Räumen (Großraummessung in der Arktis, in der Wüste), von unwegsamem Gelände (Gebirge, Forschungsexpedition, z. B. Himalaja) und von Geländeabschnitten für technische Zwecke (Bau von Straßen, Sperrmauern). Je nach Aufnahmeart unterscheidet man Erd- und Luftphotogrammetrie; Erdaufnahmen werden mit dem Phototheodoliten, Luftaufnahmen mit einer Hand- oder Reihenbildkammer oder anderen Spezialkammern ausgeführt.

Die Ausmessung der Meßbilder erfolgt entweder über das Einzelbild im zeichnerischen oder optischen Triangulationsverfahren (Luftbildtriangulation) oder über Bildpaare unter Ausnutzung der Stereowirkung (Stereophotogrammetrie) mit Hilfe von Bildmeß- und Bildkartiergeräten.

Die Erdphotogrammetrie eignet sich besonders für Aufnahmen in gebirgigem Gelände; doch macht ihr auch hier die Luftphotogrammetrie den ehrenvoll erworbenen Platz mit Erfolg streitig (s. Stereophotogrammetrie).

Phototheodolit: Theodolit als photogrammetrisches Aufnahmegerät zur Herstellung von Erdaufnahmen in Verbindung mit einer photographischen Meßkammer, Tangentialmikrometerschraube für Basismessung, fünfseitigem Winkelprisma und Zielfernrohr zum genauen Parallelstellen der Bildachsen auf den Aufnahmestationen an den Basisendpunkten.

Planeten: Sterne unseres Sonnensystems, die neben der täglichen Bewegung noch eine eigene durchführen (vorläufig oder rückläufig gegenüber der Sonne).

Planieren: Die Erdoberfläche auf eine bestimmte „Plan"höhe, Planum, bringen (s. Mittlere Höhe).

Planimeter (Flächenmesser): a) Instrument verschiedener Ausführung zur mechanischen Flächeninhaltsermittlung; mit dem Fahrstift werden die Grenzen der Fläche abgefahren, die Zahl der Umdrehungen der Meßrolle wird abgelesen, aus der sich durch Multiplikation mit einer Konstanten der Flächeninhalt ergibt. Auf Prüfung des Planimeters mit dem Kontrollkreis, auf Ermittlung der durch Papiereingang beeinflußten Vergleichsgröße einer bekannten Fläche sowie auf Sauberkeit des Plans muß geachtet werden. Die zu ermittelnde Fläche wird zweckmäßig in beiden Richtungen je dreimal umfahren.

b) das Harfenplanimeter dient zur graphischen Flächenbestimmung und besteht aus durchsichtigem Klarzellpapier mit aufgedruckten oder selbstgezeichneten parallelen Graden in Abständen je nach dem Maßstab in etwa 2—10 mm Entfernung; besonders geeignet zur Ermittlung langgestreckter Flächen mit unregelmäßigen Grenzlinien und den Flächen von Querprofilen.

Planum: Planierte Fläche des Erdkörpers, Oberfläche des Unterbaues als Grund für den Bau von Straßen, Wegen und Gleiskörpern sowie von Bauten jeglicher Art.

Planzeiger: Hilfsmittel, um aus Karten mit Gitternetz die Koordination eines Punktes zu entnehmen oder einen koordinatenmäßig bekannten Punkt in einen Plan oder eine Karte einzutragen. Meist 5-m-Ablesung.

Plattensucher: Eiserne Stange mit einer Spitze an einem, mit einem Querstab am anderen Ende und einer Marke bei 0,90 m Länge (Pfeilerhöhe); er wird zum Überprüfen der wahrscheinlich richtigen Lage eines T. P. benutzt, indem er an mindestens drei Seiten eines T.P.-Pfeilers entlang senkrecht in die Erde gestoßen wird; klingendes Aufstoßen und Abschneiden der Marke mit Pfeileroberkante gibt die Gewähr dafür, daß der Pfeiler auf der Platte steht. Genaue Lage des T.P., Plattenkreuz, ist nur durch Aufgraben und Richtungswinkelkontrolle zu überprüfen (s. Kontrolle und trigonometrischer Punkt).

Polarachse: Verbindungslinie vom geographischen Nordpol zum Südpol.

Polarkoordinaten: Lagenangabe für einen Punkt durch Festlegung des Richtungswinkels von einem Festpunkt aus und der dazugehörigen Entfernung (s. Abriß).

Polarkreis: Parallelkreise von 66,5° nördl. und südl. Breite (s. Gradnetz, Parallelkreis, Wendekreis (s. Teil D, 12 a 1).

Polarstern (Nordstern): Äußerster Schwanzstern des Sternbildes „Kleiner Bär"; er ist rd. 1° vom Nordpol entfernt und dient daher leicht zur Orientierung.

Polhöhe (φ): Neigungswinkel der Himmelsachse gegen den Horizont = geographische Breite.

Polyderprojektion: Flächentreue Kartenprojektion, die zur Herstellung der deutschen topographischen Karte 1 : 25 000 und der Karte des Deutschen Reiches 1 : 100 000 benutzt wird. Ein kleiner Teil der Erdoberfläche von rd. 100 qkm wird als Ebene, die sich der Wirklichkeit nahezu angleicht, aufgefaßt und als trapezähnliche Fläche mit den Längenmeridianen als gerade Seitenbegrenzung und mit den Parallelkreisen als obere und untere, nach Süden gebogene Linie gezeichnet. Die Längen entsprechen den Längen der Bögen auf dem Erdellipsoid. Der Abstand zwischen Bogen und Sehne beträgt in Deutschland bei der Karte 1 : 25 000 höchstens 0,13 mm = 3,2 m, bei der Karte 1 : 100 000 höchstens 0,3 mm = 29 m (s. Gauß-Krügersches Koordinatensystem, s. Mercatorprojektion).

Polygon: Vieleck.

Polygonennetzentwurf: Übersicht der beabsichtigten Führung eines Polygonzuges nach erfolgter Erkundung, meist auf einer top. Karte 1 : 25 000. s. Netzentwurf.

Polygonpunkt (PP), Polygonseite (s): Bezeichnung für die Brechpunkte und Längen beim Polygonzug.

Polygonzug (Vieleckszug): Vermessungsverfahren zur Lagebestimmung eines Punktes in unübersichtlichem Gelände, zur Geländeaufnahme und zur Stückvermessung. Kleinseitige Polzgonzüge mit Seitenlängen von etwa 250 m bis zur Gesamtlänge von etwa 1500 m liefern die Grundlagen für die Stückvermessung, großseitige Polygonzüge mit Seitenlängen bis zu 1000 m die Grundlagen für die Punkteinschattung und für Geländeaufnahmen (s. C II h).

Potenz: Produkt der gleichen Zahl als Faktor, z. B. $a \cdot a \cdot a = a^3 = b$, wobei a die Basis, 3 der Exponent und b die Potenz ist (s. Teil B II-1a).

Präzisionsnivellement (Feineinwägung): Sehr genaue Nivellierungen zur Bestimmung von Reichs- und Landeshöhenpunkten; der Einfluß eines etwa noch vorhandenen Ziellinienfehlers sowie der Erdkrümmung und Strahlenbrechung (terrestrische Refraktion) wird durch genau gleich weite Aufstellung des Nivellierinstruments von beiden Latten, gleiche Zielweiten, ausgeschaltet; der Abschlußfehler ist geringer als ± 1 mm auf 1 km.

Primzahl: Zahl, die nur durch sich selbst oder durch 1 teilbar ist, z. B. 2, 3, 5, 7, 11, 13, 17, 19, 23, 29, 31, 37, 41, 43, 47 usw.

Prisma: Unter bestimmten Winkeln geschliffener Glaskörper, der unter Ausnutzung der optischen Refraktionsgesetze zur Absteckung von rechten Winkeln verwandt wird. Prismen werden in Instrumente eingebaut, um Lichtstrahlen in bestimmte Richtungen zu leiten oder die Ausmaße der Geräte zu verkleinern. Die bekanntesten Rechtwinkelprismen sind das Bauernfeindsche Winkelprisma (gleichrechtwinkliges Winkelprisma mit der Hypothenuse als Spiegelfläche, das feste und bewegliche Bilder erzeugt), das Pentagonprisma (Vierseitprisma, das durch Abschneiden einer Ecke zum Fünfseitprisma mit zwei Spiegelflächen wird) und das Wollastonsche Prisma, das ohne Spiegelflächen die Strahlenreflexion durch die Stellung der Prismenflächen zueinander erreicht (s. Aufrichte-, Reflexions-, Umkehr-, Winkelprisma. Optische Gesetze).

Prismenkreuz: Feste Zusammensetzung zweier Prismen derart, daß mit ihnen sowohl Winkel von 90° als auch von 180° gemessen werden können. Prismenkreuze werden vorteilhaft bei der Punkteinschaltung zwischen zwei Punkte und zum Abstecken von rechten Winkeln von dieser Linie aus verwandt (s. Doppelprisma, s. Wollastonsches Prisma).

Prismentrommel: System von zwei Prismen, die gegeneinander verstellbar sind und so die Messung und Einstellung von Winkeln beliebiger Größe zulassen.

Profil: Darstellung eines Vertikalschnittes durch einen Körper (Erdmasse, Straße, Eisenbahndamm, Eisenträger, Holzbinder usw.). Je nach Lage des Schnitts wird zwischen Längs- und Querprofil unterschieden.

Projektionsdifferenz: Unterschied zwischen der auf der Erdoberfläche oder unter Tage zwischen zwei Punkten gemessenen und auf den Landeshorizont bezogenen Entfernung und der auf die Abbildungsfläche umgeformten Entfernung. Die Projektionsentfernung ist die größere, die Erdentfernung die kleinere (s. Abbildung, Karte, Gauß-Krügersche Abbildung und Teil D, Tafel 11 2a 2).

Die Projektionsdifferenz (Δ p) beträgt bei der Gauß-Krügerschen Abbildung für je 1000 m auf den Landeshorizont bezogen: $\frac{y^2}{2r^2}$, wobei y die Ordinatenentfernung vom Mittelmeridian, r den Erdradius mit 6370 km bedeutet:

1		2		3		4		5	
y km	Δ p m	y km	Δ p m	y km	Δ p m	y km	Δ p m	y km	Δ p m
10	0,001	80	0,079	150	0,277	220	0,596	300	1,109
20	0,005	90	0,100	160	0,315	230	0,652	350	1,509
30	0,011	100	0,123	170	0,356	240	0,710	400	1,972
40	0,020	110	0,149	180	0,399	250	0,770	450	2,495
50	0,031	120	0,177	190	0,445			500	3,081
60	0,044	130	0,208	200	0,493				
70	0,060	140	0.242	210	0,543				

Aus der Tabelle ist die beschränkte Anwendungsmöglichkeit der Gauß-Krügerschen Abbildung für wirtschaftliche Flächenaufmessungen ersichtlich. Zur Innehaltung der Katastergenauigkeit können die

Gauß-Krügerschen Koordinaten bis zu einer Höchstentfernung von etwa 150 km beiderseits vom Mittelmeridian angewandt werden (Spalte 1 und 2); scharfe wirtschaftliche Vermessungen fordern eine größere Genauigkeit und beschränken die Anwendbarkeit bis auf etwa 75 km (Spalte 1); dort findet dann meist wegen der geringen Flächenverzerrung ein örtliches Soldnersches System Anwendung, das sich selten weiter als 60 km von seinem Nullpunkt ausdehnt. In obiger Tabelle bedeutet der Strich in der Spalte 2 die Grenze des 3°-Gitterstreifens, der Doppelstrich unter Spalte 3 die Grenze des 6°-Gitterstreifens, während Spalte 4 und 5 zeigen, daß bei sehr breiten Abbildungsstreifen die Projektionsdifferenz für alle Bedürfnisse untragbar groß werden würde, weshalb ihr Schranken gesetzt sind. Man vergleiche die Ordinatenentfernung mit der sphärischen Länge eines Längengrades auf dem Parallelkreis bei der geogr. Breite von $\varphi = 50°$: $1° \lambda = 71\,687{,}0$ m (s. Kartenprojektion, Gauß-Krügersche Abbildung, s. Flächenverbesserung).

Prüfen eines Festpunktes: Feststellung, ob der Festpunkt noch seine koordinatenmäßige Lage besitzt:

a) Vergleich der Festpunktbeschreibung mit der Lage des Punktes im Gelände (s. Koordinatenverzeichnis).

b) Vergleich der Festpunktbeschreibung mit der Ansicht des Punktes bei Hochpunkten (Kirchen, Schornstein) (s. Koordinatenverzeichnis).

c) Prüfen mit dem Plattensucher, ob der Pfeiler noch gleichmäßig auf der Platte steht. Aus dem Koordinatenverzeichnis ist zu ersehen, ob der Punkt überhaupt mit einer Platte vermarkt worden ist.

d) Vergleich der auf dem Festpunkt nach anderen Festpunkten beobachteten Winkel mit den gerechneten Winkeln oder dem Abriß (s. Abriß).

Prüfen und Justieren der Instrumente: Sämtliche Instrumente müssen v o r ihrer Benutzung auf das wirkliche Vorhandensein der mathematischen Konstruktionsgrundlagen geprüft und im Bedarfsfalle justiert werden. Die Prüfung erstreckt sich auf folgende Punkte; die Justierung, die Beseitigung der auftretenden Fehler, erfolgt in der gleichen Reihenfolge:

Freie Libelle: Libellenachse (LL) muß parallel der Unterlage sein; d. h. der Spielpunkt der Libelle muß mit ihrem Normalpunkt, dem Teilungsmittelpunkt (M), in beiden Lagen zusammenfallen. Beseitigung des Libellenfehlers zur Hälfte mit Hilfe der Libellenjustierschraube.

Nivellierinstrument: a) Libellenachse (LL) muß senkrecht zur Vertikalachse (VV) (Umdrehungsachse, Stehachse) liegen; d. h. Spielpunkt der Libelle bleibt bei Drehung des Oberteils um 360° (400^g) auf dem Normalpunkt (M) stehen. Beseitigung des Vertikalachsenfehlers (v) nach Drehung um 180° (200^g) je zur Hälfte mit Hilfe der Fuß- und der Libellenjustierschrauben; nach 90° (100^g) Drehung; ganze Korrektur mit der 3. Fußschraube.

b) Der waagerechte Faden des Fadenkreuzes muß horizontal liegen.

c) Ziellinie (ZZ) des Fernrohrs muß parallel der Libellenachse (LL) sein. Prüfung durch Ablesung nach zwei Nivellierlatten von zwei Instrumentaufstellungen: „aus der Mitte“ und „aus dem Ende“; Justierung durch Verstellen des Fadenkreuzels in vertikaler Richtung auf die „Sollablesung“.

Theodolit: a) Vertikalachse (VV) muß senkrecht zur Libellenachse (LL) stehen; d. h. Spielpunkt der Libelle bleibt bei Drehung des Theodolitoberteils um 360° (400°) auf dem Normalpunkt (M) stehen. Beseitigung eines auftretenden Vertikalachsenfehlers (v) nach Drehung um 180° (200°) je zur Hälfte mit Hilfe der Fuß- und der Libellenjustierschrauben; nach 90° (100°) Drehung ganzen Ausschlag mit 3. Fußschraube beseitigen.

b) Der waagerechte Faden des Fadenkreuzes muß horizontal liegen.

c) Ziellinie (ZZ) (Absehlinie) muß senkrecht zur Kippachse (HH) stehen. Treten bei der Prüfung nach einem Punkt auf etwa 500 m Entfernung beim Durchschlagen oder Umlegen des Fernrohrs Abweichungen auf, so wird dieser Ziellinien- oder Collimationsfehler (c) durch horizontales Verschieben des Fadenkreuzes um den halben Ausschlag beseitigt.

d) Horizontalachse (HH) (Kippachse) muß senkrecht zur Vertikalachse (VV) stehen, die Zillinie (ZZ) beim Kippen des Fernrohrs eine senkrechte Ebene beschreiben. Der Horizontalachsenfehler (i) (Kippachsenfehler), der sich beim Anschneiden einer hängenden Lotschnur zeigt, wird durch vertikale Bewegung eines Fernrohrlagers beseitigt.

Punktbeschreibung: Topographische Beschreibung der Lage eines Punktes so, daß er jederzeit einwandfrei wiedergefunden werden kann; eine Ansichtsskizze soll das fehlerfreie Erfassen des Zielpunktes vermitteln (s. Koordinatenverzeichnis und Höhenmessung).

Punktbestimmung: (s. Lagebestimmung).

Punktbezeichnung: Bezeichnung eines Festpunktes mit Namen oder Nummer. Die trigonometrischen Punkte werden meist bezeichnet

a) mit dem Namen der Gemarkung, auf der sie liegen, z. B. Wusterwitz, Dessau I, Dessau II,

b) zuweilen auch mit dem Namen des nächstliegenden Ortes, Berges oder großen Forstes unter Anfügung der Himmelsrichtung in der sie liegen, z. B. Wusterwitz SW, Dessau S, Dessau SO, oder Dessau S I, Dessau S II.

Daneben erhält jeder Festpunkt innerhalb jedes einzelnen Koordinatenverzeichnisses eine Nummer, T. P. (R) die lfde. Nr. 1—10, T. P. (L) die lfde. Nr. 11—50 und T. P. (A) die lfde. Nr. 51 und darüber, Polygonpunkte erhalten fortlaufende Nr.-Bezeichnung. Im übrigen ist stets auf eindeutige Punktbezeichnung, die Verwechslungen ausschließt, zu achten.

Punkteinschaltung: Bestimmung von weiteren Neupunkten in einem vorhandenen Festpunktfeld.

Punktverdichtung: Siehe Punkteinschaltung.

Pyramide: 1. Körper, mit einem Vieleck als Grundfläche, dessen Seitenkanten in einem Punkt (Spitze) zusammenlaufen. Die Spitze der senkrechten oder geraden Pyramide steht lotrecht über dem Mittelpunkt der Grundfläche, die Spitze der schrägen oder schiefen Pyramiden steht außerhalb der Lotlinie.

2. Trigonometrisches Signal aus Holz oder Stein von etwa 6 m Höhe.

Pyramidenstumpf: Pyramide ohne Spitze mit paralleler oder schräger Stellung der Schnittfläche zur Grundfläche.

Q.

Quadrat: 1. Viereck mit vier parallelen, gleichgroßen Seiten und vier rechten Winkeln. Winkelsumme: $360^0 = 4$ R.
2. Bezeichnung für 2. Potenz, z. B. a^2 = a Quadrat.

Quadratmeile: In der Geodäsie gebräuchliches Flächenmaß mit der geographischen Meile als Seitenlänge; eine Quadratmeile = 55,062 905 Quadratkilometer.

Quecksilberbarometer: Mit Quecksilber teilweise gefülltes zweiteiliges Glasgefäß zum Ermitteln des Luftdrucks. Wegen seines hohen Gewichts, seiner Zerbrechlichkeit und Unhandlichkeit wird es bei barometrischen Messungen nur als Stand- oder Stationsbarometer verwandt (s. C II 2 c).

Querprofil: Vertikalschnitt senkrecht zur Achsrichtung. Grundlage für Massenberechnungen (s. Profil, s. C II 2 e).

Querschnitt: Darstellung eines quer zur Längsrichtung durchschnittenen Geländes, Körpers, Gebäudes, Schiffes. Der Querschnitt von Flüssen wird mit Peilleine (mit Entfernungsknoten) und Peilstange gemessen. Darauf achten, daß der Querschnitt senkrecht zur Flußachse gelegt und der Wasserspiegel mit eingemessen wird (s. C II 2 e).

R:

Radiant (rad): Winkel, der zum Bogen 1 des Einheitskreises gehört: 1 rad = 57^0 17′ 44,8″ = 57,295 78^0 = 63,66 198^g = 1 018- = $5{,}093^{Str}$ (s. analytisches Maß).

Rampe (Auffahrt): Schiefe Ebene zur Auf- und Abfahrt von Fahrzeugen jeglicher Art. Ihre zweckmäßige Neigung ist vom Benutzer, für den sie gebaut wird, abhängig: Mensch oder Pferd, Kraftwagen oder Eisenbahn.

Rampenabstand und -höhe: Seitenrampen an Bahngleisen müssen im allgemeinen von der Gleisachse 1,70 m entfernt sein; ihre Höhe über Schienenoberkante beträgt 1,10 m, die Höhe von Kopframpen 1,235 m.

Raumbildmessung: s. Stereophotogrammetrie.

Raumglas (Stereoskop): Kleines optisches Beobachtungsgerät für Stereobilder, das dem Beschauer den Bildgegenstand räumlich erscheinen läßt (s. Spiegelraumglas).

Raummaß: Körpermaß, das den räumlichen Inhalt oder die räumliche Ausdehnung eines Körpers festlegt; es ist meist vom Längenmaß hergeleitet.

Raute: Gleichseitiges Parallelogramm (s. Bild 234 b).

Rechenarbeit: Rechnerische Auswertung der Messungen der Feldarbeit.

Rechenstab (Rechenschieber): Mechanisches Rechenhilfsmittel mit logarithmischer Skalenteilung. Mit ihm können Zahlen multipliziert und dividiert, potenziert und radiziert, doch nicht addiert und subtrahiert werden; er ist ein unentbehrliches Hilfsmittel der Technik für Überschlagsrechnungen (s. B II 1 f).

Rechteck: Viereck mit zwei parallelen Seiten und vier rechten Winkeln; Winkelsumme 360^0 = 4 R (s. Bild 233 a und b).

Reduktion, reduzieren: Zurückführung, zurückführen, z. B. eine in der Schrägen gemessene Strecke auf die Länge in der Horizontalen zurückführen; Reduktion der an der Erdoberfläche gemessenen Strecke auf den Landeshorizont. Zurückführung einer gemessenen Strecke auf die wirkliche Strecke nach Berücksichtigung des Temperatureinflusses und der Längenkorrektur des Längenmeßgeräts. Reduktion einer Barometerablesung auf die Normaltemperatur.

Reduktionsinstrumente: Meßinstrumente zur Ermittlung des Neigungswinkels, z. B. Neigungsmesser. Gradbogen, Gefällmesser, die z. Tl. bereits die Ablesung des Reduktions- oder des Zulegemaßes ermöglichen (s. Neigungsmesser).

Reduktionsmaß (r): Maß, um das eine schräg gemessene Strecke verkürzt werden muß, um die Horizontallänge zu erhalten, z. B. bei durchlaufender Polygonseitenmessung. $r = l\ (1 - \cos \alpha)$, wobei l die gemessene Länge, α den Neigungswinkel bedeutet (s. Zulegemaß, Neigungsmesser).

Reflektor, Spiegelteleskop: Astronomisches Fernrohr mit Hohlspiegel als lichtsammelndes Element. Der größte R. der Welt steht auf dem Mount Palomar in Kalifornien mit einem Spiegeldurchmesser von 5 m, einem Spiegelgewicht von 15 t, einer Fernrohrlänge von über 20 m und einem Gesamtgewicht von rd. 450 t. Das zweitgrößte Fernrohr der Welt ist das Spiegelteleskop des Mount-Wilson-Observatoriums bei Los Angelos mit einer 5000fachen Vergrößerung, einem Spiegeldurchmesser von 25 cm und 12 m Brennweite.

Die größten europäischen Spiegelteleskope stehen in Birr Castle (Irland) mit 183 cm, in Brln.-Babelsberg mit 125 cm, in Paris mit 120 cm Spiegeldurchmesser. s. Fernrohr, s. Refraktor.

Reflexion, reflektieren: Zurückwerfen der Lichtstrahlen und der Schallstrahlen in der Reflexionsebene, wobei der Einfallswinkel gleich dem Reflexionswinkel ist (s. Echolot).

Reflexionsprisma: Optisches Prisma, das wie ein Spiegel die Lichtstrahlen zurückwirft und in optische Instrumente eingebaut wird (s. Winkelprisma).

Refraktion: Brechung der Lichtstrahlen beim Durchgang durch Materien verschiedener Dichte, auch beim Durchlaufen der Atmosphäre, die sich aus Luftschichten verschiedener Dichte zusammensetzt. Im Horizont beträgt sie 0,5°, so daß die Sonne bereits voll sichtbar ist, während sie gerade noch ganz unter dem Horizont steht (s. Erdkrümmung und Strahlenbrechung, Kotentafel, Präzisionsnivellement, Brechungszahl).

Refraktionswinkel: Brechungswinkel (s. Refaktion, s. Brechungszahl).

Refraktor, Linsenfernrohr: Astronomisches Fernrohr, das durch ein reines Linsensystem auf Brechung der Lichtstrahlen aufgebaut ist. Das größte Linsenfernrohr besitzt die Yerkes-Sternwarte in Amerika mit 102 cm Durchmesser; in Europa stehen die größten Refraktoren in Greenwich, Pulkowa (Rußland), Brln.-Babelsberg (Brennweite 10,4 m, Öffnung 0,65 m). Normal-Refraktoren besitzen eine Öffnung von etwa 0 33 m und eine Brennweite von 3,5 m. Der größte R. der Welt steht auf der Yerkes-Sternwarte in Amerika mit einer Öffnung von 102 cm; in Europa stehen die größten R. in Greenwich, in Pulkowa (Rußland) in Berlin-Babelsberg (Öffnung: 65 cm). Normale Refraktoren besitzen eine Öffnung von 33 cm und eine Brennweite von $f =$ 3,5 m. s. Fernrohr, Reflektor.

Registertonne: s. Brutto- und Netto-Registertonne.

Rektaszension (AR α): s. Gerade Aufsteigung.

Reichsfestpunktfeld: Bezeichnung der Gesamtheit der auf einheitlicher geodätischer Grundlage bestimmten und in der Lage zueinander orientierten sowie einheitlich vermarkten trigonometrischen Festpunkte des Reichsdreiecksnetzes (T. P. [R]).

Alle Messungen an Straßen, Eisenbahnen und Wasserläufen von mehr als 2 km Länge werden grundsätzlich an das Reichsfeftpunktfeld angeschlossen.

Reichsfestpunktnetz: Triangulationsnetz, Dreiecksnetz (s. Reichsfestpunktfeld).

Reichs-Höhennetz: Nivellementsschleifen und -züge des Reiches, die auch die Länder ausführen; das R. H. dient den Landesnivellements sowie im einzelnen der topographischen Aufnahme, dem Wasser- und Straßenbau, der Bautechnik, dem Eisenbahnbau, den Landeskulturanlagen, dem städtischen Vermessungswesen und nicht zuletzt der Wissenschaft zur geologischen Erforschung der Erdbewegungen als Grundlage.

Reitlibelle: Röhrenlibelle, die oft nur zum Horizontieren auf das Fernrohr oder ein Instrument aufgesetzt wird (s. Libelle).

Reliefkarte, Hochbildkarte: Karte, mit Höhendarstellung in Höhenlinien, die durch eine einseitige, schiefe „Beleuchtung", durch eine Schattentönung, unterstützt wird und so eine plastische Höhendarstellung erreichen soll.

Repetieren: Wörtlich: Wiederholen. Durch Beweglichkeit des Limbus auf dem Unterteil des Repetitionstheodoliten ist ein fortlaufendes Wiederholen der gleichen Winkelmessung (z. B. nach der Basis-Meßlatte und damit ein selbsttätiges Aneinanderreihen dieser Winkel auf dem Teilkreis möglich.

Repetitionsmessung: Wiederholte Messung eines Winkels, bei kleinen und genau zu ermittelnden Winkeln; hauptsächlich zwischen den Endpunkten der Basislatten, angewandt.

Ablesungen erfolgen nur nach der ersten Einstellung des Zieles als Kontrollablesung und nach z. B. der fünften oder der zehnten Repetition des Winkels. Der so erhaltene große Winkel wird durch 5 oder 10 dividiert; so wird besonders bei Messung kleiner Winkel eine größere Genauigkeit erreicht (s. optische Längenmessung).

Repetitionstheodolit: Theodolit, bei dem der Teilkreis (Limbus) gegen das Untergestell verstellt werden kann. Dadurch kann der einmal gemessene Winkel durch wiederholtes Anrichten der Zielmarken (Basismeßlatte) oder des Zielpunktes auf dem Teilkreis aneinandergereiht werden.

Reproduktionskammer: Große Photokammer, mit deren Hilfe entzerrte Einzelluftbilder als geschlossene Luftbildpläne wiedergegeben, vorhandene Karten reproduziert werden und aus ihnen über Farbfilter fast jeder beliebige Farbauszug hergestellt werden kann.

Rhombus (Raute): Viereck mit je zwei gleichlangen und parallelen Seiten; gleichseitiges Parallelogramm. s. Bild 234 a und b.

Richtkreis: Kleiner Theodolit mit genauer Horizontalkreisablesung von $1^{-} = 3{,}375' = 6{,}25^{c}$ oder $^{1}/_{5}{}^{-} = 40{,}5'' = 125^{cc}$ und einer Kastenbussole.

Richtlatte (Richtscheit, auch Setzlatte): Beiderseits ausgerichtetes Brett mit und ohne eingelassene Wasserwaage (Libelle) zum Feslegen von horizontalen oder vertikalen Richtungen oder von Richtungen mit bestimmten Abweichungen. Sie dient als Hilfsmittel bei einfachen Einwägungen auf der Baustelle.

Richtungswinkel, Neigungswinkel (ν): Winkel, der in einem Punkt zwischen der Parallelen zur Gitternordrichtung oder einem anderen als Ausgangsrichtung gewählten Strahl und der Richtung nach einem zweiten Punkt, meist in rechtsläufigem Sinn, gebildet wird; er legt somit die Richtung zu diesem Punkt im jeweiligen Koordinatensystem oder nach dem Polarkoordinatensystem fest (s. C II, 1b, Bild 301 u. 313).

Richtungswinkelkontrolle: Vergleich der in einem zu prüfenden Festpunkt oder in einem Neupunkt nach anderen Festpunkten beobachteten und aus der Stationsorientierung sich ergebenden Richtungswinkel mit den gerechneten Winkeln; letztere werden in das Seitenwinkelregister in rot eingetragen. Der Unterschied zwischen dem roten, gerechneten, und schwarzen, beobachteten Winkel deutet auf die Lagegenauigkeit des Punktes und muß innerhalb der von der Einzelbehörde festgelegten Grenze liegen. s. Gegenrichtungswinkel, Orientierung, Fehlergrenzen.

Röhrenlibelle: Zugeschmolzener kreisbogenförmig geschliffener Zylinder mit leicht beweglicher Flüssigkeit (Alkohol, Schwefeläther) gefüllt und einer Blase aus Flüssigkeitsdämpfen (nicht Luft). Man unterscheidet nach ihrer Ausführung: einfache Libellen, Kreuzlibellen (kreuzweise Anordnung zweier Röhrenlibellen), Reit(er)libellen (auf ein Fernrohr als Achse aufgesetzt), Hängelibellen zum Aufhängen an eine Achse. Wendelibellen für wälzbare Fernrohre in beiden Lagen, Kammerlibellen mit einstellbarer Blasengröße, Empfindlichkeit der gebräuchlichsten Libellen zwischen 4" (12^{cc}) und 40" (120^{cc}). Schliffradius zwischen rd. 100 und 10 m.

Bei Kenntnis der Angabe ist mit Hilfe der auf dem Glaskörper der Röhrenlibelle angebrachten Pars-Teilung die Messung von kleinen Höhenwinkeln möglich. Die Röhrenlibelle findet die meiste Anwendung und wird an optischen Geräten wie an einfachen Setzwaagen für den Maurer eingebaut. s. Angabe, s. Dosenlibelle, s. Libelle, s. Libellenempfindlichkeit.

Rost: Quadratisches Gitternetz, das über eine Fläche bei Durchführung eines Flächennivellements gelegt wird; in den Kreuzungspunkten der Gitterlinien werden die Höhen gemessen und dann ausgewertet s. mittlere Höhe, Flächennivellement, C II, 2 e.

Routenaufnahme: Geländeaufnahme, zum Teil behelfsmäßiger Art, in unwegsamem Gelände mit astronomischer Orts- und Richtungsbestimmung und der Schrittlänge von Mensch, Pferd oder Kamel, in der Neuzeit mit den Angaben des Tachometers am Kraftfahrzeug als Grundlage für die Längenmessungen, mit magnetischen Richtungen als Grundlage für Winkelmessungen, dabei den Routen-, Orter- oder Sonnenkompaß benutzend.

Routenkompaß: Meist tropensicherer Kompaß, oft mit flüssigkeitsgelagerter Magnetnadel mit Diopterlineal, Seitenkreisteilung, oft mit einer Vorrichtung zum Messen von Neigungen und zum Ausschalten der Inklination. s. magnetische Orientierung.

Rückblick (r): Rückblickende Lattenablesung beim Nivellieren im Gegensatz zum Vorblick (v), der vorblickenden Lattenablesung in Richtung auf die Spitze des Nivellementszuges.

Rückstrahlung (Reflexion): Rückstrahlung eines Licht- oder Sehstrahls beim Auftreffen auf eine Spiegelfläche oder auf die Trennungsfläche von Mitteln verschiedener Dichte, wenn sin β größer als 1 werden würde. s. Brechungszahl. Der Einfallswinkel ist gleich dem Reflexionswinkel. s. Prismen.

Rückwärtseinschnitt: Lagebestimmungsart, bei der nur im Neupunkt nach mehreren Hochpunkten die Winkel beobachtet werden (s. C II, 1 e).

Rute: Altes deutsches Längenmaß = 12 Fuß = 144 Zoll = 3,766 m; eine Geestrute (Hamburg) = 16 Fuß = 192 Zoll = 4,58272 m; 1 bayr. Rute = 10 Fuß = 2,91858m.

S.

Sammellinse (Konvexlinse, Positiv-Linse): Eine in der Mitte dicker geschliffene Linse; „Vergrößerungsglas", Lupe.

Satzmessung: Winkelmessung in zwei Fernrohrlagen im Hingang und Rückgang. Die Zahl der zu beobachtenden Sätze hängt von der Vermessungsaufgabe und der zu erreichenden Genauigkeit ab.

Satzmittel: Mittelwert aus den Winkelablesungen von Hingang und Rückgang.

Schallgeschwindigkeit: Geschwindigkeit, mit der sich der Schall von seinem Entstehungspunkt strahlenförmig auf den Schallstrahlen fortbewegt; sie beträgt in der Luft rd. 332 m/sec. und wächst mit zunehmender Temperatur (Blitz und Donner! Echo), im Wasser rund 1440 m/sec. (Echolot), in Eisen etwa 5100 m/sec. Die Schallstrahlen folgen den gleichen Brechungsgesetzen wie die Lichtstrahlen (Echo).

Schallschatten: Zone des Schweigens, in der infolge der Brechung der Schallstrahlen beim Durchgang durch die Luftschichten verschiedener Dichte der Schall an der Erdoberfläche nicht gehört wird; in einer Entfernung von etwa 100—120 km von der Schallquelle kann er wieder infolge Reflexion der Schallstrahlen an den oberen dichteren Luftschichten, wodurch sie sich wieder der Erdoberfläche zuwenden, wahrgenommen werden.

Schallvermessung: Ortsbestimmung unter Zugrundelegung der Schallgeschwindigkeit. s. Längebestimmung, Lot und Schallgeschwindigkeit.

Schichtlinien: Wichtigste und eindeutigste topographische Darstellung der Bodenformen in großmaßstäblichen Karten bis 1 : 25 000 und Karten mittleren Maßstabes 1 : 50 000. Die Schichtlinien verbinden die Punkte gleicher Höhen über N. N. Mit Hilfe der Schichtlinien können genaue Geländequerschnitte (Profile) hergestellt werden. s. Höhenlinien.

Schiebkarre: Einfaches Transportmittel mit rd. 75 Liter Inhalt.

Schleuderthermometer: Thermometer mit einer Öse zur Aufnahme einer Schnur. Durch das Herumschleudern wird das Thermometer und damit die Temperaturmessung dem Einfluß der unmittelbaren Sonnenbestrahlung entzogen; es wird bei Durchführung von barometrischen Höhenmessungen zur Messung der Lufttemperatur verwandt.

Schneidelatte: 5 m lange Meßlatte mit messerartigen Stahlschuhen. s. Meßlatten, Staffelmessung.

Schnürbock: Bauhilfsmittel, zum Abstecken von Bauwerksplänen, bestehend aus einem Brett oder zwei etwa rechtwinklig zueinander aufgestellten Brettern mit Marken zum Bezeichnen der Außenkante von Fundamenten nach erfolgter genauer Vermessung. Sauberes, lotrechtes Einsenkeln der Bodenpunkte und Vermarkung durch Nagel oder Kerbe. Windeinfluß beachten! s. C V, 6.

Schraffen: Topographische Darstellung der Bodenformen in der Karte durch nebeneinanderliegende Striche, die in Richtung zum Gipfel liegen und durch ihre Stärke und Länge den Grad der Böschung angeben. Anwendung meist in Karten mittleren Maßstabes, z. B. 1 : 100 000, oft auch durch Höhenlinien wirkungsvoll unterstützt s. Bergstriche.

Schritt: Grobes Längenmaß. 120 Schritt (120^{x}) oder 60 Doppelschritt (60^{xx}) sind etwa 100 m.

Schrittmaß: Länge des natürlichen Schrittes, meist gleich der halben Augenhöhe oder rund 0,80 m. Die Kenntnis des Schrittmaßes ist zur annähernden Bestimmung von Entfernungen wichtig. Eigenes Schrittmaß „bei ungezwungenem Gang" zwischen den km-Steinen an der Landstraße ermitteln!

Schrittzähler: Mechanischer Schrittzähler in Uhrform. Er muß möglichst senkrecht an der Kleidung befestigt werden; nach seiner Auslösung setzen sich vier Zahlenwerke in Gang und registrieren jeden Schritt bis zu 100 000 Schritte. s. Routenaufnahme.

Schummerung: Schattenmäßige Art der Geländedarstellung in Tuschmanier, in schwarzer oder farbiger Schummerungstönung (Tuschverwaschung), durch die die Geländeform plastisch erscheint; je dunkler die Tönung, desto größer die Höhe. Anwendung beispielsweise bei der österreichischen Karte 1 : 50 000; je nach Größe des Böschungswinkels erscheinen die Flächen heller oder dunkler.

Schuttmasse: Massenberechnung erfolgt nach Herstelung einer genügenden Anzahl von Querprofilen nach geometrischen Gesetzen unter Berücksichtigung der vorhandenen Hohlräume oder bei Vorhandensein der Bauzeichnungen als übliche Massenberechnung nach Bauplänen. Überschlagsmäßig liefert ein Großstadtwohnhaus mittlerer Größe 250 m^3 Schutt, während ein m^2 bebaute Großstadtfläche etwa 1,4 m^3 Schutt ergibt.

Schwerkraft (g): Beschleunigung durch die Anziehungskraft der Erdmasse, vermindert um die Einwirkung der Fliehkraft infolge der Erddrehung. Sie nimmt daher nach den Polen hin zu und beträgt am Äquator 978,049, in 45° Breite 980,655, am Pol 983,221.

Sehlinie, Instrumentenhorizont (J): Horizontale durch die Fernrohrachse des stationierten Geräts. Die Höhe der Sehlinie ist gleich der Höhe des Standpunktes + Fernrohrhöhe : $H_J = H + i$ oder beim Nivellieren gleich der Höhe des Ausgangspunktes H_A vermehrt um die rückblickende Lattenablesung: $H_J = H_A + r$. s. Höhenmessung, Zwischenpunkt.

Seemeile (sm): Mittlere Länge einer Bogenminute eines Längenmeridians = 1851,965 m (1852 m).

Sehne (s): Strecke, die zwei Punkte einer Kurve gradlinig miteinander verbindet s. Sehnenabschnitt.

Sehnenabschnitt: Verfahren zum Ermitteln des Halbmessers eines Bogens (Kurve). Auf dem zu messenden Bogen wird mit dem Meßband eine Sehne abgeschnitten und die Pfeilhöhe als Mittelsenkrechte (Bogenhöhe) gemessen. Der Halbmesser wird nach der Formel $r \approx \frac{s^2}{8\,h}$ errechnet, wobei r der Halbmesser, s die Länge der Sehne und h die Pfeilhöhe bedeutet. Bei konstanter Sehnenlänge von 20 m lautet die Formel: $r \approx \frac{50}{h}$ (s. Teil C II, 1 l).

Seitenwinkel, Horizontalwinkel: Winkel, in der Horizontalen gemessen; d. h. bei horizontalem Teilkreis.

Seitwärtsabschneiden: Punktbestimmung durch Einschalten in die Verbindungslinie zweier Festpunkte oder deren Verlängerung (s. C II, 1 g).

Setzlatte: 3 m lange ausgerichtete Latte mit Dezimeterteilung am unteren Rand und einer aufgesetzten Libelle; sie dient zum Prüfen horizontaler Linien oder Flächen wie auch zu einfachen Höhenbestimmungen. s. C II, 2 a, s. Prüfen und Justieren der Instrumente, Libelle.

Setzwaage (Technische Wasserwaage): Einfaches Bauhilfsmittel zum Prüfen waagerechter und senkrechter Flächen, früher mit Senkel und Blei, jetzt meist mit einer Röhrenlibelle versehen, sie ist auf kurze Entfernung auch zur Höhenbestimmung und zum Einwägen verwendbar. Die Angabe schwankt zwischen 0,02 und 0,30 mm. Nach dem Grad ihrer Empfindlichkeit werden sie als „sehr feinfühlig" Kl. I $\varepsilon = 0{,}02$ mm), hochempfindlich" (Kl. II $\varepsilon = 0{,}05$ mm), „sehr empfindlich" (Kl. III $\varepsilon = 0{,}10$ mm) und „normal empfindlich" Kl. IV $\varepsilon = 0{,}30$ mm) bezeichnet. s. Angabe, Libellengenauigkeit, C II, 2a.

Sexagesimalteilung: Alte Teilung: Kreisteilung in 360 (Alt-)Grade; jeder Grad hat 60 Minuten ('), jede Minute 60 Sekunden ('') (s. Zentesimalteilung, s. D 7 a bis c).

Sextant, Spiegelsextant (sechster Teil eines Kreises): Einfaches, doch wichtigstes nautisches Winkelmeßinstrument zur astronomischen Ortsbestimmung; mit ihm werden freihändig Sonnen- und Sternhöhen gemessen; bei Messungen auf dem Meere dient der Meereshorizont, bei Messungen auf dem Lande der künstliche Horizont, durch Libellen gebildet, als Ausgangslinie. s. Libellenquadrant, s. Horizont.

Sichtweite: Begrenzter Sehstrahl, Tangentenlänge, vom Standpunkt des Beobachters ausgehend, abhängig von der Höhe des Beobachtungspunktes über der Erdoberfläche und der Strahlenbrechung, die den Sehstrahl beim Durchgang durch die Luftschichten verschiedener Dichte in einer nach der Erde zu gekrümmten Linie um etwa 8 % verlängert. Die Sichtweite beträgt $\sqrt{h \cdot (2r + h)} \cdot 1{,}08$, wobei r den Erdradius mit 6370 km, h die Beobachtungshöhe und 1,08 den Einfluß der atmosphärischen Refraktion bedeutet. Als Gebrauchsformel genügt $\sqrt{2rh} \cdot 1{,}08$. Unter Berücksichtigung der Strahlenbrechung gelten folgende Sichtweiten:

h Augenhöhe m	s Sichtweite km	h m	s km	h m	s km	h m	s km	h m	s km
1	3,9	15	15	100	39	1500	149	6000	299
2	5,4	20	17	200	55	2000	172	7000	323
3	6,7	25	19	300	67	2500	193	8000	345
4	7,7	30	21	400	77	3000	211	9000	366
5	8,6	35	23	500	86	3500	228	10000	385
6	9,4	40	24	600	94	4000	244	15000	472
7	10,2	45	26	700	102	4500	259	20000	545
8	10,9	50	27	800	109	5000	273	25000	610
9	11,6			900	115				
10	12,2			1000	122				

Die Sichtweite des Zieles jenseits der Kimm ist bei Ermittlung seiner Beobachtungsmöglichkeit noch hinzuzuzählen.

Siderisches Jahr: Sternjahr = Umlaufzeit der Sonne in der Ekliptik bis sie wieder den gleichen Fixstern erreicht = 365,256364 mittlere Sonnentage = $365^d\ 6^h\ 9^m\ 9{,}84^{sec}$. Da die Sonne im Laufe eines Jahres eine Umdrehung weniger macht als die Fixsterne, so hat das siderische Jahr 366,256364 Sterntage; s. Tropisches Jahr.

Siderischer Monat: Umlaufzeit des Mondes = $27^d\ 7^h\ 43^m\ 11^s$.

Siedetemperatur: Wärmegrad, bei dem das Wasser zum Sieden gebracht wird; sie ist von dem auf dem Wasser ruhenden Luftdruck abhängig. Das Wasser siedet bei 760 mm Luftdruck bei 100° Celsius, bei 733 mm bereits bei 99°; 707 mm: 98°, 682 mm: 97°, 658 mm: 96°; 634 mm: 95°; 610 mm: 94°; 585 mm: 93°; 566 mm: 92°; 546 mm: 91°; 526 mm: 90°; 355 mm: 80°, 234 mm: 70° (s. barometrische Höhenmessung und -stufe; Siedethermometer.

Siedethermometer (Hypsometer): Thermometer, das an Stelle der Temperaturskala eine Luftdruckskala trägt (s. Siedetemperatur). Aus dem abgelesenen Luftdruck kann die jeweilige Höhe ermittelt werden. s. barometrische Höhenstufe.

Signal: Stahl- oder Holzbau zu Vermessungszwecken, errichtet von den Reichs- und Landesvermessungsbehörden und anderen Vermessungsstellen. Größere Signale bestehen aus dem beobachtungsfähigen Beobachtungsgerüst mit Beobachtungstisch und aus dem Zielgerüst mit Tafelstange und Tafelkreuz; beide sind ineinandergebaut, ohne sich gegenseitig zu berühren. Bei Signalen I. Ordnung ist das Zielgerüst mit einem Leuchtstand für das Heliotrop verbunden. Nicht stationierungsfähige Signale bestehen nur aus dem Zielgerüst (Baumtafel, Pyramide). Signale I. Ordnung haben Beobachtungshöhen bis rd. 50 m, Signalhöhen bis rd. 75 m; Stahltürme werden mit 30-m-Beobachtungs- und 30-m-Signalhöhe gebaut.

Signalhöhe: Höhe des Beobachtungstisches oder der Unterkante des Tafelkreuzes über der Oberkante der Festlegung. Signale I. Ordnung erreichen eine Signalhöhe bis zu 75 Metern.

Signalscheinwerfer: Leuchtgerät, das mit Hilfe elektrischen Lichtes und Hohlspiegel einen Lichtstrahl nach dem Standpunkt des entfernten Beobachters hin wirft. Das Licht kann im Fernrohr noch auf Entfernungen von etwa 30 bis 40 km scharf beobachtet werden.

Simpsonsche Regel: Formel zur Inhalts- oder Massenberechnung von Körpern: $V = \frac{h}{6}(G_1 + G_2 + 4\,G_m)$, wobei G_1 und G_2 die Grund- und Deckfläche, bzw. die Anfangs- und Endfläche, G die mittlere oder aus mehreren die gemittelte Fläche, h die Höhe oder den Abstand zwischen G_1 und G_2 bedeutet.

Sonne: Planet mit dem 109,1 fachen Erddurchmesser (s. Sonnenparallaxe und Eros) gleich 1 390 000 km, der 333 000 fachen Erdmasse der 0 25-fachen Erddichte oder der 1,4 fachen Wasserdichte und der 27,96 fachen Schwerkraft, gemessen an der Erdoberfläche; das Volumen des Sonnenkörpers ist das 1 300 000 fache des Erdvolumens.

Die Neigung des Äquators gegen die Ekliptik beträgt 7° 11′, die Rotation der Sonne dauert 25,23 Tage.

Sonnenkompaß: Waagerechte Scheibe, auf deren geteilter Fläche durch den Schattenstrich eines Lotstabes die Ablesung von Winkeln und damit von bestimmten Himelsrichtungen möglich ist. Der Sonnenkompaß dient als Orientierungsmittel in unwegsamen Gebieten.

Sonnenparallaxe (p): Winkel, unter dem der Halbmesser der Erd-Halbkugel, vom Sonnenmittelpunkt aus gesehen, erscheint. (Horizontalparallaxe). Daraus wird die Entfernung des Gestirns vom Erdmittelpunkt ermittelt; die Sonnenparallaxe ist nur indirekt zu bestimmen. p = 8,804″ ± 0,003″ s. Eros. Entfernung von der Erde: 149 455 000 km. s. astronomische Einheit.

Sonnenrotation: Bewegung der Sonne um die eigene Achse; die Rotation dauert 25,23 Tage; die Rotationsachse ist gegen die Ekliptik um 83° geneigt.

Sonnenzeit: Zeitwinkel der Sonne; Winkel zwischen Deklinationskreis und Ortsmeridian; der Zeitpunkt, in dem die Sonne durch den oberen Meridian geht. Man unterscheidet: Wahre Sonnenzeit oder Wahre Zeit (WZ); sie ist als genaue Zeitgrundlage nicht geeignet, da die Sonne sich in der Ekliptik und in dieser mit ungleichförmiger Geschwindigkeit bewegt; der Zeitwinkel ändert sich ungleichförmig.

Mittlere Sonnenzeit oder Mittlere Zeit (MZ): gedachte „mittlere Sonne" mit einer gleichförmigen Geschwindigkeit auf ihrer Himmelsbahn; s. Zeitgleichung, s. Teil D 8.

Spannungsmesser: Federwaage, die bei Basismessungen mit dem Stahlmeßband zur Erzielung einer stets gleichgroßen Zugspannung, meist von 5—10 kg, am Ende des Meßbandes während der Ablesung eingehängt wird.

Spiegelkreuz: Zwei rechtwinklig zueinander stehende Spiegel; es dient zum Einfluchten zwischen zwei Punkte; s. Prisma.

Spiegelraumglas (Spiegelstereskop): Kleines optisches Gerät zum Ausmessen von Stereobildern; gleiche Wirkung wie das Raumglas (Stereoskop), jedoch mit Meßschraube zur Durchführung einfacher Bildmessungen.

Spiegelsextant: Für astronomische Winkelmessungen in jeder Ebene bestimmtes Handinstrument, bequem zu handhaben und ausreichend für vorläufige und schnelle Ortsbestimmungen; mit Nonienablösung bis 10"; Spiegel und Alhidadeneinstellung vor Gebrauch prüfen!

Spiegelteleskop: s. Reflektor.

Spielpunkt der Libelle: Einstellungspunkt der Blasenmitte bei aufgesetzter Libelle; die Tangente im Spielpunkt an den Libellenkörper verläuft parallel der Unterlag- oder Aufsetzfläche; s. Prüfen u. Justieren.

Springstand: s. Bussolen-Kompaßzug. Teil C II 1 i.

Spurweite: Abstand der inneren Gleiskanten voneinander, 14 mm unter der Schienenoberkante gemessen; sie beträgt bei der deutschen Reichsbahn und den meisten europäischen Ländern 1,435 m und kann sich in Bögen bis zu 15 mm und durch den Betrieb bis zu 30 mm erweitern. Klein- und Schmalspurbahnen haben Spurweiten von 1000, 750 und 600 mm, in Europa gibt es noch Abweichungen von der „Regelspur" in folgenden Ländern: „Breitspur": Finnland und UdSSR: 1524 mm = 5 engl. Fuß; Portugal: 1665 mm; Spanien: 1676 mm.

Staffelmessung: Art der Längen- und Höhenmessung, bei der eine Meßlatte horizontal gehalten wird. Anwendung bei der Aufnahme von Längs- und Querprofilen und bei Längenmessungen in steilem und ungleichmäßig geformtem Gelände.

Staffelzeug: Verbindung zweier Meßlatten, einer horizontalen und einer vertikalen, zur gleichzeitigen Längen- und Höhenermittlung zur Aufnahme von Längs- und Querprofilen.

Stahlmeßband: Meist auf + 20° Celsius und 10 oder 15 kg Zugspannung geeichtes Längenbandmaß aus bestem Stahl von 10, 20, 25, 30, auch 40 und 50 m Länge. Stahlmeßbänder bedürfen besonders sorgsamer Pflege beim und nach dem Gebrauch! 100-m-Bandmaße sind auch während der Messung besonders empfindlich gegen den Einfluß des Windes; sie sind seltener im praktischen Gebrauch. s. Ausdehnungskoeffizient.

Stammpunkt: s. Zwillingspunkt.

Standfestigkeit: Fester Stand von Instrument, Beobachtungs- und Signalgerüst. Festes Eintreten des Dreibeins und gute Verankerung der Gerüste verhindern Lockerungen der Aufstellung, Beeinflussung durch Wind und somit Exzentrizitäten, die die Feld- und Rechenarbeit sonst unnötigerweise erschweren.

Standlinie: Hauptmessungslinie, von der bei der Stückvermessung alle anderen lotrechten Entfernungen gemessen werden; ihre günstigste Lage zu der aufzumessenden Fläche wird zuerst erkundet und festgelegt, dann erfolgt die Festlegung der Ordinaten-Fußpunkte, der Lotpunkte von den Flächeneckpunkten, und schließlich werden die Abszissen und Ordinatenlängen gemessen und in das Feldbuch eingetragen; s. Flächenmessung, Teil C. IV. 1, außerdem Standlinie bei der astronomischen Ortsbestimmung, s. Standlinienverfahren und Teil C II 1 a.

Standlinienverfahren: Einfachstes gemischt rechnerisches und zeichnerisches Auswerteverfahren der astronomischen Ortsbestimmung nach Bestimmung von Azimut und Höhe mehrerer Gestirne zu bekannten Zeitpunkten.

Station: Beobachtungspunkt, Aufstellungsort des Theodoliten oder eines anderen Beobachtungs- oder Meßinstruments.

Stationierbarer Hochpunkt: Hochpunkt, auf dem eine Station, Theodolit usw. zu Beobachtungszwecken aufgebaut werden kann; s. Beobachtungsfähige Hochpunkte.

Stationsorientierung: Berechneter Richtungswinkel oder Gegenrichtungswinkel in dem Beobachtungspunkt nach dem Anschlußziel. Er wird zu allen in diesem Punkt gemessenen Winkeln hinzugezählt. Dadurch sind sämtliche von diesem Beobachtungspunkt ausgehenden Richtungen in ihrer Lage zu Gitter-Nord festgelegt, d. h. orientiert; s. Gegenrichtungswinkel und Orientierung.

Steilsichtprisma: s. Zenitprisma.

Stehachse (VV): Senkrechte Umdrehungsachse, Vertikalachse, beim Nivelliergerät und beim Theodoliten; s. Prüfen und Justieren.

Stereoaufnahme: Photographische Aufnahme mit zwei Objektiven, die entweder in einem Photoapparat vereinigt sind, oder mit einem Apparat, der nacheinander an den Endpunkten einer Basis aufgestellt wird; von hier werden die Bildachsen entweder auf einen Geländepunkt oder zueinander parallel gerichtet; s. Phototheodolit. Durch Stereobilder wird der Aufnahmegegenstand plastisch, räumlich, so wiedergegeben, wie ihn das Auge auf kurze Entfernungen sieht. Durch Vergrößerung des Augenabstandes auf eine größere Basis wird die Raumwirkung auch auf größere Entfernungen möglich. Bei Luftbildaufnahmen wird die gleiche Wirkung erzielt. Die notwendige Überdeckung für Stereobilder beträgt 60 % der Bildfläche.

Stereoautograph: Photogrammetrisches Großgerät; Bildkartiergerät zum laufenden kartographischen Ausmessen von Stereobildern, die von der Erde aus aufgenommen wurden, in bezug auf die horizontale und vertikale Lage der Einzelpunkte; er gestattet linienmäßiges Zeichnen der Höhenlinien und der sonstigen ausgewerteten Grenzlinien.

Stereokomparator: Photogrammetrisches Auswertegerät zum Ausmessen von Einzelpunkten aus Stereoaufnahmen von der Erde aus nach ihrer koordinatenmäßigen Lage und ihrer Höhe; s. Multiplex.

Stereometrie: Körper- und Raummessung; Teil der Geometrie, der sich mit der Berechnung des Rauminhalts und der Oberfläche von Körpern jeglicher Art befaßt.

Stereophotographie: Herstellung von Stereoaufnahmen.

Stereophotogrammetrie: Teil der photogrammetrischen Vermessung des Erdbildes mit Hilfe von Stereobildern. Als Aufnahmegeräte dienen Meßkammern verschiedener Ausführungen für Einzel- und Reihenaufnahmen. Der Phototheodolit vereinigt in sich Meßkammer und Winkelinstrument. Die Bilder müssen mit 60 % Überdeckung aufgenommen werden. Die Auswertegeräte gestatten zum Teil nur Ausmessung von Einzelpunkten (s. Stereokamparator, Multiplex), zum Teil lassen sie fortlaufende Ausmessung unter gleichzeitiger kartographischer Zeichnung von Grenzlinien und von Höhenlinien zu (Stereoautograph, Autokartograph, Stereoplanigraph). Während ein Teil nur für die Ausmessung von Erdbildern bestimmt ist (Stereokomparator und Stereoautograph), kann der übrige Teil auch zur Ausmessung von Luftbildpaaren verwandt werden; s. Photogrammetrie.

Stereoplanigraph: Photogrammetrisches Großgerät; Bildmeß- und Bildkartiergerät zum fortlaufenden Ausmessen von Stereobildern aus Erd- und Luftaufnahmen, sowohl in bezug auf die horizontale wie die vertikale Lage der Einzelpunkte.

Stereoskop: Kleines optisches Gerät zum Betrachten von Stereobildern; nach richtiger Einstellung von Augen- und Entfernungsabstand vereinigen sich die zwei ebenen Bilddarstellungen für den Betrachter so, daß sie ihm als e i n räumliches und körperliches Bild erscheinen.

Stereowirkung: Raumwirkung; so wie das menschliche Augenpaar Gegenstände in der Natur räumlich sieht, wird die gleiche Wirkung durch zwei Photoaufnahmen des gleichen Bildgegenstandes von verschiedenen Standpunkten aus erreicht; s. Stereoaufnahme. Beim Betrachten von Stereobildern steht jeder Gegenstand im Raum; d. h. man s i e h t ihn im Vergleich zu anderen Gegenständen „davor", „dahinter", „daneben".

Sterntag: Stets gleichbleibende Z e i t d a u e r zwischen zwei oberen Kulminationen eines Fixsternes = $23^h\ 56^m\ 4^s$ oder $24^h - 3^m\ 56^s$. Die Kulminationsdauer aller Sterne ist gleich.

Sternzeit (Υ_t, Υ_τ): **Zeitpunkt:** Stundenwinkel des Frühlingspunktes = Rektaszension + Stundenwinkel irgendeines Gestirns: $\alpha + t$ oder $\alpha + \tau$. 0^h Sternzeit = Stand des Frühlingspunktes im Meridian.

Storchschnabel: s. Pantograph,

Strahl: Einseitig begrenzte Gerade.

Strahlenbrechung (Refraktion): Ablenkung der Lichtstrahlen (Sehstrahlen) beim Übergang von einem Mittel bestimmter Dichte in ein anderes mit geringerer oder größerer Dichte entsprechend bestimmten Gesetzen; s. Brechungszahl, optische Gesetze und Reflexion. Auch der durch die Atmosphäre gehende Licht-(seh-)strahl unterliegt den gleichen Brechungsgesetzen; er wird beim Durchgang von dichteren in dünnere Luftschichten und umgekehrt aus seiner geraden Richtung in eine der Erdoberfläche zugewandten, angenäherten Kreiskurve abgelenkt. Der Beobachter sieht daher den Zielpunkt nicht an der wahren Stelle, sondern in Richtung des letzten Brechungsstrahles, d. h. an einer höheren Stelle, als sich der Zielpunkt wirklich befindet. Durch die ungleichmäßige Dichte der verschiedenen Luftschichten ist die

Größe des Brechungswinkels nur annähernd zu ermitteln. Die Strahlenbrechung beträgt als Höhenunterschied des Zieles ausgedrückt: $h_2 = \frac{s^2 \cdot k}{2r}$, wobei s die horizontale Entfernung zwischen dem Beobachtungspunkt und dem Ziel, k den Brechungsfaktor, der im Durchschnitt mit 0,13 anzusetzen ist, und r den Erdhalbmesser mit 6370 km bedeutet. Die Strahlenbrechung beträgt bei horizontalen Sichten etwa $^1/_8$ der entsprechenden Erdkrümmung und ist dieser entgegengesetzt gerichtet. Sie beträgt bei einer Entfernung von 500 m: —; 1000 m: 0,01 m; 2000 m: 0,04 m; 3000 m: 0,10 m; 4000 m: 0,16 m; 5000 m: 0,25 m; s. C II, 7 b, s. Bild 360.

Beim Nivellieren wirkt sich die Refraktion auf die Lattenablesungen bei Zielweiten von über 75 m wie folgt aus:

Zielweite m	Refraktion mm	Zielweite m	Refraktion mm	Zielweite m	Refraktion m
75	0,3	200	2,7	350	8 4
100	0,7	250	4,2	400	10,9
120	1,0	300	6,1	450	13,8
150	1,5				

Strecke: Beiderseits begrenzte Gerade.

Streckenreduktion: Zurückführung einer in der Schrägen gemessenen Strecke auf die Waagerechte unter Berücksichtigung der Meßbandlängenkorrektur (Berichtigungskonstante) und der Längenveränderung, die durch die zur Zeit der Messung herrschende Temperatur bedingt ist, bei gleichbleibender Spannung (10 kg mit Spannungsmesser); gegebenenfalls nach Zurückführung der gemessenen Länge auf den Landeshorizont. (Bild 266.) Der Längenunterschied beträgt für 1000 m bei einer Höhe von 100 m über N. N. 2 cm,
„ 500 m über N. N. 8 cm,
„ 1000 m über N. N. 16 cm,
„ 1500 m über N. N. 24 cm,
„ 2000 m über N. N. 31 cm.

s. Reduktionsmaß, s. Zulegemaß, s. Spannungsmesser.

Streckenverfahren: Aufnahmeverfahren einer Fläche in der Stückvermessung, bei dem nur Strecken, keine Winkel, gemessen werden; s. C IV 1.

Streckenzug: Lagebestimmungsart, bei der fortlaufend Winkel und Strecken gemessen werden, ausgehend und abschließend auf einem Punkt mit Anschlußrichtung bzw. Abschußrichtung; s. C II h.

Strich (¯): Der 6400. Teil eines Kreises; man findet ihn noch bei Angabe der Nadelabweichung; s. D 7a.

Strichplatte: Bei den meisten geodätischen und astronomischen Fernrohren in die optische Achse zwischen Objektiv und Okular eingebaut und mit zweckentsprechenden Zeichen versehen: Fadenkreuz, Doppelfaden, Kreis, Entfernungsfäden usw.

Strichteilung: Bezeichnung für die Kreisteilung in Striche im Gegensatz zu den Gradteilungen:

Technische Strichteilung: Kreisteilung in 6400¯ (Teilstrich); 1¯ entspricht auf 1000 m einer Querverschiebung von 0,98 m ≈ 1,00 m! 1¯ = 3,375′ = 6,25cc.

Nautische Strichteilung: Kreisteilung in 32 Str (Strich); 1 Str = 11,25° = 12,5 g.

Stück(ver)messung: Grundstücksaufnahme, bei der die Aufnahmefläche als kleiner Teil des Erdellipsoides als Ebene aufgefaßt wird.

Stundenkreis (Deklinationskreis): Großkreis an der scheinbaren Himmelskugel, der durch die beiden Himmelspole geht; s. Gradnetz b.

Stundenwinkel (t): Winkel zwischen dem o b e r e n Himmelsmeridian und dem Stundenkreis eines Gestirns, geltend für einen bestimmten Beobachtungsort vom oberen Meridian im Uhrzeigersinn von 0^h bis 24^h zählend; s. Zeitwinkel.

Subtraktion (Abziehen): Eine der vier Grundrechnungsarten, bei der die Zahl, von der eine andere abgezogen wird, Minuendus (a), die Zahl, die abgezogen wird, Subtrahendus (b), und das Ergebnis Differenz (c) heißt: $a - b = c$.

T.

Tachometer: Geschwindigkeitsmesser mit Angabe der gefahrenen Kilometer, in Kraftfahrzeugen eingebaut. Die am Tachometer abgelesenen Entfernungen können als Grundlagen für die Orientierung und für die Entfernungsmessungen in unwegsamem Gelände (Wüste) dienen; s. Routenaufnahme.

Tachymeter (Schnellmesser), Tachymeterlatte, Tachymetertheodolit: Theodolit zur Bestimmung von Neupunkten nach der Methode der Polarkoordinaten. Im eigenen Standpunkt werden Horizontal- und Vertikalwinkel sowie die Entfernung zum Aufnahmepunkt ermittelt und rechnerisch oder zeichnerisch ausgewertet; der T. ist hierzu mit einem Horizontal- und Vertikalkreis, mit Entfernungsfäden im Fernrohr, zuweilen mit Repetitionseinrichtung sowe mit einer Bussole ausgestattet.

Außer diesem üblichen Tachymetertheodoliten gibt es selbsttätig rechnende Schiebetachymeter und automatische Reduktionstachymeter, bei denen die reduzierte Entfernung und der Höhenunterschied unmittelbar abgelesen werden können. s. Nivelliertachymeter.

Tachymeterbussole: Bussole mit Fernrohr zur Bestimmung von Neupunkten auf topographisch-tachymetrischem Wege durch Vorwärtseinschnitt, Rückwärtseinschnitt, Strecken- und Bussolenzüge, auch für trig. Höhenmessungen und einfache Nivellements geeignet; mit Seitenteilkreis und Entfernungsfäden im Fernrohr bei Vorhandensein eines Höhenteilkreises ausgestattet.

Tachymetertafel: Tabellenmäßig zusammengestellte Auswertung von tachymetrischen Entfernungs- und Höhenmessungen als Hilfstafel zur Ermittlung horizontaler Entfernungen und der Höhenunterschiede: $e = E \cdot \cos^2\alpha$; $h = \frac{1}{2}\, E \cdot \sin^2\alpha$ wobei e die horizontale, E die „abgelesene" Entfernung (Lattenabschnitt $1 \times$ Multiplikationskonstante k), α den Höhenwinkel und h den Höhenunterschied bedeutet.

Tachymetrie (Schnellmessung): Gleichzeitige Aufnahme von Horizontalwinkeln, Entfernungen und Höhen mit Theodolit oder Nivelliertachymeter, Kippregel oder Erd- oder Luftbildphotogrammetrie (Theodolit-Meßtisch-Phototachymetrie oder, nach Art ihrer Auswertung: rechnerische — graphische — mechanische Tachymetrie).

Tafelkreuz: Zwei Brettafeln in Kreuzform; es bildet, an der Tafelstange befestigt, den obersten Teil des trigonometrischen Signals; die Tafelstange ist Zielpunkt für die Horizontal-(Seiten-)winkel, der untere Rand des Tafelkreuzes für die Vertikal-(Höhen-)winkel. Der Anstrich richtet sich nach dem Hintergrund: schwarz oder weiß. Ein Wink für die Praxis in armer Zeit: Kalk in Heringslake angerührt ist billig, ersetzt Ölfarbe und hat eine sehr gute Leuchtkraft!

Tafeln: Handwerkliches Nivellieren des Zwischengeländes beim Straßen-, Wege- und Gebäudebau bei zwei gegebenen Achs- und Höhenpunkten mit Hilfe von Visiertafeln oder Visierscheiben; s. Visiertafeln.

Tafelstange: Oberster senkrechter Teil und Zielpunkt für Seitenwinkel an trigonometrischen Signalen. Auf genügend weites Einziehen der Tafelstange, besonders bei Baumtafeln, ist zu achten, da sonst frühzeitiges Verwerfen des Holzes und ärgerliche Exzentrizitäten unvermeidbar sind. Zur Anbringung von Baumtafeln nur starke Bäume aussuchen und an der Tafelstange Flatterwimpel befestigen, um auf weite Sicht die Windverhältnisse am Ziel während der Beobachtung erkennen zu können; s. Tafelkreuz.

Tag- und Nachtgleichpunkte (Äquinoktien): Schnittpunkte der Ekliptik mit dem Himmelsäquator: Frühlingsäquinoktium am 21. 3. (Frühlings- oder Widderpunkt ♈) und Herbststäquinoktium am 23. 9. (Herbtspunkt ♎).

Tangente (Berührende): Gerade Linie, die an einen Bogen herangelegt ist und mit diesem e i n e n Punkt gemeinsam hat (Berührungspunkt). Die Tangente an einen Kreis steht im Berührungspunkt auf dem Halbmesser senkrecht. Praktische Anwendung in der Vermessung beim Abstecken von Winkeln und von Kreisbögen; s. Teil C III 2, C V 3, Tangententafel Teil D 2 und D 4 a und b.

Tangentenschraube, Tangentialmikrometerschraube: Meßeinrichtung zum Messen kleiner Winkel, z. B. am Phototheodoliten für die Basismessung.

Tangentialebene (Berührungsebene): Ebene, die mit einem Körper einen Punkt gemein hat; s. Kartenprojektion.

Teilstrecke: Teil einer größeren Strecke, die in mehreren Abschnitten, Teilstrecken, gemessen wird.

Teleskop-„Fernblicker“: s. Fernrohr.

Theodolit: Genaues und wichtigstes geodätisches Winkelmeßinstrument mit Horizontal-(Seiten-) und Vertikal-(Höhen-)teilkreis, mit 360°- oder 400g-Teilung, mit optischer oder mit Mikrometerablesung, zum Teil bis 1 Sek.-Ablesung. Die Horizontalkreise haben je nach ihrem Verwendungszweck von 8 cm aufwärts verschiedene Durchmesser bis zum 27-cm-Theodoliten I. Ordnung mit 72facher Vergrößerung, die Vertikalkreise sind verschieden angeordnet, bei denen die 0-Linie zum Teil im Horizont, zum Teil im Zenit liegt; zum Teil werden die Höhenwinkel auch als Doppelgrade abgelesen; darum vor der praktischen Arbeit mit fremden Geräten diese erst auf ihre Eigenart und auf ihren Zustand hin überprüfen! s. auch Bautheodolit, Ballontheodolit, Grubentheodolit, Magnettheodolit, Phototheodolit, Repetitionstheodolit, Prüfen und Justieren.

Thermometer (Wärmemesser): Instrument zur Bestimmung der Temperatur der Atmosphäre oder eines Gegenstandes. Je nach Konstruktionsart gibt es viele Arten von Thermometern, von denen für das Vermessungswesen das Quecksilberthermometer und Siedethermometer für genaue Temperaturmessungen bei Längenbestimmungen am wichtigsten sind. Das Bimetallthermometer gibt durch die verschiedene Ausdehnung und damit verschiedene Krümmung zweier aufeinanderliegender Metallstreifen aus verschiedenem Metall über einen Zeiger die jeweilige Temperatur an.

Als Wärmeskalen sind die von Celsius, Reaumur und Fahrenheit in Gebrauch. Ihr Abstand zwischen Gefrier- und Siedepunkt beträgt 100°, 80° und 180°. Der Gefrierpunkt ist bei Celsius und Reaumur bei ± 0° dem Wärmezustand des schmelzenden Eises, bei Fahrenheit bei

+ 32°, da hier der Wärmezustand von Schnee und Salmiak bei — 17,78° Celsius als 0-Punkt angenommen ist. Umrechnung der Wärmegrade s. Teil D, 9.

Tiefenlinien: Verbindungslinien der Punkte mit gleicher Tiefe auf Seekarten. Die Tiefenunterschiede von Linie zu Linie sind verschieden und richten sich nach der Tiefe des darzustellenden Meeresgrundes.

Tiefenpfeil: Geschwungener Pfeil senkrecht zu einer Höhenlinie, die nicht die zu erwartende nächstfolgende Schichtlinie mit größerem Höhenwert darstellt, sondern, rückläufig die gleichhohen Punkte einer Mulde miteinander verbindet.

Tiefenstufe: s. geothermische Tiefenstufe; s. barometrische Höhenstufe.

Tiefenwinkel (α): In lotrechter Ebene vom Horizont oder Zenit aus unter die Horizontale gemessener Neigungswinkel; s. B IV, 2 b und C II 2 b.

Toise: Altes französisches Längenmaß = 6 Pariser Fuß zu je 12 Zoll zu je 12 Linien = 1,949036 m.

Topograph: Berufszweig der Geodäten, der sich hauptsächlich mit der Durchführung topographischer Aufnahmen befaßt.

Topographie (Ortsbeschreibung): Zeichnerische, möglichst genaue Aufnahme der Erdoberfläche, der Erdbedeckung und Erdform, unabhängig von der Art des Hilfsmittels (Theodolit, Kippregel, Erd- oder Luftbild). Die topographischen Aufnahmen erfolgen meist im Maßstab von 1 : 25 000 (topogr. Karte).

Topographische Karte: Kartenblatt 1 : 25 000 mit 10 Minuten geographischer Länge und 6 Minuten geographischer Breite als Blattbegrenzung nach den Berechnungen der Polyederprojektion. Jedes Blatt hat die Form eines Trapezes, die Blätter jeder West-Ost-Zone haben die gleichen Ausmaße und Flächeninhalte; er beträgt bei $\varphi = 50°$: $\sim$ 133 qkm; bei $\varphi = 55°$: $\sim$ 119 km. Nach Eintragung der trigonometrischen Punkte, etwa 20—25 auf einem Blatt mittels Koordinatograph wird die Geländeaufnahme mit Tachymeter oder Kippregel, mit Phototheodolit oder Luftbildkammer durchgeführt; die topographische Karte muß den Grundriß der Erdoberfläche mit ihrer Bedeckung und die Geländeform (Höhenlinien) zur Darstellung bringen.

Totalintensität (F): Kraft, mit der der Erdmagnetismus eine aus der Ruhelage gebrachte Deklinations- oder Inklinationsnadel in verschieden starken und häufigen Schwingungen in die alte Lage zurückbringt. Meist wird nur die Horizontalintensität mit dem Magnettheodoliten unter Benutzung eines zweiten Magneten bestimmt, die vom Äquator nach den Polen hin abnimmt, während die Totalintensität im allgemeinen vom Äquator gegen die Pole hin zunimmt.

Trapez: Viereck mit zwei verschieden langen paralellen Seiten; s. Bild 235 a und b.

Trassieren: Abstecken von Straßen- und Gleisachsen (Trassen, auch Tracen) s. Abstecken.

Triangulation: Gesamtbezeichnung für die Vermessungsarbeiten zur Erfassung des Erdbildes durch trigonometrische Netzlegung und Dreiecksmessung. Die Hauptarbeiten der Triangulation bilden die Basismessungen und die Winkelmessungen. Nach erfolgter Basismessung und Bestimmung der „Ausgangsseite" werden die weiteren „trigonometrischen Punkte" durch reine Winkelmessungen in Hauptdreiecken mit Seitenlängen von 20 bis 70, auch 100 km, auf dem Erdellipsoid in geographischen Koordinaten bestimmt (Reichsfestpunktnetz I. und II. Ordnung, T. P. [R]). Die Verdichtung dieses Netzes durch weitere Dreiecksmessungen unter Übergang zu ebenen Koordinaten führt zum

Landesfestpunktnetz III. und IV. Ordnung, T.P. [L], und die Verdichtung bis zu Punktenentfernungen von etwa 2 km zum Aufnahmenetz. (T.P. [A]); s. Basismessung.

Trigonometer: Berufszweig der Geodäten, der sich in der Hauptsache mit der Durchführung von Triangulationsarbeiten befaßt.

Trigonometrie (Dreiecksmessung): Lehre vom Dreieck als Teil der Geometrie; Lehre von den trigonometrischen Funktionen und deren Anwendung auf die Dreiecksberechnung. Die ebene Trigonometrie behandelt das Dreieck in der Ebene, die sphärische Trigonometrie das Dreieck auf der Kugel (Vermessung der Punkte I. Ordnung; Ortsbestimmung von Gestirnen). s. Mathematik.

Trigonometrische Höhenbestimmung: Der Höhenunterschied h zweier Punkte voneinander wird mit Hilfe des Vertikalwinkels entweder als Neigungswinkel (Höhen- oder Tiefenwinkel α) zwischen der Horizontalen und dem Zielpunkt oder als Zenitwinkel (Zenitabstand z) zwischen dem Zenit und dem Zielpunkt, sowie einer Strecke s ermittelt: $h = s \cdot \operatorname{tg} \alpha$; $h = s \cdot \operatorname{cotg} z$. Die Instrumentenhöhe i ist dabei noch zu berücksichtigen.

Auf Entfernungen von über 300 m ist der Einfluß der Erdkrümmung und Strahlenbrechung zu berücksichtigen. Die Genauigkeit beträgt etwa ± 1 cm bis ± 1 dm; s. C II, 2 b.

Trigonometrischer Punkt (T. P.): Punkt der auf Grund der trigonometrischen Arbeiten in seiner geographischen Lage genau bestimmt und dauerhaft vermarkt wird. Man unterscheidet je nach ihrer Ursprungsart T.P. (R) = T.P. der Hauptdreiecke oder T.P. des Reichsfestpunktnetzes, T.P. (L) = T.P. des Landesfestpunktnetzes und T.P. (A) = T.P. des Aufnahmenetzes; s. Bodenpunkt, Hochpunkt, Zwillingspunkt.

Trigonometrisches Signal (Zeichen): Über einem trigonometrischen Punkt lotrecht erbauter Beobachtungsstand und Zielpunkt (Tafelstange mit Tafelkreuz) zur Sichtbarmachung des Bodenpunktes. Werden Beobachtungs- und Signalgerüst zugleich über einem T.P. benötigt, so werden beide Gerüste so aufgeführt, daß sie sich an keiner Stelle berühren. Die trigonometrischen Signale sind aus Holz oder Stahl und oft so gebaut, daß sie für die Beobachtung bei Nacht die Aufnahme von elektrischem Scheinwerfergerät zulassen. Die Bauarten sind verschieden von der einfachen Baumtafel bis zum Kunstwerk eines trigonometrischen Signals I. Ordnung bis zu etwa 50 m Beobachtungshöhe; s. Heliotrop, s. Sichtweite.

Tropisches Jahr: Zeitrechnung für das praktische Leben; Zeitdauer, die die Sonne auf ihrer Ekliptikbahn von Frühlingspunkt zu Frühlingspunkt benötigt = Umlaufdauer der Erde. Es umfaßt 365,2422 mittlere Sonnentage oder $365^d\ 5^h\ 48^m\ 46{,}08^s$. Die bei einem Kalenderjahr von 365 Tagen übrigbleibenden 0,2422 Tage werden in jedem 4. Jahr, in einem Schaltjahr, als 29. Tag des Februar eingeschaltet. Die in je 4 Jahren zuviel eingeschalteten Tage von 4 · (0,25—0,2422) = 0,0313 Tage ergeben in einem Zeitraum von 400 Jahren wieder 3 Tage, die innerhalb dieser Zeitspanne wieder in Abrechnung gebracht werden, indem alle durch 4 teilbaren Jahrhundertwenden k e i n e Schaltjahre sind (1600, 2000, 2400).

Das tropische Jahr umfaßt 366,242161 Sterntage $366^d\ 5^h\ 48^m\ 12{,}73^{sec}$.

Turmbolzen (T. B.): Exzentrische Festlegung eines Hochpunktes (Kirchturm) in der Mauer, in etwa 50 cm Höhe, aus Schmiedeeisen, Silumin oder anderem Werkstoff; der T. B. gestattet das Aufsetzen einer Nivellierlatte. s. Leuchtbolzen.

U.

Überbestimmung: Über die notwendige, ausreichende Bestimmung eines Punktes und die durchgeführte Kontrolle hinaus erfolgte Bestimmung durch überschüssige Winkel- und Streckenmessungen und weitere Bestimmungsverfahren.

Übergangsbogen: Bogenstück, das zwischen einer geraden und einer gekrümmten Strecke (Bogen) und zwischen Bogenabschnitte mit verschiedenen Halbmessern eingeschaltet wird, um dem Straßen- und Eisenbahnbenutzer das Befahren der Strecke stoßfrei und fließend angenehm zu bereiten, oft auch, um einem Bogen eine dem Auge angenehme Form zu geben.

Überhöhung: Höhenunterschied des Außenbogens einer Straßen- oder Eisenbahnkurve gegenüber dem Innenbogen, um die Fliehkraft des Fahrzeuges auszugleichen und beim Befahren der Kurve dem Benutzer die Wirkung der Fliehkraft fast unspürbar zu machen. Das Maß der Überhöhung ist abhängig vom Kurvenhalbmesser und der voraussichtlichen Geschwindigkeit, mit der die Kurve befahren werden soll. Vergleiche Kurven von Landwegen, Straßen, Autobahnen und Rennstrecken, von Abstellgleisen, Kleinbahnen und D-Zugstrecken!

Übersichtskarte von Mitteleuropa: Kartenwerk im Maßstab 1 : 300 000, die Erdoberfläche meist über eine Kegelprojektion darstellend.

Umdrehungsachse (VV): Senkrechte Umdrehungsachse, Vertikalachse, auch mit Stehachse bezeichnet, beim Nivelliergerät und beim Theodoliten. s. Prüfen und Justieren.

Umdrehungsachsenfehler (v): Abweichung der Umdrehungsachse (VV) (Vertikalachse, Stehachse) von der lotrechten Stellung zur Libellenachse (LL), die die Messung von Horizontal- und Vertikalwinkeln beeinflußt; der Einfluß des Umdrehungsachsenfehlers (v) (Stehachsenfehlers) kann nicht durch die vermehrte Anzahl oder eine besondere Anordnung von Messungen aufgehoben werden, sondern muß bei der Justierung der Instrumente beseitigt werden.

Umkehrprisma, Dachkantprisma: Prismenform in optische Instrumente eingebaut, das ein „Umkehren des seitenverkehrten" Bildes bewirkt; das Bild erscheint dem Beobachter wieder wie in der Natur.

Umrechnung vom Flächen- zum Raummaß bei Mauerwerk: 1 m² Mauerwerk 2 Stein (RF.) stark = 0,50 m³; 1½ Stein stark = 0,38 m³; 1 Stein stark = 0 25 m³; ½ Stein stark = 0,12 m³. 1 m³ Mauerwerk (RF.) = 400 Steine.

Urmeter: Im Archiv von Sèvres bei Paris aufbewahrt; es besteht zu 90 % aus Platin, zu 10 % aus Iridium. s. Normalmeter

V.

Variation: s. Abweichung der Magnetnadel.

Vergrößerung eines Fernrohres (v): Verhältnis des Gesichtswinkels, unter dem ein Gegenstand durch das Fernrohr beobachtet wird, zu dem Gesichtswinkel, unter dem der gleiche Gegenstand vom gleichen Standpunkt aus mit dem bloßen Auge gesehen wird. Auch: Verhältnis der Objektivbrennweite zur Okularbrennweite.

Vermarkung: Dauerhafte Festlegung und Sichtbarmachung von trigonometrischen Punkten durch Granitpfeiler und -Platte bei Bodenpunkten, durch Turm-, Leucht- und Mauerbolzen bei Hochpunkten auf Kirchtürmen. Mauermarken.

Die Granitpfeiler werden nach Norden orientiert, wobei auf der Südseite des Pfeilerkopfes „T. P." auf der Nordseite das Ordnungszeichen eingemeißelt ist, während das Zentrum der Station durch ein eingemeißeltes Kreuz auf der Oberfläche des Pfeilerkopfes sichtbar gemacht ist. Der Pfeiler als Tagesmarke steht auf einer Granitplatte mit Kreuz, das das Zentrum des Festpunktes darstellt. Hochpunkte werden durch Turm-, Leucht- und Mauerbolzen gesichert. s. Höhenfestpunkt.

Vermessung: Erforschung und Aufnahme der Erdoberfläche für die Wissenschaft, für die Bedürfnisse des täglichen Lebens und für die Zwecke der Technik; Bestimmung von Punkten und Flächen, Höhen und Tiefen, auf und unter der Erdoberfläche. Im engeren Sinne: Bestimmung eines Punktes in seiner horizontalen Lage in bezug auf das geographische Gradnetz oder in einem rechtwinkligen Koordinatensystem auf den Koordinatenanfangspunkt sowie in seiner vertikalen Lage zum Landeshorizont.

Unter Vermessen versteht man auch das planrichtige Bestimmen von Punkten, Strecken, Bögen und Flächen in bezug auf bereits vorhandene Punkte für Kultur- und Bauzwecke jeglicher Art; s. Geodäsie, Gradnetz, Kartenprojektion, Stückvermessung, Topographie, Triangulation.

Vermessungsbehörde: Reichsamt für Landesaufnahme; Hauptvermessungsabteilung als nachfolgende Reichsbehörde oder oberste Landes-Vermessungsbehörde; Städt. Vermessungsamt, der vorgenannten Behörde unterstellt oder selbständig.

Vertikalachse (VV): Senkrechte Umdrehungsachse des Nivellier- und Theodolitoberteils, auch Stehachse oder Umdrehungsachse genannt; s. Prüfen und Justieren.

Vertikalachsenfehler (v): Abweichung der Vertikalachse (VV) von der lotrechten Stellung zur Libellenachse (LL); sie kann nicht durch eine bestimmte Anordnung bei der Messung von Horizontalwinkeln aufgehoben und muß daher durch Justierung beseitigt werden.

Vertikalintensität (Z): Vertikalkomponente der magnetischen Intensität; s. Erdmagnetismus und Intensität.

Vertikalwinkel: In lotrechter Ebene vom Horizont aus als Höhen- oder Tiefenwinkel der vom Zenit aus gemessener Winkel. s. Höhenwinkel.

Viereck: Geometrische Figur mit vier Seiten; Sonderfiguren stellen das Parallelogramm, Trapez usw. dar; s. B II 3, Bild 233—237.

Visierscheiben: Bauhilfsmittel zum handwerklichen Bestimmen von Höhen. Drei auf 125 cm hohe Stäbe gesetzte Scheiben, von denen die Vollscheibe auf der Vorderseite rot-weiß, auf der Rückseite schwarz-weiß gestrichen ist; die beiden anderen halbkreisförmigen Scheiben sind einseitig weiß, auf der anderen schwarz oder rot gestrichen; Verwendungszweck wie Visiertafeln.

Visiertafeln oder Visierkreuze: Bauhilfsmittel zum handwerklichen Bestimmen von Höhen. Drei Tafeln in T-Form aus Holz, 125 cm hoch, als Bauhilfsmittel zur handwerklichen Festlegung von Oberflächenlinien im Straßen- und Eisenbahnbau sowie bei sonstigen Planierungsarbeiten; eine Tafel mit ganzem Querbalken ist auf der Vorderseite rot-weiß, auf der Rückseite schwarz-weiß gestrichen, während die anderen Tafeln mit halbhohem Querbalken auf der einen Seite weiß, auf der anderen schwarz oder rot gestrichen sind; s. Tafeln.

Vorblick (v): Vorblickende Lattenablesung beim Nivellieren in Richtung auf die Spitze des Nivellementszuges oder der Nivellementsschleife im Gegensatz zum Rückblick (r), der rückblickenden Lattenablesung vom Anfangspunkt oder in Richtung zum Anfangspunkt des Zuges oder der Schleife. r—v = h (Höhenunterschied der beiden Punkte, auf denen die Latte gestanden hatte).

Vorwärtseinschneiden: Punktbestimmungsart, bei der der Neupunkt von mindestens zwei Festpunkten aus nur durch Winkelmessung bestimmt wird; s. C II 1 c.

W.

Waage (Wasserwaage): Einfaches Instrument mit einer Röhrenlibelle zur Festlegung horizontaler und vertikaler Richtungen; vor Gebrauch stets an beiden Lagen prüfen! s. Angabe, Libelle und Libellengenauigkeit.

Wechselpunkt: Standsicherer Aufstellungsort der Nivellierlatte zwischen zwei Aufstellungsorten des Nivelliergeräts; die Latte muß auf festem Untergrund, auf einen fest eingeschlagenen Pflock oder auf einen Lattenuntersatz gestellt werden, um Differenzen in der Höhenlage beim Umstellen der Latte zu vermeiden.

Bei Baunivellements werden vorhandene standsichere Gegenstände als Wechselpunkt gewählt und zweckmäßigerweise, um sie zu erhalten, mit einem Meißel als dauerhafte Höhenmarken gekennzeichnet, z. B. Treppenstufen, Durchlässe, Brückenbogen; s. Zwischenpunkt, Punktbeschreibung und Teil C II 2a und D 11.

Wendelatte: Nivellierlatte mit verschiedener Teilungsbezifferung auf beiden Seiten, um Irrtümern bei der Ablesung vorzubeugen. Eine Seite ist mit 0—3,00 m, die andere mit 3,335—6,335 m beziffert. Das Wenden der Latte erübrigt sich durch die beiderseitige Beschriftung und verringert die Fehlermöglichkeit. Bei Verwendung beider Ablesungen ergibt ihre Differenz die gemessene Höhe, ihre Summe die Kontrolle für die Richtigkeit der Messung.

Wendepunkt: s. Wechselpunkt.

Wendekreis: Parallelkreis auf der scheinbaren Himmelskugel und auf der Erdkugel, der 23,5° vom Äquator entfernt ist; s. Gradnetz, Parallelkreis, Polarkreis, s. Teil D 12a 1.

Widderpunkt, Frühlingspunkt (Fp, ♈): Schnittpunkt der Erdbahn oder der scheinbaren Sonnenbahn (Ekliptik) mit dem Äquator beim Übergang der Sonne von südlicher auf nördliche Abweichung.

Wiegelatte, Wiegescheit, Setzlatte: Bauhilfsmittel; an beiden Schmalseiten ausgerichtetes Holzbrett mit eingebauter oder aufgesetzter Libelle oder Setzwaage. Sie wird in der Bautechnik zur Herstellung von Horizontalen, zum „Durchwiegen" und zum Messen von Höhenunterschieden, vor allem bei Pflasterarbeiten, benutzt; auf gerade Ausrichtung der Latte und wechselseitiges Aufsetzen der Waage (Umschlagen) ist zu achten.

Windrose: Einteilung des Horizonts in 32 Teile; bei der Kompaßteilung angewandt.

Winkel: Zwei Strahlen (Schenkel), die von einem gemeinsamem Anfangspunkt (Scheitelpunkt) ausgehend, in verschiedenen Richtungen laufen; beide Strahlen schließen den Winkel ein.

Winkelkopf (Winkeltrommel): Einfaches Diopterinstrument, auf einen Stock gesetzt, zum Abstecken von Winkeln bestimmter Größe, meist 45°, 90°, 180°, bestehend aus einem Hohlzylinder mit eingeschnittenen Diopterspalten zum Visieren. Es gibt auch Präzisionswinkelköpfe mit

Seiten- und Höhenteilkreis, mit Fernrohr und Bussole zum Messen und Abstecken von Winkeln beliebiger Größe.

Winkelprisma: Einfaches Prisma als Handinstrument zum Abstecken rechter oder bestimmter anderer Winkel; s. Stereoaufnahme; Winkelprismen schalten die leichte Dejustierung wie bei Winkelspiegeln aus; s. Pentagonprisma, Wollastonsches W., optische Gesetze.

Winkelspiegel: Unter einem Winkel von 45° zusammenstoßende Spiegel als einfaches Handinstrument zum Abstecken von Winkeln von 90 Auf genaue Justierung der Spiegel muß vor Ingebrauchnahme geachtet werden! Abstecken von zweiten Seiten zur Kontrolle! s. Winkelprisma, s. Spiegelkreuz.

Winkeltrommel: s. Winkelkopf.

Winkelzug: Punktbestimmungsart, nach Art des Polygonzuges, bei der nur Winkel, jedoch stets in Verbindung mit der Richtung nach einem Festpunkt gemessen werden.

Wollastonsches Prisma: Fünfseitiges Prisma mit abgeschnittener 90°-Ecke aus Raumgründen zum Ermitteln von rechten Winkeln, die ohne Spiegelflächen nur unter Ausnutzung des optischen Gesetzes d) durch zweimalige totale Reflexion erreicht werden. Zum Prismenkreuz zusammengesetzt dient es zum Abstecken von Winkeln von 90° und 180°; s. Brechungszahl, optische Gesetze, Strahlenbrechung, Prisma, Prismenkreuz, Pentagonprisma.

Wurzel: Die Wurzel einer Zahl a ist die Zahl b, die zur Potenz erhoben, a ergibt z. B. „2." oder „Quadratwurzel" aus $a = \sqrt{a} = b$; $b^2 = a$; a ist der Radikant, 2 der Exponent und b die Wurzel; s. Teil B II 1 b.

Y.

Yard: Das englische Grundmaß für die Längenmessung, Imperial Standard Yard, beträgt 0,914 392 m; 82 Yards = 75 m.

Z.

Zahl: Durch Aneinanderreihung von Ziffern entsteht der Mengenbegriff. Es seien hier nur die nicht alltäglichen Zahlenwerte über eine Million angeführt:

1. Million	=	10^6	=	1 000 000
1 Milliarde	=	10^9	=	1 000 000 000
1 Billion	=	$(10^6)^2$	=	10^{12}
1 Trillion	=	$(10^6)^3$	=	10^{18}
1 Quadrillion	=	$(10^6)^4$	=	10^{24}

Zur Mengenbezeichnung von Maßen und Gewichten dienen besondere Zahlenbegriffe: zur Vervielfältigung der Einheit z. B. m, l, g dienen dem Griechischen entnommene Vorsilben: Mega (M) = 10^6; Kilo (k) = 10^3; Hekto (h) = 10^2; Deka (D) = 10^1. Zur Teilung der Einheit dienen dem Lateinischen entnommene Vorsilben: Dezi (d) = 10^{-1}; Zenti (c) = 10^{-2}; Milli (m) = 10^{-3}; Mikro (μ) = 10^{-6}; Nano (n) oder Millimikro (mμ) = 10^{-9}.

Zeichengenauigkeit: s. Graphische Genauigkeit.

Zeit als Zeitpunkt: Die Grundlage jeder Zeitmessung ist die tägliche Umdrehung der Erde um ihre Achse von West nach Ost.

Mitteleuropäische Zeit (MEZ): Zeitwinkel der mittleren Sonne bezogen auf den Meridian von Greenwich, (mittlere Greenwicher Zeit [MGZ]) + 1^h; ihr Mittelmeridian ist der 15. Längengrad, der durch Görlitz geht.

Mittlere Ortszeit (MOZ): a) mittlere Greenwicher Zeit (MGZ) + (bei östlicher oder — bei westlicher Lage von Greenwich) geographische Länge · 4^m oder b) wahre Ortszeit + Zeitgleichung (MOZ + Zgl).

Zeitgleichung (Zgl, e): In der Bedeutung „Ausgleichung": Dient zur Verwandlung von wahrer Zeit (WZ) in mittlere Zeit (MZ) und umgekehrt; sie ist der Unterschied zwischen der mittleren (MZ) und der wahren (WZ) Sonnenzeit: MZ — WZ = Zgl oder zwischen der geraden Aufsteigung der wahren Sonne und der geraden Aufsteigung der mittleren Sonne. Ihre Werte sind im Laufe des Jahres veränderlich und können dem Nautischen Jahrbuch für die Abstände von je 2 Stunden entnommen werden; s. Sonnenzeit.

Zeitmaß: Zeitraum zwischen zwei oberen Kulminationen eines Fixsternes, der stets gleichbleibend ist und ein Sterntag (d) heißt. s. Sterntag; er wird in 24 Stunden (^{h}), die Stunden in 60 Minuten (^{m}), die Minute in 60 Sekunden (^{s}) eingeteilt. 1 Stunde (^{h}) = 15^0; 4 Min. (^{m}) = 1^0; 1 Minute (^{m}) = 15′; 4 Sek. (^{s}) = 1′; 1 Sekunde (^{s}) = 15″; 0,06667 (^{s}) = 1″ s. Teil D. 8.

Zeitmessung: Grundlage bildet die tägliche Umdrehung der Erde um ihre Achse von West nach Ost; s. Jahr und Zeitmaß.

Zeitwinkel (τ): Winkel zwischen dem u n t e r e n Himmelsmeridian und dem Stundenkreis eines Gestirns, geltend für einen bestimmten Beobachtungsort und vom unteren Meridian im Sinne der scheinbaren Bewegung der Himmelskugel von 0^h bis 24^h zählend. $\tau = 12^0 + t$; s. Stundenwinkel.

Zenit (Scheitelpunkt): Punkt an der scheinbaren Himmelskugel, der senkrecht über dem Beobachter liegt; s. Gradnetz o. s. Teil D 12 b.

Zenitabstand (z): Vertikalwinkel, vom Zenit zum Ziel gemessen; s. Höhen- und Tiefenwinkel, s. B IV 2 b C II 2 b.

Zeniatdistanz (z): Winkelabstand eines Gestirns vom Zenit; sie ergänzt sich mit der Höhe zu 90^0; s. Gradnetz c. s. Teil D 12 b.

Zenitprisma: Auf das Fernrohr-Okular aufsetzbares Prisma zur Durchführung steiler Beobachtungen, z. B. kleiner Zenitdistanzen und großer Signalhöhen auf kurze Entfernungen (auch Steilsichtprisma genannt).

Zenitwinkel (Zenitabstand) (z): Vertikalwinkel vom Zenit aus gerechnet. 90^0 (100^g) — z = + α (Höhenwinkel) = — α (Tiefenwinkel); s. B. IV 2 b und C II 2 b.

Zentesimalteilung (Neue Teilung): Bezeichnung für die Kreisteilung in 400^g (Neugrad), bei der der Grad in 100^c (Neu-Minuten = Centigrad), diese wieder in 100^{cc} (Neu-Sekunden = Centi-Centigrad) geteilt ist; s. Sexagesimalteilung; s. Teil D 7 b; s. Strichteilung.

Zentrierapparat: s. Ablotinstrument.

Zentrierelemente: Im Zentrum eines Fest- oder Neupunktes gemessener W i n k e l (ε) zwischen einem anderen Festpunkt oder einer Nordrichtung und dem exzentrischen Beobachtungs- oder Zielpunkt und gemessene S t r e c k e (e) zwischen Zentrum und exzentrischem Punkt. Sie werden benötigt zur Berechnung des Zentrierungswinkels und dann zum Verlegen der Beobachtungsrichtungen in das Zentrum.

Sorgfältiger Signalbau und saubere Zentrierung von Ziel- und Beobachtungspunkten kann oft diese Mehrarbeit ersparen.

Zentrierung: a) Genaue lotrechte Aufstellung eines Instruments auf, über oder unter einem Fest- oder Neupunkt. Ohne genaue Zentrierung ist keine exakte Winkelmessung möglich, worauf besonders bei der Durchführung von Polygonzügen zu achten ist;

b) Rechnerische Übertragung einer exzentrischen Beobachtungsrichtung in das Zentrum.

Zentriwinkel (Mittelpunktswinkel): Winkel, dessen Scheitel im Kreismittelpunkt liegt und dessen Schenkel durch die Endpunkte einer Sehne gehen; er ist doppelt so groß wie der zugehörige Peripheriewinkel über der gleichen Sehne.

Zerstreuungslinse (Konkavlinse): Negative Linse, die in der Mitte dünn geschiffen ist, auch Verkleinerungsglas.

Ziegelstein: Normalmaß, Reichsformat (R. F.): 6,5 × 12 × 25 cm; Hamburger Format (H. F.): 6,5 × 10,5 × 22 cm; Kloster-Format: 85 × 13,5 × 28,5 cm; s. Mauerstein.

Zielhöhe (z): Höhe des Zielpunktes über Erdboden, Pfahl, Pfeiler, Höhenmarke usw. s. C II 2 b.

Ziellinie, Zielachse, Abschlinie (ZZ): Gerade, die durch die Mitte des Fadenkreuzes und der Linsensysteme des Fernrohrs geht; sie fällt mit der optischen Achse zusammen; s. Prüfen und Justieren.

Ziellinienfehler, Zielachsenfehler (c): Abweichung der Ziellinie (ZZ) von der senkrechten Stellung zur Horizontalachse, Kippachse (HH). Sofern c beim Justieren nicht voll beseitigt ist, wird sein Einfluß auf die zu messenden Horizontalwinkel durch mehrmaliges Beobachten und Ablesen der Winkel in verschiedenen Fernrohrlagen beseitigt; s. Prüfen und Justieren.

Zielpunkt: Marke jedes Punktes, die bei der Beobachtung von Seiten- und Höhenwinkeln angeschnitten wird, z. B. Nadel auf dem Pflock, Zielstab, Knopf der Helmstange von Kirchen, Tafelstange bzw. unterer Rand des Tafelkreuzes bei Signalen, Mitte bzw. oberer Rand von Schornsteinen. Der **Zielpunkt** muß **für jeden Festpunkt eindeutig bezeichnet** werden.

Zielscheibe, Zieltafel: Scheibe mit Marke, die im Laufe des Streckenzuges oder bei Stereoaufnahmen auf den Endpunkten einer Basis an Stelle des Theodoliten bei dessen Umwechseln von einer Station zur anderen auf den Dreifuß des Stativs aufgesetzt wird und als Zielpunkt dient; s. Zwangszentrierung.

Zielstab: Stab mit Zielmarkierung oder abgestuftem Zapfen, der auf die Brücke des Theodoliten, auf das Dreibein oder auf einen T. P. (Turmbolzen, Beobachtungstisch) als Zielpunkt aufgesetzt wird; ähnliche Verwendung wie die Zielscheibe.

Zielweite: Entfernung zwischen Instrument und angezieltem Gegenstand. Beim Nivellieren werden die Zielweiten für Rück- und Vorblick möglichst gleich groß gewählt, um etwa vorhandene Fehler in der Parallelität der Libellen- und Zielachse auszuschalten. Die Zielweite beträgt bei genauen Nivellements etwa 50 m, sonst bis 100 m, bei Flächennivellements bis 300 m. Auch bei trigonometrischen Höhenbestimmungen wird besonders wegen des Einflusses der Erdkrümmung und der Strahlenbrechung auf gleichgroße, möglichst kurze Zielweiten geachtet. s. Angabe, Libellenempfindlichkeit, Erdkrümmung, Prüfen und Justieren der Instrumente.

Zoll: Altes Längenmaß, meist der 12., oder auch der 10. Teil eines Fußes; in Preußen = 26,15 mm; in Bayern = 24,32 mm; in England und USA gültiges Längenmaß als 12. Teil des Fußes = 25,4 mm (26 Zoll = 66 cm); in Deutschland noch im Metall- und Holzgewerbe gebäuchlich.

Zonenzeit (Normalzeit): Mittlere Zeit der jeweils 15 Längengrad breiten Zone, in nächster Nähe gelten:
a) Westeuropäische Zeit (WEZ) oder Greenwicher (GZ) oder Welt-Zeit,
b) Mitteleuropäische Zeit (MEZ) von 7°30′ bis 22°30′ östl. Länge von Greenwich, die der GZ um eine Stunde voraus ist (Deutsche Sommerzeit),
c) Osteuropäische Zeit (OEZ) von 22°30′ bis 37°30′ östl. Länge von Greenwich, die der GZ um zwei Stunden voraus ist (Doppelte Sommerzeit).

Zulegemaß (z): Maß, das zu einer schräg gemessenen Länge hinzugefügt werden muß, um die gleiche Horizontallänge oder die Länge des Meßgeräts in der Horizontalen zu erhalten. Anwendung bei der Stückvermessung. $z = l\,(\frac{1}{\cos\alpha} - 1)$, wobei l die gemessene Länge und α den Neigungswinkel bedeutet; s. Reduktionsmaß, Neigungsmesser.

Zwangszentrierung: Einrichtung, durch die auch beim Auswechseln eines Instruments, Theodolit, Basismeßlatte oder Zielscheibe, durch ein anderes die einmal durchgeführte Zentrierung erhalten bleibt; sie wird durch eine Steckhülsenverbindung zwischen Meßinstrument und Untersatz erreicht. Das neue Gerät ist beim Einsetzen in die Steckhülse wieder „zwangsweise zentriert“; der Zentrierungsfehler ist kleiner als 0,1 mm. Die Zwangszentrierung sichert die besten Ergebnisse beim Polygonzug auf und unter der Erdoberfläche.

Zwillingspunkt: Bezeichnung für einen Festpunkt, der in unübersichtlichem Gelände, z. B. im Walde, von einem „Stammpunkt“ aus gesichert bestimmt und von diesem mindestens 100 m entfernt und vermarkt ist, um für spätere Vermessungsarbeiten die Anschlußrichtung sicherzustellen.

Zwischenpunkt: 1. Aufstellungspunkt des Theodoliten, Tachymeters, der Kippregel usw. in einer langen Fluchtstrecke, z. B. Polygonseite, um diese bei Durchführung der optischen Längenmessung in Teilstrecken bestimmen zu können. 2. Aufstellungspunkt der Niv.-Latte bei der Aufnahme von Längs- und Querprofilen sowie bei der Ausführung von Flächennivellements nur zum Zwecke der Höhenmessung (also kein Wechselpunkt). Seine Höhenbestimmung erfolgt zweckmäßig über die Höhe der Sehlinie, H_J: $H_Z = H_J - z$, wenn z die Lattenablesung im Zwischenpunkt ist; s. Nivellieren, optische Längenmessung, Sehlinie.

Zylinder: Walzenförmiger Körper mit Kreis oder Ellipse als Grundfläche und parallelen Seiten; s. B II 4, Bild 246.

Teil B

Grundbegriffe der Mathematik und der Vermessungskunde

Teil B.

Grundbegriffe der Mathematik und der Vermessungskunde.

I.

1. Zeichen für mathematische Begriffe.

$+$ plus. (Addition)

— minus (Subtraktion)

$\times$ (oder) $\cdot$ mal (Multiplikation)

: (oder) — geteilt durch (Division).

$=$ gleich (Gleichung)

$\neq$ ungleich

$\approx$ nahezu gleich, etwa, rund

$a<b$ a kleiner als b

$a>b$ a größer als b

$a \triangleq b$ a entspricht b

∞ unendlich

$\sqrt[3]{a}$ 3. Wurzel aus a

a^2 2. Potenz von a

lg a = Logarithmus von a

Ea oder cpl a Dekadische Ergänzung von a bei Logarithmen

$\times$ Bezeichnung für negative Einheit beim Rechnen mit dekadischen Ergänzungen

0.43241 n Logarithmus einer negativen Zahl

Σ Summe

Δ Differenz

, Dezimalzeichen (0,123 m)

. Dezimalzeichen bei Logarithmen (0.123)

a, b, c, ... Bezeichnung für Zahlen oder Seiten

x, y, ... Bezeichnung für unbekannte Zahlen

h senkrechte Höhe einer Fläche oder eines Körpers

s Seitenlänge einer Fläche oder eines Körpers, auch Länge der Sehne eines Kreises

r Radius, Halbmesser eines Kreises

d Durchmesser eines Kreises

$\overline{AB}$ Strecke AB

$\overset{\frown}{AB}$ Bogen AB

$\parallel$ parallel

$\#$ parallel und gleich

$\sphericalangle$ Winkel

$\alpha, \beta, \gamma, \delta$ Winkelbzeichnung

$\perp$ senkrecht auf

oder R rechter Winkel

sin Sinus

cos Kosinus

tg Tangens

ctg Kotangens

$^\circ$ $'$ $''$ Grad, Minuten, Sekunden (Altgradteilung zu 360° Sexagesimalteilung)

^{g} ^{c} ^{cc} Grad, Minuten, Sekunden (Neugradteilung zu 400^g Zentesimalteilung)

^{d} ^{h} ^{m} ^{s} Tage, Stunden, Minuten, Sek. (astronomische und nautische Winkel- und Zeitbezeichnung)

$\triangle$ Dreieck

A, B C, D Eckpunkte einer Figur

≌ kongruent
∾ ähnlich, proportional
F Flächeninhalt einer Fläche
U Umfang eines Körpers
V Rauminhalt eines Körpers
O Oberfläche eines Körpers
M Mantel eines Körpers
G Grundfläche eines Körpers
Q Querschnitt (Normalschnitt) eines Körpers

2. Zeichen für Vermessungsbegriffe.

Außer den unter 1) aufgeführten Zeichen für mathematische Begriffe sind noch folgende Zeichen für Vermessungsbegriffe üblich und im Kleinen Handbuch angewandt:

a) Zeichen bei Lagebestimmungen:

ν_A^B, α, (AB), t	Neigungs-(Richtungs)winkel in A nach B
β	Brechungswinkel bei Polygonzügen
f_β	Winkelabschlußfehler bei Polygonmessungen
s	Horizontale Länge, Dreiecksseite, Polygonseite
e	Kurze Strecke, z. B. bei Höhen- und Zentrierungsmessungen
x, y,	Rechtwinklige koordinaten (Abszisse, Ordinate; Hoch, Rechts)
Δ_x, Δ_y	Koordinetendifferenz zweier Punkte
TP, FP, N.P, H.P	Trigonometrischer Punkt, Festpunkt, Neupunkt, Hilfspunkt
Q	Collinscher Hilfspunkt
w	Widerspruch zwischen Soll- und Istwerten
p	Gewicht
v	Verbesserungswert
GeN., GiN., MaN.	Geographisch-, Gitter-, Magnetisch Nord
𝔐𝔴 (D)	Mißweisung, Deklination (MaN gegen GeN)
ν	Nadelabweichung (MaN gegen GiN)
c	Meridiankonvergenz (GeN gegen GiN)
𝔟	Barometerablesung
t	Thermometerablesung
p	Luftdruck

b) Zeichen bei Höhenmessungen:

α Höhen-Tiefenwinkel
z Zenitabstand
r, v Rückblick, Vorblick
l Lattenabschnitt
k Multiplikationskonstante
c Additionskonstante
p Libellenteilwert (Pars)
i Instrumentenhöhe, Höhe der optischen Achse über Bodenpunkt
z Zielhöhe über Bodenpunkt
h Höhenunterschied zweier Punkte
NN Normal Null (Landes horizont
NH Normal Höhenpunkt (NN + 37,000 m)
HN Hamburger Null, 3,538 m unter NN ($H_{HN} = H_{NN} + 3{,}538$ m)
NP Höhenfestpunkt. (Nivellement-Punkt)

H_A Höhe eines Punktes (A) über NN

k Refraktionskoeffizient $= 0{,}13$

ε Angabe von Libellen

H_J Höhe des Instrumentenhorizonts, der Sehlinie über NN

a Angabe von Ableseeinrichtungen

c) **Zeichen bei Kurvenberechnungen und -absteckungen:**

A, E, S Kurvenhauptpunkte (Anfangs-, End-, Scheitelpunkt der Kurve)

C Kreismittelpunkt

T Tangentenschnittpunkt

t Tangentenlänge

τ Tangentenschnittwinkel

b Bogenlänge

h Bogenhöhe (Pfeilhöhe)

s Sehnenlänge

γ Zentriwinkel

d) **Graphische Zeichen:**

⬤ TP (R) ● TP (L) ⊙ TP (A) Trigonometrische Punkte des Reichs-, Landes- und Aufnahmenetzes

△ Dreieckspunkt, die Ordnung wird im Kreiszeichen ausgedrückt; ⊙ Sonderzeichen werden auf die Spitze gesetzt

⊙ Polygonpunkt, vermarkter Punkt jeder Art; Polygonpunkt mit Bussolenmessung

△ Vermarkter Trig. Punkt jeder Art

⊙ Kleinpunkt, Messungspunkt

Ö24,7 Höhenfestpunkt

--⌐-- Rechter Winkel, ohne Werkzeug gemessen

⌐ Rechter Winkel, mit Werkzeug gemessen

—— Grenzlinie

—/-- Geradlinie, Grenze, von einer Messungslinie geschnitten

x, xx Schritt, Doppelschritt bei Punktbeschreibungen

Für das Zeichnen von Lageplänen sind die „Zeichen für Vermessungspläne“ DIN VERM 20, Alleinverkauf Beuth-Vertrieb GmbH, Berlin W15, Uhlandstr. 175, maßgebend.

Zur grahphischen Darstellung von Vermessungsvorgängen sind im Handbuch folgende Zeichen angewandt:

Beobachtungsstrahl; Richtung in FP1 nach FP2 beobachtet (Einseitig beobachtete Richtung)

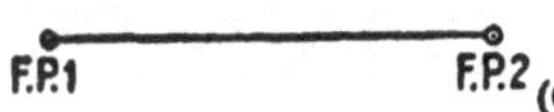

Richtung in FP1 nach FP2 und „ „ FP2 „ FP1 beobachtet (Gegenseitige oder zweiseitig beobachtete Richtung)

Polygonseite, auch Achslinie für Straßen und Bauwerke, auch bildliche, nur erläuternde Darstellung dafür, daß die Errechnung dieser Seite aus den bekannten Koordinaten möglich ist

Messungslinie bei Stückvermessung und Punktbeschreibung.

Strecke FP1-N ist gemessen worden.

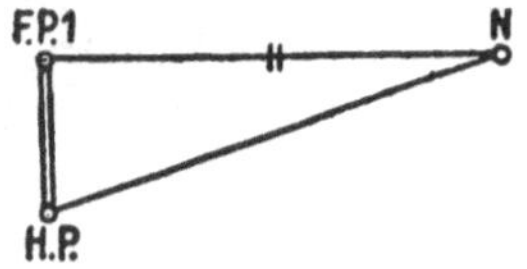

Strecke FP1-N ist berechnet worden.

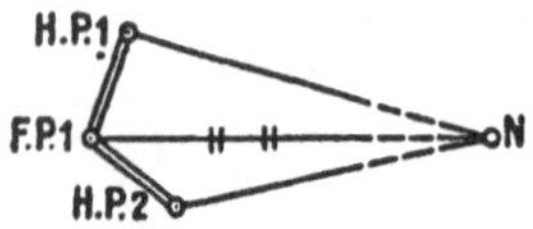

Strecke FP1-N ist zweimal berechnet worden.

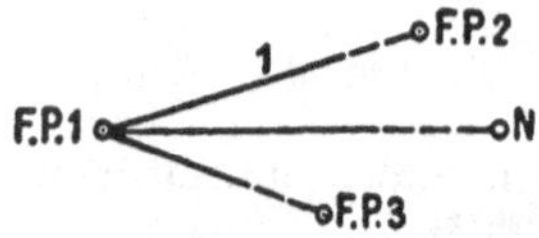

In FP1 sind die Richtungen nach FP2, N und FP3 beobachtet worden; FP2 als Anschlußrichtung.
(Bezeichnung der Anschlußrichtung ist nur erläuternd und gehört nicht ins Netzbild.)

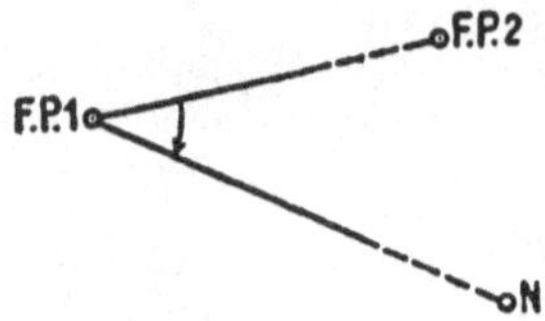

∢ FP2-FP1-N ist gemessen worden.
(Nur bildliche, erläuternde Darstellung; die Winkelmessung geht aus den Beobachtungsstrahlen bereits hervor.)

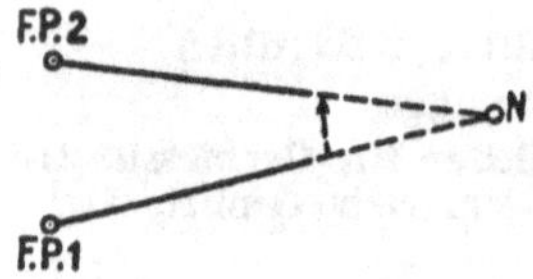

∢ FP2-N-FP1 kann gebildet werden.
(Nur bildliche, erläuternde Darstellung; die mögliche Winkelbildung geht aus dem Netzbild der Beobachtungsstrahlen hervor.)

Strecke FP1-N ist unter Einschaltung eines Zwischenpunktes (Z.P.) in 4 Teilstrecken gemessen worden.
(Nur bildliche erläuternde Darstellung einer Fluchtstrecke im Feldbuch, nicht im Netzbild.)

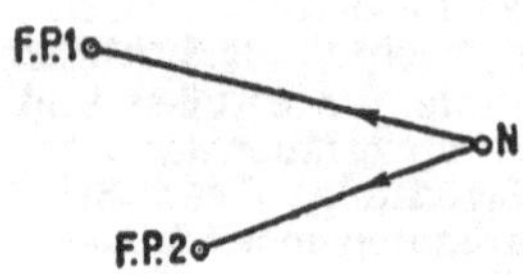

Bestimmungspfeil: N ist durch „Vorwärtseinschnitt" über FP2 und FP1 bestimmt worden.

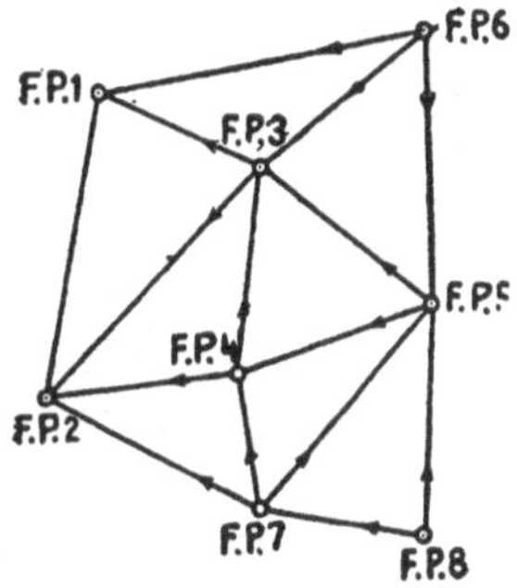

Netzbild:

Es ist bestimmt worden:

FP3 über FP2 und FP1
FP4 „ FP2 „ FP3
FP5 „ FP4 „ FP3
FP6 „ FP5, FP3 und FP1
FP7 „ FP2, FP4 und FP5
FP8 „ FP7 und FP5

Die Höhe von N ist trigonometrisch durch gegenseitige Richtung von FP1 bestimmt worden.

Die Höhe von N ist trigonometrisch durch einseitige Richtung von FP1 bestimmt worden.

Die Höhe von N ist durch Einwägen bestimmt worden.

II. Mathematische Grundformeln

Grundformeln sind das Rüstzeug der Mathematik; ohne ihre Beherrschung geht es nicht! Doch sei ihre Zahl hier auf das Notwendigste beschränkt.

1. Arithmetik und Algebra.

a) **Potenzieren:**

Die Potenz einer Zahl ist das Produkt dieser Zahl als Basis, n mal als Faktor gesetzt:

1.) $a \cdot a \cdot a = a^3 = b$ (a — Basis; 3 = Exponent; b = Potenz); 2.) $a^1 = a$;
3.) $a^0 = 1$; 4.) $a^{-3} = \frac{1}{a^3}$ 5.) $2a^5 + 3a^5 = 5a^5$; 6.) $a^2 \cdot a^3 = a^{2+3} = a^5$;
7.) $\frac{a^3}{b^3} = \left(\frac{a}{b}\right)^3$; 8.) $\frac{a^8}{a^6} = a^{8-6} = a^2$; 9.) $a^{\frac{2}{3}} \cdot a^{\frac{1}{2}} = a^{\frac{7}{9}}$; 10.) $(a^2)^3 = a^6$;
11.) $(a + b)^2 = a^2 + b^2 + 2ab$; 12.) $(a - b)^2 = a^2 + b^2 - 2ab$;
13.) $(a^2 - b^2) = (a + b)(a - b)$; 14.) $(a + b)^3 = a^3 + 3a^3 b + 3ab^2 + b^3$;
15.) $(a - b)^3 = a^3 - 3a^2 b + 3ab^2 - b^3$. [201]

b) **Radizieren** (Wurzelziehen):

Die Wurzel einer Zahl a ist die Zahl, die zur Potenz erhoben, a ergibt:

1.) $\sqrt[2]{a} = b$; $b^2 = a$ 2.) $\sqrt{a} = a^{\frac{1}{2}}$; 3.) $2\sqrt{a} + 3\sqrt{a} = 5\sqrt{a}$; 4.) $\sqrt[3]{a^2 \cdot b^2}$
$= \sqrt[3]{a^2} \cdot \sqrt[3]{b^2}$; 5.) $\sqrt[4]{\sqrt[2]{a}} = \sqrt[4 \cdot 2]{a} = \sqrt[8]{a}$; 6.) $\frac{\sqrt{a}}{\sqrt{b}} = \sqrt{\frac{a}{b}}$; 7.) $\sqrt[5]{a^3} = \left(\sqrt[5]{a}\right)^3$
$= a^{\frac{3}{5}}$; 8.) $\sqrt[3]{a} \cdot \sqrt[4]{b} = a^{\frac{1}{3}} \cdot b^{\frac{1}{4}} = a^{\frac{4}{12}} \cdot b^{\frac{3}{12}} = \sqrt[12]{a^4 \cdot b^3}$ [202]

c) **Logarithmieren:**

Der Logarithmus einer Zahl a ist die Zahl b, mit der 10 potenziert werden muß, um a zu erhalten.

1.) $\lg a = b$; $10^b = a$. Das Rechnen mit Logarithmen ist nur beim Multiplizieren und Dividieren, Potenzieren und Radizieren anzuwenden:

2.) $\lg a \cdot b = \lg a + \lg b$ (Vergleiche [1a6].: $10^x \cdot 10^y = 10^{x+y} = \lg a \cdot b = 10^{x \pm y}$); 3.) $\lg \frac{a}{b} = \lg a - \lg b$; 4.) $\lg a^n = n \cdot \lg a$; 5.) $\lg\left(\frac{a}{b}\right)^3 = 3\,(\lg a - \lg b)$; 6.) $\lg \sqrt[3]{a} = \frac{1}{3} \lg a$. [203]

Der Logarithmus besteht aus „Kennziffer" und „Mantisse". Die Kennziffer ist um 1 kleiner als die Ziffernzahl der natürlichen Zahl; die Mantisse wird aus einer Tafel, der Logarithmentafel, entnommen. z. B. lg 2 = 0.30 103; lg 20 = 1.30 103; lg 2000 = 3.30 103; lg 0,2 = 0.30 103 —1; lg 0,002 = 0.30 103 —3. Als Dezimalzeichen zwischen Kennziffer und Mantisse wird ein „." gesetzt. Auf sorgfältige Ordnung ist beim Rechnen mit Logarithmen zu achten; von der dekadischen Ergänzung wird oft mit Vorteil Gebrauch gemacht.

d) **Gleichungen:**

1.) Beide Seiten einer Gleichung sind **gleich**; daher steht zwischen beiden ein **Gleichheits**zeichen! Auf sorgfältiges, übersichtliches Schreiben von Gleichungen ist zu achten; es ist stets **Gleichheitszeichen** unter **Gleichheitszeichen** zu setzen! : $2 + 3 = 4 + 1$; $a + b = c + d$.

2.) Zu **Beginn** einer Rechnung werden die Klammern entweder ausgerechnet (a) oder aufgelöst (b und c). Beim Auflösen der Klammern behalten bei positiven Vorzeichen die Glieder in der Klammer ihr Vorzeichen bei (b), bei negativem Vorzeichen werden negative Vorzeichen der Einzelglieder positiv, positive werden negativ (c); zwei Summen werden miteinander multipliziert, indem jedes einzelne Glied multipliziert wird. (c 3)

a) $2+5+3 \cdot (4+2) = x$
$2+5+18 = x$

b) 1.) $2+5+12+6 = x$
2.) $(a+b) + (2a+4b) = x$
$a+b + 2a+4b = x$
$3a+5b = x$

c) 1.) $22 \cdot (14-8) + 26(11+19-4) - (24-20+5-2) = x$
$22 \cdot 6 + 26 \cdot 26 - 7 = x$
oder
$308-176 + 286 + 494-104 - 24 + 20-5+2 = x$

Weitere Auflösung erfolgt entweder nach Ordnung der Vorzeichen oder unter Benutzung der dekadischen Ergänzungen gem. e 1):

$$\begin{array}{rr} + & 308 \\ + & 286 \\ + & 494 \\ + & 20 \\ + & \underline{2} \\ + & 1110 \\ - & \underline{309} \\ & 801 = x \end{array} \qquad \begin{array}{rr} - & 179 \\ - & 104 \\ - & 24 \\ - & \underline{5} \\ - & 309 \end{array} \quad \text{oder:} \quad \begin{array}{r} 308 \\ \times 824 \\ 286 \\ 494 \\ \times 896 \\ \times 76 \\ 20 \\ \times 5 \\ \underline{2} \\ 801 = x \end{array}$$

2.) $(2a - 3b) + 4\,(a+b) - 2\,(6 - 4a - 2b) = x$

$2a - 3b + 4a + 4b - 12 + 8a + 4b = x$

$14a + 5b - 12 = x$

3.) $(2a + 3b) \cdot (a - 4b) = x$

$2a^2 - 8ab + 3ab - 12b^2 = x$

$2a^2 - 5ab - 12b^2 = x$ [205]

3.) Eine Gleichung **behält** ihren Wert, wenn zu **beiden** Seiten der Gleichung die **gleiche** Zahl addiert, von beiden Seiten die **gleiche** Zahl subtrahiert, beide Seiten mit der **gleichen** Zahl multipliziert oder durch die **gleiche** Zahl dividiert, mit der **gleichen** Zahl potenziert oder radiziert werden:

$(2+3) + 3 = (4+1) + 3$

$(2+3) - 1 = (4+1) - 1$

$(2+3) \cdot 5 = (4+1) \cdot 5$

$(2+3) : 4 = (4+1) : 4$

$(2+3)^2 = (4+1)^2$

$\sqrt{(2+3)} = \sqrt{(4+1)}$ [206]

4.) Gleichungen **mit einer Unbekannten** werden nach dieser hin gemäß 3.) aufgelöst, d. h. die Unbekannte muß auf **einer** Seite der Gleichung **allein** zu stehen kommen:

$a + b = c + x \; ; \quad a + b - c = c + x - c \; ; \quad a + b - c = x$

$a \cdot b = c \cdot x \; ; \quad \frac{a \cdot b}{c} = \frac{c \cdot x}{c} \; ; \quad \frac{a \cdot b}{c} = x$

$\frac{x}{a} = \frac{b}{c} \; ; \quad \frac{x \cdot a}{a} = \frac{b \cdot a}{c} \; ; \quad \frac{b \cdot a}{c} = x$

$a \cdot b = x^2 \; ; \quad \sqrt{a \cdot b} = \sqrt{x^2} \; ; \quad \sqrt{a \cdot b} = x$

[207]

5.) Zwei Gleichungen mit **zwei Unbekannten** werden so aufgelöst, daß **erst eine** Unbekannte durch eine Gleichung ausgedrückt wird; dieser Wert wird in die zweite Gleichung eingesetzt und aufgelöst:

$x + y = 1$ (1) $\quad x = 1 - y$ (in 2 eingesetzt):

$b + x = y$ (2); $\quad b + (1 - y) = y$

$b + 1 - y = y$

$b + 1 = 2y$

$\frac{b+1}{2} = y$ jetzt wird y in (1) eingesetzt:

$x + \frac{b+1}{2} = 1; \quad x = 1 - \frac{b+1}{2}$ [208]

e) **Rechnen mit der dekadischen Ergänzung.**

Bei der Lösung von Rechenaufgaben wirkt oft die Mischung von Additionen und Subtraktionen von Multiplikationen und Divisionen störend, weshalb man bemüht ist, die **beiden** jeweils **verschiedenen** Rechenarten in **eine gleichförmige** Rechenart umzuwandeln.

Die **dekadische Ergänzung** formt die negativen Zahlen durch Ergänzung zu 10 in positive Zahlen um, wobei natürlich der zugezählte Wert „10" wieder abgezogen werden muß, um den Wert einer Gleichung beizubehalten (s. II d 3).

Anstatt (9—4) wird gesetzt: 9 + 6 — 10; anstatt (+ 6 — 10) wird ein „Kreuz" vor die „ergänzte, umgeformte Zahl" gesetzt: × 6.

Die umgeformte Gleichung erhält dann folgendes Aussehen: $9 - \not{4} = 9 + \times 6 = \overset{\times}{\underset{1}{}}5.$

Im Endergebnis sind in jeder Stellengruppe soviel Einheiten abzuziehen, wie Kreuze in der Rechnung stehen, so daß das Endergebnis nicht $\overset{\times}{\underset{1}{}}$ 5, sondern 5 lautet.

Rechenbeispiele:

1.) **Addition positiver und negativer Zahlen:**

a)
```
+ 218,43   ohne die Zahlen nach ihren Vorzeichen zu ordnen (Fehler-
+ 171,26   quelle!) wird dafür geschrieben:  218,43
—  51,97                                     171,26
— 142,77                                    ×48,03
+ 256,78                                   ×857,23
                                             256,78  und als reine
                                           --------
                                             451,73  Addition gerech-
                                                     net
```

b)
```
  218,43   dafür wird gesetzt:  218,43
  171,26                        171,26
—  51,97                       ×48,03
— 342,77                      × 657,23
                              --------
                              × 994,95,  das Endergebnis ist negativ;
```
das × in der 4. Stellengruppe kann nicht aufgerechnet werden; die dekadisch ergänzte Zahl muß in die negative Zahl umgewandelt werden: × 994,95 = 994,95 — 1000 = — 5,05.

c) In der Praxis wird die „Kreuzrechnung", hier nur in gewissem Sinne als „dekadische Ergänzung" zur Kenntlichmachung für das Abziehen einer Einheit in dieser Stellengruppe bei der Mittelbildung z. B. aus 6 Seiten- oder Höhenwinkeln, angewandt:

```
320,20 18g   Man rechnet nicht mit den      18
320,20 16g   ganzen, siebenstelligen Zahlen, 16
320,19 97g   sondern nur mit den End-      ×97
320,20 04g   gruppen ohne Rücksicht auf      4
320,20 05g   die Überschreitung der Zah-     5
320,19 96g   lengrenze:                    ×96
                                           ---
                                           36 : 6 = 6; das Mittel
                                                       heißt:
                                                   320,20 06g.
```

[209]

2.) **Reine Subtraktion:**

Eine dekadische-Zahl wird subtrahiert, indem ihre Ergänzung addiert wird:

a) Aus 1 b: 500 — (× 994,95) = 500 + 5,05 = 505,05

b) 4,75 — (× 9,24) = 4,75 + 0,76 = 5,51

[210]

3.) **Multiplikation:**

a) Für 2 · (× 7,65) wird gesetzt: 2 · (7,65 — 10,00) = (15,30 — 20,00) = (15 30 — 20,00 + 100,00 — 100,00) = 95,30 — 100,00 = × 4,70.

b) 5 · (× 0,44) = 5 · (0,44 — 10,00) = (2,20, — 50,00) = (2,20 — 50,00 + 100,00 — 100,00) = 52,20 — 100,00 = × 47,80 oder — 52,20.

[211]

4.) **Division:**

a) × 8,765 : 2 = (8,765 — 10,000) : 2 = (18,765 — 20,000) : 2 = (9,3825 — 10,00) = × 9,3825 oder auch ×,3825 oder — 0,6175.

b) × 22,7 : 4 = (22,7 — 100,0) : 4 = (322,7 — 400,0) : 4 = (80,675 — 100,000) = × 80,675 oder — 19,325.

[212]

5.) **Logarithmen:**

Die dekadische Ergänzung wird besonders beim Rechnen mit Logarithmen mit zeitersparendem Vorteil angewandt:

a) die logarithmische Gleichung $\frac{12 \cdot 161}{14} = x$ heißt lg 12 + lg 161 — lg 14 = lg x; würde es nicht auch einfacher zu rechnen sein in folgender Form:

$12 \cdot 161 \cdot \frac{1}{14}$ = lg 12 + lg 161 + (lg 1 — lg 14)? Die Auflösung der Klammer ergibt:

lg 1 = 0.00 000
lg 14 = 1.14 613
lg ( ) = 8.85 387 — 10

lg ( ) ist aber die dekadische Ergänzung zu lg 14! In einfachster Form würde die Gleichung wie folgt aufgelöst werden:

$\frac{12 \cdot 161}{14}$ = lg 12 + lg 161 + E lg 14 = lg x

lg 12	=	1.07 918	+
lg 161	=	2.20 683	
E lg 14	=	8.85 387—10	
lg x	=	2.13 988	
x	=	138	

b) $\frac{a \cdot \sin \beta}{\sin \alpha}$ = b; lg a + lg sin β + E lg sin α = lg b

Das Bilden der dekadischen Ergänzungen geschieht mühelos indem jede umzuformende Zahl von „**vorn**" nach hinten „**abgelesen**" und dabei jede der **ersten** Ziffern zu „neun", die **letzte** zu „**zehn**" ergänzt wird:

z. B. E 54 897,54 lies: „ × 4,5,1,0,2 Komma 4, 6"!

Auch beim Rechnen mit der Rechenmaschine sind die dekadischen Ergänzungen unentbehrlich geworden.

f) Rechnen mit dem Rechenstab (Rechenschieber)

Der Rechenstab ist zum unentbehrlichen Hilfsmittel des Technikers für Überschlagsrechnungen geworden; er ermöglicht mit seiner logarithmischen Teilung auf mechanischem Wege die schnelle Durchführung aller Rechnungsarten, die mit Logarithmen lösbar sind. Additionen und Subtraktionen können mit ihm daher nicht ausgeführt werden.

Bei einiger Gewandtheit in seinem Gebrauch lassen sich viel Zwischenrechnungen ersparen, indem „fortlaufend", d. h. ohne Zwischenablesungen, gerechnet wird.

Wie bei sonstigen Rechnungsarten die dekadische Ergänzung eine Abkürzung der Rechnung bedeutet, so wird beim Rechnen mit dem Rechenstab, vor allem bei mehrfachen Multiplikationen, die reziproke Teilung mit Vorteil angewandt. 25×3 wird über diese Teilung gerechnet als $25 : {}^{1}/_{3} = 75$.

Die Kommastellung wird entweder überschläglich ermittelt oder gem. nachstehender Gedächtnisregel festgestellt:

	Rechnungsart	Kommastellung bei Benutzung folgender Teilungen: links	Mitte	rechts
1.	Multiplizieren: **Reziproke Teilung:**	(oder Zunge rechts) Stellenzahl addieren, — 1 **(Zunge links)**		(oder Zunge links) Stellenzahl addieren **(Zunge rechts)**
2.	Dividieren: **Reziproke Teilung:**	(oder Zunge rechts, Z > N) Stellenzahl subtrahieren, + 1 **(Zunge links)**		(oder Zunge links, Z < N) Stellenzahl subtrahieren **(Zunge rechts)**
3.	**Potenzieren:** 2. Potenz: 3. Potenz:	 Stellenzahl × 2, — 1 Stellenzahl × 3, — 2	 Stellenzahl × 3, — 1	 Stellenzahl × 2 Stellenzahl × 3
4.	Radizieren: 2. Wurzel:	(Ungerade Stellenzahl) $\frac{\text{Stellenzahl} + 1}{2}$		(Gerade Stellenzahl) $\frac{\text{Stellenzahl}}{2}$
	3. Wurzel: (oder Zerlegen!)	$\frac{\text{Stellenzahl} + 2}{3}$	$\frac{\text{Stellenzahl} + 1}{3}$	$\frac{\text{Stellenzahl}}{3}$

Bei Dezimalstellen rechnet die 0 links vom Komma, als Stellenzahl 0, als gerade Zahl, jede 0 rechts vom Komma als negative Stellenzahl, entsprechend — 1 als gerade, — 2 als ungerade Stellenzahl beim Radizieren.

Auf vielen Rechenstäben befinden sich folgende

feste Marken:

$\rho = \frac{1}{\rho^{(0)}} = \frac{1}{57{,}3^0}$ $= 0{,}01745$ = Länge des Kreisbogens auf dem Einheitskreis, der zum Winkel von 1^0 gehört;

$\rho' = \frac{360 \times 60}{2\pi} = 3438'$ = Winkel, der zur Bogenlänge 1 gehört, in Minuten ausgedrückt;

$\rho'' = \frac{360 \times 60 \times 60}{2\pi} = 206\,265''$ = Winkel, der zur Bogenlänge 1 gehört, in Sekunden ausgedrückt;

$\rho_{\backslash\backslash} = \rho^{cc} = \frac{400 \times 100 \times 100}{2\pi} = 636\,620^{cc}$ = Winkel, der zur Bogenlänge 1 gehört, in Neusekunden ausgedrückt; $(= 63^g = 6\,366^c)$;

$\pi = 3{,}1416$;

$M = \frac{4}{\pi} = 0{,}318$;

$\frac{\pi}{4} = 0{,}785$;

$c = \sqrt{\frac{4}{\pi}} = 1{,}128$ = Entfernung auf dem Dreistrichläufer;

$c_1 = \sqrt{\frac{40}{\pi}}$

2. Trigonometrie und Planimetrie

a) Trigonometrische Funktionen (Kreisfunktionen).

1) Definition.

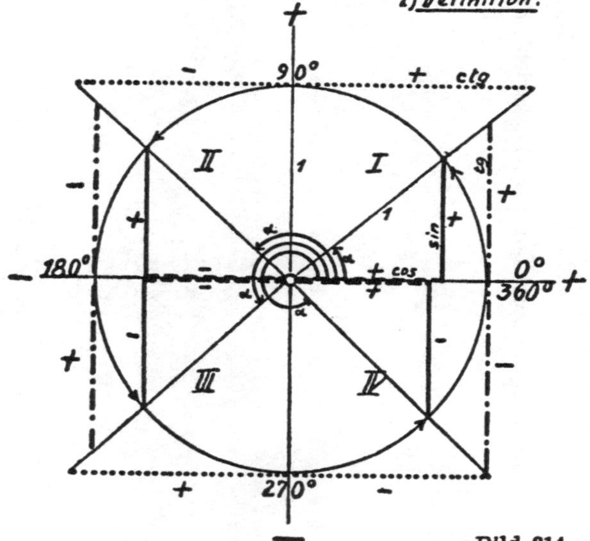

Bild 214

Radius des Kreises = 1
Freier Schenkel des Winkels α bewegt sich im Gegenuhrzeigersinn.

Sinus (sin) α = Lotlänge
Cosinus (cos) α = Projektionslänge
Tangens (tg) α = Tangentenlänge von der Horizontalachse
Cotangens (ctg) α = Tangentenlänge von der Vertikalachse

(214)

Vorzeichen:

sin und cos : entsprechend den Achsabschnitten

tg und ctg : als Quotient von sin und cos Vorzeichen nach diesen:

$$tg = \frac{\sin}{\cos};\quad ctg = \frac{\cos}{\sin}:\quad \frac{+}{-} = \frac{-}{+} = -,\quad \frac{-}{-} = +$$

2) Grundformeln:

$$\sin^2\alpha + \cos^2\alpha = 1 \qquad (215)$$

$$\sin\alpha = \sqrt{1-\cos^2\alpha}\,, \quad \cos\alpha = \sqrt{1-\sin^2\alpha}$$

$$\sin\alpha = \frac{1}{\sqrt{1+\mathrm{ctg}^2\alpha}}\,; \quad \cos\alpha = \frac{1}{\sqrt{1+\mathrm{tg}^2\alpha}}$$

$$\mathrm{tg}\,\alpha \cdot \mathrm{ctg}\,\alpha = 1 \qquad (216)$$

$$\mathrm{tg}\,\alpha = \frac{1}{\mathrm{ctg}\,\alpha}\,, \quad \mathrm{ctg}\,\alpha = \frac{1}{\mathrm{tg}\,\alpha}$$

$$\mathrm{tg}\,\alpha = \frac{\sin\alpha}{\cos\alpha}\,; \quad \mathrm{ctg}\,\alpha = \frac{\cos\alpha}{\sin\alpha} \qquad (217)$$

3) Graphische Darstellung der Funktionen:

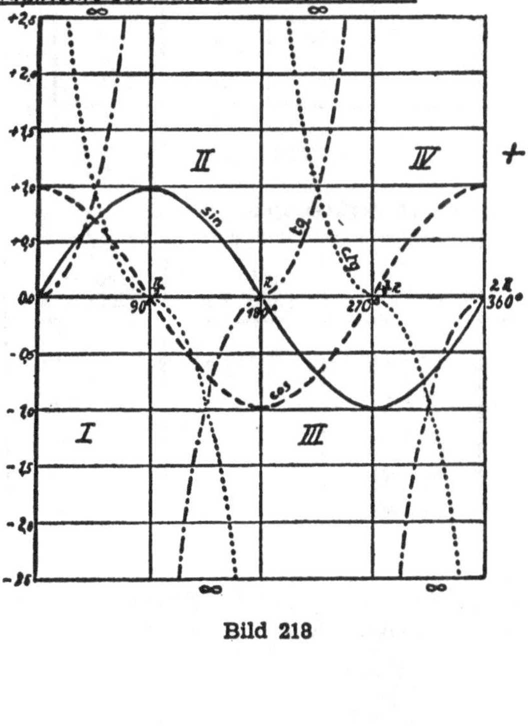

Bild 218

4.) Funktions- und Grenzwerte:

Funktion	0^0	30^0 ($33{,}33^g$)	45^0 (50^g)	60^0 ($66{,}67^g$)	90^0 (100^g)	180^0 (200^g)	270^0 (300^g)	360^0 (400^g)
sin	0	$1/2$	$1/2\sqrt{2}$	$1/2\sqrt{3}$	$+1$	0	$+1$	0
cos	$+1$	$1/2\sqrt{3}$	$1/2\sqrt{2}$	$1/2$	0	-1	0	$+1$
tg	0	$1/3\sqrt{3}$	1	$\sqrt{3}$	$\pm\infty$	0	$\pm\infty$	0
ctg	$\pm\infty$	$\sqrt{3}$	1	$1/3\sqrt{3}$	0	$\pm\infty$	0	$\pm\infty$

[218]

5.) Vorzeichentabelle:

Funktion	I	II	III	IV
	Quadrant			
sin	+	+	—	—
cos	+	—	—	+
tg	+	—	+	—
ctg	+	—	+	—

[219]

6.) Umwandlungen und Ergänzungen:

Funktion	I. $+\alpha$	II. $90^0 + \alpha$ ($100^g + \alpha$)	III. $180^0 + \alpha$ ($200^g + \alpha$)	IV. $270^0 + \alpha$ ($300^g + \alpha$)
sin	$+\sin\alpha$	$+\cos\alpha$	$-\sin\alpha$	$-\cos\alpha$
cos	$+\cos\alpha$	$-\sin\alpha$	$-\cos\alpha$	$+\sin\alpha$
tg	$+\mathrm{tg}\,\alpha$	$-\mathrm{ctg}\,\alpha$	$+\mathrm{tg}\,\alpha$	$-\mathrm{ctg}\,\alpha$
ctg	$+\mathrm{ctg}\,\alpha$	$-\mathrm{tg}\,\alpha$	$+\mathrm{ctg}\,\alpha$	$-\mathrm{tg}\,\alpha$

[220]

Im I. u. III. Quadranten schlage die gleiche Funktion auf, im II. u. IV. Quadranten schlage die Co-Funktion auf!

Die **Summe der Dreieckswinkel** beträgt 180° (200g). [221]

b) **rechtwinkliges Dreieck.** a = Hypothenuse, b, c, = Katheten.

1.) **Verhältnis der Winkel:**

Der Sinus eines Winkels ist das

Verhältnis der $\frac{\text{Gegenkathete}}{\text{Hypothenuse}}$; $\sin\beta = \frac{b}{a}$;

$\sin\gamma = \frac{c}{a}$;

der Kosinus $= \frac{\text{Ankathete}}{\text{Hypothenuse}}$; $\cos\beta = \frac{c}{a}$;

$\cos\gamma = \frac{b}{a}$;

der Tangens $= \frac{\text{Gegenkathete}}{\text{Ankathete}}$; $\text{tg}\,\beta = \frac{b}{c}$;

$\text{tg}\,\gamma = \frac{c}{b}$;

der Kotangens $= \frac{\text{Ankathete}}{\text{Gegenkathete}}$; $\text{ctg}\,\beta = \frac{c}{b}$;

$\text{ctg}\,\gamma = \frac{b}{c}$;

[222]

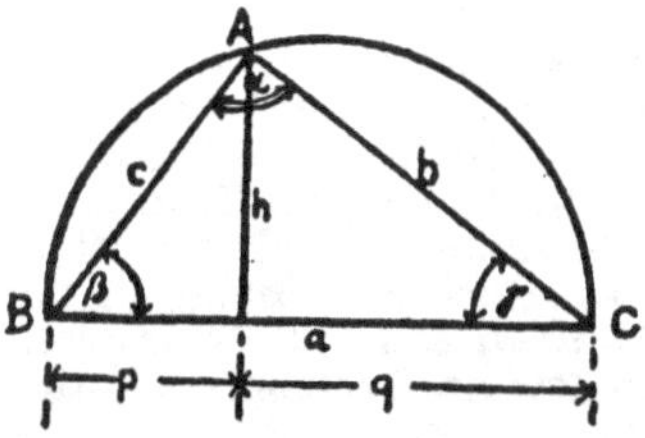

Bild 222

Jeder Winkel, dessen freie Schenkel durch die Endpunkte eines Kreisdurchmessers gehen, und dessen Scheitel auf dem Kreisumfang liegt, ist 90° (100g) groß. [223]

2.) **Verhältnis der Seiten:**

a) Das Quadrat über der Hypothenuse ist gleich der Summe der Quadrate über den Katheten (Pythagoras): $a^2 = b^2 + c^2$. [224]

b) $p \cdot a = b^2$; $q \cdot a = c^2$ (Kathetensatz). [225]

c) $p \cdot q = h^2$ (Höhensatz). [226]

c) **Beliebiges Dreieck:**

1.) Die Sinuswerte verhalten sich zueinander wie die gegenüberliegenden Seiten: $a : b : c = \sin\alpha : \sin\beta : \sin\gamma$ (**Sinussatz**). [227]
Auflösung nach jedem Glied hin gem. 1d 3 und 4.

2.) **Kosinussatz:** $a = \sqrt{b^2 + c^2 - 2bc \cdot \cos\alpha}$; $\cos\alpha = \frac{b^2 + c^2 - a^2}{2bc}$

$b = \sqrt{a^2 + c^2 - 2ac \cdot \cos\beta}$; $\cos\beta = \frac{a^2 + c^2 - b^2}{2ac}$

$c = \sqrt{a^2 + b^2 - 2ab \cdot \cos\gamma}$; $\cos\gamma = \frac{a^2 + b^2 - c^2}{2ab}$

[228]

3. **Tangenssatz:** $(a + b) : (a - b) = \text{tg}\,\frac{\alpha + \beta}{2} : \text{tg}\,\frac{\alpha - \beta}{2}$ [229]

3. Geometrie.

Flächenberechnung.

Berechnungen von Flächen und Körpern kommen in der Vermessung sehr häufig vor; darum ist die Beherrschung der Grundformen und der dazugehörigen Formeln von Wichtigkeit:

Vor dem Lesen und vielleicht Einprägen der Formeln möge noch ein guter Rat auf den Weg gegeben werden: Die **Formeln** möchten nicht als spröde Mathematik betrachtet werden — das ist von den Lesern dieses Heftchens ja nicht anzunehmen —, sondern **als Hilfsmittel für die Praxis!** Darum ist es vorteilhaft, beim Anblick der Ausgangsfigur sich sofort ein Bild aus dem Leben zur praktischen Auswertung heranzuziehen. Im Dreieck müssen Dreiecksmessungen aus dem Gelände, im Vieleck ein schönes Stück Land mit Kartoffeln, Bohnen und Erbsen, im Trapez der Querschnitt einer Kohlenhalde, im Kreisausschnitt die Form einer Pflasteroberfläche, im Kreisabschnitt ein Bogenstück mit Sehne, in der Pyramide ein Kirchturmdach, das gedeckt werden soll im Pyramidenstumpf eine Erdmasse, die bewegt, im Zylinder ein Brunnen, der ausgeschachtet werden muß, vor die Augen des Lesers treten; kurz, in jeder Figur muß der bewegliche Geist und die Phantasie etwas **sehen,** an dessen Berechnung er jetzt in bewegter Spannung auf das Endergebnis herangeht!

a) **Rechtwinkliges Dreieck.**

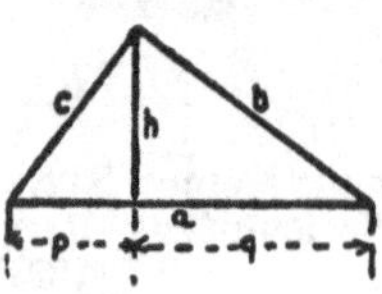

1.) $F = \frac{a \cdot h}{2} = \frac{b \cdot c}{2}$

2.) $a^2 = b^2 + c^2$ (Pythagoras);

3.) $p \cdot a = c^2$; $q \cdot a = b^2$ (Kathetensatz);

4.) $p \cdot q = h^2$ (Höhensatz).

Bild 230 [230]

b) **Gleichseitiges Dreieck.**

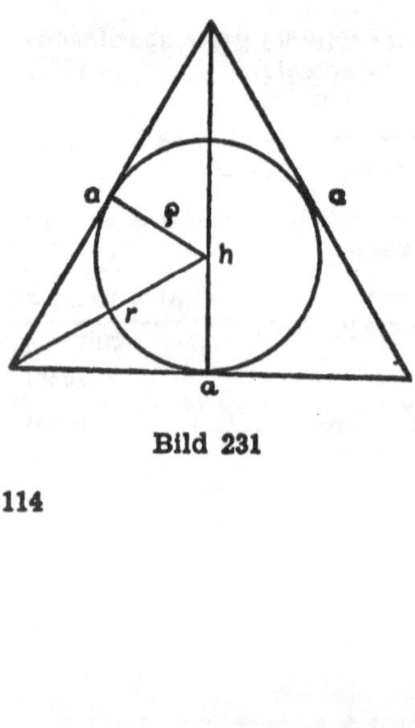

1.) $F = \frac{a^2}{4}\sqrt{3}$

2.) $h = \frac{a}{2}\sqrt{3}$

3.) $r = \frac{a}{3}\sqrt{3}$

4.) $\rho = \frac{a}{6}\sqrt{3}$

Bild 231 [231]

c) **Schiefwinkliges Dreieck.**

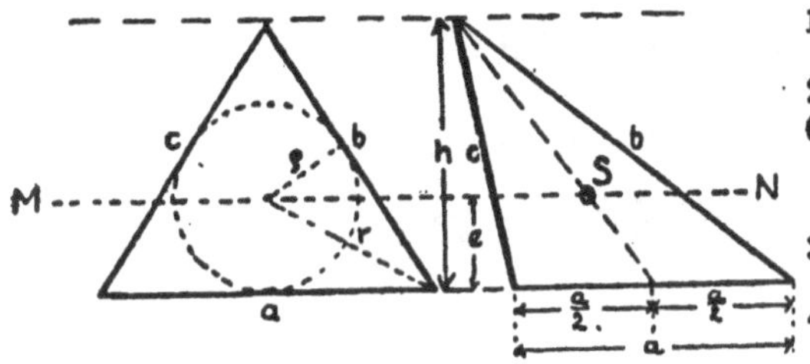

1.) $F = \frac{a \cdot h}{2}$

2.) $F = \sqrt{s \cdot (s-a) \cdot (s-b) \cdot (s-c)}$
(Heronische Flächenformel)
$s = \frac{1}{2}(a + b + c)$

3.) $F = \frac{a \cdot b \cdot c}{4r}$

4.) $F = \rho \cdot s$

$\rho = \sqrt{\frac{(s-a)(s-b)(s-c)}{s}}$

Bild 232

5.) $F = \frac{1}{2} a \cdot b \cdot \sin\gamma$
$= \frac{1}{2} a \cdot c \cdot \sin\beta$
$= \frac{1}{2} b \cdot c \cdot \sin\alpha$

6.) $h_a = b \cdot \sin\gamma = c \cdot \sin\beta$

$h_a = \frac{\sin\beta \cdot \sin\gamma}{\sin\alpha} \cdot a$

7.) $\operatorname{tg}\frac{\alpha}{2} = \frac{\rho}{s-a}$; $\operatorname{tg}\frac{\beta}{2} = \frac{\rho}{s-b}$;

$\operatorname{tg}\frac{\gamma}{2} = \frac{\rho}{s-c}$

8.) $\operatorname{tg}\frac{\alpha}{2} = \sqrt{\frac{(s-b)(s-c)}{s(s-a)}}$;

$\operatorname{tg}\frac{\beta}{2} = \sqrt{\frac{(s-a)(s-c)}{s(s-b)}}$; $\operatorname{tg}\frac{\gamma}{2} = \sqrt{\frac{(s-a)(s-b)}{s(s-c)}}$

9.) Schwerlinie $MN \parallel a$; $e = \frac{1}{3} h$

10.) Schwerpunkt S = Schnittpunkt MN mit der Seitenhalbierenden von a.

[232]

d) **Rechteck.**

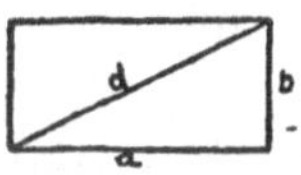

1.) $F = a \cdot b$
2.) $U = 2(a + b)$
3.) $d = \sqrt{a^2 + b^2}$

Bild 233a

Quadrat

$F = a^2$
$U = 4a$
$d = a \cdot \sqrt{2}$

Bild 233b

[233]

e) **Parallelogramm** (Rhomboid).

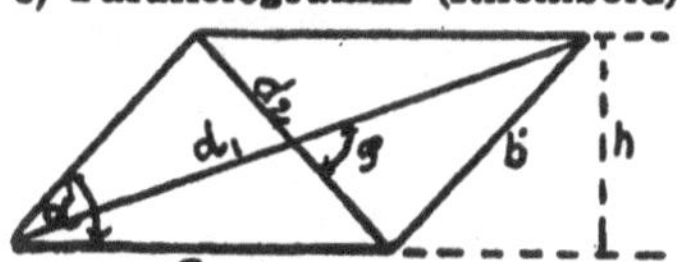

1.) $F = a \cdot h$
2.) $F = a \cdot b \cdot \sin\alpha$
3.) $F = \frac{1}{2} d_1 d_2 \cdot \sin\varphi$
4.) $F = 2(a^2 + 2^2)$
5.) $F = d_1^2 + d_2^2$
6.) $U = 2(a + b)$

Bild 234a

Raute (Rhombus).

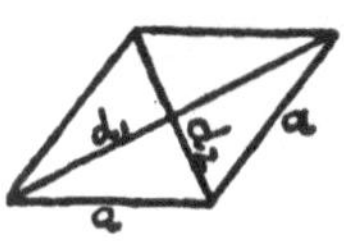

1.) $F = a \cdot h$

7.) $a = \sqrt{\frac{d_1 + d_2}{2}}$

8.) $d_1 \perp d_2$

9.) $d_1 = 2 \cdot \sqrt{a^2 - \frac{d_2}{2}}$

10.) $d_2 = 2 \cdot \sqrt{a^2 - \frac{d_1}{2}}$

6.) $U = 4a$

Bild 234b

[234]

f) Trapez.

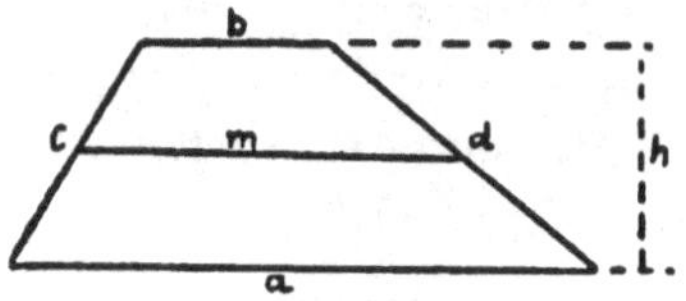

$$1.)\ F = \frac{a+b}{2} \cdot h = m \cdot h$$

$$2.)\ F = \frac{h}{3}(a + b + \sqrt{a \cdot b})$$

$$3.)\ U = a + b + c + d$$

Bild 235a

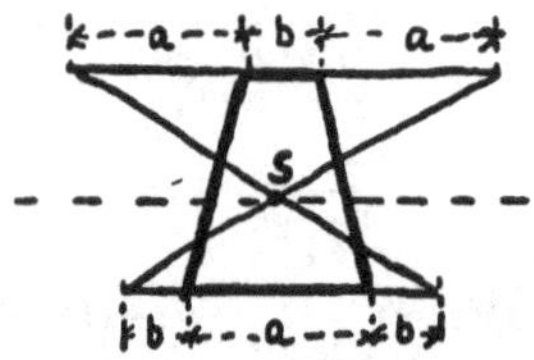

4.) Schwerpunkt: Schnittpunkt der Verbindungslinien gem. Zeichnung.

5.) Schwerlinie: Parallele durch S zu a.

Bild 235b

[235]

g) Viereck: (siehe auch Teil C IV, 1).

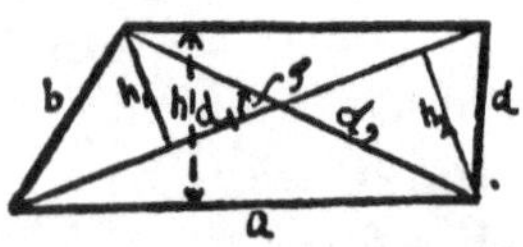

$$1.)\ F = \frac{a+c}{2} \cdot h$$

$$2.)\ F = \frac{d_1}{2}(h_1 + h_2)$$

$$3.)\ F = \frac{d_1, d_2}{2} \sin \varphi$$

$$4.)\ U = a + b + c + d$$

Bild 236

[236]

h) Sehnenviereck:

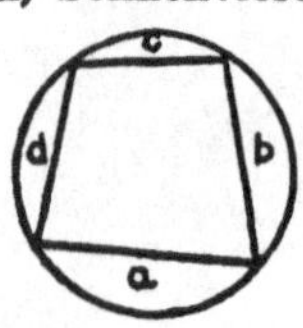

$$F = \sqrt{(s-a) \cdot (s-b) \cdot (s-c) \cdot (s-d)}$$

$$s = \tfrac{1}{2}(a + b + c + d)$$

Bild 237

[237]

i) Kreis:

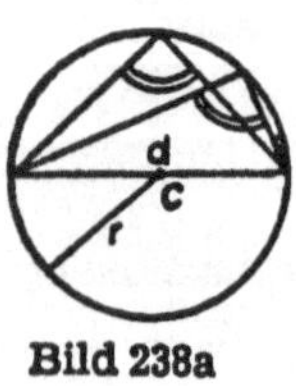

$$1.)\ F = r^2 \pi = r^2 \cdot 3{,}1415926$$

$$= \frac{d^2\pi}{4} = 0{,}78539815 \cdot d^2$$

$$2.)\ U = 2r\pi = r \cdot 6{,}2831852$$

$$= d\pi = d \cdot 3{,}1415926$$

3.) Peripheriewinkel über der gleichen Sehne sind gleich:

$$\beta_1 = \beta_2$$

Bild 238a

Bild 238b

4.) Der Zentriwinkel ist doppelt so groß wie der zugehörige Peripheriewinkel:

$$\gamma = 2\beta$$

5.) Sämtliche Winkel, deren Schenkel durch die Endpunkte des Durchmessers gehen, betragen 90° (100g).

6.) Die Tangente an einen Kreis steht im Berührungspunkt auf dem Radius senkrecht. [238]

k) **Kreisausschnitt:** (Sektor)

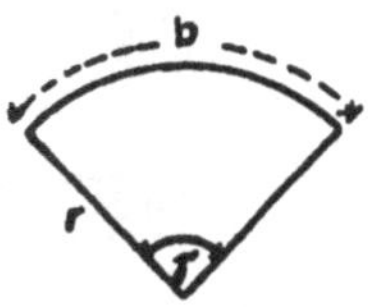

Bild 239

1.) $F = \frac{b \cdot r}{2} = \frac{r^2 \pi \gamma}{360} = 0{,}00873 \cdot r^2 \gamma$

$b = \frac{2 \pi \gamma}{180}; \; \gamma = \frac{180 \cdot b}{\pi \cdot r} = 57{,}295 \frac{b}{r}$ [239]

l) **Kreisabschnitt:** (Segment)

Bild 240

1.) $F = \frac{b \cdot r}{2} - \frac{s\,(r - h)}{2}$

2.) $F = \left(\frac{\gamma \cdot \pi}{180} - \sin \gamma\right) \frac{r^2}{2}$

3.) $F = \frac{h}{6\,s} \cdot \left(3\,h^2 + 4\,s^2\right)$

Als **Näherungswert** bei kleinem ∢ γ:

4.) $F \approx \frac{2}{3}\, s \cdot h$

5.) $r = \frac{s^2 + 4\,h^2}{8\,h}; = \frac{1}{2}\left(\frac{s^2}{4\,h} + h^2\right)$ (Sehnenabschnitt)

6.) $r \approx \frac{s^2}{8\,h}$ **(Gebrauchsformel f.** Sehnenabschnitt)

7.) $s = 2\sqrt{h\,(2r - h)}$

8.) $s = 2r \cdot \sin \frac{\gamma}{2}$

9.) $h = r - \sqrt{r^2 - \frac{s^2}{4}}$

10.) $h = r\left(1 - \cos \frac{\gamma}{2}\right)$

11.) $b = \pi r \cdot \frac{\gamma}{180}$

12.) $b \approx \sqrt{s^2 + \frac{16}{3} h^2}$

13.) $(\gamma \text{ Grad}) \approx s \left[1 + \frac{8}{3}\left(\frac{h}{s}\right)^2\right]$ [240]

Und wie groß ist z. B. die Pflasterfläche, mit der ein rechter Winkel abgerundet wird?

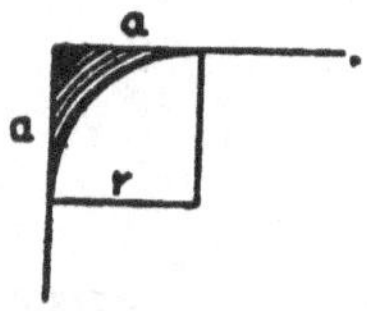

1.) $F = a^2 - \frac{r^2\pi}{4}; \quad a = r$

$= 0{,}2146 \cdot r^2$ [241]

Bild 241

m) **Kreisring:**

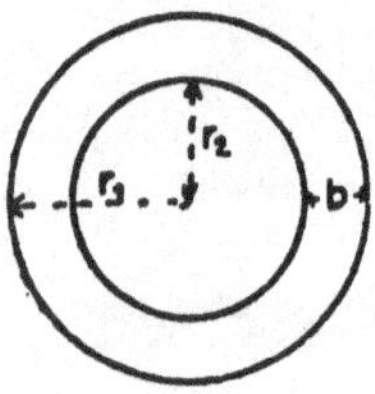

1.) $F = (r_1^2 - r_2^2) \cdot \pi$

$= (r_1 + r_2) \cdot (r_1 - r_2) \cdot \pi$

2.) $F = (2r_2 + b)\,\pi \cdot b$ [242]

Bild 242

n) **Ellipse:**

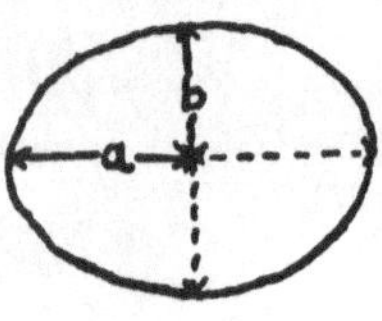

1.) $F = a \cdot b \cdot \pi$

2.) $U = \pi\,(a + b)$ [243]

Bild 243

o) **Parabel:**

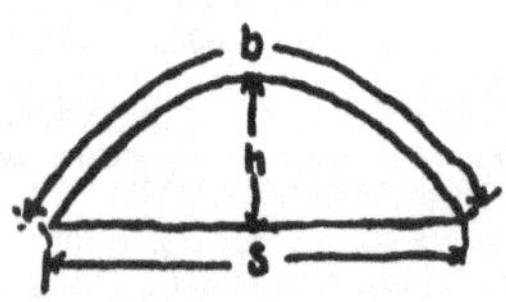

1.) $F = \frac{2}{3} s \cdot h$ [244]

Bogenlänge:

$b \approx s \left[1 + \frac{8}{3}\left(\frac{h}{s}\right)^2 - \frac{32}{5}\left(\frac{h}{4}\right)^4\right]$

wenn $\frac{h}{s} < 1$

Bild 244

4. Stereometrie.
Körperberechnung.

a) **Prisma**

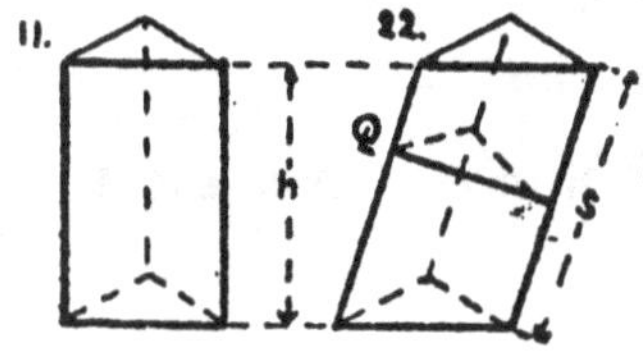

Bild 245

11.) $V = G \cdot h$
12.) $M = U \cdot h$
13.) $O = M + 2G$
22.) $V = G \cdot h$
23.) $V = Q \cdot s$
24.) $M = U_Q \cdot s = U_Q \cdot \frac{h}{\sin \alpha}$
25.) $O = U_Q \cdot \frac{h}{\sin \alpha} + 2G$

Bei langen prismatischen Körpern oder Massen mehrere Querprofile legen:

Zur Kontrolle:

2.) $V = \frac{h}{6}(Q_1 + Q_2 + 4\,Q_m)$, wobei Q_1 den Flächeninhalt des kleinsten, Q_2 den des größten, Q_m den des Mittels aller gelegten Querprofile und h die Höhe, bzw. die Länge des Prismas darstellt. [245]

b) **Zylinder**

Bild 246

11.) $V = \pi r^2 h$
12.) $M = 2 \pi r h$
13.) $O = 2 \pi r h + 2 r^2 \pi$
22.) $V = Q \cdot s$
23.) $Q = \pi r^2 \frac{h}{s}$
24.) $M = U_Q \cdot s$

[246]

c) **Pyramide**

Bild 247

1.) $V = \frac{1}{3} G \cdot h$
2.) $M = \Sigma F$
3.) $O = M + G$

[247]

d) Kegel

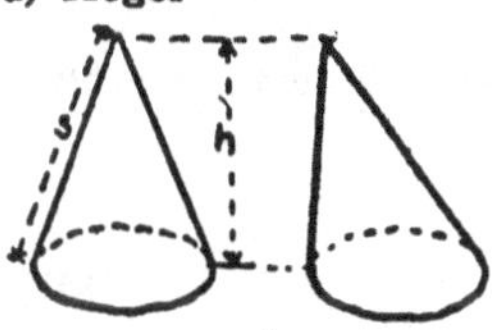

Bild 248

1.) $V = \frac{\pi r^2 h}{3} = 1{,}0472\ r^2 h$
2.) $M = \pi r\ s = r \pi \sqrt{r^2 + h^2}$
3.) $O = \pi r^2 + \pi r s = \pi r^2 + \pi r \cdot \sqrt{h^2 + r^2}$

[248]

e) Pyramidenstumpf

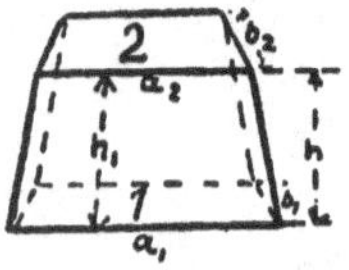

Bild 249a

1.) $V = \frac{h}{3}(G_1 + G_2 + \sqrt{G_1 \cdot G_2})$

Falls G_2 kleiner ist als ⅓ G_1, genügt bei Massenberechnungen oft die Näherungsformel:

2.) $V \approx \frac{G_1 + G_2}{2} \cdot h$ oder auch

$\approx \frac{a_1 + a_2}{2} \cdot \frac{b_1 + b_2}{2} \cdot h$ (mittlere Fläche × Höhe)

3.) $M = \frac{a_1 + a_2}{2} \cdot h_1 \cdot n$

4.) $O = M + G_1 + G_2$

Sonderfälle:

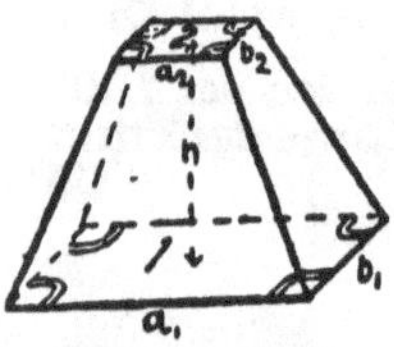

Bild 249b

Ponton und **Obelisk** (rechteckige Grundfläche)

5.) $V = \frac{h}{6}[(2a_1 + a_2) \cdot b_1 + (2a_2 + a_1) \cdot b_2]$

Keil ($b_2 = 0$)

6.) $V = \frac{b_1 \cdot h}{6}(2a_1 + a_2)$

[249]

f) Kegelstumpf

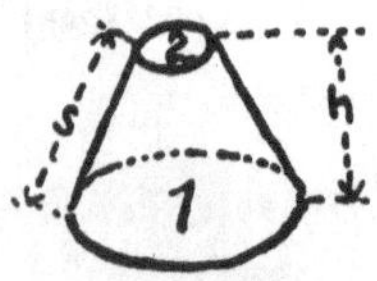

Bild 250

1.) $V = \frac{\pi h}{3}(r_1^2 + r_2^2 + r_1 \cdot r_2)$

für den geraden Kegelstumpf

2.) $M = \pi s\,(r_1 + r_2)$; $s = \sqrt{(r_1 - r_2)^2 + h^2}$

3.) $O = (r_1 + r_2) \cdot \pi \sqrt{(r_1 - r_2)^2 + h^2} + \pi(r_1^2 + r_2^2)$

[250]

g) Kugel

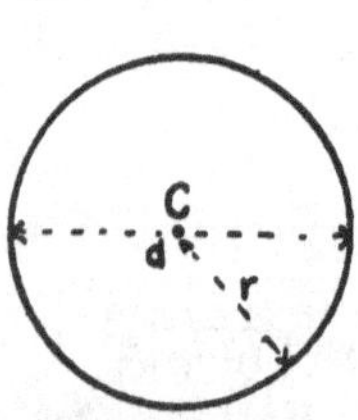

Bild 251

1.) $V = \frac{4}{3}\pi r^3 = 4{,}189\, r^3$

2.) $O = 4\pi r^2 = 12{,}566\, r^2$

Die Oberfläche ist viermal so groß wie der größte Kugelquerschnitt!

[251]

h) **Kugelabschnitt (Körper); Kugelkappe (Fläche)**

Bild 252

1.) $V = \pi h^2 \left(r - \frac{h}{3}\right) = \frac{\pi h}{6} (3r_2^2 + h^2)$

2.) $F = 2 \pi r h = \pi . (r_2^2 + h^2)$

(Kegelkappe **Kalotte**) $r_2^2 = h\,(2r - h)$

3.) $O = \pi h\,(4r - h)$
$= \pi\,(2r^2 + h^2)$

[252]

i) **Kugelschicht (Körper); Kugel (Fläche):**

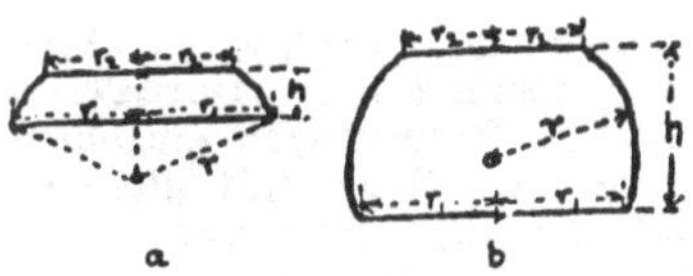

Bild 253

1.) $V = \frac{\pi h}{6} (3r_1^2 + 3r_2^2 + h^2)$

Ist eine Grenzfläche ein **größter Kugelkreis,** so vereinfacht sich die Gleichung:

2.) $V = \frac{\pi h}{3} (3r^2 - h^2)$

3.) $F = 2 \pi rh;\; r^2 = r_1^2 + \left(\frac{r_1^2 - r_2^2 - h^2}{2\,h}\right)^2$

4.) $O = 2 \pi rh + \pi\,(r_1^2 + r_2^2)$

[253]

k) **Kugelausschnitt:**

Bild 254

1.) $V = \frac{2}{3} \pi r^2 h = 2{,}0944\; r^2 h$

2.) $M = r_1 \pi r$

3.) $O = \pi r\,(2\,h + \sqrt{2rh - h^2})$
$= \pi\,(r_1^2 + h^2)\,\left(1 + \frac{r_1}{2\,h}\right)$

[254]

l) **Kübel (Bottich):**

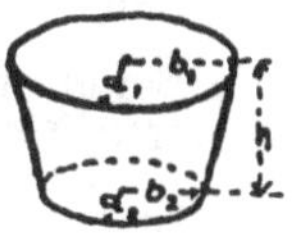

Bild 255

1.) $V = \frac{\pi h}{6} [(2a_1 + a_2)\; b_1 + (2a_2 + a_1)\, b_2]$

2.) $M = \frac{\pi s}{2} (a_1 + b_1 + a_2 + b_2);\;\; s = \sqrt{(a_1 - a_2)^2 + h^2}$
oder $\sqrt{(b_1 - b_2)^2 + h^2}$

3.) $O = \frac{\pi s}{2} (a_1 + b_1 + a_2 + b_2) + \pi\,(a_1 b_1 + a_2 b_2)$

[255]

m) **Ring** mit kreisförmigem Querschnitt:

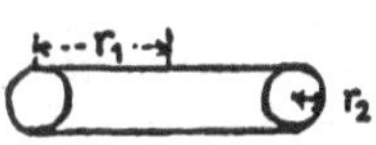

Bild 256

1.) $V = \pi r_2^2 \cdot 2 \pi \cdot r_1 = 2 \pi^2 r_1 \cdot r_2^2$
$= 19{,}739\; r_1 \cdot r_2^2$

2.) $O = \pi^2 \cdot 2\, r_1 \cdot 2\, r_2$

[256]

n) **Rampe:**

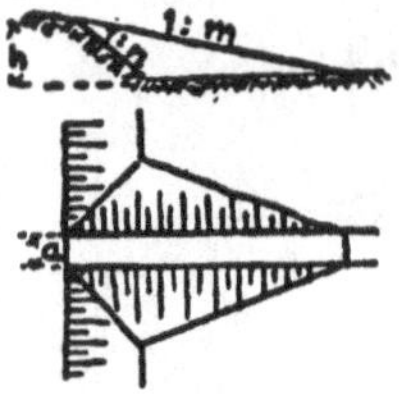

1.) $V = \frac{h^2}{6} \cdot [3a + 2h \cdot n\,(1 - \frac{n}{m})] \cdot (m - n)$

Bei Anlehnung der **Rampe an eine lotrechte Mauer** geht die Formel in folgende Form über:

2.) $V = \frac{h^2}{6}\,(3a + 2h \cdot n)\,m$

[257]

Bild 257

Ist die Zahl der gegebenen Körper ausreichend? Fehlt noch einer für den täglichen Gebrauch? Oder hat sich jemand beim Durchlesen vorstehender Sammlung Gedanken über etwaige Beziehungen einzelner Körper zueinander gemacht? Zylinder, Kugel und Kegel mit gleichen Durchmessern und Höhen seien einmal unter die Lupe genommen:

1.) Zylinder: $V = \pi r^2 \cdot 2r = \frac{6}{3} r^3 \pi$

2.) Kugel: $V = \frac{4}{3} \pi \cdot r^3 = \frac{4}{3} r^3 \pi$

3.) Kegel: $V = \frac{1}{3} \pi r^2 \cdot 2r = \frac{2}{3} r^3 \pi$

Die Inhalte von **Zylinder : Kugel : Kegel** verhalten sich also zueinander wie

$$r^3 \pi \left(\frac{6}{3} : \frac{4}{3} : \frac{2}{3}\right) \text{ oder wie } 3 : 2 : 1.$$

III. Längenmessung

Einheit für Längenmessungen ist das Meter, etwa der zehnmillionste Teil des Erdquadranten zwischen Pol und Äquator.

Die Ausführung der Messung und das anzuwendende Streckenmeßgerät richten sich nach der für die Folgearbeiten notwendigen Genauigkeit.

1.) **Streckenmeßgeräte:**

Länge:

a) Die **Besselschen Meßbalken**, 4 × 3,9 m = zus. etwa 15,6 m lang, bestehen aus vier Eisenstangen mit Zinkbelag von je 2 Toisen = 3,898 m Länge; der **Jäderindraht**, 24 m lang, und andere Präzisionslängenmeßinstrumente und Hilfsmittel wie Komparator, Meßkeile usw. dienen zur Ermittlung der Länge einer Basis als Grundlage für das Basisnetz zur Bestimmung der Ausgangsseite trigonometrischer Reichs- und Landesdreiecksnetze, sowie der in ein großes Dreiecksnetz eingeschalteten Kontroll- und Verbindungsseiten.

b) Die **Invarbasislatte von 1 m und 3 m Länge** wird für sonstige Basis- und Grundlinienmessungen eingesetzt, z. B. in der Photogrammetrie für die Basismessung zwischen den Aufstellungspunkten des Phototheodoliten. Hierbei wird der Winkel zwischen den Meßmarken der waagerecht gestellten Basislatte gemessen; Invardraht sichert weitgehendst die Unveränderlichkeit der Entfernung zwischen den beiden Meßmarken; der Temperatureinfluß ist gering. Die Winkelmessung erfolgt meist in 10- odere 20-facher Repetition. Die aus der Winkelmessung ermittelte Strecke bezieht sich stets auf die Waagerechte; irgendwelche Höhenwinkelmessungen zum Zwecke einer Horizontalkorrektur oder Streckenreduktion werden nicht benötigt.

c) Die **2-m-Basislatte** wird in gleicher Weise wie die 1-m- und 3-m-Basislatte, jedoch zu nachgeordneten Basismessungen für Streckenvergrößerungen sowie zu allgemeinen Längenmessungen, vor allem zur Bestimmung von Polygonseiten, verwandt. Die heutigen 2-m-Basislatten sind meist aus Stahlrohr gefertigt, bei denen die Längenänderung durch die temperaturbedingte Veränderung des Abstandes der beiden Meßmarken berücksichtigt werden muß.

Der gemessene Winkel zwischen den Meßmarken beträgt bei einer Entfernung von 1000 m: 12,73^c; 150 m: 84,88^c; 100 m: 127,31^c; 75 m: 169,75^c. Die Winkeldifferenz von 1^{cc} bedingt eine Entfernungsänderung bei 1000 m um 10,6 m; 150 m um 0,17 m, 100 m um 0,07 m, 75 m um 0,047 m während Temperaturunterschiede von je 10°, von + 15° Celsius als Bezugstemperatur ausgehend, die Entfernung von 100 m um 11 mm, von 50 m um 5,5 mm verändern. Daher ist es nötig, bei Längenmessungen mit der 2-m-Basislatte sich in der zu messenden Länge zu beschränken.

Teilstrecken werden im allgemeinen bei Basismessungen höchstens 75 m, bei sonstigen Messungen nicht größer als 100—150 m lang sein. Der Winkel wird meist bei Basismessungen 10—20 mal, bei den übrigen Messungen 3, 5 oder 10 mal gemessen.

d) **Das Meßband,** 20, 25 oder 30 m lang, findet wie die 2-m-Basislatte sowohl bei untergeordneten Basismessungen wie bei allgemeinen Längenmessungen Anwendung. Bei der Bestimmung von Basislängen (Grundlinienmessungen) dürfen nur geeichte Meßbänder verwandt werden. Die in mindestens 2 Hin- und 2 Rückgängen ermittelten Strecken werden unter gleichem Zug gemessen, was durch Einhängen eines Spannungsmessers gewährleistet wird; Ausdehnung des Meßbandes durch die am Boden herrschende Temperatur (Temperaturmessung) und Lage der Strecke zur Horizontalen (Messung des Höhenwinkels) müssen berücksichtigt werden. Für rein praktische Zwecke werden so brauchbare Basiswerte geschaffen. Auf Windstille ist zu achten!

Bei einfachen Längenmessungen können Eichung, Temperatureinfluß und gemessene Spannung außer Acht gelassen werden. Das Meßband findet in der Stückvermessung bei Längenmessungen in ebenem und gleichmäßig geneigtem Gelände bis etwa 30 % Gefälle weitgehendst Anwendung. Die Streckenreduktion ist stets zu berücksichtigen. Gradbogenverfahren.

e) **Die Meßkette,** 20 m lang, aus Einzelgliedern von 50 cm Länge bestehend, wird besonders zu Längenmessungen in Bergwerken verwandt. Streckenreduktion berücksichtigen. Für die Stückvermessung ist ihre Anwendung nicht statthaft.

f) **Meß- oder Schneidelatten**, meist 3 und 5 m lang, finden in der Stück- und in der Bauvermessung Anwendung; bei umständlicher Arbeit liefern sie, in der Ebene, in unebenem und in steilem Gelände sehr genaue Ergebnisse; sie werden entweder bei etwa gleichbleibendem Neigungswinkel auf die Erdoberfläche gelegt und zwar so, daß die Schneiden kreuzweise aneinander stoßen „Gradbogenverfahren" oder bei unebenem und steilem Gelände als „Staffelmessung" so, daß die meist mit dem Auge horizontierte Latte im Lotpunkt der vorhergehenden ebenfalls waagerecht, aber höher gelegten Latte ansetzt; das Ergebnis der Messungen sind wieder waagerechte Entfernungen. Auf festen Sitz der Schuhe und Sauberkeit der Schneiden ist zu achten. Die Fehlerwahrscheinlichkeit ist bei der Meßlatte geringer als beim Meßband; beide verhalten sich zu einander wie 3 : 5.

g) **Leinenmeßbänder** werden, außer vielleicht zum Messen kleiner Signalhöhen, in keinem Zweig der Vermessung befriedigende Ergebnisse vermitteln, da sie zu ungenau sind und von Witterungseinflüssen stark beeinflußt werden.

h) Der **Meterstab** eignet sich nur zum Messen kleiner Längen, zum Feststellen der Fernrohrhöhe (Instrumentenhöhe), der Zentrierelemente, kleiner Signalhöhen und der Tafelstangenlängen; für Längenmessungen im Gelände ist er unbrauchbar; die Länge von feststehenden linearen und krummen, horizontalen und vertikalen Gegenständen, wie Mauern, Holz, Straßen, Siele können für technische Zwecke oft mit ausreichender Genauigkeit mit dem Leinenmeßband bestimmt werden.

i) Die **optische, tachymetrische Entfernungsmessung** findet bei der tachymetrischen und topographischen Geländeaufnahme Anwendung; die Entfernungen werden mit Hilfe von zwei Entfernungs-(Distanz)faden im Fernrohr, dem oberen (O) und dem unteren (U), an einen senkrechten Maßstab, der Entfernungslatte, die wegen der E-förmigen Markierung der Zentimetereinteilungen in 5 cm- und 10 cm-Abschnitte oft auch „E-Latte" genannt wird, abgeschnitten; der Lattenabschnitt l=O—U, wird mit · 100, der Multiplikationskonstanten k des Fernrohrs, multipliziert und die Additionskonstante c addiert. Der Höhenwinkel ist zur Anbringung der Horizontalkorrektur zu messen. Im allgemeinen werden Strecken optisch bis zu 300 m Entfernung gemessen; größere Strecken werden in Teilstrecken unterteilt. Auf Einzelheiten der neuesten Tachymetertheodoliten und Tachymeterlatten einzugehen, die einen besonderen Fortschritt besonders für die Stadtvermessung darstellen, verbietet hier der Platzmangel.

k) **Entfernungsmesser** verschiedener Bauarten finden in der Vermessung kaum eine praktische Verwendung.

2.) Längenmessung:

Die Durchführung der Längenmessung ist von dem zur Verfügung stehenden Gerät und der geforderten Genauigkeit abhängig.

Die Eigenarten der einzelnen Geräte sind bereits in Abschnitt 1 erwähnt;

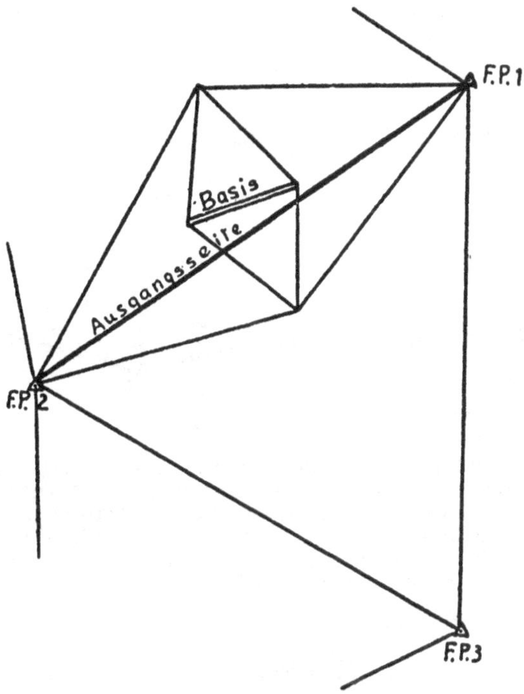

Bild 258

a) Während die unter c) bis k) aufgeführten Geräte meist nur der unmittelbaren Längenmessung dienen, werden auf Grund der Basismessungen mit den Geräten a und b, zuweilen auch c und d die **Ausgangsseiten** für trigonometrische Dreiecksnetze mit größter Genauigkeit bestimmt (Bild 258). Die Behördenvorschriften werden an diese Längenmessungen und an die anschließende Basisvergrößerung höchste Anforderungen in jeder Beziehung stellen.

b) **Grundlinienmessungen:**

Für die Längenbestimmung bei einfachen Basismessungen (Grundlinienmessungen) zum Ableiten, also mittelbaren Messen einer Strecke, werden die Genauigkeitsforderungen bereits geringer sein; sie verlangen jedoch auch eine gewissenhafte Durchführung der Feldarbeiten, da sich jeder kleine Streckenfehler je nach dem Maß der Vergrößerung auf die abgeleitete Strecke auswirkt. Zur Längenmessung werden die unter c, d und zuweilen auch 1 aufgeführten Geräte benutzt.

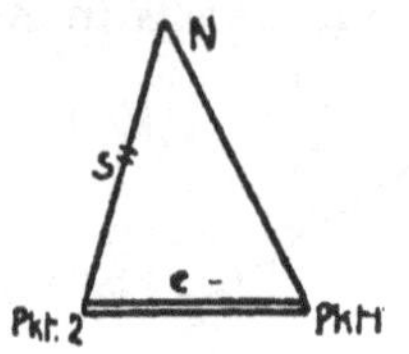

Bild 259

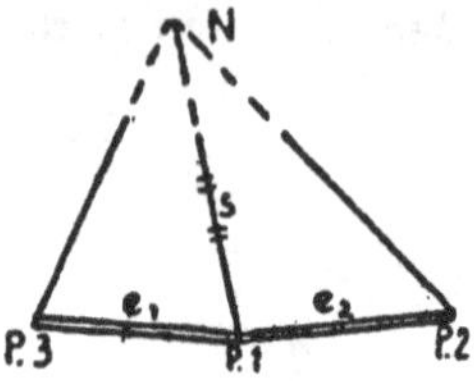

Bild 260

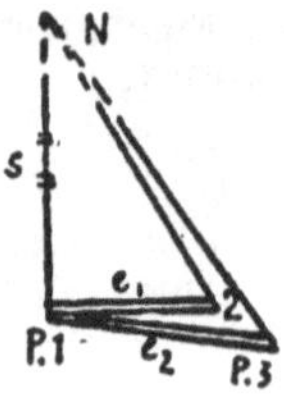

Bild 261

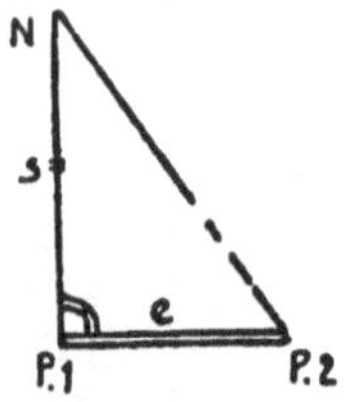

Bild 262

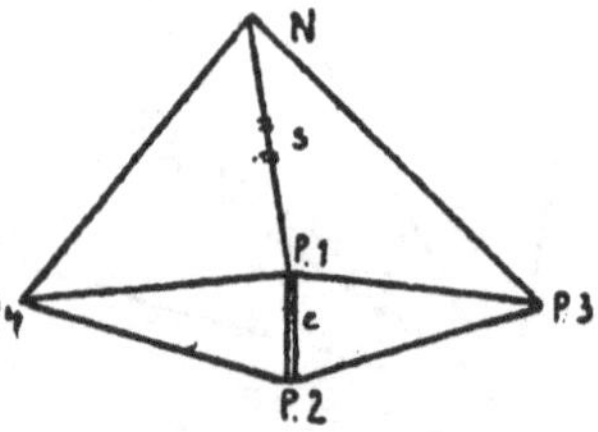

Bild 263

Bilder 259 bis 263 zeigen Figuren für mögliche Streckenvergrößerungen; die zu messende Strecke e soll etwa senkrecht zur abgeleiteten Strecke s liegen; wie sie in Wirklichkeit liegen kann, ist vom Gelände abhängig; auf günstige Winkelbildung ist zu achten. Die Streckenvergrößerung wird im allgemeinen das Fünffache nicht übersteigen dürfen.

c) **Einfache Längenmessungen:**

Die Länge der einzelnen Strecke wird von der Eigenart der Geräte e) bis k) bestimmt. Übersteigt eine Länge die Leistungsfähigkeit eines Meßwerkzeuges, so wird sie in Teilstrecken gemessen; die Zwischenpunkte werden mit dem Theodoliten, der Kippregel, dem Nivelliergerät, dem Doppelglas oder dem bloßen Auge eingefluchtet (s. Bild 264).

Bild 264

3.) Längenreduktion:

Jede gemessene Länge muß, wenn sie zur Lagebestimmung eines Punktes oder zur Bestimmung einer Fläche herangezogen werden soll, auf die horizontale Entfernung gebracht, d. h. reduziert werden.

Diese Reduktion umfaßt die Rückführung auf

a) die horizontale Ebene, die senkrecht zur Richtung der Schwerkraft verläuft,
b) den Landeshorizont,
c) die Erdabbildung.

a) Die Rückführung der schräg gemessenen Länge auf die **horizontale Ebene** muß in jedem Falle erfolgen. Nach Bild 265 ist die waagerechte Entfernung $s = l \cdot \cos \alpha$, bei Messung des Zenitabstandes $s = l \cdot \sin z$. An Stelle des Höhenwinkels kann der Höhenunterschied h treten: $s = \sqrt{l^2 - h^2}$. Das Reduktionsmaß r, um das die gemessene Länge verkürzt werden muß, beträgt: $r = l\,(1 - \cos \alpha)$. Das Ergebnis der Längenermittlung über Winkelmessungen nach den Latten 1 b) und c) liefert bereits die wirkliche Horizontalentfernung. Bei der tachymetrischen Längenbestimmung nach der Entfernungslatte gem. 1 i) kommt bei Messung in der Schrägen noch der Einfluß der nicht senkrecht zur optischen Achse stehenden Latte, wodurch ein größerer Lattenabschnitt abgelesen wird, hinzu; beide Einflüsse sind der Zahlen- oder der graphischen Kotentafel oder der Tachymetertafel zu entnehmen; es ist $s = l \cdot \cos^2\alpha \cdot k$, wobei l den ermittelten Lattenabschnitt, k die Multiplikationskonstante bedeutet; außerdem ist die Additionskonstante c bei Fernrohren mit Okularauszug noch zu addieren.

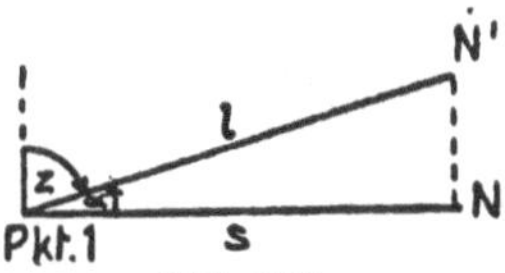

Bild 265

b) Wird die Längenmessung im Rahmen einer Landesvermessung (Ausgangsseite) durchgeführt, so muß die gemessene Strecke auf den **Landeshorizont** reduziert werden:

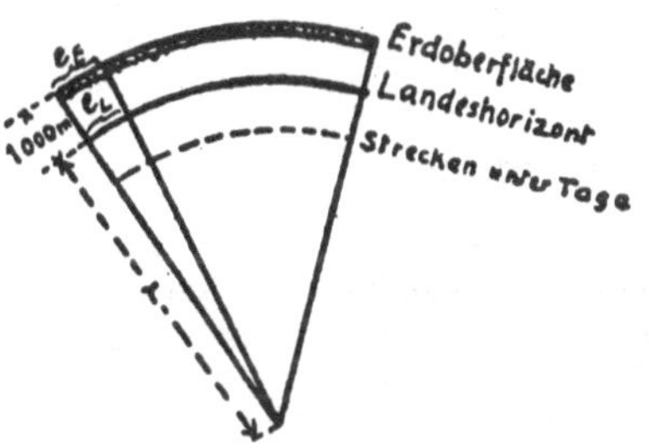

Bild 266

Nach Bild 266 würde für eL die Gleichung gelten: $eL = \frac{l_E \cdot r}{r + l}$; setzt man für die auf der Erdoberfläche, gemessene Strecke, die im Beispiel 1 km über N.N. (Landeshorizont) liegt, $l_E = 25$ km (Ausgangsseite), und für den Erdradius 6370 km ein, so ergibt obige Gleichung für die Strecke im Landeshorizont eine Länge von nur 24,996 km; die Reduktion beträgt also $\approx$ 4 m; für eine Länge von 1000 m beträgt sie in 1000 m Höhe $\approx$ 0,17 m. Unter Tage gemessene Strecken sind im Vergleich zum Landeshorizont zu kurz. s. Projektionsdifferenz.

c) Bei den gleichen Vermessungsarbeiten wird die **Projektionsdifferenz**, $(l_P - l_L)$ berücksichtigt; sie entsteht durch die Abbildung des Erdellipsoides und der sphärischen Strecke e_L auf eine ebene Fläche und eine Strecke l_P. Ihre Größe ist von der Projektionsart, deren es viele gibt, die der Form und der geographischen Lage jedes Landes angepaßt ist, abhängig (Bild 267). Sie beträgt bei der Gauß-Krügerschen Abbildung für 1000 m $= \frac{y^2}{2\,r^2}$ wobei y den mittleren Abstand der Strecke vom Nullmeridian des Gitterstreifens, r den Erdradius zu 6370 km darstellt; s. Teil A. Projektionsdifferenz.

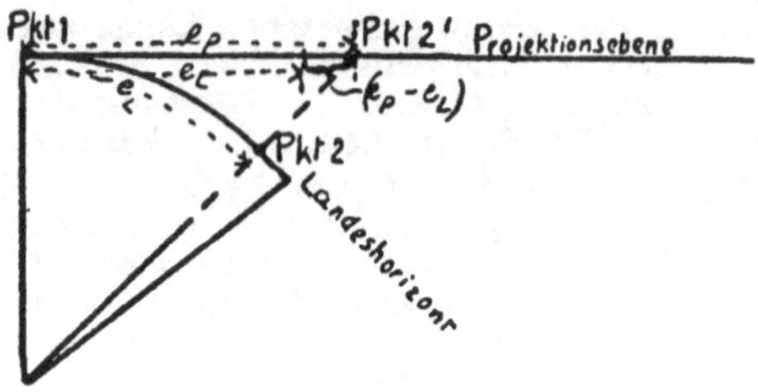

Bild 267

Die Reduktion der Länge auf den Landeshorizont und auf die Projektionsebene erfolgt sowohl bei größeren Neuvermessungsarbeiten wie auch beim Nachprüfen von ermittelten Entfernungen zwischen Festpunkten und beim Einhängen und Einketten neuer Systeme zwischen ein vorhandenes Festpunktnetz. Die vorstehende kurze Behandlung soll unter Fortlassung wichtiger Feld- und Rechenarbeiten nur auf die Vielseitigkeit und die wissenschaftliche Seite einer oft nur allzu einfach und natürlich erscheinenden Vermessungsarbeit hinweisen! So einfach ist die Wirklichkeit und Praxis nun doch nicht!

Jede Behörde legt für ihren Bereich die zu erreichenden Genauigkeitsforderungen, die Zahl der Messungen, die erlaubten Fehlergrenzen zwischen den Einzelmessungen und den aus Berechnungen gewonnenen Längen (Seiten) fest.

IV. Winkelmessung

Die Einheit für die Winkelmessung ist entweder der Altgrad, der 360. Teil des Kreises oder der Neugrad, der 400. Teil des Kreises.

Als Winkelmeßinstrument dient zur Durchführung der meisten Vermessungsarbeiten der Theodolit mit seinen Abarten.

Für alle Winkelmessungen mögen folgende Grundregeln gelten: Jedes Instrument muß mit mütterlicher Liebe gepflegt werden; ein stets aufmerksames Auge muß beinahe ängstlich darüber wachen, daß dem Theodoliten weder in der Ruhelage noch auf dem Transport noch im Gebrauch auf der Station ein Schaden zustößt! Er ist auf der Station weder ein Haltegestell für müde Seelen noch ein Spielzeug für Kinder; er ist auch nicht für die Hände Neugieriger bestimmt, die Kindern nicht nachstehen!

Gute Winkelmessungen sind weiter abhängig von der Standfestigkeit des Instruments am Aufstellungsort; fester Untergrund sichert gute Ergebnisse; weicher, mooriger Untergrund stellt brauchbare Ergebnisse in Frage.

Nur ein standfestes Instrument kann sauber horizontiert, d. h. die Vertikalachse (VV), senkrecht gestellt werden. Starke Sonnenbestrahlung beeinflußt die Horizontierung, was sich im Gang der Libelle äußert. Auf genaue Zentrierung ist zu achten; Senkellot und optisches Lot vermitteln diese Aufstellung; das optische Lot wird nicht vom Wind beeinflußt, doch muß es justiert sein! Starker Wind kann brauchbare Winkelmessungen unmöglich machen; gegen Sonnen- und Windeinflüsse kann der Theodolit durch Sonnendach und Windschutz geschützt werden!

Vor dem Beginn der Winkelmessungen wird das Fernrohr gegen den Himmel gerichtet und das Fadenkreuz durch Stellen am Dioptrienring (Okularring) scharf eingestellt; diese Einstellung bleibt für den gleichen Beobachter für alle Beobachtungen beibehalten. Die Scharfeinstellung des Ziels, d. h. das Zurdeckungbringen von Bildebene und Fadenkreuzebene, die Fokkussierung, erfolgt bei jeder Zielung mit dem Fokussierring oder der Fokussierschraube in der Mitte oder an der Seite des Fernrohrs. Schlechte Fokussierung hat eine Parallaxe und damit schlechte Meßergebnisse zur Folge! Um das **Fernrohr so wenig wie möglich berühren** zu müssen, ist es zweckmäßig, in den einzelnen Beobachtungsreihen Ziele auf etwa gleich großen Entfernungen zu beobachten.

Über die Auffassung des „Zielpunktes" muß sowohl für das Messen von Seiten- wie von Höhenwinkeln v o r Beginn der Messung einwandfreie Klarheit bestehen!

Alle Winkel- und Längenmessungen müssen in das Feldbuch eingetragen werden, das sauber geführt und für jedermann lesbar und verständlich sein soll. Die **Feldbücher** sind **Urkunden!** Falsche oder unbrauchbare Messungen werden durchgestrichen! Gummi ist Gift für den Vermessungsmann; er gehört nicht in seine Hand!

1.) **Winkelmeßgeräte:**

Für die Ausführung von Winkelmessungen sind folgende Instrumente im Gebrauch:

a) **Theodolite.**

Nach ihrer optischen Leistung, der Größe ihrer Teilkreise und der damit verschiedenartigen erreichbaren Winkelgenauigkeit gibt es Theodolite I., II., III. und IV. Ordnung; die einzelnen Anwendungsgebiete erfordern Sonderfertigungen z. B. Universal-, Gruben-, Photo-, Magnet-, Ballon- und Bautheodolite. Diese Theodolite tragen als Hauptmerkmal ihre Bestimmungseinrichtung; z. B. das Fernrohr des Ballontheodoliten hat eine rechtwinklig gebrochene Fernrohrachse, die das Anschneiden der aufsteigenden Pilotballone ermöglicht. Die meisten Theodolite verfügen über einen Horizontal- und einen Vertikalkreis; die Winkel-Teilungen, -Unterteilungen und Ableseeinrichtungen sind verschieden. Einige Theodolite sind mit einer Repetitionseinrichtung, andere mit einer Tangentialschraube zum Messen kleiner Winkel (Repetitionstheodolit, Phototheodolit) ausgestattet; die Libelleneinrichtung und die Libellenempfindlichkeit ist unterschiedlich.

b) **Nivelliergeräte** mit Horizontalkreis und Noniusablesung lassen einfache Winkelmessungen zu.

c) **Winkelprismen** gewährleisten die Messung von Winkeln bestimmter Größe (30^0, 45^0, 60^0, 90^0); feste Kombinationen von zwei Prismen (Prismenkreuze) ermöglichen die Festlegung von Winkeln von 180^0; bewegliche Kombinationen (Prismentrommel) lassen die Messung von Winkeln beliebiger Größe zu.

d) Die **Kippregel** ermöglicht in einem beschränkten Sektor das Messen von Höhenwinkeln, während Horizontalwinkel nur auf graphischem Wege zu messen und zu zeichnen sind.

e) Mit **Dioptergeräten** lassen sich Winkel bestimmter Größe (Kreuzscheibe, Winkelkopf) und auch beliebiger Größe (Winkelkopf mit Teilkreis) ermitteln und festlegen; sie werden in der Bautechnik zu Absteckungsarbeiten verwandt.

2.) Winkelmessung:

a) Messen von Seiten-(Horizontal-)winkeln.

Je nach Sondervorschrift werden die Seitenwinkel in mehreren Sätzen, bestehend aus Hin- und Rückgang, mit wechselnder Fernrohrlage I und II und mit verstelltem Teilkreis gemessen. Die zulässigen Abweichungen zwischen Hin- und Rückgang und zwischen den einzelnen Satzmitteln sind von jeder Behörde festgelegt und entsprechen dem Bestimmungszweck.

Doch muß sich jeder Vermessungsmann über die Auswirkung eines Winkelfehlers im klaren sein; er muß wissen, wann er mit „Graden großzügig" sein kann, und wann er „um Sekunden feilschen" muß. Zur Feststellung der Zentrierelemente auf Entfernungen von 10 und 20 cm genügt die Winkelmessung mit dem Winkelmesser, während auf Entfernungen von 10 km jeder Sekundenfehler die Lage eines Punktes beeinflußt. Für diese Überlegungen diene die folgende Tabelle:

ein Winkel von	verursacht die Querverschiebung eines Punktes auf 1 m	auf 100 m	auf 10000 m Entfernung
1"	um 0,00 00 m	um 0,00 m	um 0,05 m
10"	0,00 00 5	0,00 5	0,49
1'	0,00 03	0,03	2,92
10'	0,00 29	0,29	29,16
1°	0,01 75	1,75	174,3
10°	0,17 43	17,43	1 743,0
1^{cc}	0,00 00	0,00	0,02
10^{cc}	0,00 00 2	0,00 2	0,16
1^{c}	0,00 02	0,02	1,57
10^{c}	0,00 16	0,16	15,69
1^{g}	0,01 57	1,57	156,9
10^{g}	0,15 69	15,69	1569,0

Ist es also notwendig, bei einer Winkelmessung auf 10 m Entfernung sich deshalb herumzuärgern, weil noch immer eine Winkeldifferenz von 1^{c} in der Messung enthalten ist? 1^{c} verlegt den Zielpunkt auf 10 m Entfernung um 0,0016 m!

Oder darf man eine Überschreitung der zulässigen Fehlergrenze um 10^{cc} bei einer Beobachtungsentfernung von 10 000 m großzügig übergehen? 10^{cc} verlegen die Beobachtungsrichtung und verursachen eine Querverschiebung des Punktes auf dieser Entfernung um 0,16 m!

Wenn auch sonst im Leben manchmal **Denken** Glückssache sein mag, im Vermessungswesen gehört es zur täglichen Berufstätigkeit in jeder Minute, und darf daher **nicht** dem Glückszufall überlassen werden; es belebt erst den ganzen Vermessungs- und Zahlenkomplex!

Vor den Ablesungen ist immer wieder der Stand der Libelle zu überprüfen.

b) **Messen von Höhen-(Vertikal-)Winkeln:**

Für das Messen der Höhenwinkel gilt das Gleiche wie unter a) Gesagte. Nur noch einig Punkte sind zusätzlich zu bobachten:

Vor Beginn der Messungen ist die Art der Höhenkreisteilung am Gerät zu prüfen; es gibt Teilungen nach Doppelgraden, nach Zenitabständen (z), nach Horizontalabständen (α); die Winkelbildung im Feldbuch (Winkelbuch) ist danach einzurichten.

Vor **jeder Ablesung** muß die Höhenwinkellibelle (Alhidadenlibelle) eingespielt werden!

Hier sei an die Notwendigkeit erinnert, die Instrumenten- (Fernrohr)-Höhe (i) und die Höhe der Signale über Pflock oder Pfeiler (z oder h) zu messen, sonst wird der gemessene Höhenwinkel wertlos!

Teil C

Vermessung

Teil C.

Vermessung.

I. Einleitung.

1. Begriff des Vermessens.

Was heißt eigentlich „Vermessen"? Hat es etwas mit „Vermessenheit" zu tun? Nein, dieser Vorwurf der Charakterschwäche ist wohl den wegen ihrer peinlichen Gewissenhaftigkeit und Hilfsbereitschaft, großen Naturliebe und Naturverbundenheit, ihrer Großzügigkeit und Fröhlichkeit bekannten Geodäten jeder Richtung noch nirgends gemacht worden! Der Spruch an einem alten niedersächsischen Hausgiebel in Goslar oder Braunschweig, der die Vermessenen anprangert und verdammt, bezieht sich wirklich nicht auf die Angehörigen der „Vermessungszunft"!

„Vermessen" heißt vielmehr, an etwas Maß nehmen, etwas mit Maßen vergleichen, es mit Maßen in Beziehung bringen.

Das war wohl die erste Aufgabe der höheren Geodäsie, an der Sonne, am Mond, an der Erde Maß zu nehmen für vergleichende Maße, die miteinander in Beziehung gebracht wurden: Entfernung der Planeten voneinander und hre Ausdehnung; und entstand nicht schließlich aus der Messung der Erde auch unser tägliches Gebrauchslängenmaß, das Meter, als der 40millionste Teil des Erdumfanges?

Aufgabe der höheren Geodäsie ist es, zunächst wissenschaftlich alle Grundlagen zu schaffen, um ein möglichst zutreffendes Bild von der Erdform zu erhalten sowie die Grundlagen festzulegen, die eine der Wirklichkeit nahekommende Erdabbildung für die Kartenwerke ermöglichen.

In enger Zusammenarbeit mit der Astronomie wird das Gradnetz über die Erde gespannt, und werden die ersten Festpunkte geschaffen.

Wissenschaftler der Geodäsie arbeiten an der zweckmäßigsten Erdabbildung der Kartenprojektion. Aus der Tatsache allein, daß es nicht **eine**, sondern **viele** Arten von Kartenprojektionen gibt, ist zu erkennen, daß **eine** Art der Erdabbildung, die **allen** Anforderungen gerecht wird, aus zwingenden mathematischen Gründen unmöglich ist.

Jedes Land wählt die seiner geographischen Lage entsprechende Projektion. Dadurch entstehen an den Grenzen Spannungen und Differenzen, die es für den Geodäten auszugleichen heißt. Deutschland offenbart der Welt in der Verschiedenartigkeit seines Vermessungswesens allein einen Geschichtsatlas seiner politischen Vergangenheit, gleichgültig ob es sich um die Grundlagen der Triangulation, der Kartenprojektion oder des Nivellements handelt.

Wie wäre es mit der endgültigen Ausgleichung der trigonometrischen Netze I. Ordnung zuerst in Deutschland, dann in ganz Europa? Wie wäre es mit einer einheitlichen Kartenprojektion in Europa? Und könnte es nicht auch **einen** „Europäischen Landeshorizont" geben?

Nach den wissenschaftlichen Vorarbeiten der höheren Geodäsie über Erdform und Erdprojektion beginnt die wissenschaftliche Praxis, die nach Schaffung des Grundnetzes dann von Berufsgeodäten, Trigonometern, Topographen und Photogrammetern, von Geologen, Markscheidern und Landmessern übernommen, fortgeführt und verdichtet wird.

„Vermessen" im engeren Sinne heißt, die Lage eines Punktes auf der Erde sowohl in seiner horizontalen Lage in seinem Verhältnis zum geographischen Gradnetz, zu einem rechtwinkligen oder einem geeigneten Koordinatensystem oder zu anderen Punkten als auch in seinem vertikalen Abstand von der Erdoberfläche, vom Landeshorizont, zu bestimmen und festzulegen.

Die Punktvermessung beginnt mit der astronomischen Ortsbestimmung des Anfangs- oder Ausgangspunktes, des Zentralpunktes. Nach genauester Basismessung werden die trigonometrischen Punkte erst in großen Dreiecken auf dem Erdellipsoid mit Dreiecksseitenlängen von etwa 50 km, dann in der Ebene bis zu einer Punktdichte von etwa 2—3 km Entfernung voneinander vermessen.

Gleichzeitig laufen die Arbeiten der genauen Höhenvermessung von einem Nullpunkt (Landeshorizont) ausgehend. Reichs- und Landesnivellements werden über die Erdoberfläche gelegt und bringen eine große Anzahl Punkte in Verbindung mit dem Landeshorizont. Die Höhe der trigonometrischen Punkte wird oft bei der Triangulation bereits trigonometrisch ermittelt.

Das trigonometrische Festpunktnetz und, falls vorhanden, das Höhenfestpunktnetz geben die Grundlage für die kartographische **Aufnahme** der Erdoberfläche, für das auf Papier, auf Karten, zeichnerische Sichtbar- und Leserlichmachen von all dem, was den Menschen von seinem Planeten, auf dem er wohnt, interessiert: die Erdform mit Gebirgen und Tälern, Gewässern und Seen Strömen und Bächen, die Bebauung mit Städten und Dörfern, mit Wäldern und Weinbergen, Gebietsabgrenzungen zwischen Staaten und Ländern, Provinzen und Kreisen.

Auch die Erforschung des Erdmagnetismus und seiner Elemente gehört in das Gebiet der Vermessung; die Ergebnisse werden in Karten zusammengestellt.

Und ist das alles nur interessante Wissenschaft? Nein! Wohl selten greift eine Wissenschaft in ihrer Anwendung so ins tägliche Leben wie die Geodäsie!

Die angewandte Vermessungskunst soll kurz erwähnt werden:

Ohne genaue Vermessung ist die Regelung der Besitzverhältnisse unseres so kostbaren Bodens kaum möglich:

Ob es sich hier um Grenzziehungen auf oder unter der Erdoberfläche zwischen den Ländern im Großen oder zwischen Anliegern im Kleinen handelt; ob Markscheider oder Kataster; alle fußen auf den Ergebnissen einer genauen Triangulation! Ist denn dem Bauingenieur, der von beiden Seiten einen Stollen zum Tunnelbau in einen Berg treibt, das Verdienst zu geben, wenn sich die Spitzen treffen? Oder ist es nicht vielmehr die angewandte Vermessungskunst? Auch beim Eisenbahngleisbau, beim Kanal- und Straßenbau kann auf die Vermessung und Festlegung der Achsen nicht verzichtet werden.

Und wofür müssen kostspielige Nivellements gelegt werden? Nur, um zu untersuchen, um wieviel Zentimeter oder Millimeter sich an einzelnen Stellen des Vaterlandes die Erdkruste hebt oder senkt? Sind nicht vielmehr alle Meliorationen, alle Kanal-, Schleusen- und Talsperrenbauten, alle Straßen- und Eisenbahnbauten Nutznießer dieser für sie unentbehrlichen Grundlagen? Ohne genaue Höhenvermessungen würde es oft bittere Fehlkalkulationen und Enttäuschungen geben; z. B. für die Entwässerung eines Moores ist die Kenntnis der Höhenlage von Terrain und Wasserspiegel nötig; Sperrmauern und Schleusentore können ihre Aufgabe nur Erfüllen, wenn richtige Höhen über NN die Aufnahme der berechneten Wassermenge gewährleisten; Straßen, vor allem in bergigem Gelände, können nur bei richtiger Ausnutzung der Höhenlage und des Gefälles dem beabsichtigten Zweck als Autostraße, als Landstraße oder als Ziehweg dienen. Als einer der Hauptnutznießer der Höhenvermessung kann wohl der Eisenbahngleisbau bezeichnet werden, da bei Anlage von Bahnstrecken die Höhenverhältnisse und die beabsichtigte Zugleistung die Streckenführung maßgeblich bestimmen. Bei allen Höhenmessungen in Grenzgebieten muß die Lage der verschiedenen Landeshorizonte zueinander überprüft werden, um nicht unliebsame Überraschungen aus Unkenntnis hierüber, vor allem im Wasserbau, zu erleben.

Der praktische Gebrauch der Karten und Pläne ist schon so alltäglich geworden, daß die wenigsten Menschen sich Gedanken darüber machen, wie die Karten entstanden sind, wie sie auf dem Laufenden gehalten werden. An die Kartenherstellung in unzugänglichen Gebieten in der Arktis, in Zentralafrika, in den Hochgebirgen auf photogrammetrischem Wege sei nur erinnert. Es gibt meist nur ein Unverständnis über „veraltete" Karten; schön wäre es, wenn alle Karten von heute schon den Zustand von morgen berichten würden! Aufklärung über die kartographische Kleinarbeit kann nicht genug getrieben werden. Alle Nutznießer der Karten und Pläne aufzuführen, würde zu weit führen, nur einige seien erwähnt: jegliche Art von Bauverwaltungen, unentbehrlich für bauliche Planungsarbeiten, tägliches Handwerkszeug für Strom- und Wasserbau, Straßen- und Städtebau.

Auch auf den Magnetobservatorien wird nicht nur Arbeit für die Wissenschaft geleistet. Der Kurs der Schiffe und Flugzeuge wird richtig und sicher gelenkt auf Grund der genauen Forschungsergebnisse der erdmagnetischen Elemente im Verein mit einer zweckentsprechenden Karte (Mercator-Projektion). Oder ist es dem Reisenden oder der Gesellschaft gleichgültig, mit beliebigen Mehrkosten und einem erhöhten Gefahrenrisiko zu rechnen, beliebig lange auf dem Meer und in der Luft zu kreuzen, bis endlich Land in Sicht kommt? Aber dachte schon jemand an die selbstlosen Forschungs- und Vermessungsarbeiten auf dem Wasser und in der Einsamkeit auf dem Festlande? Die magnetischen Meßergebnisse werden geologischen Forschungs- und Mutungsaufgaben dienstbar gemacht.

Während die vorbesprochenen angewandten Vermessungsgebiete in unmittelbarem Zusammenhang mit der trigonometrischen und topographischen Landesvermessung, mit der erdmagnetischen und der Höhen-Vermessung stehen, hat die „Vermessung" noch weitere z. Tl. recht umfangreiche und wichtige Aufgaben:

Grundstücks- und Katastervermessung; baupolizeiliche Vermessung mit Eigentumsgrenzen und Gebäudefluchten; in der Bautechnik vielseitigste Vermessungsarbeiten für Planungen jeglicher Art, Massenberechnungen, Festlegung der Achsen, laufende Festlegung der Fluchten, Kurven und Höhen im Straßenbau; Abstecken von Achsen und Fluchten im Hochbau; genaue Lage- und Höhenvermessung von Entwässerungsanlagen im Tiefbau; hierbei sei die Wichtigkeit der Baukontrolle durch

Präzisionsnivellement erwähnt; nur peinlichste Vermessungsarbeit von heute sichert im Gleisbau den reibungslosen Verkehr von morgen.

Die vorstehenden Zeilen sollen einen kleinen Einblick vermitteln in die bunte, reichhaltige Welt der „Vermessung", angefangen von der wissenschaftlichen Forschung der Geodäsie und endigend bei der unscheinbarsten Bauvermessung. Wohl kaum ein Beruf bietet bereits so viel äußere Mannigfaltigkeit, während außerdem keine Einzelaufgabe der anderen gleicht und somit die Tätigkeit noch abwechslungsreicher gestaltet.

Wie das ganze Vermessungswesen aufgebaut ist, das mit der astronomischen Ortsbestimmung beginnt und beim Pflasterstein aufhört, so muß grundsätzlich auch jede einzelne Vermessungsarbeit durchgeführt werden: es muß stets vom Großen ins Kleine gearbeitet werden; es ist hierbei gleichgültig, ob es sich um ein Triangulationsnetz, um eine tachymetrische Aufnahme, um eine Achsabsteckung, um die Festlegung einer Fluchtlinie oder um eine engbegrenzte Höhenvermessung auf einer Baustelle handelt! Ohne Beachtung dieses Grundsatzes gibt es arge Unstimmigkeiten und unnützen Zeitverlust; drum sei es als Geleit gegeben:

„Stets vom Großen ins Kleine arbeiten!"

2.

Vor dem weiteren Studium des Handbuches lies und befolge die

10 Vermessungs-Gebote!

1.) **Überlese** und **plane** stets erst gründlich die Durchführung deiner Vermessungsaufgabe! Entschließe dich zum einfachsten, den Genauigkeitsforderungen entsprechenden Verfahren! Dann **arbeite** mit Ruhe, Sicherheit und Sorgfalt! Hast und Eile sind meist die Ursachen von schwer zu findenden, Zeit raubenden und unnütze Kosten verursachenden Fehlern, die vermeidbar sind.

2.) **Prüfe** deine Geräte vor deren Benutzung! Benutze nur einwandfreie, **justierte Instrumente!** Es erspart viel Ärger und Verdruß.

3.) **Prüfe** zu Beginn der Vermessungsarbeit die zu benutzenden **Festpunkte!** Pflöcke, Pfeiler und Signale Kirchtürme und Schornsteine, Straßen und Straßenkreuze haben oft ihre ursprüngliche Lage und ihre Form verändert!

4.) **Stelle** dein Instrument **auf** festen Untergrund! Gute Standfestigkeit des Instruments ist Vorbedingung für gute Beobachtungen! Weicher und mooriger Untergrund läßt keine sauberen Beobachtungen zu! Wind beeinflußt die Messungen oder macht sie unbrauchbar! Windschutz!

5.) **Zentriere** dein Gerät mit peinlichster Sorgfalt! Nur ein sauber zentriertes Instrument liefert Beobachtungen, die Befriedigung und Freude an der Vermessungsarbeit sichern!

6.) **Horizontiere** dein Instrument, mit sorgfältigster Genauigkeit!, d. h. stelle die Vertikalachse genau senkrecht. Überprüfe vor jeder Höhenablesung den Libellenstand! Nur dann sind gute brauchbare Messungen möglich!

7, **Protokolliere** sämtliche durchgeführten Vermessungsarbeiten, d. h. führe dein Feldbuch gewissenhaft und leserlich und bewahre es auf! Es gibt keine Nebenrechnungen oder -arbeiten! Du mußt dich jederzeit über jede Arbeit und Berechnung verantworten können! Feldbücher sind Urkunden, in ihnen gibt es nur Streichungen, keine Radierungen!

8.) **Setze** deine vermessenen **Punkte** an Stellen, wo sie gesichert und wenig gefährdet sind, aber voll ihren Bestimmungszweck erfüllen! Du bist nicht allein auf der Welt! Vermessung ist nicht Alleinzweck! Andere wollen deine Punkte auch benutzen!

9.) **Mißtraue** stets deiner eigenen Arbeit! Tue nichts ohne Kontrolle! Sieh' keine Vermessungsarbeit früher als beendet an, als bis das Ergebnis durch ein zweites Verfahren, vom ersten unabhängig, kontrolliert ist!

10.) **Pflege** sämtliche Instrumente und Hilfsgeräte mit mütterlicher Liebe! Nur gut gepflegte und saubere Vermessungsgeräte vermitteln eine erfolgreiche und befriedigende Vermessungstätigkeit!

3. Festpunkte.

Ehe die einzelnen Vermessungsverfahren besprochen werden, erscheint es zweckmäßig, sich erst einmal mit den Punkten zu befassen, die der Durchführung von Lagebestimmungen zu Grunde gelegt werden: den Festpunkten und den Kartenpunkten, die ebenfalls zu Ausgangspunkten für Vermessungsarbeiten werden können.

Festpunkte im engeren Sinne sind die gut vermarkten, in ihrer Bestimmung ausgeglichenen **Trigonometrischen Punkte (T. P.)** der Reichs- und Landesbehörden. Je nach ihrer Zugehörigkeit führen sie einen Zusatzbuchstaben; die Trigonometrischen Punkte des Reichsdreiecksnetzes heißen TP(R), des Landesdreiecksnetzes TP(L) und des Aufnahmenetzes TP(A).

Aufnahmepunkte (A. P.) sind solche Festpunkte, die von anderen Behörden, z. B. Reichsbahn, Wasserbau, Kataster usw., meist in Verbindung mit den Reichsbehörden gesetzt werden.

Graphische Punkte (G. P.) werden aus Erd- und Luftbildmessung gewonnen; ihnen gleichzustellen sind alle Punkte eines Bildplanes und alle auf einer großmaßstäblichen Karte mit Höhenzahlen versehenen und im Gelände einwandfrei wiederzufindenden Punkte.

Man darf also beim Wort „Festpunkt" nicht nur an die mit Pfeiler und Platte vermarkten Punkte der Landesaufnahme (T. P.) denken! Naturgemäß ist der Wert der Lagegenauigkeit aller dieser Punkte verschieden, was oft schon äußerlich durch die Zahl der Dezimalstellen ihrer Koordinatenwerte erkennbar ist (T. P. = 2 Dezimalstellen, A. P. = 1 oder 2 Dezimalstellen, G. P. keine Dezimalstelle). Festpunkte können auch Punkte früherer Vermessungs-(Bau-)arbeiten sein, oder solche, die guten, großmaßstablichen Karten entnommen sind (z. B. für Flächennivellements).

Während Herkunft Vermarkung und Wertigkeit der T. P., denen die von anderen Behörden bestimmten A. P. für die meisten Zwecke gleichzusetzen sind, eindeutig ist, erscheint es zweckmäßig, die **Graphischen Punkte (G. P.)** einer näheren Beobachtung zu unterziehen. Sie können wie folgt eingeteilt werden:

1.) Punkte, die **koordinatenmäßig bekannt** und, falls **Bodenpunkte,** im Gelände **festgelegt** (vermarkt) sind.
Ihre Bestimmung kann erfolgt sein:
   a) durch Theodolit, von T. P. oder A. P. ausgehend, wenn die Bestimmung nicht die Genauigkeit eines T. P. oder A. P., wohl aber die eines G. P. erreicht (Großbaustellen, Tunnel- und Kanalbauten);
   b) durch Theodolit, von vermarkten G. P. ausgehend (Großbaustellen, Straßen- Eisenbahn-, Tunnel-, Kanalbauten);
   c) durch Erd- oder Luftmessung, wozu auch nicht festgelegte, aber im Gelände einwandfreie markierte Punkte gehören.

Die Lagegenauigkeit dieser Punkte ist abhängig von der Durchführung der Feldarbeit und deren Auswertung. Sie dürfte etwa ± 1 m betragen.

2.) Punkte, die **koordinatenmäßig bekannt,** als **Bodenpunkte** aber im Gelände **nicht festgelegt** sind.

Hierzu gehören alle Geländepunkte wie Straßenkreuze usw., die mit einem Winkelmeßinstrument (Theodolit, Kippregel, Nivellier mit Teilkreis) über T.P., A.P. oder vermarkte G.P. bestimmt, aber nicht festgelegt worden sind; sie werden in der Natur durch entsprechende Aufstellung wiedergefunden: z. B. im Schnittpunkt zweier Straßenachsen.

Ungenauigkeiten treten durch die nicht einwandfreie Wiederfindung des Punktes im Gelände auf, die etwa ± 3 bis ± 5 m betragen können.

3.) Punkte deren **Koordinaten nicht bekannt,** die aber im Gelände **festgelegt** sind:

a) sämtliche T. P., A. P. und vermarkte G. P. ohne Rücksicht auf ihre Bestimmung, die in der Karte mit einem Festpunktzeichen versehen und als Bodenpunkt im Gelände durch die Art ihrer Festlegung einwandfrei wiederzufinden sind; ihre Koordinaten werden, da die trigonometrischen Werte aus irgend einem Grunde nicht verfügbar sind, unter Berücksichtigung der Kartendehnung und -schrumpfung aus einer Karte 1 : 50 000 oder **größeren Maßstabes** (1 : 20 000, 1 : 10 000, 1 : 5 000) ermittelt.

b) sämtliche Punkte eines Bildplanes, der mit mit Hilfe guter Grundlagen hergestellt ist, die im Luftbild wie im Gelände eindeutig bezeichnet werden können.

Auftretende Unterschiede zwischen den nach Ziff. 1 und den nach Ziff. 3 ermittelten Koordinaten eines Punktes sind abhängig

a) von der bei der Eintragung der Punkte in die Karte erreichbaren Zeichengenauigkeit bzw. im Bildplan von der erreichbaren Lagegenauigkeit der Punkte nach erfolgter Entzerrung,

b) von der erreichten Genauigkeit beim Herausgreifen der Koordinaten, so daß auch, abhängig vom Kartenmaßstab, Koordinatenunterschiede von etwa ± 10 m möglich sind.

4.) Punkte, **deren Koordinaten nicht bekannt sind,** und die im Gelände **nicht festgelegt** sind:

a) sämtliche eingemessenen Kartenpunkte mit Höhenzahlen, die mit Straßenkreuzungen und Straßengabeln, auf Brücken und Eisenbahnübergängen liegen, und die durch Orientierung im Gelände, d. h. durch eine Aufstellung, die eine Blickrichtung in die Straßen- oder die Eisenbahnachse zuläßt, wiedergefunden werden; die Koordinaten werden der Karte entnommen;

b) sämtliche Punkte eines auf guter Grundlage hergestellten Bildplanes, die im Gelände ausgemacht und deren Koordinaten aus dem Bildplan ermittelt werden;

c) sämtliche Punkte, die, ohne Rücksicht auf die Güte des Winkelinstruments, über derartige Punkte bestimmt werden auch wenn sie verflockt sind.

Der Grad der Genauigkeit dieser Koordinaten ist abhängig

a) von der Bestimmungsart des Punktes,

b) von der erreichten Zeichengenauigkeit bei der Herstellung der Karte, nach Maßstäben verschieden, bzw. beim Bildplan von der erreichten Genauigkeit bei der Entzerrung der Aufnahmebilder,

c) von der bei der Wiederfindung des Punktes erreichten Orientierungsgenauigkeit im Gelände,

d) von der erreichten Zeichengenauigkeit beim Herausgreifen der Koordinaten, wobei eine durchschnittliche Abweichung von der tatsächlichen Lage des Punktes von etwa ± 20 m anzunehmen ist.

5.) Sämtliche Punkte in der **deutschen Grundkarte** 1 : 5000, ohne Rücksicht auf ihre Festlegung, können mit einer Genauigkeit von etwa ± 1 m koordinatenmäßig herausgegriffen werden.

Welche Folgerungen sind aus der verschiedenen Wertigkeit der Festpunkte zu ziehen?

Entsprechend der an eine Vermessungsarbeit gestellten Genauigkeitsforderung ergibt sich die Auswahl und mögliche Benutzbarkeit vorhandener Festpunkte:

Für Aufgaben der Landesaufnahme sind nur T. P., und auch diese oft unterschiedlich, zu verwenden; dort sind Festpunkte, die selbst von einer guten Baustelle von Fachleuten an das Landesnetz angeschlossen und festgelegt sind, nicht zu gebrauchen. Eine kleine Baustelle mit einem Sielbau von einem Kilometer Länge bedarf ohne Gefährdung der baulichen Belange nicht der T. P. des Reichsdreiecksnetzes, während die Vermessung einer Tunnelachse nicht an dem auf einheitlicher Grundlage aufgebautem trigonometrischen Festpunktnetz vorübergehen kann, wenn es nicht bittere und kostspielige Enttäuschungen geben soll!

Das gleiche gilt für die Benutzung von Höhenpunkten. Auch da ist zu prüfen, ob die Aufgabe den Anschluß an das vorhandene Reichs-Landes-Nivellement fordert oder ob er nicht nötig ist; Größe, Ausdehnung und Auswirkung der Entwässerung und des Wasserlaufs sowie das Gefälle für den Straßen- und Eisenbahnbau sind maßgebend.

So fordert jede Vermessungsaufgabe die entsprechende Vermessungsgrundlage. Überfeinerungen sind genau so überflüssig, zeitverschwendend und geldraubend wie Laschheit und Leichtsinn sträflich fahrlässig sind und im Bauwesen unübersehbare Schäden zur Folge haben können! Man denke an den Bau von Staumauern, von Bergdurchstichen, von Flußregulierungen, von Erdbewegungen und an die Baukrontrollen!

Die **Benutzung von vorhandenen Festpunkten** soll die Gewähr für eine **gleiche Vermessungsgrundlage** in einem größeren Bereich bieten; sie findet daher bei allen **trigonometrischen Arbeiten** und **großräumigen Bauarbeiten** Anwendung. Die Festpunkte zur Durchführung der Vermessungsarbeiten, z. B. für einen beiderseitig angesetzten Durchstich eines Bergmassivs können nicht verschiedenen Grundlagen entnommen werden. Ist das vorhandene T. P.-Netz sehr weitmaschig, so darf die Mühe nicht gescheut werden, vor Inangriffnahme der technischen Bauvermessungen desselben durch Neuvermessung und Einschaltung von Festpunkten zu verdichten.

Gerade bei diesen Aufgaben krönt der sichtbare Erfolg eine saubere und gewissenhafte Vermessungsarbeit!

Aber wie sieht es mit den Vermessungsgrundlagen beiderseits des Gebirgsmassivs oder in zwei benachbarten Städten aus? Sind sie wirklich einheitlich und erfüllen sie die Forderungen, die die Praxis an sie stellt?

Wenn auch die Koordinaten der Festpunkte (T. P.) in äußerlich gleichaussehenden Verzeichnissen oder Karteiblättern zusammengestellt sind, so ist auch hier wieder zu prüfen, ob sich die Koordinaten von Punkten jenseits des Gebirgsmassivs und jenseits des Grenzstroms der alten Landesgrenze oder jenseits der eigenen Stadtvermessung auch auf das gleiche Gitternetz mit gleichem Koordinatenanfangspunkt und auf die gleichen geodätischen Grundlagen beziehen. Auch Punkte eines Blattes können zwei Ländern mit verschiedenen trigonometrischen Unterlagen angehören!

Nur Festpunkte gleicher Erd- und Netz-Projektion können ohne Umformung miteinander in Verbindung gebracht werden!

Es ist daher notwendig, bei der Durchführung trigonometrischer Arbeiten für Landesvermessung und für Bauvermessungen über die trigonometrischen Vermessungsgrundlagen der einzelnen deutschen Länder und Städte unterrichtet zu sein. Die Geschichte Deutschlands spiegelt sich in der Verschiedenartigkeit seiner Vermessung und seiner Karten wieder! Ein Anschlußpunkt aus dem Nachbarland zu nehmen ohne Beachtung einer etwaigen Verschiedenartigkeit zwischen den dortigen Vermessungsgrundlagen und den eigenen kann die unangenehmsten Überraschungen zur Folge haben!

Die gleiche Vorsicht und Prüfung ist bei Benutzung von A. P. nötig, die den gleichen Bedingungen wie die T. P. unterliegen, in deren Netz sie ja eingehängt worden sind.

Jeder Festpunkt ist vor Benutzung grundsätzlich zu prüfen! Das geschieht **bei Bodenpunkten**

a) mit dem Plattensucher, um festzustellen, ob der Pfeiler noch genau über der Platte steht,
b) durch Winkelmessungen nach anderen vorhandenen Festpunkten und Vergleich der Winkel mit den gerechneten vor allem, wenn der Festpunkt keine Platte besitzt oder der Boden hart gefroren ist,

bei Hochpunkten

c) durch Feststellung, ob seit Durchführung der ersten Vermessung eine bauliche Veränderung vorgenommen worden ist (Kirchtürme),
d) durch Winkelmessung und Vergleich mit dem Abriß oder den gerechneten Winkeln,
e) durch Abloten des Beobachtungs- und des Zielpunktes auf das Zentrum des Festpunktes, um die durch Witterungseinwirkungen eingetretene Veränderung in den Gerüsten festzustellen.

Erlaubt die gestellte Aufgabe die Benutzung von **graphischen Punkten (G. P.)**, so sind sie unter Berücksichtigung ihrer anfangs bereits eingehend erläuterten Bewertung zur Durchführung der Vermessungsarbeiten heranzuziehen.

Selbst eingeschaltete und vermessene Punkte gelten für die weiteren Vermessungsarbeiten als Festpunkte mit höchstens der gleichen Wertigkeit der Festpunkte, von denen sie bei saubersten Feld- und Rechenarbeit abgeleitet wurden; meist sind sie diesen als nachgeordnet zu betrachten. Vorsicht bei der Benutzung von „fremden Neupunkten" als Festpunkte ohne sich genau der Herkunft zu überzeugen! Das ist kein Mißtrauen, sondern heiligstes Gebot der Vermessung!

Wie bereits erwähnt können auch **Karten oder Pläne** als Vermessungsgrundlage dienen. Der Karte entnommene Einzelpunkte sind bereits als graphische Punkte betrachtet worden. Darum sei den Karten allgemein noch ein Wort geschenkt:

Als gute Vermessungsgrundlage für topographische Aufnahmen ist die „Topographische Karte 1 : 25 000" (früher in Norddeutschland entsprechend ihrem Ursprung „Meßtischblatt", in Hessen „Höhenschichtenkarte", sonst fast allgemein „Topographische Karte" genannt) zu bezeichnen. Ihr gleichzusetzen ist der Bildplan, dem die „Topographische Karte" oder trigonometrisch bestimmte Paßpunkte als Entzerrungsgrundlage gedient haben. Er muß mit Schichtlinien, in nicht ausgesprochenem bergigen Gelände mit einer ausreichenden Zahl von Punkten mit Höhenzahlen versehen sein. Er hat den Vorteil, daß jeder Geländepunkt, der in ihm erkennbar ist, auch eine ausreichende Lagegenauigkeit besitzt und daher zur weiteren Punkteinschaltung benutzt werden kann.

Auch bei Benutzung von Karten ist das Nachbarblatt kritisch zu betrachten. Es ist zu prüfen, ob dieses Blatt auf den gleichen Grundlagen der Kartenprojektion und mit gleichem Koordinatennullpunkt aufgebaut ist, was jedoch nur beim Arbeiten mit Koordinaten, jedoch kaum bei rein topographischen Arbeiten zur Geltung kommt.

Karten größeren Maßstabes bis zur deutschen Grundkarte 1 : 5000, sind bevorzugt zu verwenden und gewährleisten treffende Ergebnisse für die Praxis bei Planungen und Ansatz von Großbaustellen (Trassierung, Massenberechnung).

Karten kleineren Maßstabes und solche Karten, die nur Vergrößerungen kleinerer Maßstäbe für Sonderzwecke sind, sind als Vermessungsunterlage ungeeignet; z. B. 1 : 100 000 und 1 : 100 000 in 1 : 20 000 o. a.

Aus den vorstehenden Ausführungen ergibt sich die Notwendigkeit, daß jeder Vermessungsmann, gleich welcher Stellung, jeden für eine Lagebestimmung benutzten Punkt und jede Karte nach dem Herkommen und der Wertigkeit beurteilen können muß, um die Genauigkeit zu erreichen, die für den Zweck des Neupunktes und der ganzen Vermessungsarbeit jeweils erforderlich ist.

4. Feldbuchführung.

Im „Feldbuch" werden sämtliche Messungen eingetragen, die die Grundlage für die folgenden vermessungstechnischen Auswertearbeiten rechnerischer oder zeichnerischer Art sind. Das Feldbuch ist eine Urkunde, muß sauber geführt und für jeden Fachmann verständlich, lesbar und auswertbar sein. Als Feldbücher werden die jeweils eingeführten Formblätter oder selbstgefertigte Formulare benutzt, die sämtliche den Erfordernissen der jeweiligen Arbeit entsprechenden Messungen in übersichtlicher Form aufnehmen. Es gibt Formblätter für Winkelmessungen (Winkelbuch, Seiten- und Höhenwinkelregister), für Streckenmessungen (für Meßband, Entfernungslatte Basislatte), für Höhenmessungen (je nach den Erfordernissen der trigonometrischen, geometrischen oder barometrischen Höhenmessung), für tachymetrische Messungen (Horizontalwinkel, Höhen und Entfernungen), für Magnetbeobachtungen und Geländeaufnahmen (Feldriß).

a) Für die **Feldbuchführung im allgemeinen** sind folgende Punkte zu beachten:

1. Nur Blei oder wasserfeste Tinte, keinen Tintenstift benutzen;
2. Überschrift, Datum, Wetter;
3. Instrumenten-Nr., Beobachter, Feldbuchführer;

4. Instrumentenhöhe (i), Signalhöhe (z) messen und eintragen;
5. Eindeutige Punktbezeichnung oder Punktbeschreibung, die jederzeitiges Anzielen und Wiederfinden sichert (Lage und Zielpunkt);
6. Verwendung nur der eingeführten oder allgemein üblichen Zeichen;
7. Nordrichtung ist meist festzulegen;
8. An Sicherungspunkte, vor allem bei Höhenmessungen, denken;
9. An überschüssige Messungen denken;
10. Vor dem Abbruch der Feldarbeit, auch auf jeder Station, Kontrollen durchführen: Winkel, Strecken, Höhen, Kontrollängen bei Geländeaufnahmen;
11. Keine Radierungen, nur Streichung von ungültigen Messungszahlen;
12. Unterschrift.

b) Werden die im Felde gemachten Messungen nicht in vorgedruckte Formblätter, sondern skizzenmäßig unter Beischreibung sämtlicher Maße festgehalten, so wird das **Feldbuch zum Handriß** oder Feldriß. Unbedingte Lesbarkeit, Verständlichkeit und Auswertbarkeit sind Grundforderungen für die Anfertigung von Handrissen. Ihre Ausführung muß daher gewissen Regeln unterliegen. Für die Behörden gelten hierfür genaue Vorschriften. Für die Aufnahme von Geländestücken für technische Zwecke zur Herstellung eines **Lageplans** ist die Beachtung nachstehender Richtlinien außer den unter a) bereits erwähnten einschlägigen Punkten zweckmäßig:

1. Der **Maßstab** des Handrisses wird vor Beginn der Aufzeichnungen unter Berücksichtigung der Objektgröße, Papiergröße und Vielfältigkeit des Aufnahmegegenstandes festgelegt und möglichst innegehalten. (Übersichtliche Lesbarkeit!)
2. Jeder **Messungspunkt** erhält einen Punkt; außerdem
   a) jeder Polygonpunkt einen Kreis,
   b) jeder Polygonpunkt mit Magnet-(Bussolen-)Messung einen Kreis und einen Pfeil in der Nordrichtung,
   c) jeder Grenzpunkt (Grenzstein) ein Quadrat,
   d) jeder wichtige Messungspunkt (Einbindepunkte, Kleinpunkte) einen kleinen Kreis,
   e) die Bezeichnung für die Art der Vermarkung vor die Messungszahl: D = Drainrohr, ER = Eisenrohr, Fl = Flasche, G = Gasrohr, N = Nagel, Pf = Pfahl oder Pflock.
3. **Linien**
   a) als Grenzlinien jeglicher Art werden voll ausgezogen,
   b) als Polygonseiten, Hauptmessungslinien, durch eine Strich-Punkt-Linie und
   c) als einfache Messungslinie (Abszissen- und Ordinatenlinien) durch eine gerissene Linie gekennzeichnet.
4. **Messungszahlen** werden für alle scharf meßbaren Längen auf „cm", für alle anderen Längen z. B. nach Bachrändern Gewässergrenzen, Feldwegachsen, auf „dcm" ermittelt und eingeschrieben.
   „Die fortlaufende Schreibweise der Messungszahlen ist ein Zeichen für die Gradlinigkeit einer Grenze oder einer Linie!"

a) **Messungszahlen auf der Abszissenlinie** (Messungslinie) bei durchlaufender Messung:
   1. Die Längen werden auf der gradlinigen Messungslinie „fortlaufend“ gemessen.
   2. Der Anfangspunkt wird mit 0,0 bezeichnet; beginnt die Längenmessung mit einem anderen Maß, so ist dieses zu umranden, um es deutlich sichtbar zu machen.
   3. Jede Messungszahl wird grundsätzlich quer zur Messungslinie, mit dem Fuß zum Anfangspunkt hin geschrieben.
   4. Die Messungszahl wird neben den Punkt auf die freie Seite der Messungslinie gesetzt; die Art der Vermarkung wird im Bedarfsfalle beigefügt.
   5. Messungszahlen für Einbindepunkte werden einmal unterstrichen.
   6. Messungszahlen am Ende einer Messungslinie, die für die Fehlerausgleichung in Frage kommt, werden zweimal unterstrichen.
   7. Messungszahlen für wiederholte Messungen werden untereinander gesetzt und durch eine Klammer verbunden.

b) **auf der Abszissenlinie bei Verlängerungen:**
   1. Messungszahlen jenseits des Endpunktes werden weiter fortlaufend angeschrieben.
   2. Messungszahlen jenseits des Anfangspunktes werden längs der Messungslinie mit dem Fuß zu dieser, bei mehreren Punkten mit dem Fuß zum Anfangspunkt wie bei der durchlaufenden Messung, also umgekehrt zu den übrigen, eingetragen.
   3. Das letzte Maß wird stets durch eine Pfeilspitze gekennzeichnet.

c) **auf der Ordinatenlinie** (rechtwinklige Abstände):
   1. Anfangspunkt der Messungen ist stets der Ordinatenfußpunkt; 0,0 wird nicht angeschrieben.
   2. Messungzahlen bei durchlaufender Messung wie zu 4 a).
   3. Einfache Ordinatenlängen können, wenn keine Verwechselungsgefahr besteht, auf die Ordinatenlinie gesetzt werden, sonst jenseits des Endpunktes mit dem Fuß zum Ausgangspunkt der Messungslinie.

d) **auf den Kopfseiten** und anderen Grenzlinien und Strecken:
   1. Die Messungszahlen werden auf die Linie,
   2. ohne Pfeile oder Striche beiderseits der Zahlen geschrieben.

5. **Krumme Linien** werden als gebrochene Linien aufgefaßt; die Messungspunkte rücken so eng aneinander, wie es die richtige Erfassung und eindeutige Darstellung der Krümmung erfordert und der Maßstab die Zeichnung derselben zuläßt.

6. **Sonstige Zeichen:**

a) Rechte Winkel werden durch zwei Viertelkreisbogen gekennzeichnet, wenn sie mit einem Instrument, durch einen Viertelkreisbogen, wenn sie ohne Instrument gemessen worden sind.

b) Gradlinigkeit einer Grenze, die von einer Messungslinie geschnitten wird, aber selbst nicht gemessen wird, wird durch einen Halbkreis an die Grenzlinie gekennzeichet.

7. **Flächen** werden zur Kenntlichmachung ihrer Nutzungseigenschaft bezeichnet:

a) Gebäude: Sch = Scheune, St = Stall, Whs = Wohnhaus.
b) Wege, Straßen, Gewässer: Weg, Straße, Bach, Fluß, Teich usw.
c) Kulturarten: A = Acker, G = Gartenland Gr = Grünland, Hei = Heide, Kgr = Kiesgrube, Mo = Moor, U =Unland, W = Wiese.

c) **Profilaufnahmen** können ebenfalls in Form eines Handrisses aufgezeichnet werden. Es handelt sich hierbei fast ausschließlich um die Aufnahme von Querprofilen. Jedes Querprofil wird so aufgenommen und gezeichnet, wie es vom Ausganspunkt der Achse oder der zugehörigen Längenmessung gesehen wird (Links — Rechts).

„Jedes Querprofil ist zu bezeichnen, meist mit der Messungszahl der Messungslinie!"

Je nach der Eigenart der Messung sind bei der Herstellung der Handrisse außer den Regeln in Abschnitt a) und b 1) noch folgende Punkte zu beachten:

1. **Profilaufnahmen** auf Grund von **Staffelmessungen:**
   a) Horizontal- und Vertikallagen des Längenmeßwerkzeugs werden entsprechend im Handriß gezeichnet.
   b) Die Messungszahlen für die Längenmaße werden fortlaufend, mit 0,0 beginnend, mit dem Fuß zum Anfangspunkt, an das Ende der jeweils waagerechten Strecke eingetragen.
   c) Die Messungszahlen für die jeweilig von Punkt zu Punkt gemessenen Höhenunterschiede werden auf die Vertikallinie, mit dem Fuß zum Ausgangspunkt der Längenmessungen, gestellt.
2. Profilaufnahmen auf Grund von Messungen mit dem **Nivelliergerät** „können" auch als Handriß aufgezeichnet werden:
   a) Die Messungszahlen für die Längenmessungen werden bei Längsprofilen als fortlaufende Messung gem. b 4 a), bei Querprofilen im Achspunkt beginnend nach beiden Seiten hin eingetragen.
   b) Die Messungszahlen für die Höhenmessungen werden auf die Ordinatenlinie, mit dem Fuß zum Anfangspunkt der Messungslinie, in die Nähe der Höhenausgangslinie gesetzt.
3. Profilaufnahmen von Wasserläufen mit Hilfe von **Pelleine und Pelstange:**
   a) Ermittlung und Eintragung der NN-Höhe des Wasserspiegels.
   b) Als Höhenausgangslinie für die Messungen gilt der Wasserspiegel.
   c) Die Messungszahlen werden für die Längen gem. b 4 a, für die Tiefen auf Ordinatenlinie gem. c 2 b eingetragen.

d) **Flächennivellements** werden, besonders bei Anlage eines Gitters, als Handriß aufgezeichnet. Bei Führung des vorgedruckten Feldbuches wie auch des Handrisses ist auf konforme Bezeichnung der Profilpunkte (bei Legen von Profillinien) oder der Gitterkreuze (bei Legen eines Gitternetzes) zu achten.

1. Die Messungszahlen für die Längenmessungen werden gem. b 4 a als fortlaufende Messung sowohl an die Grenz- wie an die Profillinien angeschrieben.
2. Die Messungszahlen für die Höhenmessungen werden bei Vorhandensein von Profillinien nach Abschnitt c) festgehalten oder bei Legen eines Gitterkreuzes ins Feldbuch oder in die Gitterkreuze eingetragen.

5. Kartierung.

Die Kartierung eines Lageplans erfolgt unter Benutzung aller in den Handrissen und Feldbüchern enthaltenen Maße. Folgende Regeln sind zu beachten:

A. Vorarbeiten:

1. **Zeichenpapier:** Geeignet für Lichtumdrucke; gut abgelagert und trocken (Maßhaltigkeit!); Aufhängen am Tage zuvor daher zweckmäßig.
2. **Blattgröße und Maßstab:** Abhängig von der Größe der Geländefläche, dem Inhalt und dem Zweck, dem der Plan dienen soll. Möglichst nur DIN-Formate und nur folgende Maßstäbe verwenden: 1 : 100, 1 : 200, 1 : 2500, 1 : 5000, 1 : 10 000...
3. **Orientierung:** Der Plan wird entweder
   a) bei Benutzung eines vorhandenen Festpunktfeldes in Richtung der Nord-Süd-Gitterlinie oder
   b) so orientiert, daß die Nordrichtung im Plan möglichst nach oben, im Bedarfsfalle nach links oder linksoben zeigt.
4. **Gitternetz:** Bilden staatliche oder örtliche Koordinaten die Grundlage für die Geländeaufnahme, so wird ein Quadratnetz mit folgender Maschenweite gezeichnet:
   1:100 1:200, 1:500, 1:1000, 1:2000, 1:10 000 : 10 cm,
   1250, 1:2500, 1:5000 : 8 cm.

B. Kartierung:

1. **Gesamte Darstellung in schwarzer Tusche; keine Farbgebung.**
2. **Quadratnetze** durch Kreuze von 1 cm Balkenlänge kennzeichnen.
3. **Messungspunkte** eintragen:
   a) **Polygonpunkte** (im Bedarfsfalle auch trig. Pkte. mit ihrer Signatur und Nr.) mit einem Kreis von 2 mm Durchmesser umgeben und unterstrichene Pkt.-Nr. beisetzen;
   b) **vermarkte Grenzpunkte** durch einen 1,3-mm-Kreis,
   c) **Kleinpunkte** durch einen 1-mm-Kreis ohne Nr.-Angabe kennzeichnen, sofern ihre Koordinaten errechnet wurden.
4. **Grenzlinien:**
   a) **Gebäudekanten** usw. werden durch feine Linien,
   b) **Eigentumsgrenzen** durch stärkere Linien dargestellt.
5. **Sonstige Linien:**
   a) **Weitere Grenzlinien,** Hecken, Zäune, Wälle, Mauern erhalten die vorgeschriebenen Zeichen;
   b) **Nutzungsartengrenzen** werden durch dünne Strich-Strich-Punkt-(——·——·)-Linien gekennzeichnet;
   c) **Uferlinien** von Wasserläufen und Gräben werden nur dargestellt, wenn ihr Mindestabstand im Plan 1 mm beträgt, in anderen Fällen wird nur die Mittellinie mit dem Zeichen ≋ angegeben;
   d) **Gitternetzlinien, Polygonseiten** und **Messungslinien** werden **nicht gezeichnet**; sie können mit hartem Bleistift angedeutet werden.
6. **Allgemeine und topographische Gegenstände** erhalten die Signaturen gem. DIN Verm. 20.
7. **Gebäudeflächen** werden schraffiert:
   a) **Wohngebäude** im Winkel von 45° zu den Gebäudeumrissen;

b) **öffentliche Gebäude** in gleicher Art, jedoch mit stärkeren Linien — die Gebäudeart wird beigefügt —;
c) **Industriegebäude** wie Wohngebäude, doch Linien im doppelten Abstand;
d) **übrige Gebäude** erhalten eine zu ihrer schmalen Grenzlinie parallele Schraffur.

8. **Namen und Bezeichnungen:**
a) **Ortschaften,** Flurstücke, Straßen, Wege, Gebäude, Haus-Nr., Flüsse, Bäche usw.,
b) **Nutzungsarten** mit den Zeichen der Deutschen Grundkarte einsetzen.

9. **Höhenzahlen:**
a) **Höhenfestpunkte** mit ihrer Signatur, Nr. und Höhe,
b) **Einzelhöhen** durch einen Punkt mit Höhenangabe
c) **Höhenlinien** durch ihre Strichsignatur, im Bedarfsfalle durch Hineinschreiben der Höhenzahl in die Höhenlinie, Fuß talwärts, bezeichnen.

10. **Stichpunkte:**
Beim Auftragen entstandene **Nadel- und Zirkelstiche** zur Kennzeichnung von Ecken, Kreuzungen und Knicken werden **nicht geschwärzt!**

C. **Randbearbeitung und Beschriftung:**

1. **Bezeichnung** des Planes.
2. **Nordpfeil;** im Bedarfsfall beifügen: „Magnetisch Nord".
3. **Beschriftung** erfolgt in **Blockschrift:**
a) **parallel** zum **unteren Rande** des Planes;
b) bei **Straßen,** Wegen, Flüssen, Bächen usw. parallel zu ihrer Grenzlinie;
c) **Quadratnetzbezeichnung** im allgemeinen nur einmal ungekürzt entsprechend der Maschenweite,
beim Maßstab 1:100 alle 10, 20, 30 ... m,
beim Maßstab 1:200 und 250 alle 20 40, 60' ... m,
beim Maßstab 1:500 alle 50, 100, 150 ... m,
beim Maßstab 1:1000 alle 100, 200, 300 ... m,
beim Maßstab 1:2000 und 2500 alle 200, 400, 600 ... m,
beim Maßstab 1:5000 alle 400, 800, 1200 ... m,
beim Maßstab 1:10 000 alle 1000, 2000, 3000 ... m.
d) **Höhenlinien** können am Rande mit dem Fuß talwärts bezeichnet werden.
4. **Maßstab und Maßstabsangabe.**
5. **Name der Behörde oder Firma,** durch die die Herstellung des Plans erfolgt.
6. **Datum der Aufnahme und Kartierung,** im Bedarfsfalle der **Nachträge.**
7. **Name** des **Aufnehmenden, Zeichners** und **Prüfenden.**

6. Farbige Anlage eines Lageplans.

Für den Handgebrauch können Lagepläne farbig angelegt werden:

1. **Land- und Verkehrswege:** braun (gebr. Sienna).
2. **Gewässer:** hellblau,
Moor: blaue Striche auf gelbgrüner Fläche.

3. **Gebäudegrundflächen:**
   a) Wohngebäude: hellrot (karmin),
   b) öffentliche Gebäude: dunkelrot (karmin),
   c) sonstige Gebäude, Wirtschaftsgebäude, Schuppen: braun (Sepia).
4. **Hofflächen:** dunkelgrau (Chin. Tusche).
5. **Gärten** jeglicher Art; **Wiesen; Weiden:** dunkel-, gelb-, blaugrün.
6. **Friedhöfe:** dunkelgrün (mit Signatur).
7. **Ackerflächen:** grünbraun.
8. **Ödland; Heide:** gelb; orangegelb.
9. **Wälder:** hellgrau.
10. **Böschungsflächen:** von oben nach unten braun oder grau abschattieren.
11. **Abtragsflächen:** gelb.
12. **Auftragsflächen:** rot.

II. Vermessungsverfahren.

1. Lagebestimmung eines Punktes.

Die folgenden Vermessungsverfahren sind ohne Rücksicht darauf zusammengestellt ob sie nur zur reinen trigonometrischen oder zur graphischen Bestimmung eines Punktes bevorzugt geeignet sind, ob sie rechnerisch oder zeichnerisch ausgewertet werden sollen und ob es übliche Landesvermessungs- oder Stückvermessungsverfahren sind. Sie sollen Verständnis für das Vermessungswesen und seine Vielseitigkeit wecken und vermitteln. Eine große Anzahl der Bestimmungsarten ist vornehmlich zur Herstellung von Lageplänen, zum Einmessen von Baustellen jeglicher Art und Größe in vorhandene Pläne verwendbar.

Behördenvorschrift, Zweck und zu erreichende Genauigkeit sind stets für die Wahl des Verfahrens entscheidend und bei der Durchführung der Vermessungsarbeiten maßgebend.

a) Astronomische Ortsbestimmung.

Die Urform für die Bestimmung eines Punktes auf der Erde ist die astronomische Ortsbestimmung. Sie liefert auch heute noch die Grundlagen für die geodätische Erdvermssung, für die Ausgangspunkte der Reichs- und Landesfestpunktnetze sowie anderer größerer Festpunktfelder und damit für die topographische Aufnahme eines Landes schlechthin.

Ein Punkt wird durch „astronomische Ortsbestimmung" vermessen, indem im Neupunkt Winkelmessungen und Zeitmessungen am Tage nach der Sonne, bei Nacht nach Sternen als Festpunkte beobachtet werden.

Durch die astronomische Ortsbestimmung wird zunächst die geographische Breite φ und die geographische Länge λ des Ausgangspunktes eines Systems ermittelt. Während die Längenmessung früher von Ferro, der westlichsten der kanarischen Inseln als dem westlichsten Punkt der Alten Welt ausging, wird sie heute allgemein von der Sternwarte Greenwich bei London, 17^0 14′ ostwärts des Nullmeridians von Ferro gezählt.

Die geographische Breite φ ist der Winkelabstand des Beobachtungspunktes im Erdmittelpunkt auf dem Ortsmeridian vom Äquator aus gerechnet oder gleich der Höhe des Himmelspols über dem Horizont. s. Teil D 12 a 1 und 13 b 2.

Die geographische Länge λ ist der Winkel zwischen dem Nullmeridian von Greenwich und dem Ortsmeridian auf der Äquatorebene gerechnet.

Außer der Punktbestimmung wird für die nachfolgenden trigonometrischen Arbeiten, für die Orientierung des aufzubauenden Festpunktnetzes, für die Angleichung desselben an das Geographische Gradnetz auch die Richtung nach Geographisch Nord als Astronomische Nordrichtung durch Azimutbestimmung festgelegt.

Die Punktbestimmung erfolgt durch Azimut-, Höhen- und Zeitmessungen nach der Sonne oder nach Gestirnen als Festpunkte; die Messungen werden nach verschiedenen Verfahren, von denen das Standlinienverfahren das gebräuchlichste und einfachste ist, ausgewertet.

Die astronomische Ortsbestimmung für **geodätische Zwecke** wird mit Präzisionsinstrumenten auf Sockel ausgeführt. Die erreichte Genauigkeit für Breite, Länge und Azimutbestimmung beträgt $\pm$ 0,1″ bis $\pm$ 0,2″, was bei einer geographischen Breite von $\varphi = 53^0$ einem linearen Fehler von $\Delta\varphi \approx \pm 3$ m bis $\pm$ 6 m und von $\Delta\lambda \approx \pm 2$ bis $\pm$ 4 m gleichkommt.

Astronomische Ortsbestimmungen für allgemeine **geographische Zwecke**, ausgeführt mit Theodolit verschiedener Ausführungen auf Dreibein und mit Chronometer in schwer zugänglichem Gelände, zur Einschaltung von Kontrollpunkten in trigonometrische Netze. zur Ortsbestimmung auf Expeditionen und Forschungsreisen erreichen eine Genauigkeit von $\pm$ 15″, die bis zu $\pm$ 5″ je nach der Güte des Geräts erhöht werden kann; d. i. in einer Breite von 53⁰ als linearer Fehler: $\Delta\varphi \approx \pm$ 450 m bis $\pm$ 150 m; $\Delta\lambda \approx \pm$ 275 m bis $\pm$ 90 m.

Bei der genäherten astronomischen Ortsbestimmung für **Navigationszwecke** und bei Forschungsreisen mit Sextant und Chronometer kann mit einer Lagegenauigkeit von etwa $\pm$ 1′ bis $\pm$ 2′ gerechnet werden, was bei 53⁰ Breite einem linearen Fehler von $\Delta\varphi \approx \pm$ 2 km bis $\pm$ 4 km, $\Delta\lambda \approx \pm$ 1 km bis $\pm$ 2 km entspricht.

b) Anhängen, Ableiten, Herablegen.

„Die Lage eines Punktes wird durch „Anhängen" oder „Ableiten" bestimmt, indem in **einem** Festpunkt nach Anschlußnahme an einen zweiten Festpunkt der **Richtungswinkel zum Neupunkt** und die Strecke dorthin ermittelt wird."

Gute Kartenpunkte finden sinngemäße Anwendung.

Feldarbeit: 1.) Länge der **Strecke** sowie Wahl des Mittels oder Hilfsmittels zur Streckenmessung werden allein von der Genauigkeitsforderung bestimmt, mit der die Lagebestimmung zu erfolgen hat. (s. Teil B III.)

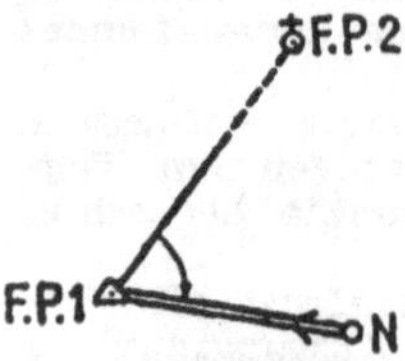

Bild 301

Bei vorhandenen Höhenunterschieden muß die mit Meßlatte oder Meßband gemessene Strecke auf die Horizontalentfernung reduziert werden. s. B III 3.

Bei optischen Entfernungsmessungen mittels Distanz- oder Entfernungsfäden sowie bei Messungen mit Meßband, Meßkette usw. wird der Höhenwinkel α gemessen. Bei Entfernungsbestimmungen durch Winkelmessungen nach der waagerechten Basislatte erfolgt keine Höhenwinkelmessung; die hieraus ermittelte Entfernung bezieht sich bereits auf die Waagerechte.

Je nach Hilfsmittel und Genauigkeitsforderung kann die Länge der Einzelstrecke 100—300 m betragen; größere Strecken werden in Teilstrecken gemessen; als längste Strecke beim Anhängen können 1000 m angenommen werden.

Die Ermittelung der Strecke kann auch auf jede andere in Abschnitt

B III besprochene Art erfolgen. Bei Streckenvergrößerungen ist stets auf günstige Dreiecksbildung und genaue Basismessung zu achten. Ob die Basis oder Grundlinie in einer oder in mehreren Teilstrecken gemessen wird, ist belanglos. Die in die Rechnung eingesetzte Strecke muß geprüft sein; sie darf nie aus nur einem geschlossenen Dreieck abgeleitet sein; sie kann etwa das Fünffache der Basis (Grundlinie) betragen.

2.) Die Größe des **Winkels FP2 — FP1 — N** ist nirgends festgelegt. Warum soll er nicht 180° (200g) betragen? Denn es kann vorkommen, daß das Instrument nicht auf dem Festpunkt selbst, wohl aber in der Fluchtlinie FP 2 — FP 1 aufgestellt werden kann (Bild 302). Weitere Punkte können dann abgeleitet werden (Bild 303).

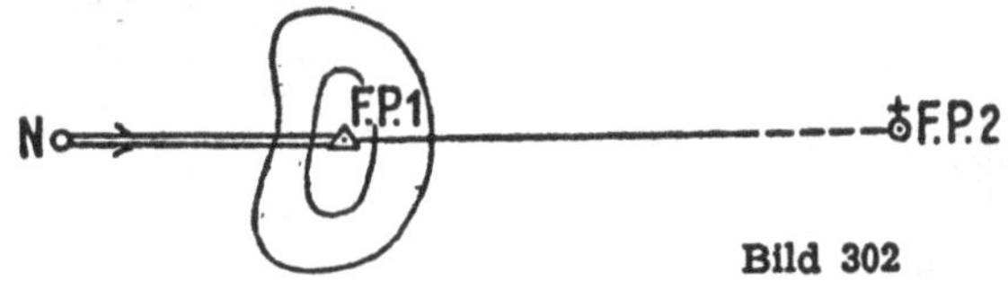

Bild 302

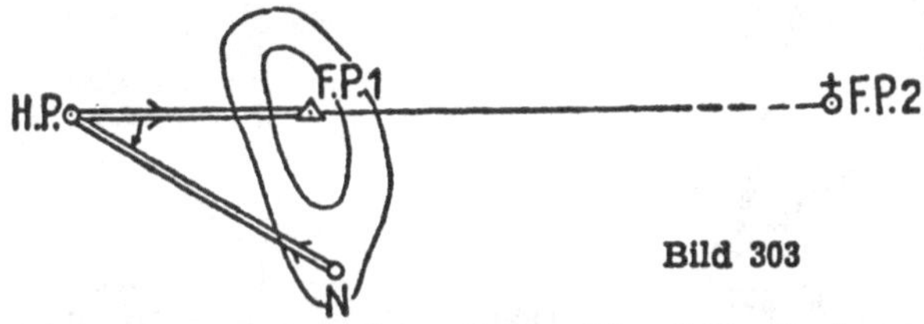

Bild 303

3.) Genau so wie der **Winkel FP 2 — FP 1 — N** = 180° sein kann, so kann er auch 0° betragen. Aus Bild 304 ist alles weitere zu ersehen! Beide Festpunkte sind nicht beobachtungsfähige, d. h. nicht betretbare, nicht stationsfähige Hochpunkte.

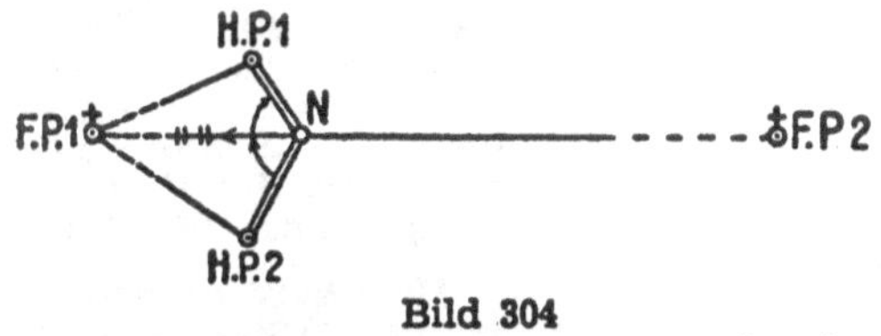

Bild 304

Die Strecke wird auf irgend eine Art ermittelt, um mit dem gleichen Richtungswinkel (FP 1 — FP 2) zur Bestimmung von N an FP 1 angehängt zu werden.

4.) Liegt der **Neupunkt zwischen zwei nahen Kartenpunkten,** so braucht nur die Strecke Pkt. 1 — N und zur Kontrolle die Strecke N — Pkt. 2 gemessen zu werden (Bild 305). Sind Pkt. 1 und Pkt. 2 Festpunkte, so handelt es sich wie in Bild 304 wieder um ein Anhängen mit einem Winkel von 0° zwischen Anschlußrichtung und Richtung zum Neupunkt oder um ein Einbinden des Neupunktes zwischen zwei Festpunkten, falls dieser zwischen die Festpunkte eingefluchtet ist.

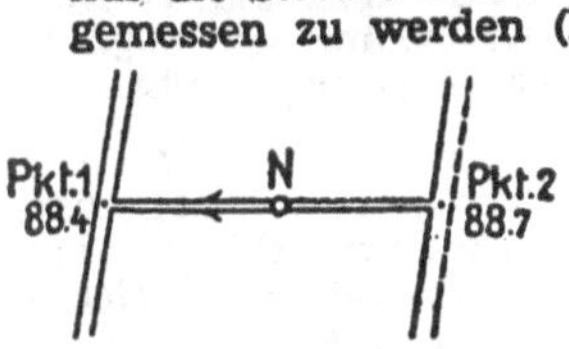

Bild 305

5.) **Lange gerade Straßen** oder Gleisachsen können ebenfalls **als Anschlußrichtung** in Frage kommen. Die Längenbestimmung erfolgt wieder nach den bekannten Arten (Bild 306).

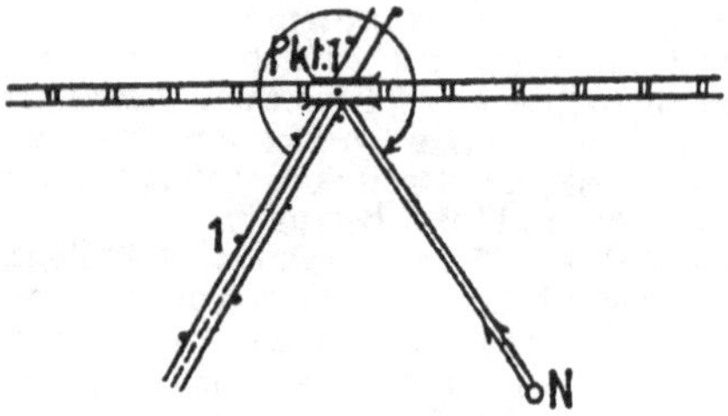

Bild 306

Die Punktbestimmung kann auch über einen Hilfspunkt, einen rechten Winkel (mit Instrument oder Winkelprisma gemessen) mit der Bestimmung und dem Vergleich der Strecke Pkt. 1 — N als Kontrolle erfolgen (Bild 307).

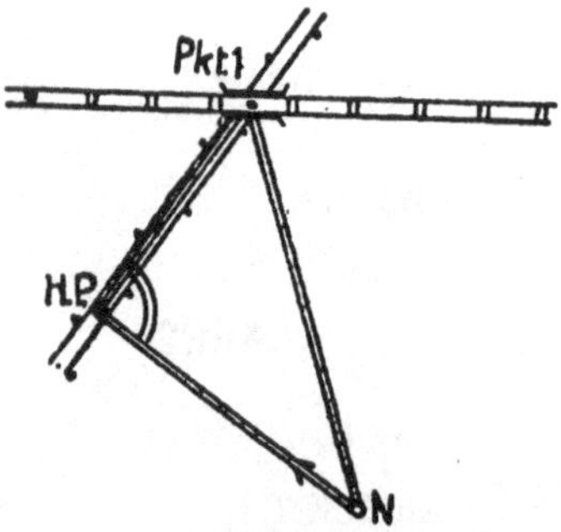

Bild 307

6.) Ist **keine Längenmessung** möglich, so kann diese (Pkt. 1 — N) zeichnerisch durch Abschneiden des Richtungsstrahls von Pkt. 1 nach N durch den mit Hilfe des errechneten Winkels Pkt. 1 — Pkt. 2 — N aufgetragenen Richtungsstrahl von Pkt. 2 nach N bestimmt werden (Bild 308).

Zur Kontrolle wird entweder der Winkel bei Pkt. 2 oder ein Winkel in N zu einem anderen Punkt gemessen und mit der Karte verglichen.

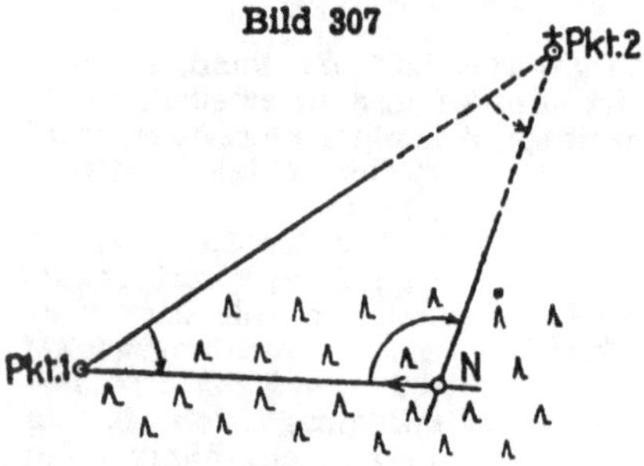

Bild 308

7.) Im **äußersten Notfall**, wenn kein anderes Vermessungsverfahren möglich ist, kann die Richtung zum 2. Festpunkt durch eine **Nordrichtung** ersetzt werden (Bild 309).

Hierbei ist es zweckmäßig, die Strecke Pkt. 1 — N klein zu wählen, damit auch die Fehlerauswirkung der Magnetnadel gering bleibt.

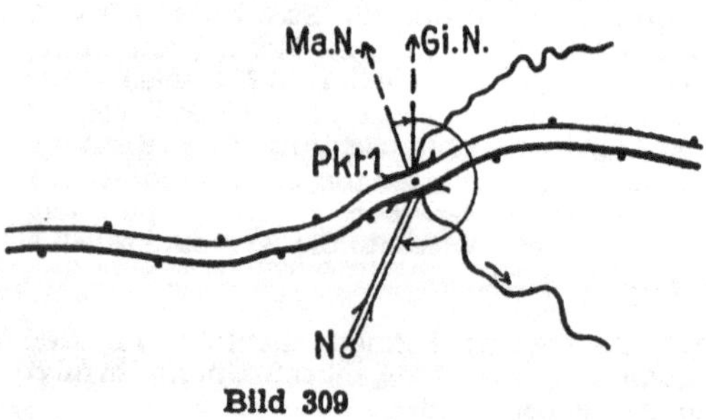

Bild 309

Ist der einzige zur Verfügung stehende Festpunkt (FP 1) ein nichtbetretbarer Hochpunkt (z. B. Baumtafel), so kann er unter den gleichen Voraussetzungen benutzt werden (Bild 310). Doch ist dieses Ver-

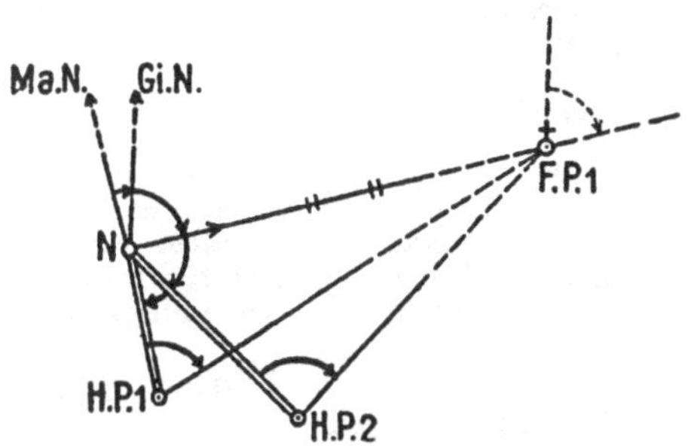

Bild 310

fahren wegen zu großer Fehlerauswirkungen durch Benutzung der Magnetnadel nur bei kurzen Entfernungen zwischen FP 1 und N brauchbar (z. B. Bestimmung eines exzentrischen Beobachtungs- oder Zielpunktes).

Auch auf astronomischem Wege läßt sich die Richtung nach Geographisch Nord bei Tage mit der Sonne, bei Nacht mittels des Polarsterns oder anderer Sterne — bei Nacht gerade recht genau — festlegen. Doch überschreitet die Darlegung dieser Verfahren den Rahmen des Handbuchs.

8.) Ist **in FP 1 nur der Neupunkt, nicht** aber **FP 2** zu sehen, so wird nach Beobachtung des Winkels bei N, Messung der Strecke FP 1 — N, Berechnung der Strecke FP 1 — FP 2 aus den Koordinaten der Festpunkte, Berechnung eines Winkels über den Sinussatz und Ergänzung des fehlenden Winkels, N wieder an FP 1 angehängt (Bild 311).

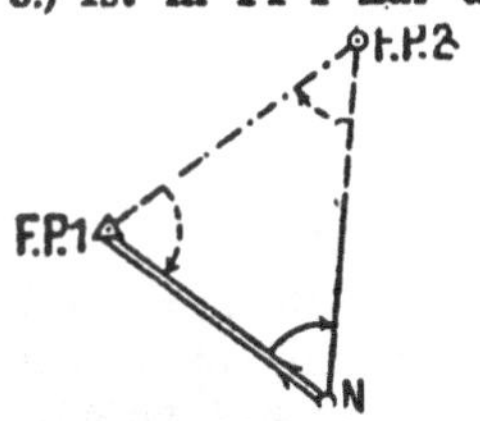

Bild 311

Und wenn **FP 1 auch ein Hochpunkt** ist?

Auf irgend eine der vielen Längenbestimmungsarten wird die Strecke FP 1 — N bestimmt und wieder wird N wie üblich angehängt. Bild 312 zeigt gleichzeitig eine Bestimmungskontrolle für N. Durch eine Wiederholung des Anhängens von FP 3 aus wird die Richtigkeit der Lagebestimmung von N selbst geprüft, ohne die Strecke FP 1 — N zu kontrollieren.

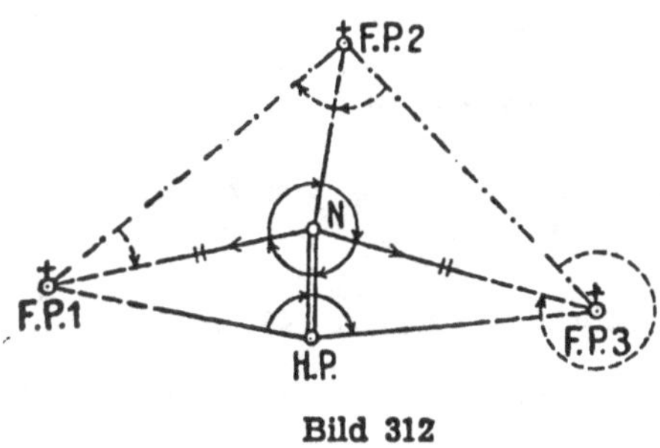

Bild 312

Von der Ausführung weiterer Beispiele wird Abstand genommen. Die vorstehenden Beispiele dürften von der vielseitigen Anwendungsmöglichkeit des „Anhängens“ überzeugen und genügend Anregungen geben.

Die weiteren Verfahren, die die gleiche Reichhaltigkeit aufweisen, sollen aus Platzmangel kürzer behandelt werden.

Auswertearbeit.

Die Auswertung kann rechnerisch oder zeichnerisch erfolgen.

Die **zeichnerische Auswertung** ist einfach und entspricht der Feldarbeit. Einwandfreies Zeichengerät ist Voraussetzung: scharfe Zirkelspitzen, meißelförmig gespitzter Bleistift 2 H bis 4 H, Transversalmaßstab, gute Ziehkante, ebene Unterlage, Winkelmesser (Strahlenzieher) möglichst aus Metall.

Bei Vorhandensein guter ungeknickter Karten und Pläne großen Maßstabes (1 : 25 000 1 : 10 000, 1 : 5000, 1 : 1000) geschieht die Auswertung auf der Karte oder dem Plan selbst, bei geknickten Plänen ist es notwendig unter Beachtung der Kartendehnung und Kartenschrumpfung die Koordinaten der zu benutzenden Punkte herauszugreifen und auf ein Gitternetz großen Maßstabes, vielleicht 1 : 25 000, 1 : 10 000 oder 1 : 1000 zu übertragen.

Die Verbindungslinie FP 1 — FP 2 **„halbiert die Punkte"** (Kartenzeichen oder Zirkelstich) und wird über diese hinaus verlängert; der gemessene Winkel wird in FP 1 an diese Linie angetragen; auf seinem freien Schenkel wird die gemessene Strecke FP 1 — N abgeschnitten. Die Lage von N ist bestimmt.

Die rechnerische Auswertung.

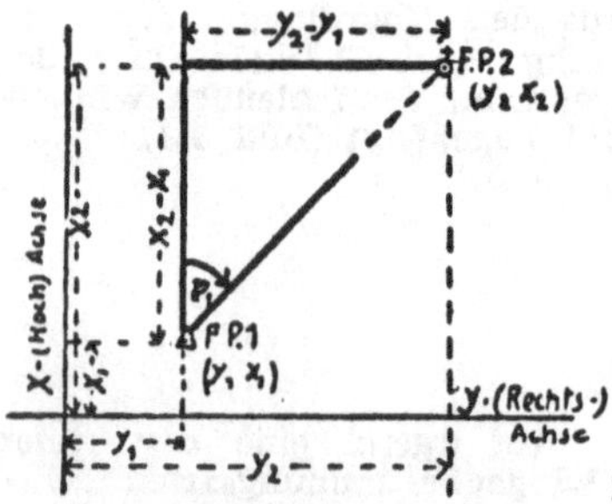

Bild 313

Formeln und Rechengang:

1.) Richtungswinkel, Neigungswinkel v_1^2 in FP 1 nach Anschlußpunkt FP 2 (Anschlußrichtungswinkel) (Bild 313):

$$\operatorname{tg} v_1^2 = \frac{y_2 - y_1}{x_2 - x_1} \qquad [301]$$

2) Richtungswinkel v_1^2 zu N (Bild 314) = Anschlußrichtungswinkel + gemessener Winkel β.

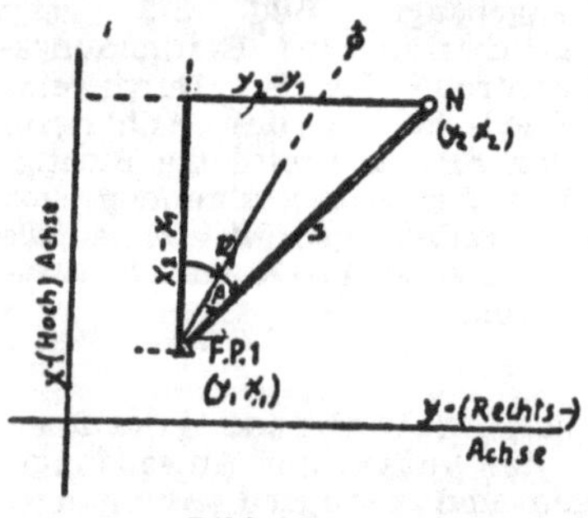

Bild 314

3.) Lagebestimmung von N (Koordinatenberechnung):

$$\sin v_1^2 = \frac{y_2 - y_1}{s}; \quad \cos v_1^2 = \frac{x_2 - x_1}{s}$$

$$y_2 - y_1 = s \cdot \sin v_1^2; \quad x_2 - x_1 = s \cdot \cos v_1^2$$

$$y_2 = y_1 + s \cdot \sin v_1^2; \quad x_2 = x_1 + s \cdot \cos v_1^2 \qquad [302]$$

Ist die Strecke FP 1 — N nicht unmittelbar gemessen, sondern durch eine Streckenvergrößerung gewonnen, so ist sie mit Hilfe des Sinussatzes [227] erst zu berechnen:

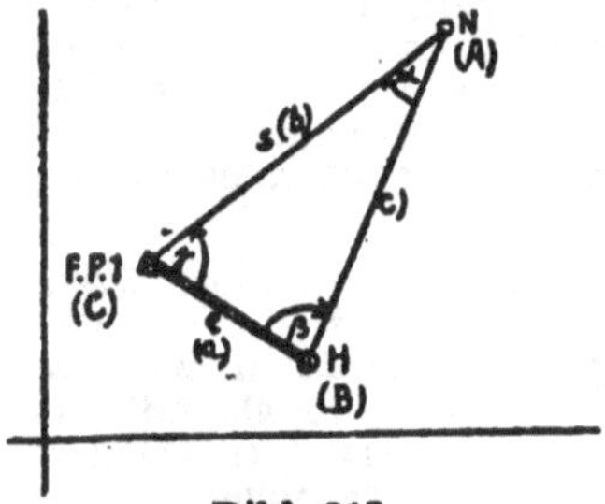

Bild 315

$$a : b : c = \sin\alpha : \sin\beta : \sin\gamma \quad \text{oder}$$

$$\frac{a}{b} = \frac{\sin\alpha}{\sin\beta} \text{ oder } \frac{b}{a} = \frac{\sin\beta}{\sin\alpha} \text{ oder } b = a \cdot \frac{\sin\beta}{\sin\alpha};$$

$$s = e \cdot \frac{\sin\beta}{\sin\alpha} \quad [303]$$

Die Gleichung kann auch geschrieben werden: (s. Teil B II, 1e) $s = e \cdot \sin\beta \cdot \frac{1}{\sin\alpha}$. Durch Benutzung der dekadischen Ergänzung für den Bruch $\frac{1}{\sin\alpha}$ wird die Gleichung einfach als gleichbleibende Multiplikation logarithmiert:

$$\log s = \log e + \log\sin\beta + \mathrm{E}\log\sin\alpha.$$

Die Rechenarbeit kann mit Hilfe von Logarithmen oder mit der Rechenmaschine in obiger Art oder nach den bei jeder Behörde eingeführten Formularen durchgeführt werden.

Kontrolle:

Die Richtigkeit der Lagebestimmung des Neupunktes wird kontrolliert durch ein zweites, vom ersten unabhängiges Verfahren, durch Vergleich von Winkeln oder Strecken nach Festpunkten, die nicht zur Bestimmung benutzt wurden, oder durch Vergleich der gerechneten mit den beobachteten Richtungswinkeln nach mehreren Festpunkten unter anteiliger Berücksichtigung der Entfernung zu diesen. (Richtungswinkel-Kontrolle.) Für die Beurteilung der Brauchbarkeit und Güte des Vermessungsergebnisses sind jeweils die von jeder Behörde erlassenen Bestimmungen über die zulässigen Abweichungen maßgebend, weshalb hier keine Daten angegeben seien!

c) Vorwärtseinschnitt.

„Die Lage eines Punktes wird durch ‚Vorwärtseinschnitt' bestimmt, indem in **mehreren Festpunkten** entweder die **Dreieckswinkel oder** die **Richtungswinkel** zum Neupunkt ermittelt werden."

Der Vorteil des Vorwärtseinschnitts liegt darin, daß keine Strecke mit all ihren Unbequemlichkeiten und Fehlerquellen gemessen zu werden braucht; vielmehr werden die vorhandenen Festpunkte mit den bekannten Koordinaten und den aus ihnen errechneten Seiten in die Rechnung eingesetzt.

Feldarbeit:

1.) Wenn irgend möglich, werden beim Vorwärtseinschnitt ausgemessene Dreiecke angestrebt, d. h. alle Dreieckswinkel werden beobachtet (gegenseitige Richtungen) (Bild 316). Verhindert die Bodenform oder die Bodenbedeckung das gegenseitige Anschneiden der Festpunkte, so können die Richtungswinkel nach dem Neupunkt durch Anschluß an andere Festpunkte beobachtet und bestimmt werden (Bild 317).

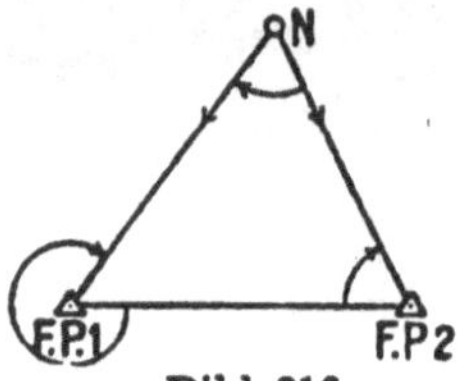

Bild 316

Auch beim Vorwärtseinschnitt über Richtungswinkel sind entweder durch die Stationsorientierung im Neupunkt oder durch den Vergleich des in N gemessenen Winkels mit der Differenz der Gegenrichtungswinkel in N die Merkmale eines angemessenen Dreiecks gegeben.

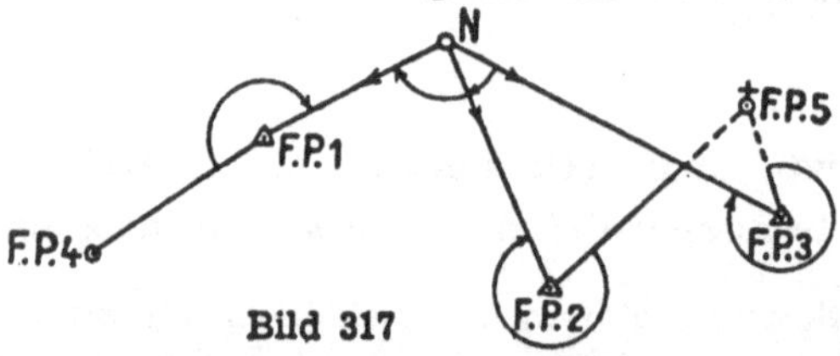

Bild 317

Stehen mehrere Festpunkte zur Verfügung, so wird stets die Möglichkeit, die Lage des Neupunktes durch Vorwärtseinschnitt über **mehrere ausgemessene Dreiecke** zu bestimmen, begrüßt und ausgenutzt (Bild 318 und 319)!

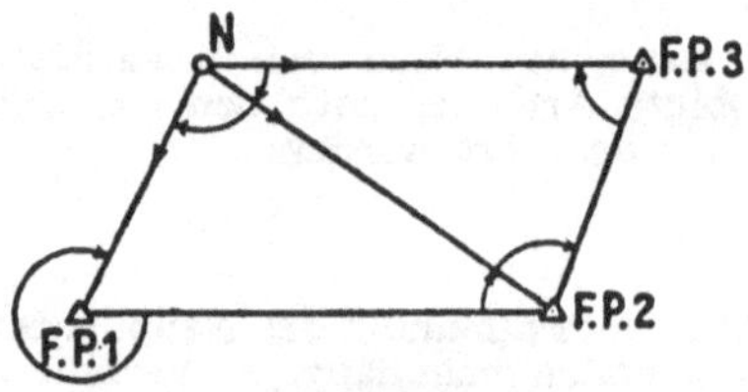

Bild 318

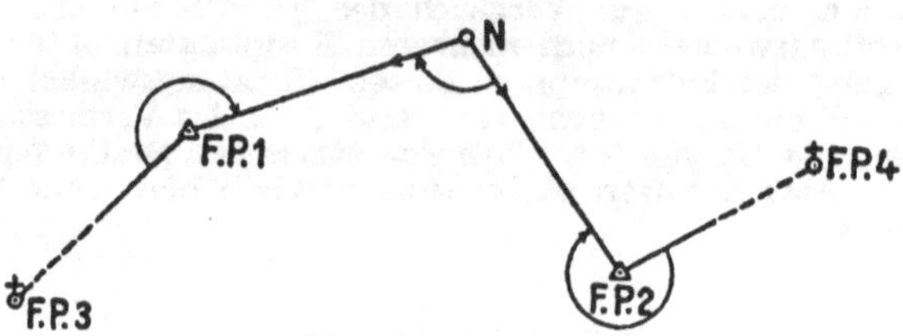

Bild 319

Ist der dritte Festpunkt nicht betretbar, so wird auch die Bestimmung des Neupunktes über **ein** ausgemessenes Dreieck genügen müssen, wenn die Richtungswinkelkontrolle nach dem dritten, zur Lagebestimmung des Neupunktes **nicht** herangezogenen Festpunkte den gestellten Genauigkeitsforderungen entspricht (Bild 320 und 321). Wird der Neupunkt als Vorwärtseinschnitt über Richtungswinkeln bestimmt, so kann auch das Dreieck FP 2 — N — FP 3 benutzt werden (Bild 321).

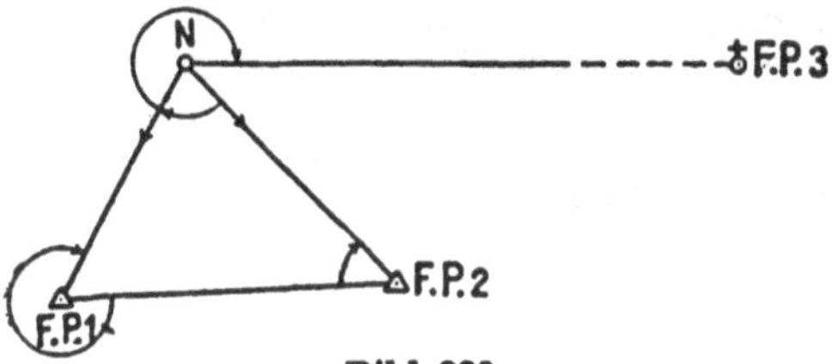

Bild 320

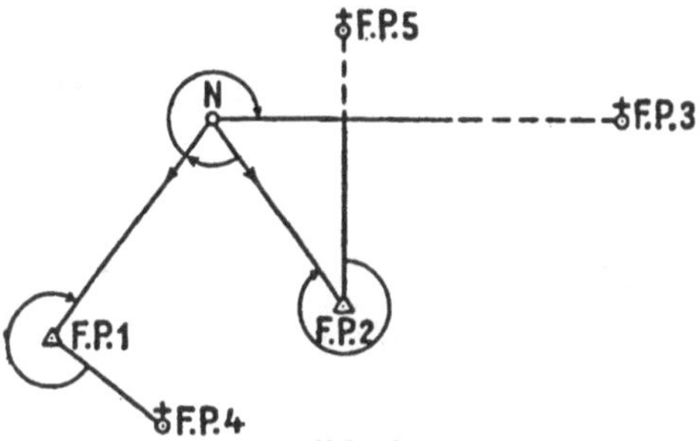

Bild 321

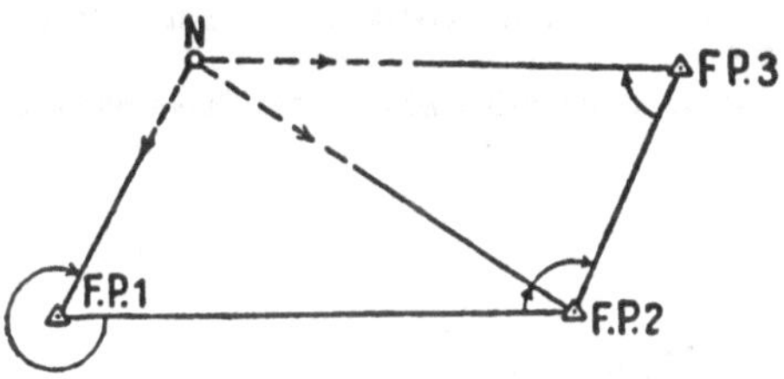

Bild 322

Ob in den bisherigen Beispielen in Bild 316—321 die Dreieckseiten von FP 1 — FP 2 und FP 2 — FP 3 mit dem Meßband gemessen, über eine gemessene Strecke abgeleitet oder aus den Koordinaten bekannter Punkte errechnet worden sind, bleibt für die Durchführung des Vorwärtseinschnitts belanglos.

Die Seite FP 2 — N kann aus zwei Dreiecken ermittelt und zur Berechnung von N durch Anhängen an FP 2 als kontrollierte Strecke eingesetzt werden.

2.) Kann im Neupunkt nicht beobachtet werden, so kann die Lage von N über **mehrere offene**, nicht ausgemessene, also **geschlossene Dreiecke** bestimmt werden (Bild 322).

Und wieder, wie bei Vorwärtseinschnitten über ausgemessene Dreiecke ist die Lagebestimmung mit Hilfe der Richtungswinkel möglich wenn das Gelände Gegenstrahlen von Festpunkt zu Festpunkt nicht zuläßt (Bild 323).

Ja, und wer sagt denn, daß der geschlossene Winkel nur beim Neupunkt liegen darf? Kann er nicht

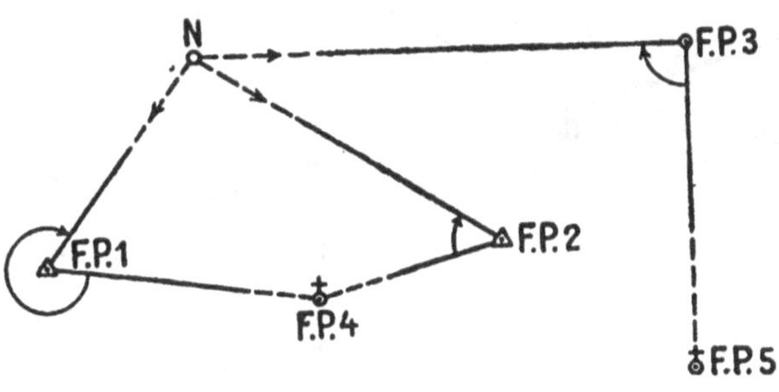

Bild 323

ebensogut an jedem anderen Punkte der Dreiecksfigur auftreten? Oh, gewiß! Siehe Bild 324 und 325!

In beiden Fällen ist die Kirche in FP 2 nicht stationsfähig; der Ausbau eines Beobachtungsstandes würde unverhältnismäßig lange Zeit in

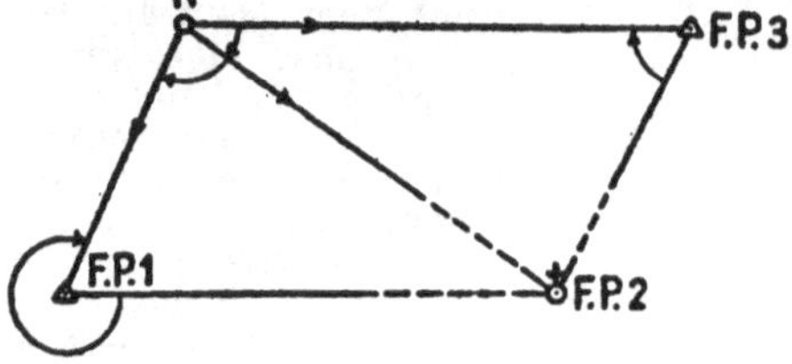

Bild 324

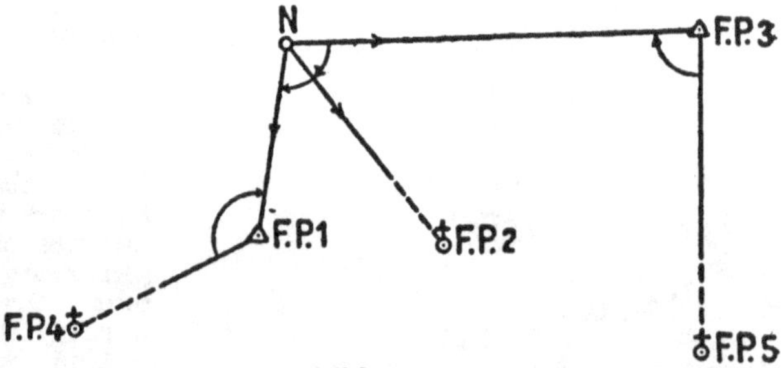

Bild 325

Anspruch nehmen oder zu hohe Kosten verursachen. Trotzdem gibt es eine einwandfreie Lagebestimmung von N durch Vorwärtseinschnitt!

Und wie wäre es, wenn **nur ein Bodenpunkt**, aber **zwei Hochpunkte** zur Verfügung stehen?

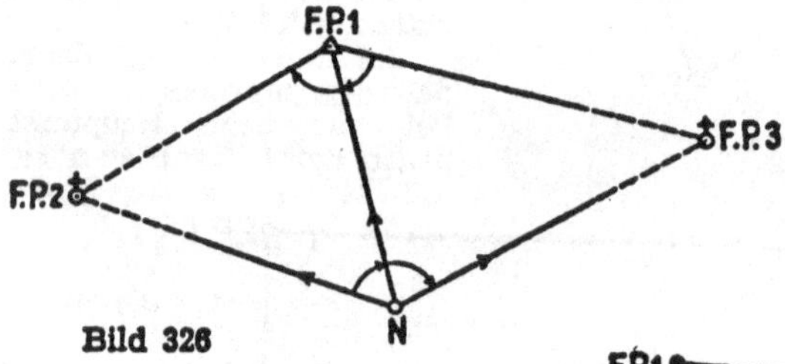

Bild 326

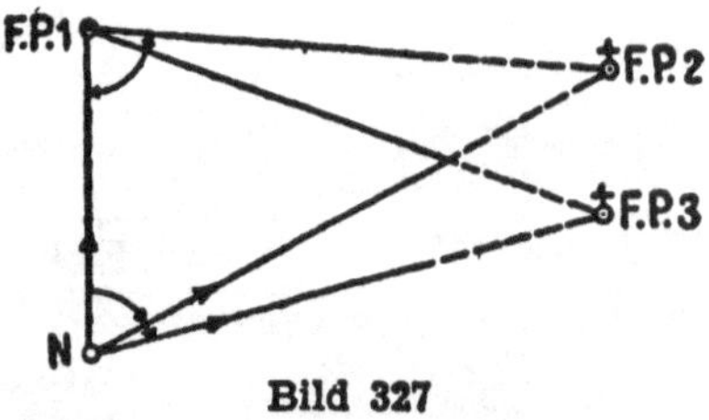

Bild 327

Bild 326 gibt darüber genügenden Aufschluß und Bild 327 zeigt, daß die Lage der Hochpunkte zueinander hierbei gleichgültig ist.

Wer widerspricht, wenn dieses Verfahren, bei dem nur ein zweimaliges Stationieren des Instruments (in FP 1 und in N) nötig ist, als „elegant" bezeichnet wird? Es spart Zeit und somit Kosten, bringt schnell die Lage eines neuen Punktes, dessen Kenntnis für den Verlauf der Vermessungsarbeiten ohne große Unbequemlichkeiten vielleicht von großer Bedeutung ist!

3.) Müssen die Koordinaten der benutzten Festpunkte alle einem gedruckten Koordinaten-Verzeichnis entstammen? Wie wäre es, sich im Notfall, die für die Kontrolle notwendigen Festpunkte selbst zu schaffen? Ständen nur FP 1 und FP 2 (Bild 328), die einwandfrei geprüft sind, zur Verfügung, so könnte N etwa deshalb nicht bestimmt werden, weil es nur einen unkontrollierten Vorwärtseinschnitt, nur ein geschlossenes Dreieck gibt?

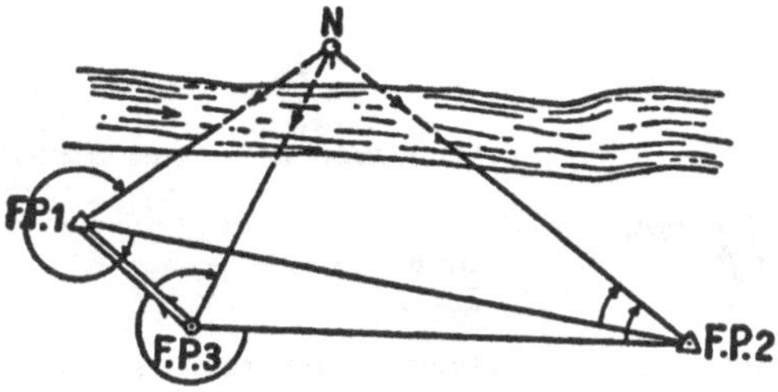

Bild 328

Nach dem eingangs angeführten Motto und nach dem Grundsatz: „Für den Vermessungsmann gibt es kein: Es geht nicht!" müssen Wege gefunden werden, die mit Verantwortung vertretbar sind!

Wird FP 3 durch Anhängen von FP 1 aus bestimmt, so ist für N die Bestimmung durch zwei Vorwärtseinschnitte aus den Dreiecken N — FP 2 — FP 1 und N — FP 2 — FP 3 gesichert; die Seite FP 1 — N kann wieder aus zwei Dreiecken ermittelt und somit kontrolliert werden.

Es würde zu weit führen, noch auf weitere Abarten des Vorwärtseinschnittes hinzuweisen! Es sind der Anregungen bereits genug!

Auswertearbeit.

Wie bei jedem Verfahren, so ist auch der Vorwärtseinschnitt zeichnerisch und rechnerisch auswertbar; die Wahl ist von den jeweiligen Umständen abhängig.

Auf die **zeichnerische** Auswertung sei hier nicht weiter eingegangen; es gilt das hierüber im vorangegangenen Abschnitt Gesagte sinngemäß. Der Gang der praktischen Auswertearbeit scheint aus den Bildern ausreichend klar und verständlich zu sein. Auf einen „Punktschnitt" aus drei Richtungsstrahlen als Kontrolle ist zu achten.

Die **rechnerische** Auswertung soll beim Vorwärtseinschnitt einmal mit beiden Hilfsmitteln gezeigt werden, unter Benutzung von Logarithmen und von der Rechenmaschine.

a) Auswertung mit **Logarithmen:**

Formeln und Rechengang: siehe Bild 329.

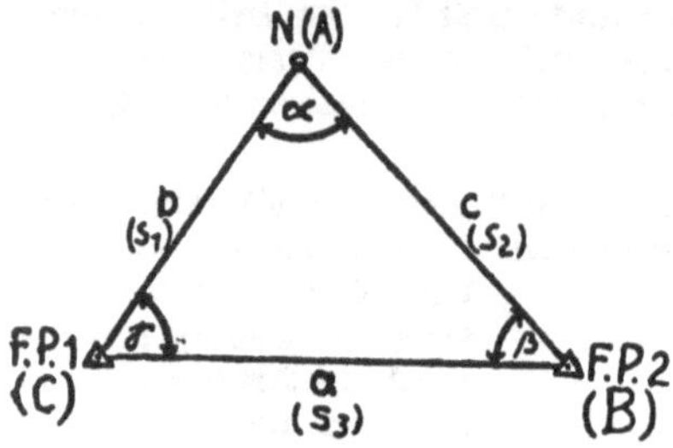

Bild 329

1. Richtungswinkel von **FP 1** nach **FP 2** nach [301] errechnen, dem Seitenwinkelregister (Feldbuch) oder dem gedruckten Abriß entnehmen.
2. Errechnung der Dreiecksseite a. Nach Entwicklung der Formel [302] ist

$$\sin \nu_1^2 = \frac{y_2 - y_1}{a}; \quad \cos \nu_1^2 = \frac{x_2 - x_1}{a}$$

$$a = \frac{y_2 - y_1}{\sin \nu_1^2}; \qquad a = \frac{x_2 - x_1}{\cos \nu_1^2} \qquad [304]$$

3. Errechnung von b (s_1) und c (s_2).

Gem. [303] ist $b = a \cdot \frac{\sin \beta}{\sin \alpha}$; $\quad c = a \cdot \frac{\sin \gamma}{\sin \alpha}$

4.) Koordinatenberechnung von N, ausgehend von dem Festpunkt mit der **kürzesten** Entfernung zu N gemäß [302].

Zur Kontrolle, die jedoch **nur eine Rechenkontrolle,** noch keine Bestimmungskontrolle für die Lagerichtigkeit des Neupunktes ist, kann die gleiche Rechnung von FP 2 aus durchgeführt werden.

b) Auswertung mit der **Doppel-Rechenmaschine:**

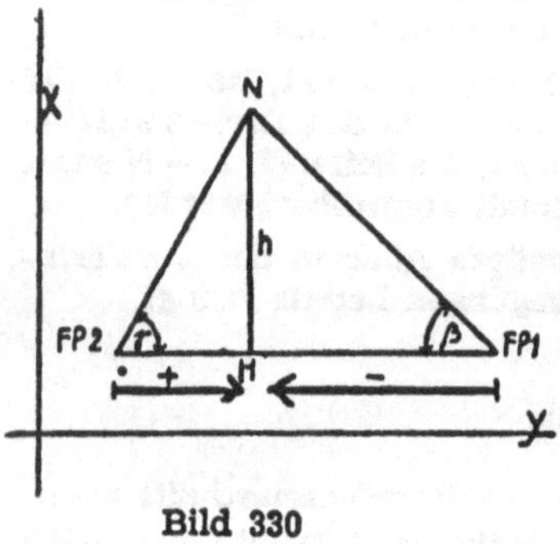

Bild 330

Es sei hier auch einmal ein Auswertegang mit der Rechenmaschine angeführt! Er soll zeigen, daß die Auswertung mit der Rechenmaschine nicht immer gleichlautend mit den sonst üblichen Auswerteverfahren sein muß, und daß die Rechenmaschine gänzlich abweichende und anders geartete Rechenverfahren zuläßt.

So kann der Vorwärtseinschnitt mit Hilfe der Rechenmaschine durch „Gleichkurbeln" gelöst werden, wobei auch einmal die Kotangenten zur Anwendung kommen:

In Bild 330 ist $\operatorname{ctg} \beta = \frac{y_1 - y_H}{h}; \qquad \operatorname{ctg} \gamma = \frac{y_H - y_2}{h}.$

$$h \cdot \operatorname{ctg} \beta = y_1 - y_H; \quad h \cdot \operatorname{ctg} \gamma = y_H - y_2;$$

$$\frac{y_1 - y_H}{\operatorname{ctg} \beta} = h = \frac{y_H - y_2}{\operatorname{ctg} \gamma}$$

$$h = y_N - y_H$$

d. h. die Quotienten aus den **Rechtsdifferenzen** (der Festpunkte und des **Hilfspunktes)** und den Kotangenten des zugehörigen Dreieckswinkels sind gleich der **Hochdifferenz** des Hilfspunktes zum **Neupunkt.**

Werden in die Ergebniswerte der Rechenmaschine die Rechts-(y-) Werte der Festpunkte sogleich eingestellt, und arbeiten beide Seiten der Maschine, wie in Bild 330 gezeigt, „entgegengesetzt" (sofern β und $\gamma < 90^0$ sind; sie arbeiten in „gleicher Richtung", falls **einer** von den beiden Winkeln **größer** als 90^0 ist), so bedeuten dann die in beiden Ergebniswerken gleichgekurbelten Werte den Rechtswert des Hilfspunktes, während im Zählwerk die Hochdifferenz zwischen Hilfspunkt und Neupunkt erscheint.

Der zweite Rechengang ergibt die Hochwerte des Hilfspunktes und die Rechtsdifferenz zwischen Hilfspunkt und Neupunkt.

Durch algebraische Addition dieser Ergebnisse werden die Koordinaten des Neupunktes gewonnen.

Dieser Rechengang sieht wohl kompliziert aus, erspart aber bei einiger Übung viel Zwischenrechnungen und somit viel Zeit.

Letztmalig sei an Hand dieses Beispiels darauf hingewiesen, daß es viele Wege nach Rom und zu einem richtigen Vermessungsergebnis gibt! Darum stehen die von jeder Behörde gegebenen Vorschriften vor allen anderen und sind peinlichst genau innezuhalten.

Kontrollen:

Die Kontrollen beim Vorwärtseinschnitt bestehen

a) bei der zeichnerischen Auswertung entweder durch einen Punktschnitt im Neupunkt oder durch Winkelvergleich zwischen den gemessenen und den der Karte oder dem Plan entnommenen Winkeln vom Neupunkt zu den nicht zu seiner Bestimmung herangezogenen Festpunkten;

b) bei der logarithmischen Auswertung in der Ermittlung einer Dreieckseite **aus mehreren Dreiecken** als Entfernung zum Neupunkt; bevorzugt wird die kürzeste Seite;

c) bei der Auswertung mit der Rechenmaschine in der Koordinatenkontrolle aus mehreren Vorwärtseinschnitten;

d) bei beiden Verfahren in der Richtungswinkelkontrolle, d. h. im Vergleich der Richtungswinkel nach zur Lagebestimmung des Neupunktes nicht benutzten Festpunkten nach einwandfrei durchgeführter Stationsorientierung des Neupunktes.

d) Bogenschnitt.

„Die Lage eines Punktes wird durch Bogenschnitt bestimmt, indem zwischen ihm und zwei Festpunkten nur die Längen, Dreiecksseiten, gemessen werden." Keine Winkelmessungen.

Der Bogenschnitt findet in der Stückvermessung nur in Ausnahmefällen Anwendung.

Feldarbeit: Messen der Längen s_1, s_2 und s_3 als Dreiecksseiten gemäß Bild 331.

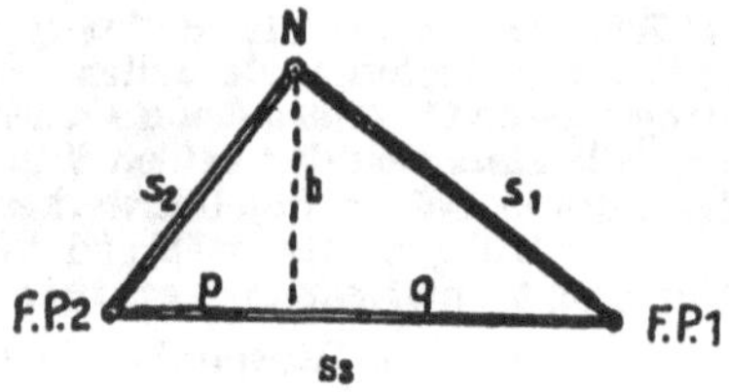

Bild 331

Auswertearbeit:

a) Zeichnerisch: Bogenschlag um die Endpunkte der Strecke s_3 mit s_1 und s_2;

b) Rechnerisch:

$$p^2 = s_2^2 - h^2$$
$$q^2 = s_1^2 - h^2$$
$$p^2 - q^2 = s_2^2 - s_1^2 \qquad q = s_3 - p$$
$$p^2 - (s_3 - p)^2 = s_2^2 - s_1^2$$

$$p = \frac{s_2^2 - s_1^2 + s_3^2}{2\,s_3} = \frac{s_3}{2} + \frac{(s_1 + s_2)\,(s_1 - s_2)}{2\,s_3} \qquad [305]$$

$$q = \qquad = \frac{s_3}{2} - \frac{(s_1 + s_2)\,(s_1 - s_2)}{2\,s_3}$$

$$h = \sqrt{s_2^2 - p^2}$$

Rechenkontrolle: $h = \sqrt{s_1^2 - q^2}$; $p + q = s_3$.

Weiterberechnung als Kleinpunkt: $y_N = y_2 + \Delta y$; $x_N = x_2 + \Delta x$

Rechenkontrolle: $s_1 = \sqrt{(y_1 - y_N)^2 + (x_N - x_1)^2}$

$s_2 = \sqrt{y_N - y_2)^2 + (x_N - x_2)^2}$

Siehe auch C IV 1 a) und gg)

e) Rückwärtseinschnitt.

„Die Lage eines Punktes wird durch ‚Rückwärtseinschnitt' bestimmt, wenn **nur im Neupunkt** die Richtungen **nach mindestens vier Festpunkten** beobachtet werden." Keine Streckenmessungen.

Der Rückwärtseinschnitt ermöglicht eine rasche Lagebestimmung, wenn kein Festpunkt in der Nähe ist, wohl aber gut sichtbare und einwandfrei auszumachende Hochpunkte zur Verfügung stehen.

Während in der Ebene meist nur wenige Hochpunkte sichtbar und einwandfrei anzusprechen sind, stehen im Gebirge, besonders im Hochgebirge, eine größere Anzahl von Festpunkten oder von guten Kartenpunkten zur Verfügung, die in der Natur auch einwandfrei festgestellt werden können.

Nur selten werden im Gebirge „Grundlinien" in bestimmter Richtung gelegt werden können, wird ein „Einfluchten" zwischen zwei Hochpunkte möglich sein, oder Winkel auf den höchsten Gipfeln für Vorwärtseinschnitte beobachtet werden können! So wird der Rückwärtseinschnitt zur hauptsächlichsten Punktbestimmungsart im Hochgebirge. Der Rückwärtseinschnitt wird bevorzugt beim Einschalten von Neupunkten in gut liegende Netze höherer Ordnung angewandt. Die Lage der Festpunkte zueinander ist im allgemeinen gleichgültig. Es ist anzustreben, daß die zur Lagebestimmung herangezogenen Festpunkte auf gleich großen mittleren Entfernungen, nicht zu nahe am Neupunkt und möglichst in allen vier Quadranten liegen.

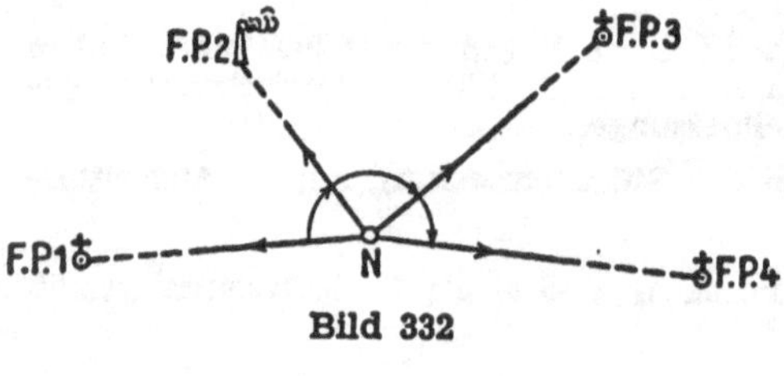

Bild 332

Feldarbeit:

Über die Feldarbeit ist nur wenig zu sagen; auf gewissenhafte und einwandfreie Ansprache der Festpunkte ist zu achten; Fehler in der Ansprache und Verwechslung der Zielpunkte wirken sich bei der Auswertung sehr störend und zeitraubend aus.

Auswertearbeit:

Für den Rückwärtseinschnitt gibt es viele verschiedene Lösungsarten, die z. Tl. durch Tradition, z. Tl. durch das zur Verfügung stehende Rechenhilfsmittel (Art der Rechenmaschine, Logarithmen usw.) und z. Tl. auch durch das Rechenvermögen des einzelnen bestimmt werden. Wie im Vorwort erwähnt, soll hier nur das Einfachste, z. Tl. Behelfsmäßigste und für jeden ohne eingehende Ausbildung und ohne wertvolle Hilfsmittel Ausführbare erläutert werden, um Verständnis für die Auswertemöglichkeit bestimmter Aufgaben zu erwecken und zu fördern.

Darum sei hier die Auswertung des Rückwärtseinschnitts mit dem Collinschen Hilfspunkt Q angeführt (Bild 333).

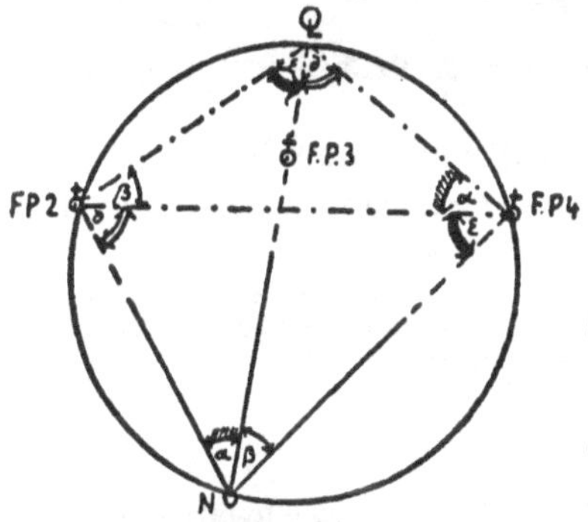

Bild 333

Vorbemerkungen:

1.) Durch den Neupunkt und zwei Festpunkte als Dreieckspunkte wird der umbeschriebene Kreis gelegt.

2.) Die Richtung N — FP 3 schneidet diesen Kreis im Hilfspunkt Q.

3.) Durch Ziehen der Verbindungslinien entsteht das Sehnenviereck: N — FP 2 — Q — FP 4.

4.) **Peripheriewinkel über der gleichen Sehne sind einander gleich** [238,3].

Es ist demnach

der beobachtete Winkel FP 3 — N — FP 2 = ∢ Q — FP 4 — FP 2 = α
über der Sehne Q — FP 2

und der beobachtete Winkel FP 3 — N — FP 4 = ∢ FP 4 — FP 2 Q = β
= über der Sehne FP 4 — Q ,

außerdem ∢ N — Q — FP 4 = ∢ N — FP 2 — FP 4 = δ
über der Sehne N — FP 4

und ∢ FP 2 — Q — N = ∢ FP 2 — FP 4 — N = ε über der Sehne FP 2 — N.

Zeichnerische Auswertung:

a) am einfachsten ist die Auftragung der gemessenen Winkel auf Pauspapier und Eindrehen dieser **„Spinne“** mit mindestens vier Beobachtungsstrahlen, so daß sie die Festpunkte auf der Karte schneiden; der Schnittpunkt aller Strahlen ist der gesuchte Neupunkt.

b) **mit dem Collinschen Hilfspunkt:**

1.) FP 2 mit FP 4 verbinden; um den „gefährlichen Kreis“, der keine Lösung zuläßt, zu vermeiden, ist es zweckmäßig, als FP 2 und FP 4 nahe, als FP 3 einen weiten FP zu wählen!

2.) an die Strecke FP 2 und FP 4 in beiden Endpunkten nach außen die gemessenen Winkel α und β antragen; ihre freien Schenkel treffen sich in Q;

3.) Q mit FP 3 verbinden und in die Gegend der ungefähren Lage von N verlängern;

4.) Winkel δ und ε an die Strecke FP 4 FP 2 nach innen antragen; ihr Schnittpunkt schneidet sich mit dem Strahl Q — FP 3 in N.

Bei der Auswahl der zu benutzenden Punkte ist a) auf günstige Winkelgröße und b) auf eine solche Lage von FP 2 und FP 4 zu achten, daß der gedachte **Kreis auf der Zeichenfläche** verbleibt, nicht über diese hinausgeht, wodurch gegebenenfalls auch Q nicht auf der Zeichenfläche konstruierbar und die Lösung der Aufgabe dadurch erschwert würde!

Rechnerische Auswertung:

1.) Koordinatenberechnung von Q als Vorwärtseinschnitt aus dem $\triangle$ Q — FP 4 — FP 2.

2.) Errechnung des Richtungswinkels in Q nach FP 3 = Richtungswinkel in Q nach N.

3.) Bildung der Winkel δ und ε aus den Richtungswinkeln.

4.) Koordinatenberechnung von N als Vorwärtseinschnitt aus dem $\triangle$ N — FP 2 — FP 4.

Erwähnt sei hier nur, daß z. B. bei anderen Auswerteverfahren der Rückwärtseinschnitt nach Errechnung der Stationsorientierung für den Neupunkt nur mit Vorwärtseinschnitten gerechnet wird.

Kontrolle:

Die Lagebestimmung eines Punktes durch Rückeinwärtseinschnitt darf niemals nur über 3 Punkte erfolgen.

Die Kontrolle der Lagerichtigkeit des Neupunktes erfolgt bei der zeichnerischen wie bei der rechnerischen Auswertung in

a) der Koordinatenkontrolle, indem der Neupunkt über einen 4., vielleicht auch noch über einen 5. Festpunkt ein zweites Mal bestimmt wird (Punktschnitt bei der zeichnerischen Auswertung, Koordinatenvergleich bei der rechnerischen Auswertung) oder

b) der Richtungswinkelkontrolle, indem gerechnete und beobachtete Richtungswinkel nach nicht zur Bestimmung des Neupunktes herangezogenen Festpunkten miteinander verglichen werden.

f) Zweipunktverfahren.

(H a n s e n s c h e Aufgabe)

„Die Lage eines Punktpaares wird durch ‚Zweipunktverfahren' bestimmt, indem **in zwei Neupunkten** die Richtungswinkel **zu zwei Festpunkten** ermittelt werden."

Feldarbeit:

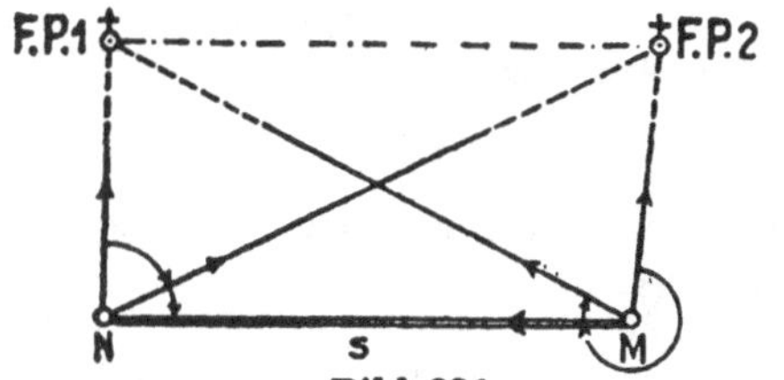

Bild 334

Stehen zur Lagebestimmung eines Punktes nur zwei bekannte Hochpunkte zur Verfügung, auf denen keine Messungen ausgeführt werden können, und erscheint es unzweckmäßig, den Neupunkt durch „Anhängen" nach Bild 312 zu bestimmen, so bietet das Zweipunktverfahren (Hansensche Aufgabe) eine andere Möglichkeit (Bild 334). Dieses Verfahren hat zudem den Vorteil, daß gleichzeitig mit der Lage des Neupunktes N ein zweiter Neupunkt M, als ein Punktpaar, bestimmt wird.

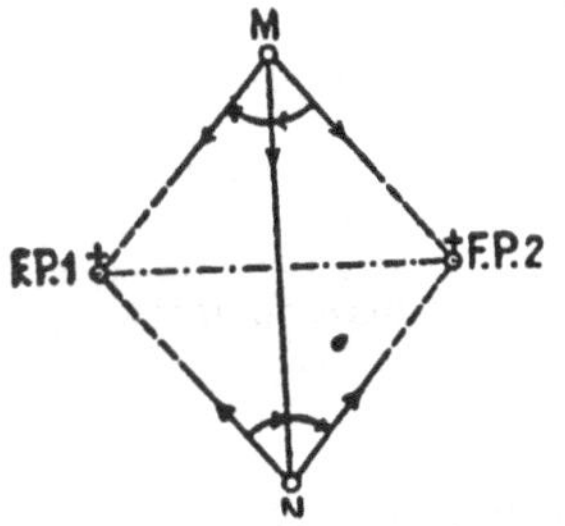

Bild 335

Wie Bild 335 und 336 zeigen, ist die Lage der Festpunkte für die Durchführung des Verfahrens belanglos. Es ist nur darauf zu achten, daß kein Winkel kleiner als etwa 15 Grad ist. Zur Kontrolle wird die Länge einer Seite der Figur gemessen.

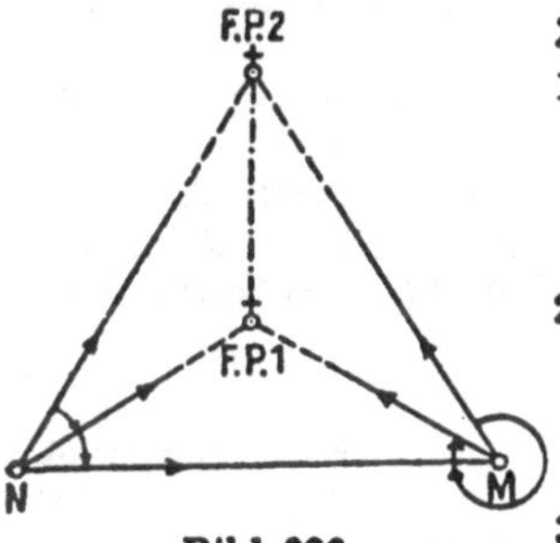

Bild 336

Auswertearbeit:

Zeichnerische Auswertung:

1.) Auf Transparentpapier Auftragen der in N und M gemessenen Winkel an eine beliebig lange Strecke: die Verbindungslinie der Schnittpunkte der freien Schenkel FP 1 und FP 2 ziehen;

2.) Auflegen der Transparentzeichnung auf die Karte oder den Plan so, daß FP 1 auf FP 1 und die Linie FP 1 — FP 2 auf FP 1 — FP 2 zu liegen kommt: Durchstechen der freien Schenkel nach M und N.

3.) Transparentpause auf FP 2 auflegen, freie Schenkel nach M und N durchstechen.

4.) Schnittpunkte beider freier Schenkelpaare von FP 1 und FP 2 aus ergeben die Lage der Neupunkte M und N.

Rechnerische Auswertung:

Hier wie beim Rückwärtseinschnitt: es führen viele Wege zu der richtigen Lösung! Von ihnen hier nur eine:

1.) Mangels einer Stationsorientierung in M und N wird vorerst in einem **Hilfsnetz** (H) gerechnet, in dem N_H beliebige Koordinatenwerte, vielleicht y = 10 000, x = 20 000 erhält.

2.) Koordinatenberechnung von M_H: Richtungswinkel gleich 90°, Entfernung gleich der gemessenen Länge s, (bei nicht gemessener Länge wird die ungefähre Entfernung eingesetzt).

3.) Koordinatenberechnung von $FP\,1_H$ und $FP\,2_H$ als Vorwärtseinschnitte.

4.) Errechung von Richtungswinkel und Entfernung zwischen FP 1 und FP 2 noch im Hilfsnetz.

Übergang zum Landesnetz oder örtlichen Netz.

5.) Errechnung von Richtungswinkel und Entfernung FP 1 und FP 2 im Landesnetz oder örtlichen Netz,

6.) Vergleich von 4.) und 5.) miteinander und Errechnung des Faktors $\frac{S_H}{S_L}$ (fällt bei Maschinenrechnung fort).

7.) Korrektur der in 3.) zur Errechnung von FP 1_H und FP 2_H eingesetzten Seiten durch Multiplikation mit $\frac{S_H}{S_L}$, was die wirkliche Seitenlängen FP 1 — N und FP 2 — M ergibt (fällt bei Maschinenrechnung fort).

8.) Koordinatenberechnung von M und N, von FP 1 und FP 2 aus mit den gem. 5.) errechneten Richtungswinkeln verändert um die aus 6.) gewonnenen Winkeln und den aus 3.) und 7.) erhaltenen Längen; mit der Doppel-Rechenmaschine erfolgt die Koordinatenberechnung als Vorwärtseinschnitt.

Kontrolle:

Die Bestimmungskontrolle für M und N erfolgt — je nach den Geländeverhältnisssen — durch

a) Vergleich der in der Natur gemessenen Länge M N mit der nur aus den Koordinaten errechneten Seite,

b) Vergleich irgend einer anderen in der Natur gemessenen Länge der Figur mit der errechneten,

c) Richtungswinkelkontrolle nach mindestens einem 3. Punkt,

d) ein weiteres Zweipunkt- oder ein anderes Verfahren unter Benutzung oder Einbeziehung mindestens eines weiteren Festpunktes.

g) Seitwärtsabschnitt.

„Die Lage eines Punktes wird durch ‚Seitwärtsabschnitt' bestimmt, indem **ein Hilfspunkt ohne Streckenmessung in der Fluchtlinie zweier Festpunkte eingeschaltet** wird; von diesem wird der Neupunkt durch „Anhängen" vermessen."

Der Seitwärtsabschnitt findet besonders in der Topographie Anwendung.

Feldarbeit:

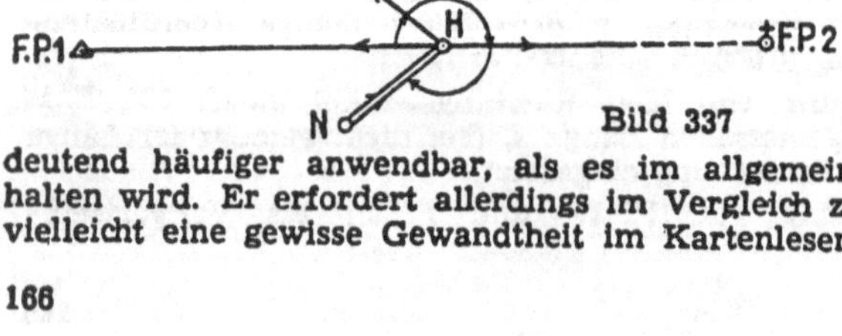

Bild 337

Der Seitwärtsabschnitt ist entgegen anderslautenden „leichtfertigen" Behauptungen zur Lagebestimmung bedeutend häufiger anwendbar, als es im allgemeinen für möglich gehalten wird. Er erfordert allerdings im Vergleich zu anderen Verfahren vielleicht eine gewisse Gewandtheit im Kartenlesen.

FP 3 ist möglichst nahe und senkrecht zur Strecke FP 1 — FP 2 zu wählen (Zeichnerische Auswertung!).

Durch Ziehen der Verbindungslinie FP 1 — FP 2 auf der Karte sieht man, wo diese Linie ein Kartenzeichen, wie Weg, Straße, Büsche, Bach schneidet, was den Anhalt für die ungefähre Lage des Hilfspunktes H ergibt und beim endgültigen Festlegen und Einfluchten desselben viel Zeit erspart. Nach genauer Festlegung von H wird der Neupunkt auf irgendeine Art an H angehängt.

Wie Bild 338 zeigt, kann der Hilfspunkt H auch in Verlängerung von FP 1 — FP 2 liegen. Es ist nur darauf zu achten, daß die Linie FP 1 — H auch wirklich durch die Mitte von FP 2 geht (Bild 339)! Ein dicker Kirchturm als FP 2 wird sich vor einer kleinen Signalpyramide als FP 1 sehr störend bemerkbar machen!

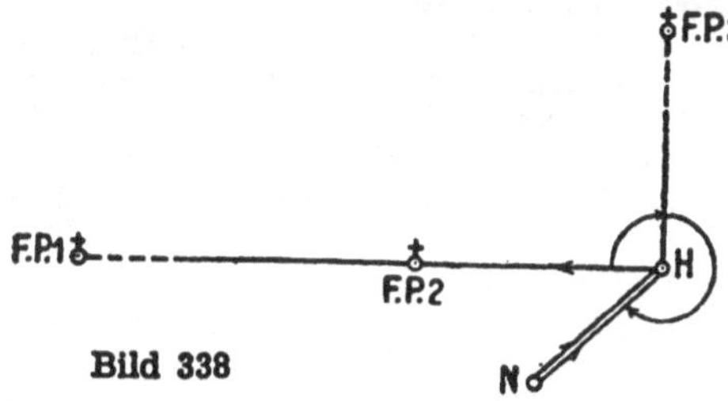

Bild 338

Bild 339 zeigt auch hierfür eine Lösung: Es werden die Punkte a und b gesucht, von denen aus am Rand von FP 2 vorbei FP 1 sichtbar ist; die Mitte von a-b ist H.

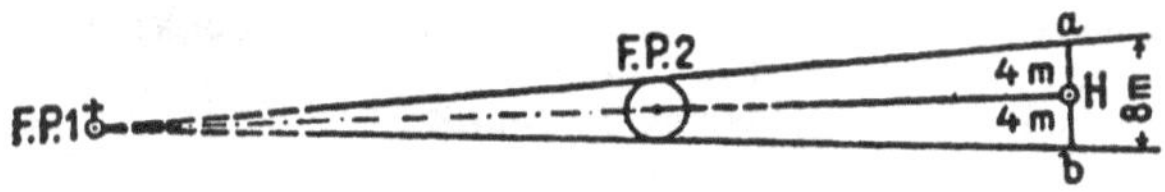

Bild 339

Bild 340 zeigt, daß FP 1 auch ein Bodenpunkt sein kann, dessen Visierlinie zu FP 2 in der Nähe von N vorbeigeht. Die Bestimmung von N unter Anwendung des Seitwärtsabschnitts ist also zweckmäßig; es wird erst H, dann N bestimmt.

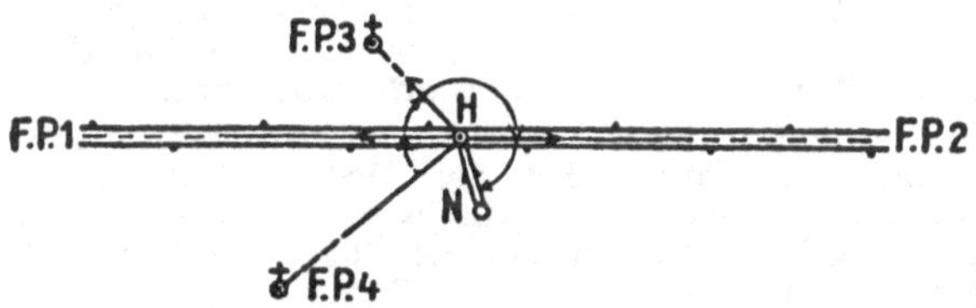

Bild 340

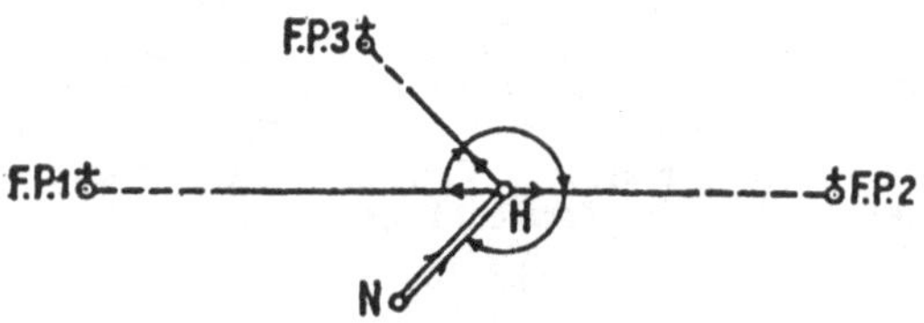

Bild 341

Und warum soll die Achse einer schnurgeraden Straße, eines Eisenbahngeleises, ein Kanalufer nicht die Fluchtlinie FP 1 — FP 2 darstellen? (Bild 341).

Auswertearbeit:

Zeichnerische Auswertung:

Der Gang der Auswertung ist einfach und aus den Bildern ersichtlich:

1.) Verbindungslinie FP 1 — FP 2 ziehen.

2.) An beliebigem Punkt den in H nach FP 3 gemessenen Winkel antragen und den freien Schenkel so parallel verschieben, daß er durch FP 3 geht. Diese Parallele schneidet FP 1 — FP 2 in H.

3.) In H an H — FP 2 oder HFP 2 den gemessenen Winkel und die Strecke nach N abtragen, was die Lage von N ergibt.

Rechnerische Auswertung:

1.) Richtungswinkel von FP 1 nach FP 2 gem. [301].

2.) Bildung der Dreieckswinkel im △ H — FP 1 — FP 3 durch Entnahme aus dem Seitenwinkelregister (bei H), durch Bildung über die Richtungswinkel oder Gegenrichtungswinkel FP 1 und FP 3; bei Logarithmenrechnung Berechnung der Seiten FP 1 — FP 3 und FP 3 — N.

3.) Koordinatenberechnung von H als Anhängen (Log.) oder Vorwärtseinschnitt (Masch.)

4.) Koordinatenberechnung von N gem. [302].

Kontrolle:

Die Lagerichtigkeit von N wird geprüft durch

a) einen zweiten Seitwärtsabschnitt über einen zweiten Hilfspunkt, oder
b) Anschneiden eines vierten Festpunktes, oder
c) Richtungswinkelkontrolle nach mehreren Festpunkten.

h) Strecken- oder Polygonzug und Dreieckskette.

„Der „Strecken- oder Polygonzug“ (Vieleckszug) ist ein fortgesetztes „Anhängen“. Es werden die Winkel und Strecken gemessen. Jeder Polygonpunkt (Brechpunkt) kann als Neupunkt aufgefaßt werden.“

Läßt das Gelände keine der bisher besprochenen Lagebestimmungsarten zu, hindert die Bodenform oder die Bodenbedeckung und -bebauung (Wald, Siedlung usw.) am unmittelbaren Beobachten und Messen oder läßt der Mangel an Zeit den Bau von Signal- und Beobachtungsgerüsten nicht zu, so bleibt stets noch der Streckenzug als ultima ratio zur Verfügung, der den Vermessungsmann auch in den schwierigsten Lagen nicht verläßt und bei der Stückvermessung vorzugsweise Anwendung findet; er ermöglicht es ihm, endgültig zu sagen: „Es gibt kein Unmöglich!“ Damit soll nicht etwa gesagt sein, daß er die beste Lagebestimmungsart eines Punktes sei! Jede Bestimmungsart ist gleichwertig der anderen; zeitlich gesehen sind wohl andere Verfahren oft schneller durchzuführen. Es bleibt der Gewandtheit des Vermessungsmannes überlassen, aus der Fülle der Vermessungsverfahren das in jedem Falle geeignetste auszuwählen!

Der Polygonzug findet Anwendung

1. als kleinseitiger Polygonzug mit Seitenlängen bis zu 250 m und einer Zuglänge von etwa 1000 bis 1500 m beim Einschalten von Neupunkten zwischen vorhandene Festpunkte z. B. für Gleis-, Straßen-, Tunnelbau, oder in der Stückvermessung beim Zusammenschluß mehrerer Messungslinien als Polygonseiten, um als Grundlage für ein Liniennetz zur Aufnahme eines Lageplanes zu dienen; die Messung der Winkel erfolgt meist in einem Satz mit um 90° verstelltem Teilkreis; die Seiten werden mit Meßlatte oder Meßband gemessen.

2. als großseitiger Polygonzug mit Seitenlängen bis zu 1000 m bei der Einschaltung von neuen Festpunkten zwischen vorhandenen, bei der Schaffung von Grundlagen für die topographische Geländeaufnahme und für die Auswertung photogrammetrischer Arbeiten. Die Winkel werden vorteilhaft mit Polygonausrüstungen mit Zwangszentrierung, die Seiten optisch, gemessen.

An ein vorhandenes Festpunktnetz „angeschlossene Züge" (Anfang und Ende auf einem FP) sind stets anzustreben und den „offenen" und „nicht angeschlossenen" vorzuziehen. Zur Aufnahme eines Waldstücks, eines unbetretbaren Geländes oder Häuserblocks werden „geschlossene Züge" gelegt, bei denen Anfangs- und Endpunkt zusammenfallen.

Feldarbeit:

Bei der Durchführung der Feldarbeit ergeben sich folgende Abschnitte:

a) Genaue Erkundung des Zuges, der möglichst gradlinig gelegt werden soll, und Vermarkung der beabsichtigten Brechpunkte;

b) Winkelmessung, oft nur in einem Satz in beiden Fernrohrlagen und Verstellung des Teilkreises um 90° (100g); zur Erhöhung der Genauigkeit wird eine größere Anzahl von Sätzen beobachtet; auf genaue Zentrierung muß geachtet werden; die Verwendung von Polygonausrüstungen mit Zwangszentrierung ist anzustreben; vor Beendigung der Feldarbeit ist der Abschlußfehlerwinkel f_β festzustellen!

c) Längenmessung der Seiten in beiden Richtungen, bei kleinseitigen Polygonzügen mit Meßlatte oder Meßband nach dem Gradbogen- oder nach dem Ablote-(Staffelungs-)verfahren, bei großseitigen Polygonzügen auf Grund optischer Messung nach der 2-m-Basislatte, möglichst mit Zwangszentrierung, oder einem anderen optischen Streckenmeßverfahren; Strecken unter 100 m sind möglichst zu vermeiden; größere Strecken werden in Teilstrecken gemessen; gleichgroße Seiten sind anzustreben; Seitenlängen von 150—200 m bzw. von 250—1000 m sind günstig.

Es muß zwischen dem Streckenzug (Bild 342), bei dem Seite für Seite gemessen wird, und der Dreieckskette (Bild 343), bei der nur ab und zu eine gemessene Strecke zur Prüfung und zum Ausgleich eingeschaltet wird, unterschieden werden. Bei der Dreieckskette sind die in die Rechnung eingesetzten Längen die Ergebnisse von Dreiecksmessungen.

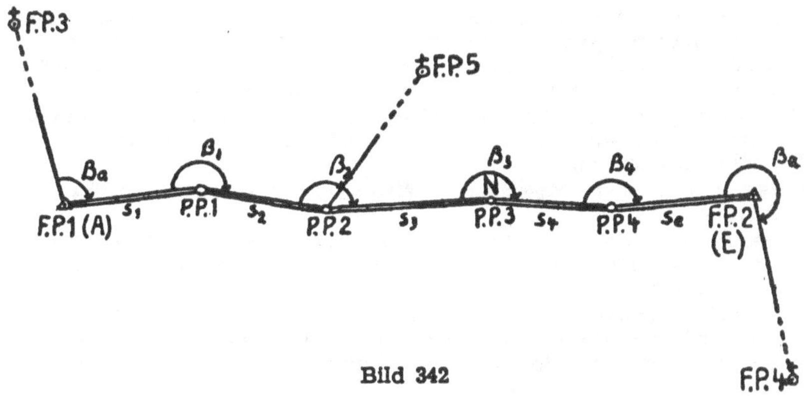

Bild 342

Nach Bild 342 werden, auf einem Festpunkt beginnend und auf einem Festpunkt endigend, von Brechpunkt (Polygonpunkt) zu Brechpunkt fortlaufend die Winkel und die Strecken „stets rechtläufig und „außenherum" in beiden Richtungen gemessen. In FP 1 (A) und FP 2 (E) werden die Anschluß- bzw. Abschlußrichtungen nach den Festpunkten FP 3 und FP 4, auf einzelnen Polygonpunkten zur Kontrolle Richtungen nach Fernzielen (FP 5) beobachtet.

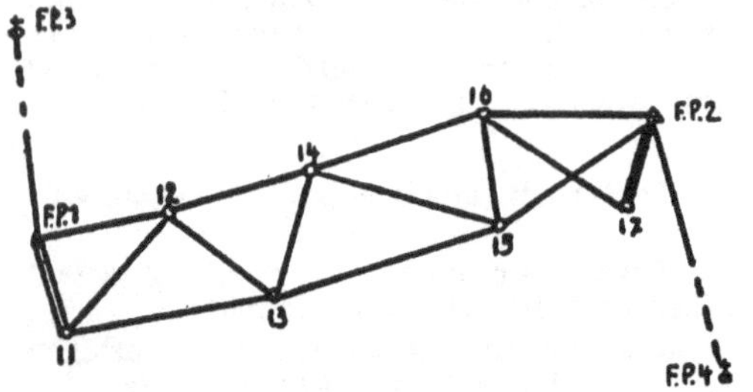

Bild 343

In ähnlicher Weise ist der Verlauf der Feldarbeit bei der Dreieckskette gem. Bild 343, die auch bei größeren Vermessungsaufgaben in der Landesvermessung Anwendung finden kann.

Neupunkte können so leicht zwischen zwei Festpunkte „eingebunden", „eingekettet" werden.

Auch beim Fehlen von An- und Abschlußrichtungen macht das Einbinden keine Schwierigkeit und die Durchführung der Vermessung nicht unmöglich.

Auswertearbeit:

Die **zeichnerische Auswertung** stellt ein fortgesetztes Anhängen dar; auf langes Anreißen der Linien ist zu achten.

Im übrigen geschieht die Auswertung des Streckenzuges meist rechnerisch; die zeichnerische Auftragung findet als ein Hilfsmittel beim Fehlersuchen Anwendung.

Rechnerische Auswertung:

1.) Bestimmung des Anschlußrichtungswinkels in FP 1 nach FP 3 und des Abschluß-Richtungswinkels in FP 2 nach FP 4.
2.) Bestimmung des Winkel-Abschlußfehlers f_β durch Vergleich des Abschlußrichtungswinkels in FP 2 nach FP 4 mit dem errechneten Richtungswinkel. Über Größe der zulässigen Abweichungen siehe „Kontrollen". **Vorschrift der Behörde ist maßgebend!**
3.) **Gleichmäßige** Verteilung des Abschlußfehlers auf alle Brechungswinkel, auch auf die im Anfangs- und Endpunkt gemessenen, als Winkelverbesserung.
4.) Berechnung der Koordinatendifferenzen von Polygonpunkt zu Polygonpunkt.
5.) Bestimmung des Koordinatenabschlußfehlers und **anteilige** Verteilung des zulässigen Fehlers gem. der Streckenlänge als Koordinatenverbesserung.
6.) Koordinatenberechnung mit den „verbesserten Koordinatenunterschieden", bei der Dreieckskette nach Errechnung der notwendigen Seiten oder als fortlaufende Vorwärtseinschnitte (Maschinenrechnung).

Kontrollen:

Jeder Strecken-Polygonzug müßte grundsätzlich von einem Festpunkt zum anderen Festpunkt durchgeführt werden; dann erst sind bei zulässigem Abschlußergebnis die Zwischenpunkte kontrolliert. Als Kontrolle dient auch der Vergleich des „beobachteten" mit dem „gerechneten" Abschlußrichtungswinkels. Die Größe der Abweichung ist von der Zahl der Brechpunkte abhängig. Als Anhalt für den zulässigen Winkelabschlußfehler f_β kann die Formel $1' \cdot \sqrt{n} + 1'$ oder $2^c \cdot \sqrt{n} + 2^c$ dienen, wobei n die Zahl der Brechpunkte angibt. Erlassene Sondervorschriften sind maßgebend.

Rückführung eines Zuges in einer Schleife auf den Anfangsfestpunkt ist nicht immer eine Kontrolle!

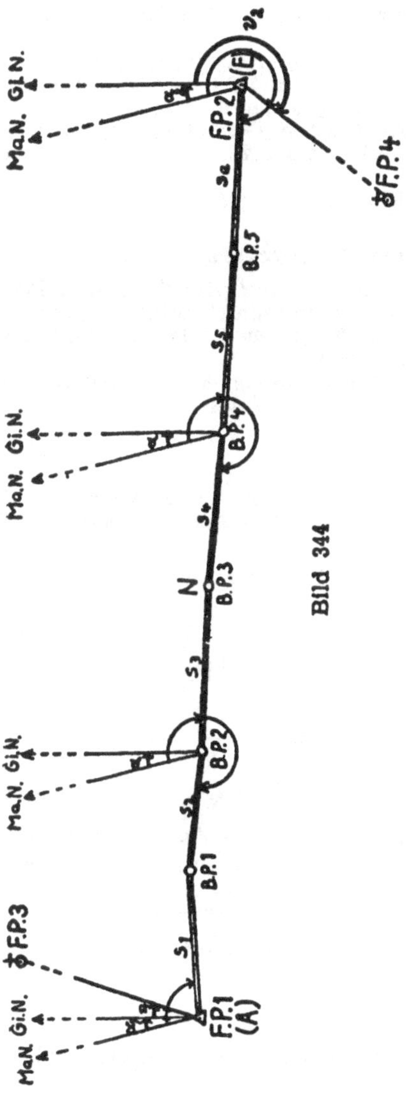

Bild 344

f) Bussolen-Kompaßzug.

„Der „Bussolen-Kompaßzug" ist ein fortgesetztes „Anhängen", bei dem als Anschlußrichtungen magnetische Richtungen genommen und die erforderlichen Winkel- und Streckenmessungen nur auf jedem zweiten Brechpunkt, in „Springständen", ausgeführt werden."

Er findet in dichten Waldgebieten Anwendung, wo die Zugseiten, die Abstände der Brechpunkte von einander, noch wesentlich verkürzt werden müssen. Auch der Bussolenzug bildet die Grundlage für Geländeaufnahmen; seine Genauigkeit ist bei Innehaltung der nötigen Sorgfalt sehr groß. Bei der Aufnahme von Eigentumsgrenzen ist seine Anwendung nicht zulässig.

Feldarbeit:

Im Anfangspunkt FP 1 wird der Anschlußwinkel von Magnetisch Nord beobachtet und die Strecke nach BP 1 tachymetrisch gemessen; sodann erfolgt auf BP 2 die Winkelmessung von Ma N nach BP 1 und BP 3 und die Streckenmessung zu beiden Punkten; es folgen laufende Messungen, bis auch im Endpunkt FP 2 als Abschlußpunkt der Winkel von Ma N nach FP 4 und FP 5 gemessen ist.

Auf Eisenfreiheit von Gerät, **Beobachter** (!) und Umgebung ist zu achten!

Die Länge der Seiten beträgt etwa 50—60 m.

Auswertearbeit:

Die Auswertung erfolgt in gleicher Weise zeichnerisch wie rechnerisch sinngemäß wie beim Polygonzug.

Bestimmung des Anschlußrichtungswinkels erfolgt gem. Bild 344 wie die des Abschlußrichtungswinkels in FP 2 nach FP 4 möglichst zweimal. Infolge der verschiedenartigen Schwankungen der Magnetnadel ist nicht immer mit der gewohnten trigonometrischen Genauigkeit zu rechnen. Darum wird als Mißweisung α zunächst das artihmetische Mittel zwischen α_1 und α_2 eingesetzt.

Der übrige Rechengang gleicht dem des Polygonzuges.

k) Bestimmung von Kleinpunkten.

„Kleinpunkte werden ‚innerhalb einer Messungslinie' durch einfache Längenmessungen, ‚außerhalb einer Messungslinie' durch ‚Seitwärtslegen', d. h. durch Messung der rechtwinkelig von der Messungslinie abgehenden Strecke zum Neupunkt, vermessen."

Kleinpunkte werden in der Stückvermessung zur Aufnahme von Geländepunkten und beim Kurvenabstecken benötigt.

1. Innerhalb der Messungslinie:

Feldarbeit:

Im Rahmen des Polygonzuges wird innerhalb der Polygonseite AE als Messunslinie die Strecke Δs_N zwischen dem Polygonpunkt A und dem Neupunkt N gemessen.

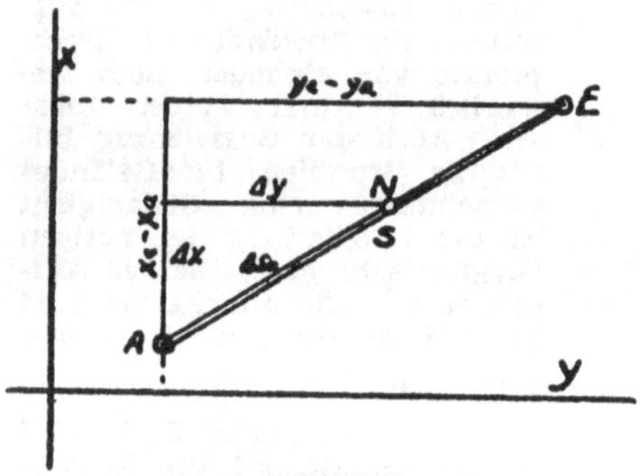

Bild 345

Rechenarbeit:

$$\frac{s}{y_e - y_a} = \frac{\Delta s_n}{\Delta y}; \quad \frac{s}{x_e - x_a} = \frac{\Delta s_n}{\Delta x}$$

$$\Delta y = \frac{y_e - y_a}{s} \cdot \Delta s_n;$$

$$\Delta x = \frac{x_e - x_a}{s} \cdot \Delta s_n$$

$$\frac{y_e - y_a}{s} = o \qquad \frac{x_e - x_a}{s} = a$$

$$\Delta y = o \cdot \Delta s_n \qquad \Delta x = a \cdot \Delta s_n$$

$$\Delta y = y_n - y_a \qquad \Delta x = x_n - x_a$$

$$\underline{\underline{y_n = y_a + o \cdot \Delta s_n}}$$

$$\underline{\underline{x_n = x_a + a \cdot \Delta s_n}}$$

[306]

2. Außerhalb der Messungslinie:

Feldarbeit:

Auf der Messungslinie (Polygonseite) AE wird der Lotfußpunkt P bestimmt und die Strecke AP sowie PN gemessen.

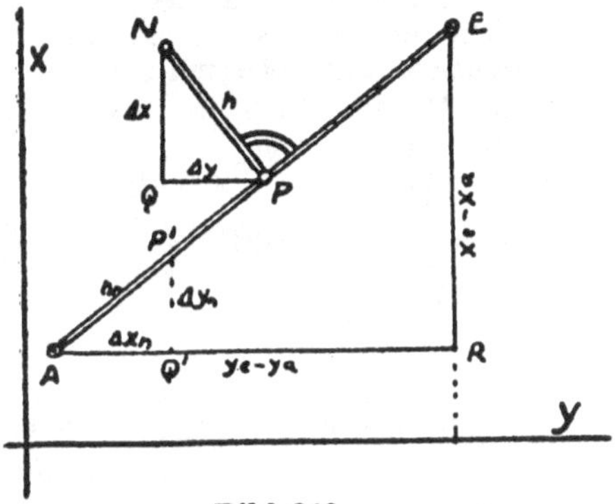

Bild 346

Rechenarbeit:

Gem. [306] ist

$y_n = y_a + o \cdot \Delta s_n - \Delta y_n$

$x_n = x_a + a \cdot \Delta s_n + x_n$

Δy_n und Δx_n ergeben auf Grund der Ähnlichkeit der Dreiecke AER und NPQ

$NP = AP^1 = h_n$

$NQ = AQ^1 = \Delta x_n$

$QP = Q^1P^1 = \Delta y_n$

$$\Delta x_n = \frac{y_e - y_a}{s} \cdot h_n$$

$$\Delta x_n = \frac{x_e - x_a}{s} \cdot h_n$$

$$\frac{y_e - y_a}{s} = o \qquad \frac{x_e - x_a}{s} = a$$

$$\Delta x_n = o \cdot h_n \qquad \Delta y_n = a \cdot h_n$$

$$\left.\begin{aligned} y_n &= y_a + o \cdot \Delta s_n - a \cdot h_n \\ x_n &= x_a + a \cdot \Delta s_n + o \cdot h_n \end{aligned}\right\} \text{ bei links von AE liegendem N.}$$

$$\left.\begin{aligned} y_n &= y_a + o \cdot \Delta s_n + a \cdot h_n \\ x_n &= x_a + a \cdot \Delta s_n - o \cdot h_n \end{aligned}\right\} \text{ bei rechts von AE liegendem N}$$

[307]

3. In einem Bogen:

Alle koordinatenmäßig errechneten Bogenpunkte außer den Bogenhauptpunkten heißen Kleinpunkte. Ihre Bestimmung erfolgt nach den im Abschnitt C V 3 einzeln besprochenen. Verfahren.

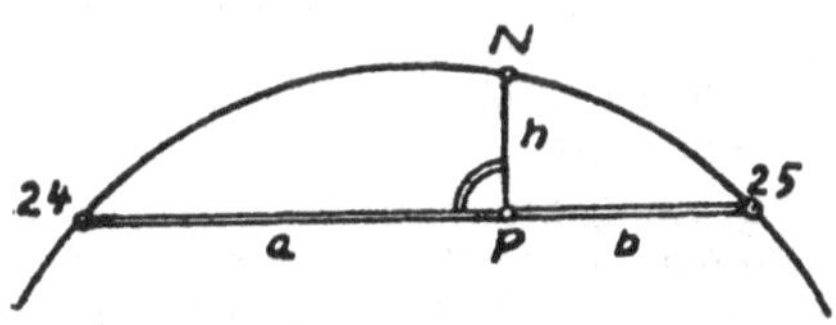

Bild 347

Feld- und Rechenarbeit:

Eine weitere Verdichtung der vorhandenen Kleinpunkte kann nach Bild 347 erfolgen: Messung der Sehnenabschnitte a und b zwischen zwei Kleinpunkten: $h = \frac{a \cdot b}{2r}$. [308]

l) Vermessung von Bögen (Kurven).

Das Vermessen von Bögen (Krümmungen oder Kurven) nimmt in der Vermessungslehre einen besonderen Platz ein, ist sehr interessant und vielseitig zu handhaben. Es seien hier nur die einfachsten Methoden mit den geringsten Hilfsmitteln erwähnt:

1a.) **Ermitteln des Halbmessers** eines bereits vorhandenen Bogens **über Sehne** und **Pfeilhöhe** (Sehnenabschnitt).

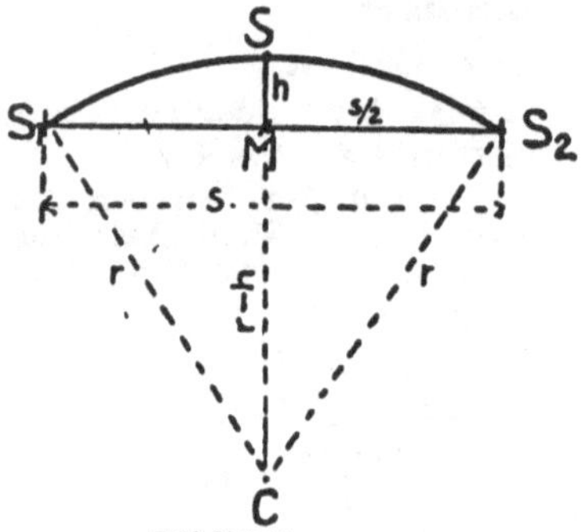

Bild 348

a) Beliebige Sehne $S_1 S_2 = s$ von dem Bogen abschneiden, Länge messen, Mitte M ermitteln;

b) In M die Pfeilhöhe MS = h messen;

c) Errechnen von r aus $\triangle$ C M S_2

$$r^2 = \left(\frac{s}{2}\right)^2 + (r-h)^2$$

$$r = \frac{s^2}{8h} + \frac{h}{2} \qquad [309]$$

Ist h kleiner als $\frac{1}{100} \cdot \frac{s^2}{8h}$, so kann es vernachlässigt werden; es entsteht die **Gebrauchsformel:**

$$r \approx \frac{s^2}{8h} \qquad [309a]$$

1b.) **Ermitteln des Halbmessers** über **Sehne** und **Pfeilhöhe** kann aber auch über ein **gleichbleibendes** Sehnenmaß erfolgen. Wie wär's, wenn eine kleine Seite im Notizbuch folgende kleine Tabelle aufnähme? Sie hat Gültigkeit für eine **Sehne von 20 m Länge:**

Gem. (309a): $r \approx \frac{s^2}{8h} \approx \frac{400}{8h} \approx \frac{50}{h}$

s = 20 m

r	h	r	h
m	m	m	m
10	5,00	110	0,46
20	2,50	120	0,42
30	1,67	130	0,38
40	1,25	140	0,36
50	1,00	150	0,33
60	0,83	160	0,31
70	0,71	170	0,29
80	0,63	180	0,28
90	0,56	100	0,26
100	0,50	200	0,25

Beispiel:

a) Beträgt bei einer Sehne von 20 m die Pfeilhöhe 0 60 m, so gehört der Bogen zu einem Halbmesser von rd. 80 m oder

b) ein Bogenhalbmesser von 120 m erfordert eine Pfeilhöhe von 0,42 m. (Beispiel für Nachprüfen eines Bogens.)

2.) Ermitteln des **Bogenhalbmessers über die Tangente.** Dieses Verfahren wird anzuwenden sein wenn weder eine beliebige Sehne nach 1a, noch eine 20-m-Sehne nach 1b gelegt werden kann, z. B. an einen Bogen im Fluß- oder Kanalbett.

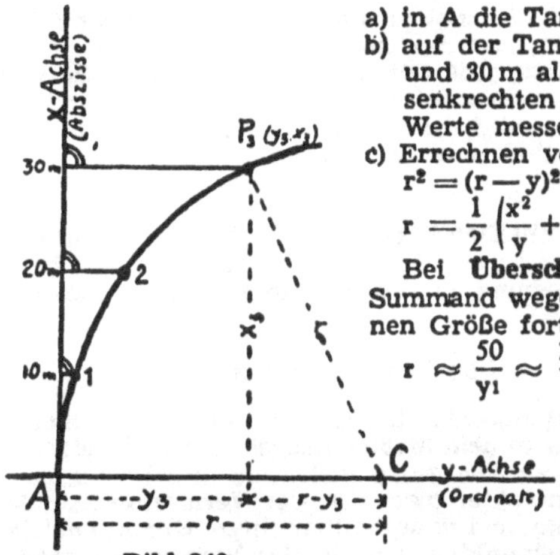

Bild 349

a) in A die Tangente an den Bogen legen;
b) auf der Tangente die Entfernungen 10, 20 und 30 m als x-Werte abstecken und die senkrechten Abstände zum Bogen als y-Werte messen;
c) Errechnen von r:

$$r^2 = (r - y)^2 + x^2$$

$$r = \frac{1}{2}\left(\frac{x^2}{y} + y\right)$$

Bei **Überschlagsrechnungen** kann y als Summand wegen seiner verhältnismäßig kleinen Größe fortfallen. Es ist dann

$$r \approx \frac{50}{y_1} \approx \frac{200}{y_2} \approx \frac{450}{y_3}$$

Bei doppeltem Gewicht von y_2 und y_3 ergibt sich als praktische Gebrauchsformel für den Bogenhalbmesser:

$$r \approx \frac{10}{y_1} + \frac{80}{y_2} + \frac{180}{y_3}$$

Es sei hier nochmals betont, daß das eine **reine Überschlagsformel** ist, anwendbar **beim Fehlen jeglichen Tabellenmaterials**, ohne jede Feinheit und ohne Anspruch auf mathematische Genauigkeit!

Beispiel: Auf den Tangentenentfernungen 10, 20, 30 m sind die Ordinaten 0,384 m, 1,764 m und 3,816 m gemessen worden.

$$r \approx \frac{10}{0{,}384} + \frac{80}{1{,}764} + \frac{180}{3{,}816} = 26{,}4 + 45{,}3 + 47{,}2 = 118{,}9; \quad \text{also } \mathbf{r \approx 120\,m.}$$

3.) Topographische Vermessung von Bögen.

Die topographische Vermessung, Aufnahme, von Bögen und Krümmungen geschieht von der Tangente aus oder von einer beliebigen Messungslinie in ungefährer Tangentenrichtung. Die senkrechten Ordinaten $y_0 - y_9$ werden je nach dem Grad der Krümmung, dem Zweck der Aufnahme und dem Maßstab in verschiedenen Entfernungen gemessen und eingetragen; ihre Endpunkte werden gradlinig verbunden; die Verbindungslinie wird dann als Bogen ausgezeichnet.

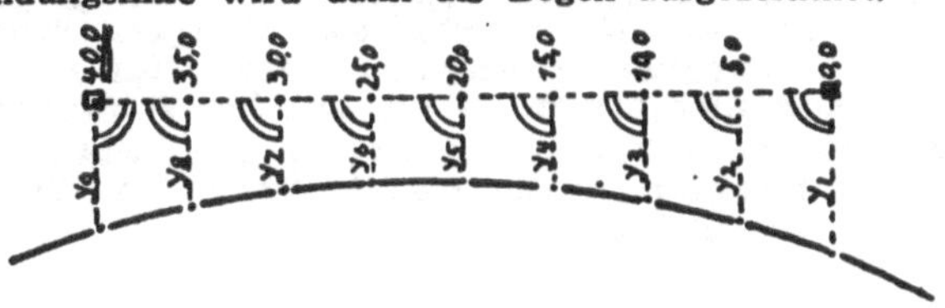

Bild 350

4.) Trigonometrische Vermessung von Bögen, insbesondere von Gleisbögen.

Die trigonometrische Vermessung von Bögen wird mit dem Theodoliten meist von der Tangente aus durchgeführt; die Tangentenabschnitte (Abszissenwerte) werden klein (2—5 m) gewählt; genaueste Arbeit mit Theodolit und Nadel auf den Tangenten- und Achspunkten sowie genaue Vermessung der Höhe ist notwendig, um die einwandfreie Lage des Bogens zu bestimmen.

Abseits vom Gleis oder in der Bahnachse werden Gleisfestpunkte gesetzt, die es ermöglichen, die Lage des Gleises sowohl in seiner horizontalen wie in seiner Höhenlage jederzeit zu überprüfen und die alte Lage wiederherzustellen. Sie werden auf irgend eine Art dauerhaft vermarkt und oft in das Reichs- und Landesfestpunktnetz einbezogen. Die gegebenen Sondervorschriften sind genau zu beachten.

Kontrolle:

Für die Richtigkeit des ermittelten Ergebnisses zu 1.) und 2.) spricht, falls es sich um reine Bögen, nicht um Korb- und Übergangsbögen handelt, die Wiederholung der Messung an anderer Stelle oder die Anwendung eines anderen Verfahrens.

m) Photogrammetrische Lagebestimmung.

Der Umfang des Kleinen Handbuchs läßt es nicht zu, auf die photogrammetrische Lagebestimmung in dem Maße einzugehen, wie ihr eigentlich zukommt. Es sei hier nur auf die große Bedeutung der Photogrammetrie, vor allem der Stereophotogrammetrie in der Vermessungskunde hingewiesen; sie geht unbeirrbar und unaufhaltbar ihren Weg sowohl in der Lagebestimmung von Einzelpunkten wie in der Vermessung großmaßstäblicher und kleinmaßstäblicher Karten und Pläne. Bei Aufnahme der Grundkarte 1 : 5000, bei Städteplanungen, bei Großraumaufnahmen der Arktis und des afrikanischen Raumes wie bei alpinen Unternehmungen und Forschungs-Expeditionen ist die Photogrammetrie nicht mehr hinwegzudenken. Ein Meßtischblatt wird mit Hilfe von Luft- und Erdbildern in einem Bruchteil der Zeit hergestellt, in der es mit anderen Mitteln der Topographie, sei das nun mit dem ehrwürdigen Meßtisch und der Kippregel oder mit modernen Tachymetertheodoliten, möglich ist.

Die **Feldarbeit** wird für Erdaufnahmen mit dem Phototheodoliten an den Endpunkten einer mit einer Invar-Basislatte von 1 bis 3 m Länge genau gemessenen Basis, für Luftaufnahmen mit einem Reihenbildgerät oder mit anderen Spezialkammern, die eine automatische 30prozentige bzw. 60prozentige Überdeckung der Bilder sicherstellen, ausgeführt.

Für die **Auswertearbeit** gibt es eine große Anzahl von Methoden und Geräten, angefangen von der Einzelpunktauswertung ohne Gerät bis zur Großraumauswertung, vom Papierstreifen, dem Spiegelraumglas mit Meßschraube zum Stereokomparator, vom Multiplex über das Entzerrungsgerät zum Stereoautographen oder Aerotographen von der zeichnerischen Nadirpunkttriangulation bis zur optischen Auswertung.

Ein sehr interessantes Feld der Betätigung und lohnendes Arbeitsgebiet der Zukunft für jeden vorwärtsstrebenden Vermessungsfachmann!

2. Höhenbestimmung.

Die „Höhe eines Punktes bestimmen" heißt, seinen lotrechten Abstand vom Landeshorizont ermitteln.

Zu diesem Ziel führen vier Arten von Höhenbestimmungen:

a) Die genauesten Ergebnisse werden durch **geometrische Messungen** (Nivellieren, Einwägen) erzielt: Mit Instrumenten verschiedener Art (hydrostatische Geräte, Setzwaage, Nivellierinstrument) werden die relativen Höhenunterschiede h als Vertikalabstände zwischen den durch den Festpunkt und den Neupunkt gelegten parallelen Horizontalebenen gemessen, die dann auf die absoluten Höhen H über dem Landeshorizont (NN) berechnet werden. Die geometrische Höhenbestimmung findet bei allen genauen Höhenvermessungen, angefangen beim Präzisionsnivellement und endigend bei Höhenvermessungen für Bauzwecke jeglicher Art Anwendung. Die Genauigkeit beträgt etwa ± 1 mm bis ± 1 cm.

b) Die **trigonometrische Höhenbestimmung:** Der Höhenunterschied h zwischen dem Festpunkt und dem Neupunkt wird auf trigonometrische Art nach erfolgter Vertikalwinkelmessung und Streckenermittlung, ausgehend von der Horizontallinie oder von der Zenitlinie, ermittelt. Die trigonometrische Höhenbestimmung findet Anwendung im Verlauf der trigonometrischen Punktbestimmung, zur Ermittlung von Ziel- und Signalhöhen und zur Herstellung von Geländeprofilen und Höhenplänen in steilem Gelände. Die Genauigkeit beträgt etwa ± 1 cm bis ± 1 dm.

c) Die **barometrische Höhenbestimmung** wird dort angewandt, wo die vorgenannten Verfahren nur schwer zum Ziele führen: in schwerzugänglichen, steilen und bewaldeten Gebieten, auf Forschungsexpeditionen, bei Höhenmessungen in der Luft. Sie beruht auf der Tatsache, daß der Luftdruck mit zunehmender Höhe gesetzmäßig um etwa 1 mm auf rd. 11 m Höhenunterschied (Barometrische Höhenstufe) abnimmt. Die erzielte Genauigkeit beträgt etwa ± 1 m bis ± 3 m.

d) Die **photogrammetrische Höhenmessung** bedient sich der Raumwirkung des Stereomeßbildes. Schwer zugängliche Gebiete, vor allem Hochgebirge und größere Kultur- und Industrieanlagen (z. B. Talsperren) sind dankbare Objekte für photogrammetrische Aufnahmen und Messungen von der Erde oder von der Luft aus. Die photogrammetrischen Höhenmessungen vermitteln eine wertvolle Ergänzung wichtiger Forschungs- und Expeditionsergebnisse. Die erreichbare Genauigkeit schwankt zwischen ± 1 dm und ± 1 m.

a) Geometrische Messung.

„Die Höhe eines Punktes wird **geometrisch** bestimmt, indem der Höhenunterschied h zwischen einem Festpunkt und dem Neupunkt durch **Nivellieren,** d. h. durch Feststellen des senkrechten Abstandes der durch beide Punkte gelegten parallelen Horizontalebenen **oder über einfache geometrische Figuren** ermittelt wird; die Strecke braucht nicht bekannt zu sein."

Die Höhenbestimmung durch Nivellieren ist die genaueste.

Das Nivellieren wird zur Höhenbestimmung einzelner wie einer Reihe von Punkten bei Planungen und beim Bau von Straßen und Eisenbahnen, von Kanälen und Tunneln angewandt.

Während die geometrischen Höhenmessungen (Nivellieren) mit hydrostatischen Geräten (Wasser als Hilfsmittel z. B. Schlauchwaage, Kanalwaage), mit der Setzlatte nach Art der Staffelmessung oder mit Nivelliergeräten durchgeführt werden können sie folgenden Zwecken dienen:

1. Bestimmung einzelner Punkte — Punktnivellement — für Bauzwecke und als Ausgangspunkte für Längs- und Querprofile, für Flächennivellements und für Geländeaufnahmen;

2. Bestimmung ganzer Linien zur Ermittlung von Längs- und Querprofilen unter gleichzeitiger Messung der Strecken;

3. Bestimmung einer Masse von Punkten — Flächennivellement — in wenig geneigtem Gelände zur Herstellung von Höhenplänen mit Höhenschichtlinien vor allem für bautechnische Zwecke nach erfolgter Horizontalvermessung.

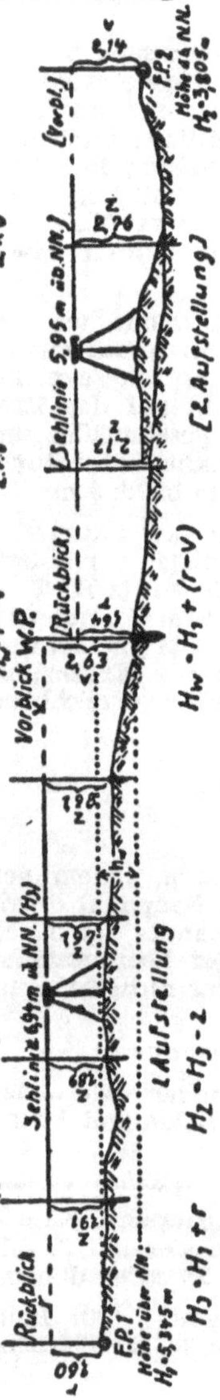

Bild 351

Feldarbeit:

Bild 351 zeigt die Feldarbeit mit einem Nivelliergerät, wie sie **in der Bautechnik** beim Feldmessen üblich ist. Sämtliche Einzelheiten gehen aus dem Bild hervor.

Auf standhaften Untergrund des Nivelliergeräts und der Nivellierlatte, vor allem in den Wechselpunkten, muß geachtet werden.

Für reine Punktnivellements, für Strecken- und Schleifenmessungen der **Feinnivellements** genügt diese Art der Stationierung nicht; vielmehr wird das Nivellierinstrument jeweils zwischen zwei Punkte aufgestellt; es wird „aus der Mitte" gemessen: die Zielweiten werden, um den Einfluß der Strahlenbrechung, vor allem aber den Einfluß etwa noch vorhandener Gerätefehler auszuschalten, etwa gleich groß gewählt.

Die Feldarbeit wird möglichst in einem Höhenfestpunkt begonnen, auch wenn die Höhenbestimmung nur örtliche Bedeutung für die Baustelle hat, über den oder die Neupunkte geführt und auf einen anderen Höhenfestpunkt oder dem Ausgangspunkt abgeschlossen.

Die Entfernungen werden je nach der innezuhaltenden Genauigkeitsgrenze und der Güte des Instruments, nach dem Gelände und den Luftverhältnissen, zwischen 25 und 100 m und noch darüber gewählt werden.

Bild 352 u. 353 zeigen Beispiele für die Höhenbestimmung mit Hilfe geometrischer Figuren. Während in Bild 352 ein **Winkel von bestimmter Größe** Anwendung findet, wird in Bild 353 eine **Strecke** h von bestimmter Länge eingeschaltet. Auf die Messung und Berücksichtigung von h_1 bei der endgültigen Höhenbestimmung des Objekts $h \pm h_1$ ist zu achten.

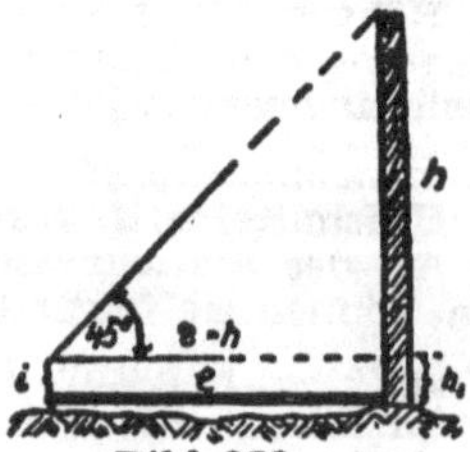

Bild 352

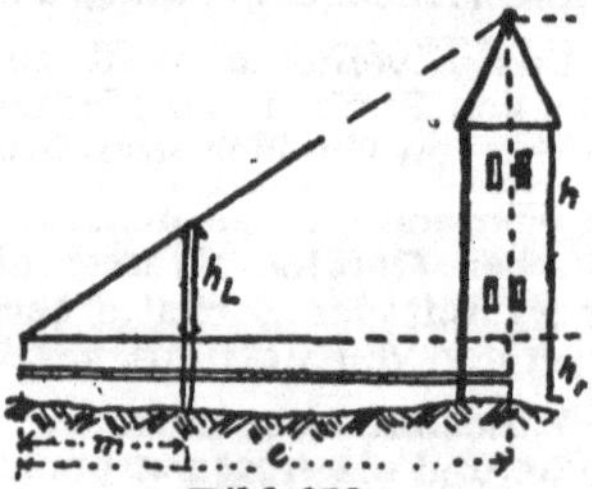

Bild 353

Höhenbestimmungen in Wasserläufen zur Herstellung von Querprofilen werden mit Peilleine und Peilstange ausgeführt.

Auswertearbeit:

Die Auswertearbeit beim Nivellieren wird meist mit der Feldarbeit gleichzeitig durchgeführt; sie besteht im fortlaufenden Feststellen der Höhenunterschiede $h = r - v$ von Aufstellungsort zu Aufstellungsort und Messung zu Messung; als Feldbuch für Höhenmessung in der Bautechnik bewährt sich das Formular gem. Teil D, 11.

Beim Errechnen der Höhen mögen folgende Grundsätze beachtet werden:

a) für die Höhenbestimmung: Punkthöhe = Instrumentenhöhe — Ablesung
$H_J = H_1 + r$; $H_1 = H_J - v$; $H_2 = H_J - z$ s. Bild 351;

b) für das Umsetzen: **Neue Instrumentenhöhe = Wechselpunkthöhe + Ablesung!** $H_J = H_W + r$ s. Bild 351 2. Aufstellung.

Die Höhe einer Fläche in mäßig geneigtem Gelände wird durch ein Flächennivellement nach Legen eines Rostes (5—20 m je nach Geländeform) oder durch Bestimmen von Geländequerschnitten bestimmt und ausgewertet. Die Auswertung der „mittleren Höhe" einer Fläche gem. Bild 354 findet bei Planierungsarbeiten Anwendung.

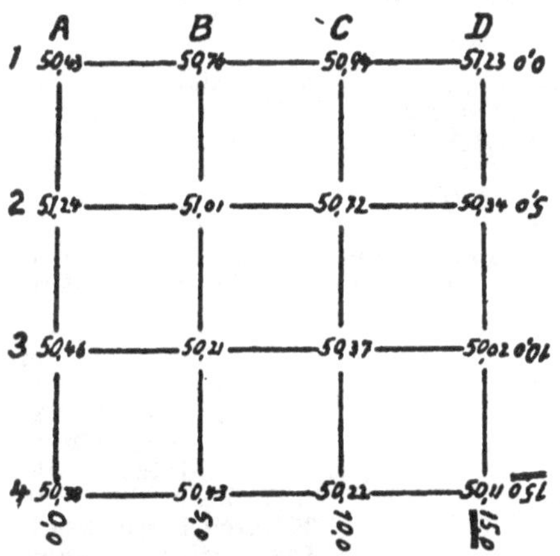

Bild 354

Punkt (1)	Höhe (2)	Faktor (3)	(2)·(3)
A 1	50,43	1	43*
A 2	51,24	2	248
A 3	50,46	2	92
A 4	50,38	1	38
B 1	50,76	2	152
B 2	51,01	4	404
B 3	50,21	4	84
B 4	50,43	2	86
C 1	50,94	2	188
C 2	50,72	4	288
C 3	50,37	4	148
C 4	50,22	2	44
D 1	51,23	1	123
D 2	50,34	2	68
D 3	50,02	2	4
D 4	50,11	1	11
		36	2021

2021 : 36 = 56,1. Mithin beträgt die mittlere Höhe: 50,00 m + 0,56 m = 50,56 m

*) Als Rechenvorteil ist nur mit den Zahlenwerten „über 50" gerechnet worden.

Die Auswertung der Höhenbestimmung über einfache **geometrische Figuren** ergibt bei Bild 352: $h = e$, bei Bild 353 $h = \frac{e \cdot h_L}{m}$, wobei stets h_1 die Höhe unter oder oberhalb der Waagerechten, berücksichtigt werden muß.

Kontrolle:

Beim Nivellieren liegt die Kontrolle

a) in zweimaliger Messung, am besten in verschiedenen Richtungen, was gleichzeitig die Meßgenauigkeit erhöht,
b) im Vergleich der ermittelten Höhe des Abschlußfestpunktes mit seiner wirklichen Höhe oder Rückkehr zum Ausgangspunkt,
c) im Vergleich der Summendifferenzen aller Rück- und aller Vorblicke $h = \Sigma r - \Sigma v$, mit der Höhendifferenz zwischen Anfangs- und Endpunkt,
d) im Vergleich der Summendifferenz aller „Steigen"- und „Fallen"-Werte mit der Summe aller Rück- und Vorblicke (nur Rechenkontrolle) und der Höhendifferenz zwischen Anfangs- und Endpunkt als **Meßkontrolle.** (s. Teil D 11.)
e) in der Durchführung des Nivellements mit doppelten Wechselpunkten oder mit zwei Instrumenten

Als **Anhalt** für einen tragbaren Abschlußfehler: $9 \cdot \sqrt{hm}$ (mm), wobei hm die Anzahl der „Hundertmeter" bedeutet; der Abschlußfehler würde somit bei 1 km 28 mm, bei 2 km 40 mm, 3 km 49 mm, 4 km 57 mm und 5 km 64 mm betragen. **Behördenvorschrift ist maßgebend!**

b) Trigonometrische Messung.

„Die Höhe eines Punktes über NN wird **trigonometrisch** bestimmt, indem der Höhenunterschied zwischen Festpunkt und Neupunkt durch **Winkelmessung** ermittelt wird; die Strecke muß bekannt sein."

Feldarbeit:

Zur trigonometrischen Höhenbestimmung werden stets nur die nächstgelegenen Festpunkte auf etwa gleichgroßen Entfernungen benutzt, da sonst mit zunehmender Entfernung die Erdkrümmung und die Strahlenbrechung (Refraktion), deren Einfluß auf Entfernungen von über 300 m an berücksichtigt werden muß, infolge der Unsicherheit des wirklichen Refraktionswertes die innezuhaltende Genauigkeitsgrenze in Frage gestellt werden würde, was in den großen Abweichungen zwischen den Einzelbestimmungen zu erkennen ist; ihr Einfluß wächst mit dem Quadrat der Entfernung.

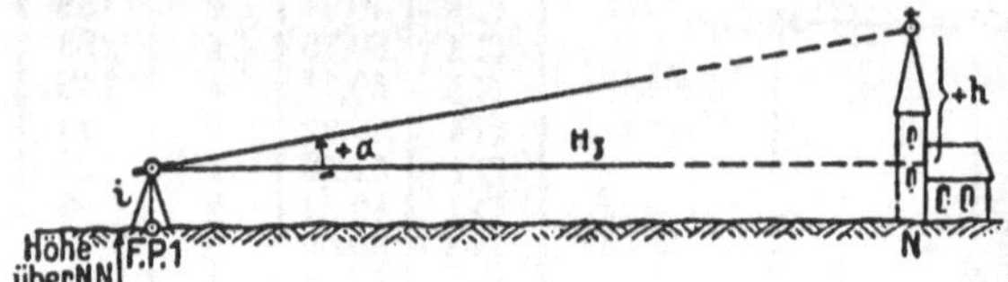

Bild 355

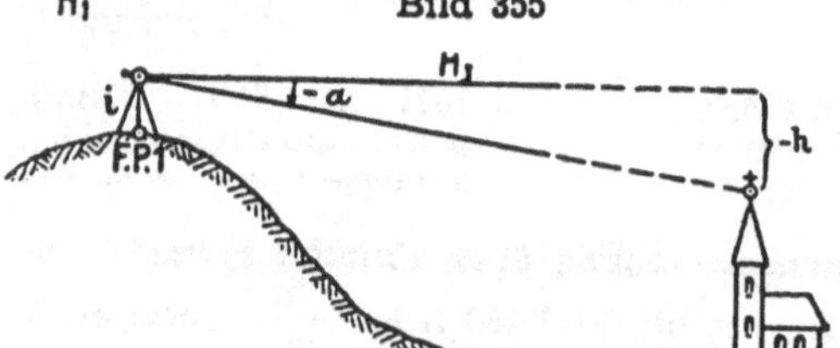

Bild 356

Von mindestens drei Festpunkten aus werden die Höhen- oder Tiefenwinkel gem. Bild 355 u. 356 mit Theodolit oder Kippregel gemessen. Die Strecke **kann** der Karte entnommen werden; sonst wird die trigonometrisch errechnete oder die mit Meßband gemessene Entfernung eingesetzt. Wird die Höhe eines Bodenpunktes von Hochpunkten aus bestimmt, so ändert

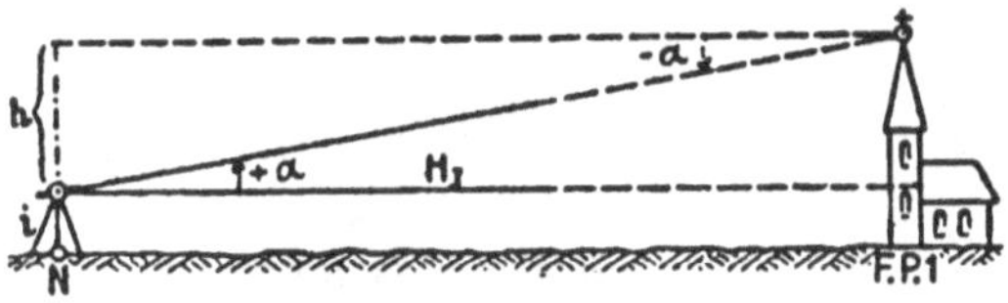

Bild 357

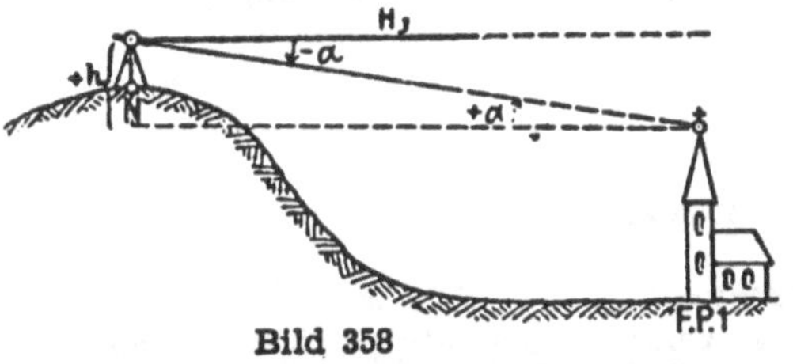

Bild 358

sich an der Feldarbeit nichts.

Für die Höhenbestimmung selbst, die **stets vom Festpunkt aus** gerechnet wird wird der in N beobachtete Winkel als Gegenwinkel an Parallelen so eingesetzt, als ob er im Festpunkt selbst beobachtet worden wäre (Bild 357 und 358); der beobachtete Höhenwinkel wird so zum Tiefenwinkel, der Tiefenwinkel zum Höhenwinkel.

Bei der Feldarbeit ist darauf zu achten, daß sowohl im Festpunkt wie im Neupunkt die vorhandenen Höhen, Instrumentenhöhe i und Höhe des Zielpunktes z (Tafelkreuz) über dem vermarkten Bodenpunkt gemessen werden!

Die Höhenmessungen zwecks Herstellung von Querprofilen in steilem Gelände werden zweckmäßig von einem Achspunkt aus durchgeführt.

Auswertearbeit:

Die Auswertung erfolgt entweder rechnerisch oder mit Hilfe einer Zahlen- oder graphischen Kotentafel. Es ist oft zweckmäßig, bei Höhenbestimmungen eine Skizze von der Lage der einzelnen Größen zueinander anzufertigen, um Irrtümern zu entgehen.

a) Formeln: $\text{tg}\,\alpha = \frac{h}{s}$; $h = s \cdot \text{tg}\,\alpha$ · oder bei Messungen vom Zenit: $h = s \cdot \text{cotg}\,z$ [311]

b) Rechengang:

1.) Errechnung von s gem. [301] und [304]; meist wird die Entfernung jedoch den bereits durchgeführten Koordinatenberechnungen, dem Seitenwinkelregister, dem Abriß oder einer großmaßstäblichen Karte entnommen werden.

2.) Berechnung von h gem. [311], das mit den gleichen Vorzeichen wie α, **vom Festpunkt aus gesehen,** eingesetzt und von mindestens drei Punkten aus bestimmt wird.

3.) Berücksichtigung der Erdkrümmung und der Strahlenbrechung sowie der Horizontalkorrektur (Tabellen).

4.) Ermittlung der absoluten Höhe H aus der Höhe des Festpunktes, den unter 2.) und 3.) errechneten Werten, der Instrumentenhöhe i und der Zielhöhe z.

Der Einfluß der **Erdkrümmung** ist in Bild 359 veranschaulicht. Zu der trigonometrisch gemessenen und errechneten Höhe ist h_1 **als durch die Erdkrümmung** verursachten Abstand zwischen dem Landeshorizont (NN) und dem Instrumentenhorizont noch **hinzuzuzählen**, um die wirkliche Höhe von N über den Landeshorizont zu erhalten.

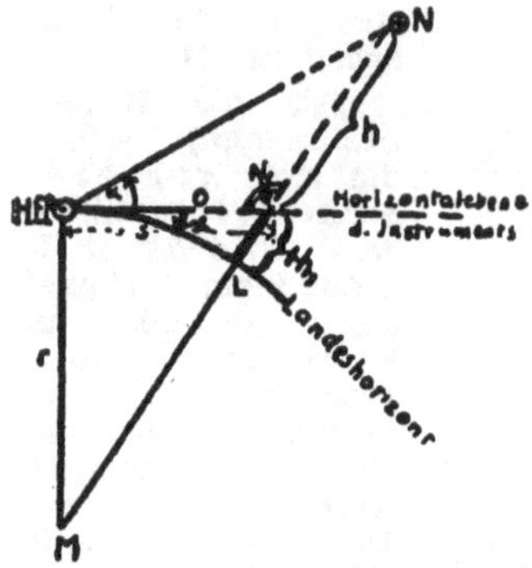

h_1 = Einfluß der Erdkrümmung:

$$h_1 = + \frac{s^2}{2r} \qquad r = 6\,370 \text{ km}$$

Bild 359

Den Einfluß der **Strahlenbrechung** zeigt Bild 360.

Der durch Luftschichten verschiedener Dichte hindurchgehende Strahl H. F. P. - N folgt den optischen Brechungsgesetzen, sodaß die beim Anschneiden von N am Höhenmeßinstrument eingestellte Richtung

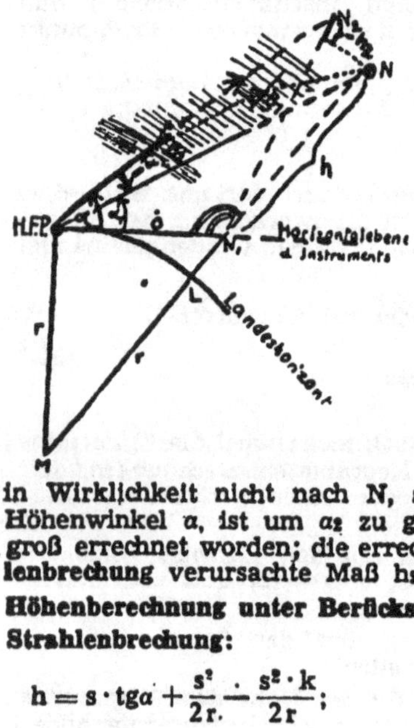

$h_2\ (\alpha_2)$ = Einfluß der Strahlenbrechung

$$h^2 (\alpha_2) = -\frac{s^2 \cdot k}{2r} \qquad k = \text{Brechungsfaktor} = 0{,}13$$

Bild 360

in Wirklichkeit nicht nach N, sondern in Richtung auf N_2 zeigt; der Höhenwinkel α, ist um α_2 zu groß gemessen und die Höhe von N zu groß errechnet worden; die errechnete Höhe ist um das durch die **Strahlenbrechung** verursachte Maß h_2 zu **verringern.**

Höhenberechnung unter Berücksichtigung von Erdkrümmung und Strahlenbrechung:

$$h = s \cdot tg\alpha + \frac{s^2}{2r} - \frac{s^2 \cdot k}{2r};$$

$$h = s \cdot tg\alpha + \frac{s^2}{2r}(1-k);$$

$$h = s \cdot tg\alpha + 0{,}87 \cdot \frac{s^2}{2r}$$

$$H_N = H_{HFP} + i + h \qquad [312]$$

Die Einwirkungen der Erdkrümmung und der Strahlenbrechung auf die Höhenbestimmung eines Punktes sind also entgegengesetzt; der Einfluß der Strahlenbrechung ist etwa $^1/_8$ so groß wie der der Erdkrümmung.

Auf die Ableitung der Formeln ist verzichtet worden.

Kontrolle:

Vergleich und Ausgleich unter gewichtsmäßiger Berücksichtigung der Strecken von mindestens drei, wenn nicht von vier Festpunkten aus, auf möglichst kurzer und gleichmäßiger Entfernung durchgeführten Höhenbestimmung. Die **Streckengewichte** stehen bei der Höhenbestimmung in **umgekehrtem Verhältnis** zur Entfernung.

c) durch barometrische Messung.

„Die Höhe eines Punktes über NN wird **barometrisch** bestimmt, indem der Höhenunterschied zwischen Festpunkt und Neupunkt mit Hilfe von Luftdruckmessungen in beiden Punkten und der barometrischen Höhenstufe ermittelt wird; Streckenmessungen werden nicht benötigt."

Die barometrische Höhenvermessung wird meist zur Einschaltung von Höhenpunkten zwischen vorhandene Höhenfestpunkte und zwar da angewandt, wo Geländeschwierigkeiten eine andere Höhenmessung nicht zulassen, was besonders in bewaldeten Gebirgsgegenden der Fall ist. Wälder, Höhenrücken, Entfernungen im Umkreis von etwa 10 km vom Ausgangspunkt hindern nicht die Durchführbarkeit der Feldarbeit.

Die Messungen werden meist mit dem Aneroidbarometer (Dosenbarometer) durchgeführt; auch Siedethermometer werden zur Höhenmessung benutzt, während Quecksilberbarometer oder Stationsbarometer zum Barometervergleich herangezogen werden. Über Siedetemperaturen des Wassers s. Teil A. Siedetemperatur.

Die Genauigkeit der barometrischen Höhenvermessung beträgt bei Höhenunterschieden bis zu 250 m etwa 1 bis 2 m. Nachfolgend wird eine mit den **einfachsten** Mitteln durchführbare vergleichende Höhenmessung geschildert:

Feldarbeit:

Auf zwei der Höhe nach über NN bekannten Festpunkten und den dazwischenliegenden Neupunkten wird mit dem Dosenbarometer der Luftdruck gemessen. Jedes Barometer ist verwendbar; Barometervergleich ist nicht erforderlich, da es sich um keine absolute, sondern um eine vermittelnde, einschaltende Höhenvermessung zwischen bekannten Höhepunkten handelt. Die Messungen sollen zeitlich nicht mehr als eine Stunde auseinander liegen. Genauere Messungen erfordern noch die Ermittlung der Lufttemperatur mit dem Aspirationspsychrometer oder dem Schleuderthermometer.

Auswertearbeit:

Ermittlung der barometrischen Höhenstufe aus der Formel: $\frac{H_e - H_a}{b_a - b}$ wobei Ha die Höhe des Anfangs-(End-)punktes über NN, b der abgelesene Barometerstand auf beiden Punkten bedeutet; sodann erfolgt die Berechnung der Höhenunterschiede und der Höhen über NN für die einzuschaltenden Neupunkte.

Kontrolle:

a) Grobe Kontrolle der errechneten barometrischen Höhenstufe mit der normalen, gem. Teil A „barometrische Höhenstufe".

b) Wiederholte Messung möglichst unter Verwendung anderer Festpunkte oder als Rückgang im Anschluß an die beendete erste Messung.

d) photogrammetrische Messung.

„Die Höhe eines Punktes wird photogrammetrisch bestimmt, indem die Höhe des Neupunktes, von bekannten Höhen ausgehend, mit photogrammetrischen Auswertegeräten mit Hilfe von Stereomeßbildern und Stereomessungen ermittelt wird; Streckenmessungen mit Ausnahme der der Aufnahmebasis finden nicht statt."

Die photogrammetrische Höhenvermessung sei hier nur ihrer Wichtigkeit halber erwähnt.

Sie findet besonders bei der Vermessung von Gebirgsmassiven Anwendung und ist bei Forschungsreisen kaum durch ein anderes Verfahren ersetzbar. Wäre die Höhenvermessung des Himalajamassivs anders denkbar als auf photogrammetrischem Wege?

Auch die Höhenvermessung von niedrigen Gebirgsstöcken (Alpen, Apenninen) bietet der Photogrammtrie keine Schwierigkeiten, würde jedoch oft für die topographische Aufnahme mit der Entfernungslatte die Arbeit eines Menschenalters bedeuten!

Die photogrammetrische Höhenvermessung hat gegenüber der trigonometrischen und geometrischen Höhenvermessung unschätzbare Vorteile dort, wo es sich darum handelt Höhen in Verbindung mit der Erdbedeckung bildlich zu sehen, festzuhalten und danach Entschlüsse zu fassen. Der Verlauf einer in einer bestimmten Höhe zu ziehenden Staumauer, die Anlage einer neuen Straße mit bestimmtem Gefälle und Anpassung in das Landschaftsbild ist über das Stereobild besser auszuwerten und leichter in die Natur zu übertragen als nur über den Weg trigonometrischer Berechnungen und topographischer Zeichnungen. Die Höhenvermessungen, vor allem die rein technischer Art, werden meist durch erdphotogrammetrische Messungen ausgeführt.

Feldarbeit:

Für erdphotogrammetrische Messungen werden von zwei in ihrer horizontalen und vertikalen Lage bekannten Punkten mit dem Photo-Theodoliten Meßbilder aufgenommen; ihre Bildachsen laufen entweder parallel oder treffen sich in einem Orientierungspunkt.

Auswertearbeit:

Die Ausmessung der Erdbilder erfolgt meist unter Ausnutzung der Stereowirkung über ein Bildpaar entweder punktweise mit dem Stereo-

Komparator oder linienweise mit dem Stereo-Autographen, wodurch die Höhenschichtlinien unmittelbar gezeichnet werden. Bekannte Höhen werden als Ausgangspunkte benutzt.

Die Ausmessung der Luftbilder erfolgt in ähnlicher Weise. Bei nur hügeligem Gelände kommen die genauen Geländeformen infolge Bodenbedeckung oft nicht genügend zum Ausdruck, so daß ein Begehen des Geländes und Aufzeichnen der Höhenlinien an Hand der Gerippllinien zweckmäßig ist.

Kontrollen:

Die Kontrollen werden durch Wechsel des Ausgangspunktes, erneutes Einstellen des Gerätes und wiederholte Höhenauswertung sichergestellt.

e) Auswertung der Höhenvermessungen.

Die durchgeführten Höhenvermessungen werden je nach ihrem Bestimmungszweck verschiedenartig ausgewertet und verarbeitet:

1. **Einzelne Höhenpunkte:** Die ermittelten Werte werden in Höhenfestpunktverzeichnissen — Nivellementsverzeichnissen — zusammengestellt oder in Karten und Plänen eingetragen. Der Höhenpunkt selbst wird im Gelände je nach seinem Bestimmungszweck eindeutig und dauerhaft vermarkt.
2. **Ganze Reihen von Höhenpunkten** geben nach ihrer Auswertung oft die Grundlage zu Längs- und Querprofilen, die einen vertikalen Schnitt durch die Achse eines bestehenden oder projektierten Bauwerks oder einer Profillinie für ein Flächennivellement darstellen.
   Für die Ausarbeitung von **Längsschnitten** sind folgende Regeln üblich:
   a) Die Art der Ausarbeitung richtet sich nach dem Verwendungszweck; übersichtliche Klarheit müssen das Bedeutsame hervortreten lassen!
   b) Maßstab für die Länge ist meist gleich dem des Lageplans, oft 1:1000, für die Höhe meist 10-fach überhöht (bis 25-fach): 1:100.
   c) Ausgangshöhenlinie ist entweder NN oder eine Parallele zu NN; auch eine örtliche Nullinie kann Ausgangshöhenlinie sein. Einzeichnen weiterer Parallelen kann die Lesbarkeit des Längsprofils erhöhen.
   d) Höhenangaben sollen sich möglichst immer auf NN beziehen; **örtliche** Höhenangaben ohne Anschluß an NN oder die Karte dürfen **nur positive Zahlen** aufweisen.
   e) Höhenzahlen werden in einer solchen Dichte ermittelt und zahlen- und ordinatenmäßig eingetragen, wie es zur Erfassung der Geländeform nötig ist und da, wo Querprofile gelegt werden; sie werden stets voll ausgeschrieben und nicht gekürzt. Höhenzahlen
   für Geländehöhen werden schwarz,
   für Wasseroberflächen blau,
   für projektierte Bauwerke rot eingetragen.
   f) Linien, die den Verlauf der Ausgangshöhe, ihrer Parallelen, der Geländeoberfläche und vorhandener Bauwerke sowie die Ordinatenlinien der eingemessenen Höhenpunkte darstellen, werden schwarz, Wasserstandslinien blau und Linien von Bauprojekten rot gezeichnet.
   g) Flächen können farbig angelegt werden:
   Vorhandene Bauwerke: schwarz;
   Projektierte Bauwerke und Auftragsmassen: rot;

Abtragsmassen: gelb (auch: grau oder hellblau);
Gewachsener Boden: sepiabraun;
Gewässer: blau.

Querprofile, die senkrecht zur Achse und quer durch eine Fläche gelegt werden, sollen genügend breit sein, um ihrer Aufgabe zu genügen und um Nachtragsmessungen zu vermeiden. Sie dienen vorbereitenden Maßnahmen für Bauausführungen, Massenberechnungen und als Grundlage für Höhenpläne.

Für die zeichnerische Ausarbeitung der Querprofile gelten die gleichen Regeln wie für die Ausarbeitung der Längsprofile mit folgenden Zusätzen:

a) Zeichenmaterial: möglichst Millimeterpapier zur leichteren Flächenermittlung für Massenberechnungen.

b) Maßstab für Länge und Höhe im allgemeinen gleich, meist 1 : 100.

3. **Eine Masse von Höhenpunkten**, aus einem Flächennivellement oder aus tachymetrischen Aufnahmen gewonnen, auf eine Fläche verteilt, geben die Grundlagen für einen Höhenplan, die Ergänzung zum horizontalen Lageplan. Der Höhenplan soll ein kleines Stück Erde in seiner wirklichen Oberflächengestaltung anschaulich darstellen. Zu diesem Zweck dienen die Verbindungslinien der Punkte gleicher Höhe (Höhenschichtlinien, Niveaulinien, Isohypsen).

Nach Verteilung des Höhenabschlußfehlers erfolgt die Ausarbeitung des Höhenplans nach folgenden Regeln:

a) Auftragen der notwendigen Grenzlinien aus dem Lageplan.

b) Eintragung der ausgewerteten Höhenpunkte in einer Maschenweite von etwa 2—4 cm.

c) Konstruktion der Höhenlinien nach einer der verschiedenen Methoden, am einfachsten mit Hilfe von Planimeter- oder Millimeterpapier.

d) Zeichnung der Höhenlinien, die den Geripplinien harmonisch und gefällig, der fließenden Geländeform angepaßt, folgen; nur Höhenlinien von Kunstbauten (Böschungen) zeigen gerade Linien und scharfe Knicke; Höhenlinien in Steilhängen, Schluchten usw. setzen aus. Die Strichsignaturen sind folgende:

100 m — 20 m - Höhenlinie:	stark durchgezogene Linie,
10 m - „	schwach durchgezogene Linie,
5 m - „	schwache, lang gerissene Linie,
1 m - „	schwache, kurz gerissene Linie,
1 dm - „	Strich-Punkt-Punkt-Linie.

e) Wahl der Höhenlinien richtet sich nach dem Verwendungszweck und Maßstab des Höhenplans, der Form des Geländes, der Übersichtlichkeit und Lesbarkeit des fertigen Planes.

f) Höhenzahlen können zur besseren Lesbarkeit von Fall zu Fall zwischen die Höhenliniensignatur mit dem Fuß talwärts, auf die Kuppen und in die Täler und Mulden sowie am Rande eingesetzt werden.

g) Farbgebung: Grundriß und Gitternetz: schwarz
Höhenlinien: sepiabraun
Gewässer: blau
Projektierte Bauten: rot.

III. Behelfsmäßige Vermessung.

Ist diese Bezeichnung denn richtig? Nein, nur gebräuchlich! Richtig muß dieser Abschnitt der Vermessung eigentlich heißen: „Vermessung mit den einfachsten Hilfsmitteln", denn ein durchaus brauchbares Vermessungsverfahren ist für eine höhere Genauigkeitsforderung eben behelfsmäßig, wenn nicht unbrauchbar und ein anderes sehr einfaches und primitives Verfahren ist vielleicht völlig ausreichend für einen bestimmten Zweck; die Anwendung eines genaueren Verfahrens würde hier vielleicht unnütze und zeitraubende Überfeinerung bedeuten.

Trotz Ursprungsland einer weltbekannten feinmechanischen und einer erstklassigen optischen Industrie dürfen wir Deutschen nicht Sklaven unserer hochentwickelten Technik sein, sondern müssen uns den natürlichen Sinn für Einfachheit und Unkompliziertheit unseres täglichen Lebens und Denkens auch im beruflichen Umgang mit Formeln und Maschinen bewahren, wozu uns heute das harte Schicksal erst wieder erziehen und hinweisen muß. Das Gebot der Stunde fordert von uns kathegorisch: „Zurück zur Natur! Zurück zur ungekünstelten Einfachheit!" Das gilt auch für das Vermessungswesen! Wenn auch hier die Rückkehr zur Urnatur nicht angängig ist, so wird doch ein Abfinden mit weniger komplizierten Geräten der Feinmechanik oft unumgänglich sein müssen. Ohne falschen Stolz auf Wissenschaft und Technik müßte in der Jetztzeit öfter denn je die Frage aufgeworfen werden: Ist nicht mit einfacheren Mitteln das praktische Endziel auch zu erreichen? Die nachfolgenden Erörterungen sind daher unter Berücksichtigung dieser Worte sinngemäß für jede Sparte des Vermessungswesens aufzufassen.

Die Bestimmung von Strecken, Winkeln und Punkten mit den einfachsten Hilfsmitteln soll in den folgenden Abschnitten betrachtet werden:

1.) Längenmessung:

Geht es auch ohne Meßbalken, Invarlatten, Meßketten und Meßbändern?

Kennt jeder seine Schrittlänge? Sie wird in Normalschritten am besten auf der Landstraße von Kilometerstein zu Kilometerstein ausgemessen; etwa 120 Schritte (ˣ), besser rechnet und zählt man nach Doppelschritt (ˣˣ), also 60ˣˣ werden zu 100 m benötigt. Die Schrittlänge des einzelnen ist etwa gleich der halben Augenhöhe! Jeder muß seine Schrittlänge kennen!

Gibt es einen Vermessungsmann, der noch nicht durch Schrittzählung die Entfernung von seiner Haustür zum Briefkasten, zur Straßenbahnhaltestelle, zu den nächstliegenden Straßenecken, zu seiner Dienststelle gemessen hat?

Für Routenaufnahmen in unwegsamem Gelände benutzt man die Schrittlänge des Pferdes und des Kamels, im Zeitalter der Technik die Angaben des Tachometers am Kraftfahrzeug. Begüterte leisten sich einen Schrittzähler; Besitzer einer Uhr schließen aus der Zeitdauer einer Bewegung auf die zurückgelegte Strecke auf der Erde oder in der Luft.

Schätzen der Entfernung und Vergleich mit anderen bekannten Entfernungen sind sehr grobe Entfernungsmessungen! (Ziegelsteine, Telegraphenstangen.)

Steht ein optisches Gerät mit Entfernungsfäden, aber keine Entfernungslatte zur Verfügung, so muß man sich behelfen: An einer Latte, einem Baum wird der Treffpunkt beider Entfernungsfäden, der „Abschnitt" angezeichnet, die Entfernung dann irgendwie gemessen und mit 100 multipliziert. Die Feststellung der Entfernung kann mit dem Zollstock oder einem sonstigen Zentimetermaß erfolgen; oder geht es auch mit einem Streichholz, das 4,5 cm lang ist, mit dem Mittelglied des Mittelfingers, der meist 4 cm mißt?

Und wie ist es, wenn die Kenntnis der Schallgeschwindigkeit ausgenutzt wird? Legt der Schall nicht in der Sekunde 333 m zurück? Gelangt der Schall 5 Sekunden, nachdem das Auge die Schallursache gesehen hat, an das Ohr, so beträgt die Entfernung zur Schallquelle 5 mal 333 = 1665 m. Probiere es mal z. B. mit Fehlzündungen eines Kraftfahrzeugs, mit Blitz und Donner, mit dem Echo (s. Tiefenmessung durch Echolot).

Nach Durchlesen des Abschnitts über Winkelmessung eröffnen sich weitere Möglichkeiten der Streckenmessung:

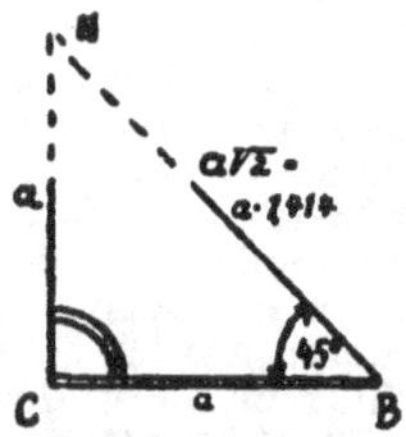

Bild 361

Bild 362

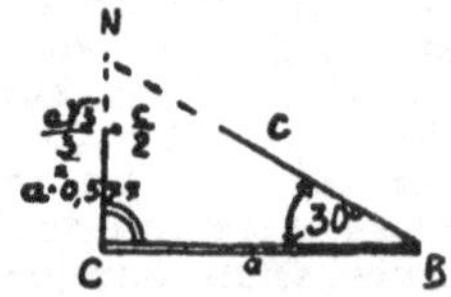

Bild 363

Geht die Strecke CN, die aus irgend welchen Gründen nicht unmittelbar gemessen werden kann, nicht auch nach Herstellung eines rechten Winkels bei C, Festlegen des Punktes B durch einen Winkel mit freiem Schenkel nach N, dessen Größe vom Gelände abhängig ist, und Messen der Strecke BC zu ermitteln?

2.) Winkelmessung.

Ist zur Winkelmessung immer ein Winkelmeßinstrument notwendig?

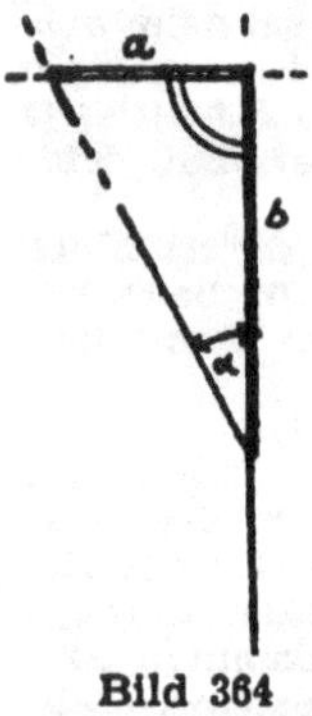

Bild 364

Ist nicht über die **Tangentenwerte** in vielen Fällen ein Winkel mit ausreichender Genauigkeit zu messen? Z. B. bei Aufnahme und Feststellung von Straßenknicken (Bild 364).

In einer Entfernung von 100 m (b) wird der rechtwinklige Abstand (a) gemessen und in der Tangententafel, deren volle Gradwerte von 0 bis 90 bequem auf 2 Seiten eines kleinen Notizbuches Platz haben, ermittelt. Umgekehrt kann auf die gleiche Art jeder Winkel ins Gelände und die Zeichnungen übertragen werden. Anstatt 100 m kann auch jede andere Entfernung benutzt werden: 10, 25 30 m; a muß nur das gleiche Verhältnis haben. Doch darauf achten: Vom Großen ins Kleine arbeiten! Jeder Winkel von bestimmter Größe ist leicht herzustellen:

Rechte Winkel können mit einem Winkelprisma oder Winkelspiegel (auf Justierung achten!) festgelegt werden. Ein weiteres Verfahren bietet der Pythagoräische Lehrsatz: Es werden Seitenlängen im Verhältnis 3 : 4 : 5 abgemessen, denn $3^2 + 4^2 = 5^2$ (Bild 365). Eine Schnur mit Knotenmarken an den abgemessenen Entfernungen erleichtert und beschleunigt die praktischen Arbeiten.

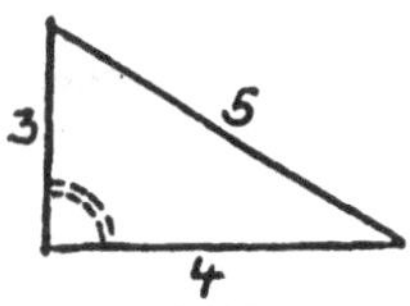

Bild 365

Bild 366

Bei Herstellung von Rechtecken (Gebäudefundamenten!) sind stets die Diagonalen auszumessen, die nur bei einem wirklichen Rechteck gleich lang sind! Winkel und andere optische Geräte erübrigen sich; die **Diagonalprobe ist die sicherste Kontrolle für die richtige Absteckung!** (Bild 366).

Ist nicht sinus $30^\circ = \frac{1}{2}$? Also Gegenkathete 1, Hypothenuse zwei Teile! Einen Winkel zu 60° erhält man in gleicher Weise (Bild 367).

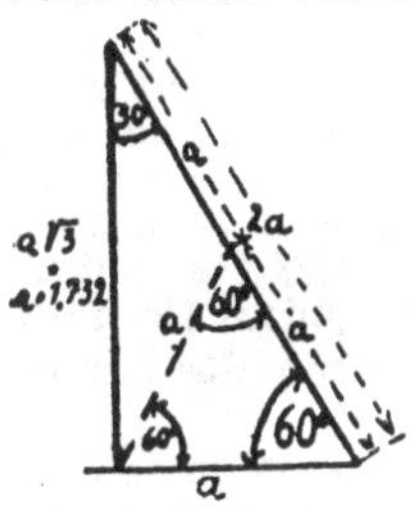
Bild 367

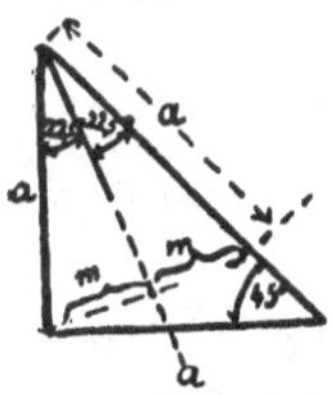
Bild 368

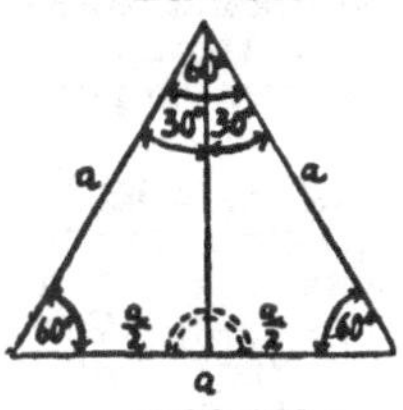
Bild 369

Bild 368: Der Tangens von $45^\circ = 1$; es ist also die Gegenkathete = der Ankathete: Der Abmessung der Kathetenlängen geht stets die Herstellung des rechten Winkels voraus! Durch Halbierung ergeben sich weitere Winkel!

Sämtliche Horizontal- und Vertikalwinkel können mit dem Winkel- und Böschungsmesser System Röhr mit einer Genauigkeit von etwa 1° ermittelt werden. (Alleinvertrieb Gebr. Wichmann.)

Und wie ist es mit dem Schätzen von Winkeln? Sehr schwer, unzuverlässig und in keinem Fall zu empfehlen.

Doch sind Winkel noch auf andere Behelfsarten herzustellen:

Rechte Winkel gibt es an den Ecken von geschnittenem Papier, sonst erhält man sie durch Faltung; durch weitere saubere Faltung entstehen Winkel zu 45° und $22{,}5^\circ$.

Winkel von 60° ergeben sich bei Herstellung eines gleichseitigen Dreiecks; weitere Halbierung ergibt einen Winkel von 30° und 15° (Bild 369).

Hat schon jemand überlegt, ob man nicht auch behelfsmäßig mit dem Daumen Winkel messen kann? Verdeckt er nicht in stets gleichbleibender Entfernung vom Auge gehalten einen stets gleichbleibenden Winkel, dessen Scheitel in der Pupille und dessen Schenkel beide Seiten des Daumens berühren? (je nach Daumenstärke etwa 2°). Die wirkliche „Daumenbreite" muß jeder selbst ermitteln!

3.) **Lagevermessung.**

Ist es denn immer notwendig, bei Fehlen feinoptischer Geräte gleich die Segel der Vermessungskunst zu streichen? In der Vermessung ist der Ursinn für Natur und Selbsthilfe nie verkümmert: Jede Aufgabe ist anders, jede Aufgabe fordert einen neuen Entschluß, und jede Aufgabe ruft dem vielleicht beinahe verzweifelnden Vermessungsmann zu: „Der Mensch kann so dumm sein, wie er will; er muß sich nur zu helfen wissen!"

Das sei der Leitsatz für die behelfsmäßige Lagebestimmung mit allen, auch den einfachsten und primitivsten Mitteln!

Jeder Vermessungsmann muß sich beim Winkel- und Streckenmessen behelfen können; die beiden vorangegangenen Abschnitte haben Fingerzeige hierzu gegeben.

Wenn mit diesen Mitteln auch nicht immer eine „Vermessung" in des Wortes wahrster Bedeutung, stichfest vor allen strengen Augen durchgeführt werden kann, so werden die so durchgeführten Lagebestimmungen oft recht brauchbare Ergebnisse bei der Erkundung von Stationen und Signalen, zur Punktbeschreibung, zum schnellen Aufmaß einer Baustelle liefern.

Als Anschlußrichtung für Punktbestimmungen kann die geographische Nordrichtung dienen: Kleiner Uhrzeiger in Richtung des Sonnenstandes, Mitte zwischen ihm und der Zahl 12 ist Geographisch Süd!, oder Orientierung nach der Wetterseite: die bemooste Seite von Bäumen, von verwitterten Schutthaufen usw. ist die Westseite. Bei Nacht liefert der Polarstern die Nordrichtung; und sollte es nicht zweckmäßig sein, stets einen Taschenkompaß bei sich zu tragen? Die Nadel zeigt Magnetisch Nord und nach Berücksichtigung der Mißweisung Geographisch Nord an.

Wie Strecken behelfsmäßig gemessen werden, ist ebenfalls bereits erwähnt.

So ist es der Erfindungsgabe und der Phantasie nicht Phantasterei, jedes einzelnen überlassen, nach diesen Erörterungen sich die einzelnen Verfahrung der Lagebestimmung unter dem Gesichtswinkel des Behelfsmäßigen zu betrachten!

Doch auch diese Überlegungen und neuen Entschlüsse müssen gipfeln in dem Bewußtsein einer, wenn auch behelfsmäßigen, Lagebestimmung eines Punktes mit Kontrolle und einer zu verantwortenden Genauigkeit!

4.) Höhenvermessung.

Auch in der Höhenvermessung gibt es kein „Unmöglich"! Warum sollten Höhen nicht auch behelfsmäßig ermittelt werden können?

Die Höhenvermessung durch Winkelmessung ist in vertikaler Richtung in gleicher Art möglich wie in horizontaler Richtung in Abschnitt 2 beschrieben ist. Höhen von Gebäuden, Waldstücken, Brücken können so ermittelt werden.

Auch der Ersatz für die geometrische Höhenbestimmung ist möglich, braucht man doch hierzu zwei zuverlässige Linien, eine Lotrechte und eine Horizontale. Die Lotrechte ist jederzeit durch eine mit einem Stein beschwerte Schnur herzustellen; oder sollte der routinierte Vermessungsmann nicht stets ein Lot in seiner Aktentasche haben? Senkrecht zu diesem Lot muß eine Horizontale in Form von Papier oder Blech eingeschaltet werden: Die Behelfshorizontale auf kurze Entfernungen ist hergestellt. Als Nivellierlatte dient auf der anderen Seite ein einfacher Zollstock, oder einfach ein Gegenstand, an dem der Treffpunkt der Horizontalen angezeichnet wird: Unterschied zwischen der eigenen Augenhöhe und dieser Markenhöhe stellt den Höhenunterschied dar.

Außer dem handwerklichen Gebrauch der in der Bautechnik gebräuchlichen Visiertafeln und -scheiben können diese auch zur behelfsmäßigen Höhenbestimmung auf kurze Entfernungen benutzt werden: Die Entfernung zwischen 2 Tafeln wird mit Richtscheit und Wasserwaage eingewogen, worauf über 2 Scheiben oder Tafeln hinweg die

Horizontale hergestellt ist; in dem zu vermessenden Neupunkt wird nach Anvisieren der dritten Tafel oder eines beliebigen Stockes die Höhe vom Erdboden gemessen und im Vergleich zu den Ausgangspunkten die Höhe des Neupunktes ermittelt.

Alle derartigen Messungen sind einfach und genau mit dem Winkel- und Böschungsmesser, System Röhr, ein Behelfsinstrument der heutigen Zeit, doch ein verläßlicher treuer Begleiter in der Aktentasche durchzuführen, der sich vor allem bei der Aufnahme von Massenberechnungen bewährt hat.

Barometrische Höhenvermessungen durch behelfsmäßige zu ersetzen, ist schwierig. In den Bergen wird kaum jemand unvorhergesehene Höhenvermessungen durchzuführen haben; er wird meist darauf vorbereitet sein und dann hat er seine Instrumente zur Hand! Doch kann schon als behelfsmäßig das Ermitteln der Höhenunterschiede unter Höhenfestpunktsvergleich am Anfang und Ende bezeichnet werden! Die Höhen werden nur auf Grund der abgelesenen Barometerstände mit Hilfe der allgemeinen barometrischen Höhenstufe ermittelt oder sogar nur an der Meterskala des Stellringes eines Höhenmessers, falls vorhanden, abgelesen.

IV. Flächen- und Körpervermessung.

1.) Flächenvermessung.

Für die Berechnung von Flächen ist die genaue Kenntnis der geometrischen Figuren und der zugehörigen Formeln Vorbedingung. Sie sind dem Teil B Abschnitt II 3 zu entnehmen.

Wie „Formeln“ aufzufassen sind, ist dort schon erwähnt worden; jetzt kommt das 1. Vermessungsgebot zu Wort:

Ruhig überlegen, wie der zu vermessenden Fläche auf die **einfachste, günstigste** und **ungekünstelte** Art zu Leibe gerückt werden kann. Es muß festgestellt werden, ob die Fläche

a) als **Ganzes** gemessen und berechnet werden kann oder

b) ob und wie sie in **Einzelflächen** aufgeteilt werden muß.

Es folgt die **Feldarbeit:**

Für die Flächenaufnahme ergeben sich folgende Möglichkeiten:

a) **Streckenverfahren, Aufteilung der Fläche in Dreiecke** und Messung der Seiten gem. Fig. 370.

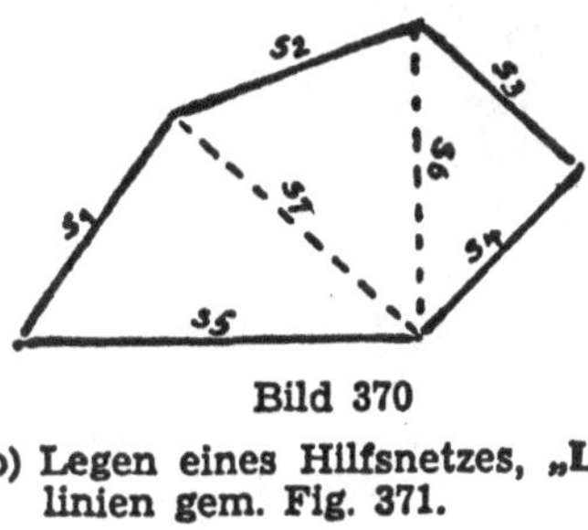

Bild 370

Bild 371

b) Legen eines Hilfsnetzes, **„Liniennetzes“** und **„Einbinden“** der Grenzlinien gem. Fig. 371.

Zu a) und b): Vorteil: Nur Längen-, keine Winkelmessungen.
Nachteil: Umständlich bei auftretenden Hindernissen und bei Berechnung nicht gemessener Längen.

c) **Aufteilung in Dreiecke** und Messen der Seiten und Höhen gem. Bild 372.

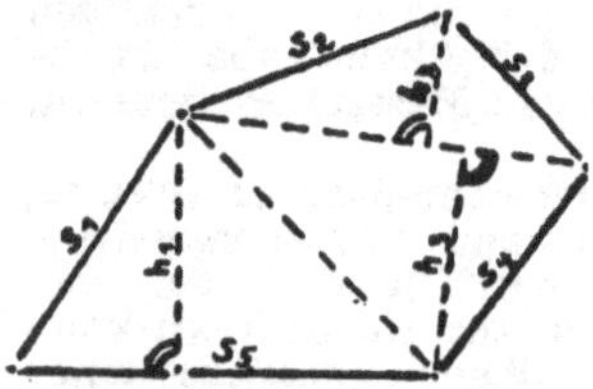

Bild 372

Das Festlegen der Höhenfußpunkte erfordert den Gebrauch von Rechtwinkelinstrumenten (Prismen, Winkelspiegel).

d) **Koordinatenverfahren.** Festlegen einer Messungslinie (Aufnahme-Abszissenachse, Standlinie) entlang einer Grenze (Bild 373) oder als die Fläche günstig schneidende Gerade (Bild 374); das Gelände kann auch zum Legen mehrerer Messungslinien, die wieder ein Liniennetz bilden, zwingen (Bild 375), ein Rechteck als Liniennetz ist dann anzustreben.

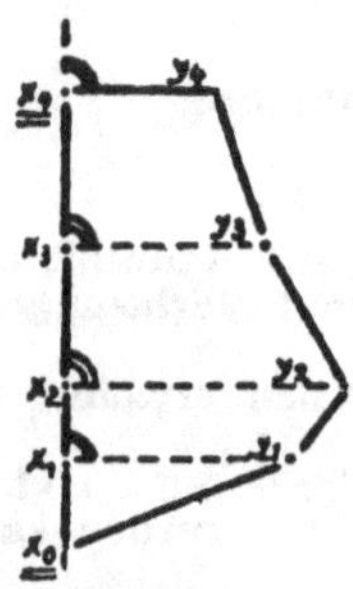

Bild 373

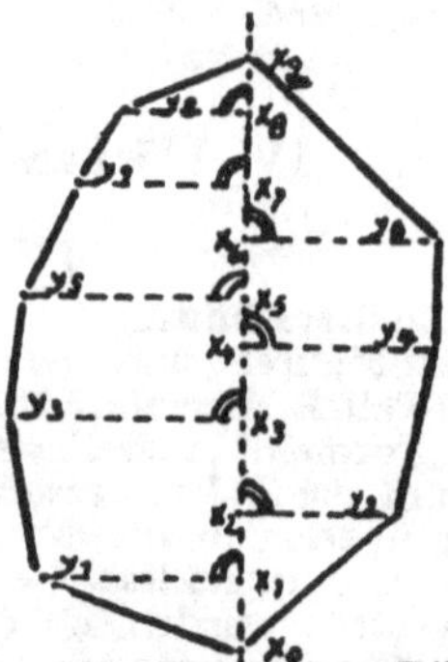

Bild 374

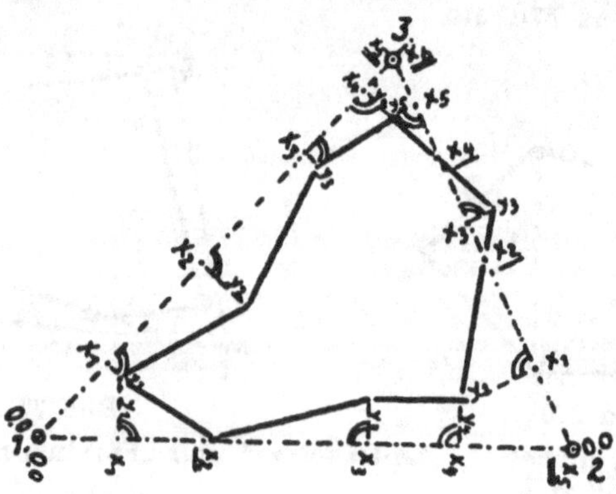

Bild 375

Fällen der Lote, der Ordinaten, die nicht länger als 50 m sein sollen, von den Aufnahmepunkten (Eck- und Knickpunkte) und Festlegen ihrer Fußpunkte auf der Abszissenachse. Bei Kurven sind die Ordinatenabstände so eng zu legen, daß die Form der Kurve richtig kartiert und der Flächeninhalt ausreichend berechnet werden kann. Messen der Abszissen und Ordinaten; am besten erstere mit 5-m-, letztere mit 3-m-Meßlatten;
Messen der Kopf- oder Umfangmaße zur Kontrolle.
Vorteil d) gegenüber a-c): Die Flächen sind einfach zu berechnen, daher für die Stückvermessung das geeignetste Verfahren.

e) **Polarverfahren.** Von einem oder mehreren Standpunkten mit Theodolit oder Nivellierteilkreis von einer Nullrichtung ausgehend die Winkel und Strecken nach Art der Polarkoordinatenmethode zu den Flächeneckpunkten messen (Bild 375 b). Die Längen werden mit Meßband oder Meßlatte oder tachymetrisch ermittelt.

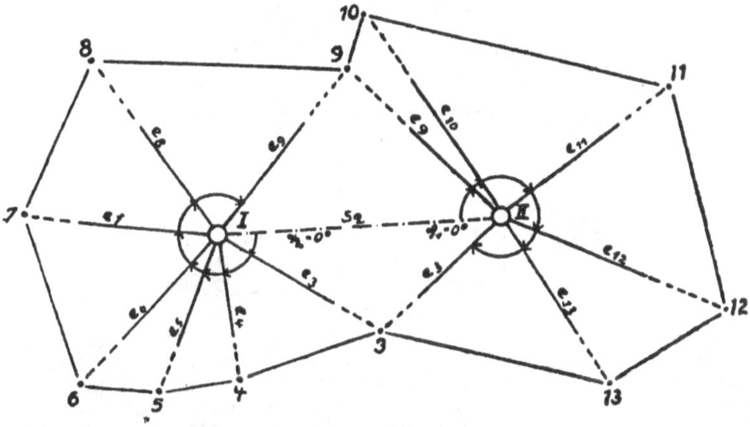

Bild 375 b

Zu a-e): Bei allen Verfahren auf Messung überschüssiger Längen zur Kontrolle als „Schutzmasse" achten!

f) **Flächen mit unregelmäßigen oder bogenförmigen Grenzen** werden in Streifen mit gleichmäßigen Abszissenabständen aufgeteilt und die Ordinaten gemessen (Bild 376).

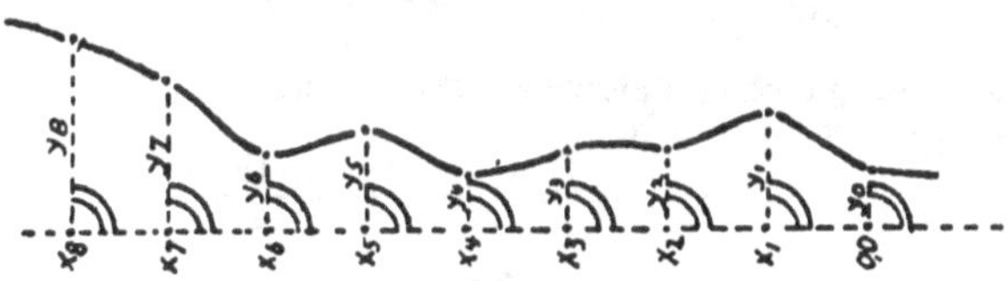

Bild 376

Auswertearbeit.

Die Berechnung des Flächeninhalts kann graphisch oder rechnerisch erfolgen; die Benutzung der bei der Feldarbeit erhaltenen Längenmaße

„Feldmaße", ist am zuverlässigsten; „Planmaße" sind von der Güte der Kartierung und vom Maßstab abhängig. Die Flächenbestimmung nach beiden Methoden liefert zugleich das Werturteil über die Güte der Kartierung.

Graphische Auswertung:

a) **Umwandlung der Fläche in ein Dreieck** (Bild 377): Dreiecke mit gleicher Grundlinie und Höhe sind inhaltsgleich!: F ABCDE = F A'CE'

b) **Planimeterharfe.** Aufteilung der (schmalen) Fläche in gleich breite Streifen (Trapeze) (Bild 378), Ausgleich nach a) Addition der Mittellinien mit dem Planimeterzirkel und Multiplikation mit der Höhe der Trapeze (Streifenbreite).

c) **Quadratglastafel:** Zerlegung der Fläche in Quadrate.
Das Verfahren führt sehr schnell zu dem Ergebnis, eignet sich jedoch vorzugsweise für Überschlagsrechnungen!

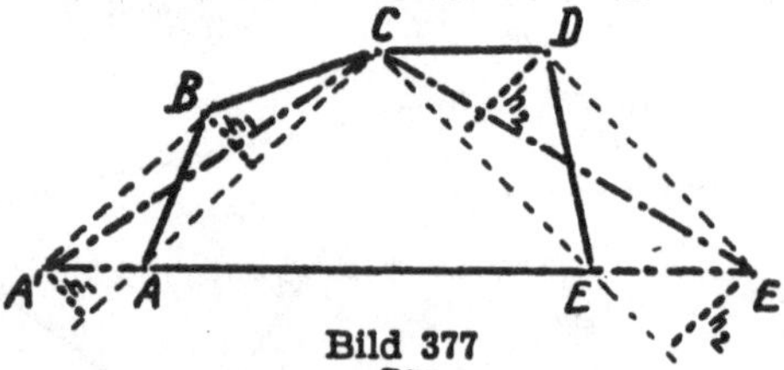

Bild 377

Bild 378

d) **Hyperbeltafel** (von Kloth). Die Produkte der Koordinaten aller Punkte einer Hyperbel sind gleich; so bewegen sich auf einer Hyperbel die Eckpunkte inhaltsgleicher Dreiecke. Ermittelter Inhaltswert bezieht sich auf M = 1 : 1000! und erreicht eine hohe Genauigkeit.

e) **Planimeter:** Mechanische Ermittlung des Flächeninhalts von Flächen mit nur unregelmäßigen Grenzen durch dreimaliges Umfahren der Fläche in beiden Richtungen, Ablesen der Zahl der „Umfahrungen" an der Meßrolle und Ermittlung des Flächeninhalts; Gerätefehler und Papierveränderung durch Benutzung einer Kontrollfläche berücksichtigen!

f) Mit Hilfe der **heronischen Flächenformel.**

Rechnerische Auswertung unter Benutzung der Feldmaße:

$$F = \sqrt{s \cdot (s-a) \cdot (s-b) \cdot (s-c)}, \text{ wobei } s = \frac{a+b+c}{2} \text{ ist, oder}$$

g) auf Grund der gleichen Feldarbeit (Bild 379):
Ermittlung von p, q und h:

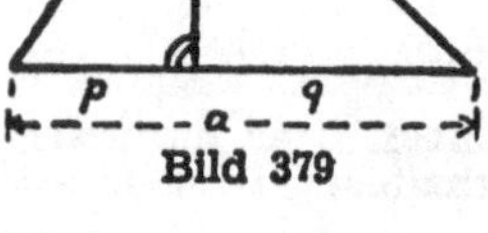

Bild 379

$$q = \frac{a}{2} - \frac{(b+c)(b-c)}{2a}$$

$$p = a - q$$

$$h = \sqrt{b^2 - p^2} = \sqrt{c^2 - q^2}$$

$$\text{dann Flächeninhalt } F = \frac{1}{2} a \cdot h$$

h) Flächenberechnung gem. einfacher **Dreiecks-Inhaltsformel** $\frac{a \cdot h}{2}$, wenn alle Stücke gemessen sind.

i) Berechnung der im **Koordinatenverfahren** aufgenommenen Fläche unter Benutzung der **sich anbietenden geometrischen Figuren** (Dreiecke, Rechtecke, Trapeze).

k) Aufteilung der Fläche in **Dreiecke**, wobei stets zwei Dreiecke mit gemeinsamer Ordinate als Grundlinie zusammengefaßt werden (Bild 380):

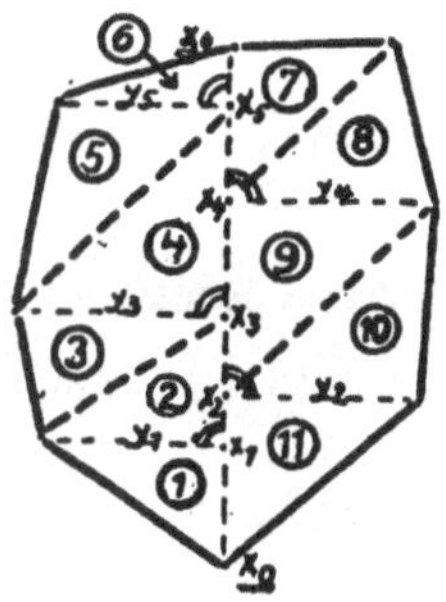

Bild 380

$\triangle 1/2,\ \triangle 3/4,\ \triangle 5/6,\ \triangle 7,\ \triangle 8/9,\ \triangle 10/11$

$$2F = \Sigma\, a \cdot h$$
$$= \Sigma\, y \cdot \Delta x)$$

l) Auf Grund eines Polygonzuges oder sonstiger **Kenntnis der Koordinaten** der Flächeneckpunkte erfolgt die Flächenberechnung nach der **Gaußschen Flächenformel**. Auf fortlaufende Bezifferung der Eckpunkte im Uhrzeigersinn ist zu achten (Bild 381).

Durchschneidet die Messungslinie die Fläche, so sind die Ordinaten rechts der Messungslinie als +, links davon als — Ordinaten, Verlängerungen der Abszissenachse als — Abszissen einzusetzen (Bild 382):

$$2F = \Sigma\, y_n (x_{n-1} - x_{n+1}) \text{ oder}$$
$$2F = \Sigma\, x_n (y_{n+1} - y_{n-1})$$

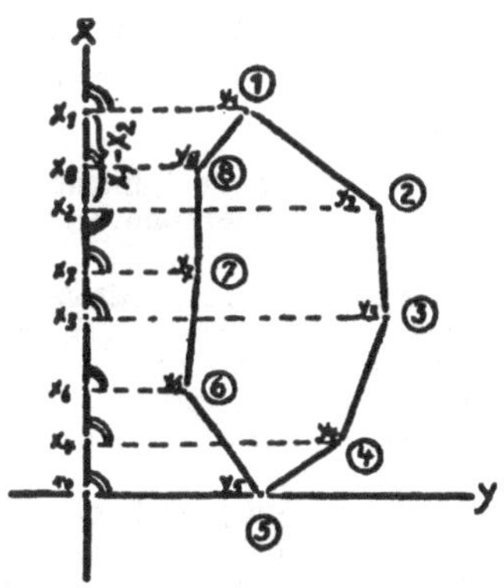

Bild 381

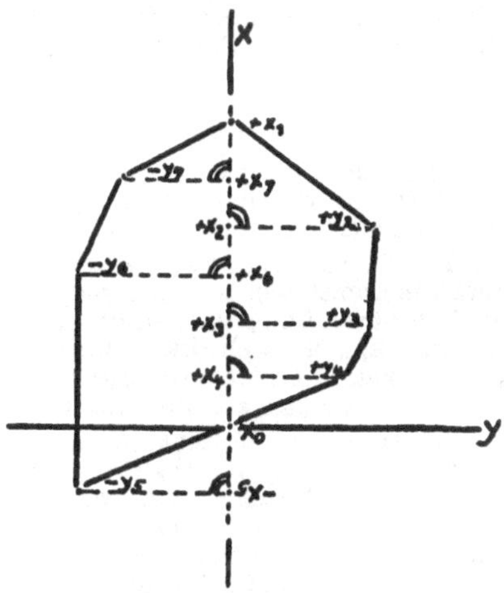

Bild 382

m) Auf Grund einer Aufnahme nach dem **Polarverfahren** (Bild 375b und 382b):

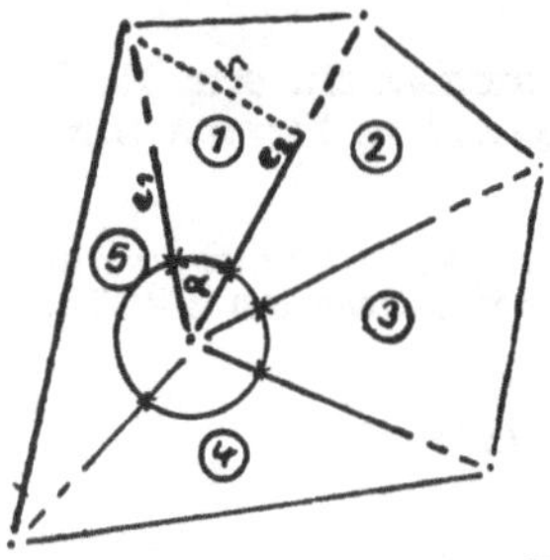

Gem. [232/5]: $F_1 = {}^1/_2\, e_2 \cdot e_1 \cdot \sin \alpha$

$F = \Sigma F_n.$

Gesamtfläche

Bild 382b

n) **Unregelmäßige Flächen** werden nach der Simpsonschen Regel

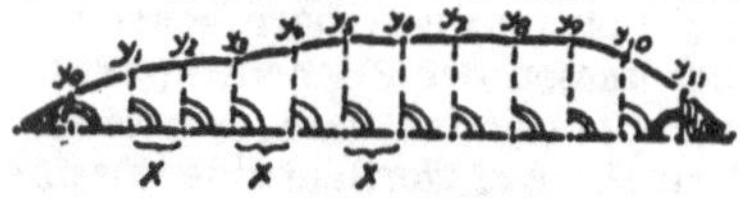

Bild 383

$$F = \frac{x}{3}(y_0 + y_n + 4\,[y_1 + y_3 + y_5 + \ldots{}^*] + 2\,[y_2 + y_4 + y_6 + \ldots{}^*])$$

oder der von ihr abgeleiteten Gebrauchsformel

$$F = \frac{x}{2}(y_0 + y_n + 2\,[y_1 + y_2 + y_3 + \ldots\; y_{n-1}])$$

berechnet.

*) ohne y_0 und y_n

Anfangs- und Enddreiecke dürfen, falls vorhanden, nicht vergessen werden!

Die vorstehenden Fälle zeigen, daß es bei der Durchführung der Flächenvermessung viele Möglichkeiten gibt, und daß das **Gelände** die Aufgabe stellt, während der Vermessungsmann mit den **einfachsten** Figuren, die die Geometrie zur Verfügung stellt, jonglieren muß, um schnell eine Lösung zu finden. Jeder muß dann mit sich selbst im Wettstreit stehen, stets die einfachste Lösung zu finden und anwenden zu wollen.

2. Berechnung von Körpern und Massen.

Mehr noch als die Berechnung von Flächen erfordert die Berechnung von Körpern, die Beherrschung der geometrischen und stereometrischen Grundformen und deren Inhaltsberechnung.

Die Berechnung von Erdmassen, die von klaren geometrischen Figuren begrenzt werden, soll hier nicht weiter erörtert werden, z. B. den Aushub einer Baugrube, eines Brunnenschachtes, eines Abflußgrabens zu bestimmen, stößt wohl kaum unter Benutzung der in Teil B Abschnitt II 4 aufgeführten Gebilde und Formeln auf Schwierigkeiten; auf Beachtung der Abböschungen sei hier nur hingewiesen.

Etwas mehr Überlegung, saubere und peinliche Feld-, Rechen- und Zeichenarbeit benötigt die Erdmassenberechnung für größere Bauten, für den Bau von Straßen und von Eisenbahnen. In systematischer Kleinarbeit wird erst in der Achsrichtung ein **Längsprofil** vermessen und gezeichnet. Der Maßstab der Zeichnung wird meist für Länge und Höhe verschieden gewählt, für die Länge der Maßstab 1 : 1000; für die Höhe 1 : 100 (s. Bild 384).

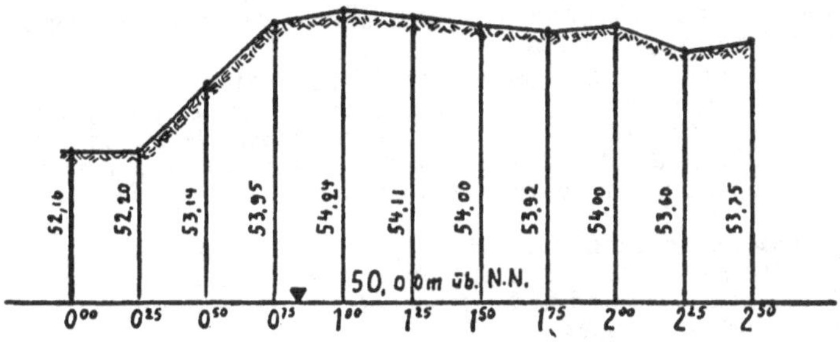

Bild 384

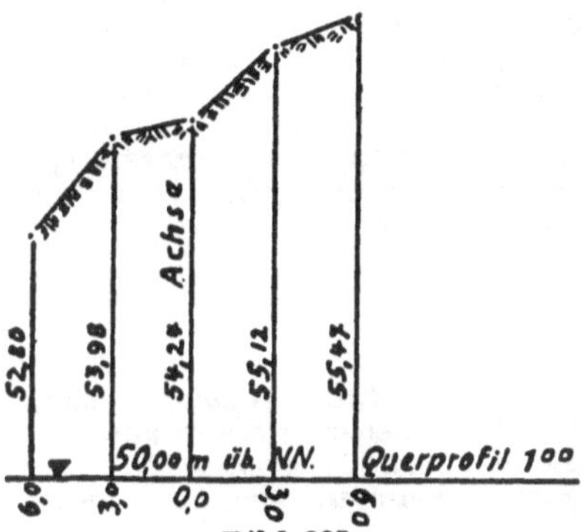

Bild 385

In den Abschnittspunkten, vor allem überall da, wo ein Gefällwechsel eintritt, an den Knickpunkten, werden **Querprofile** gemessen, die notwendig sind, um die Massenberechnung für das Bauobjekt durchführen und die notwendigen Erdbewegungen planen und abrechnen zu können. Als Maßstab für die Längen und Höhen wird meist 1 : 100 benutzt (Bild 385).

Nach Schaffung dieser Grundlagen wird die Massenberechnung entweder graphisch oder rechnerisch durchgeführt. Flächen der Querprofile werden mit der Quadratglastafel, mit der Planimeterharfe oder rechnerisch — gem. IV 1 ermittelt; bei gleichmäßigem Profilabstand werden, im Bild 384 25 m die Flächeninhalte der Querschnitte mit diesem Profilabstand multipliziert; in Bögen wird die Länge des Bogens in der Achse als Abstand eingesetzt. Die Summe aller Einzelberechnungen ergibt die zu ermittelnde Masse, bei der im Bedarfsfalle die Auflockerung noch zu berücksichtigen ist.

Baugruben werden in Rechtecke aufgeteilt; die Summe aller Inhalte der rechtwinkeligen Prismen, deren mittlere Höhe einem Höhenplan (s. C II, 2, e, 3) entnommen werden, liefert das Volumen der Baugrube.

Während diese schöne, systematische Massenberechnung aus dem unberührten Schoß der Mutter Erde planmäßig aufgebaut wird und vor sich geht, ist das bei der Berechnung von Schuttmassen nicht in dieser Art möglich.

Außer ruhiger Überlegung vor Beginn der Arbeit ist hier noch mehr klarer Blick, vielleicht sogar etwas Phantasie notwendig, um bei Massenberechnungen in einem Schutthaufen, in einem Hohlraum, einen bestimmten geometrischen Körper zu sehen, der mit dem zu berechnenden gleichförmig oder als ähnlich anzusprechen ist.

Hier muß sich der „Vermessungsmann aus Passion" wirklich vom rein Handwerklichen trennen und anfangen künstlerisch mit den Hilfsmitteln der Geometrie und der Stereometrie geistig zu jonglieren; Flächen- und Körperformen müssen vor seinen Augen vorüberziehen, dann wird er eine Figur sehen, die Form annimmt und Leben erhält in der ihm gestellten Aufgabe.

Je zahlreicher Querprofile gelegt werden, desto zutreffender wird das Ergebnis der Massenberechnung sein! Vorhandene Hohlräume müssen berücksichtigt werden.

Massen lassen sich nur selten zutreffend schätzen, daher ist besonders bei ihrer Berechnung die Beachtung des 9. Vermessungsgebotes von besonderer Wichtigkeit! Wenn irgend möglich, ist die Berechnung von Massen zur Kontrolle stets auf zwei Arten durchzuführen, dann wird es auch bei Überprüfung durch Außenstehende keine Überraschungen geben!

Für eine überschlägliche Schuttmassenermittlung mag die Erfahrungstatsache gelten, daß ein mittleres Großstadtwohnhaus etwa 250 m^3, ein m^2 bebaute Großstadtfläche etwa 1,4 m^3, ein m^3 umbauter Raum etwa 0,20—0,25 m^3 ergibt.

Der Blick für das Ansprechen von Massen kann nicht häufig genug geübt werden! Jede Gelegenheit hier ist auszunützen! Außer den natürlichen Erdformationen, den täglich uns begegnenden Körpern und Gerätschaften, z. B. Spezialwagen der Reichsbahn, bieten die leider so zahlreich in Deutschland vorhandenen Schutt- und Trümmerhaufen reichliches Lehrmaterial; sie alle dürfen für den passionierten Vermessungsmann nur aus geometrischen Gebilden bestehen, die gebieterisch ihre Berechnung fordern!

V. Abstecken.

Unter „Vermessen“ ist nicht nur die lagerichtige Neubestimmung eines in der Natur vorhandenen Punktes zu verstehen, sondern auch das Hineinsetzen eines in seiner koordinatenmäßigen Lage oder in seiner Lage zu anderen Punkten auf dem Plan bekannten oder errechneten Punktes in die Natur!

Das Abstecken des Einzelpunktes soll hier nicht weiter behandelt werden; es kommt in der Praxis z. B. vor beim Aufsuchen eines Festpunktes, dessen Pfeiler verlorengegangen ist: Ein Punkt in der ungefähren Nähe wird bestimmt, von ihm werden die Polarkoordinaten nach dem Festpunkt errechnet und in die Natur übertragen: in einem Umkreis von höchstens einem Meter muß dann die Platte beim Abtasten mit dem Plattensucher gefunden werden. Beim Feldmessen und in der Bautechnik werden Einzelpunkte abgesteckt und durch s e n k r e c h t e Fluchtstäbe, Meß-, Absteck-, Achs- und Nummernpflöcke signalisiert. Als Zentrum für Winkel- und Längenmessungen gilt die vertikale Achse, der Nagel, das Loch, für Höhenmessungen meist die Oberkante Pflock.

1. Gerade und Fluchten.

Das Abstecken von Geraden kommt beim Herstellen einer Fluchtlinie mit Zwischenpunkten beim Anhängen oder beim Streckenzug vor. Die Bautechnik fordert oft das Herstellen von Baufluchtlinien jeglicher Art; das Abstecken geschieht für kürzere Strecken, wenn möglich, mit der Schnur, für längere mit Fluchtstäben, Baken oder anderen Stangen, auf deren genaue senkrechte Stellung, die mit Hilfe von Senkellot oder Lattenrichter hergestellt wird, geachtet werden muß.

Für das Abstecken von Fluchten ist die Grundregel: „Arbeite vom Großen ins Kleine!“ besonders zu beachten: Erst werden die weitesten Punkte eingelotet und eingefluchtet, dann erst allmählich die näherliegenden Zwischenpunkte festgelegt. Dabei ist m i n d e s t e n s drei

Meter hinter die Ausgangslatte oder ein Meter hinter die Lotschnur zurückzutreten und sauber abwechselnd an beiden Lattenseiten entlangzuvisieren. Für lange und wichtige Fluchten wird das Fernrohr der Theoliten, der Kippregel oder des Nivelliergeräts benutzt; auch das Doppelfernrohr eignet sich vorzüglich dazu. Bei wichtigen Fluchten werden an Stelle von Fluchtlatten Pfähle benutzt, auf die in der Fluchtlinie Nägel oder Nadeln gesetzt werden; es muß dann von der groben „Fluchtstabtechnik" zur feinen „Nadeltechnik" übergegangen werden.

Wird die Fluchtlinie durch Hindernisse verdeckt, so erfolgt die Absteckung meist über parallele Linien (Parallelverschiebung).

Die Längen werden je nach den Erfordernissen und dem Gelände mit einem Längenmeßwerkzeug gemessen.

2. Achsen.

Die Absteckung von Achsen erfolgt nach den vorerwähnten Grundbegriffen.

In den Achsen vorkommende Knicke werden im Scheitelpunkt des Winkels entweder mit einem Winkelmeßinstrument oder mit Hilfe der Tangentenwerte festgelegt, während die Schenkel wieder als gerade Linien eingefluchtet und abgesteckt werden.

Stehen beim Abstecken einer Achse noch Hindernisse, z. B. Waldstücke, die die Sicht nehmen, Moor, das das Betreten unmöglich macht, im Wege, so werden diese wieder durch Parallelverschiebung der Achse zunächst umgangen.

In der Straßenbautechnik ist es zweckmäßig, außer den Achspfählen auf gleichen Entfernungen von 10 oder 20 m und den die Straßenbreite angebenden Begrenzungspflöcken quer zur Achse noch seitlich heraus Abschnittspflöcke zur leichteren Bezeichnung des Bauabschnitts zum „Stationieren" zu setzen. Es ist ratsam, für die Achsmarkierungen auf 200—300 m Entfernung besonders standfestes und widerstandsfähiges Material zu benutzen und die Markierungen selbst durch seitliche Richtpunkte zu sichern, damit sie nach Beschädigungen leicht wieder aufzufinden und wiederherzustellen sind. Die Beschriftung erfolgt an der wetterabgekehrten Seite, da sie sonst bald unleserlich und wertlos würde!

Für die Absteckung von Bahnachsen gilt das gleiche; die Abschnitte gelten als durch die Gleisfestpunkte vermarkt und gekennzeichnet.

Über Setzen der Höhenpflöcke bei der Achsabsteckung siehe Abschnitt 5.

3. Bögen.

(Siehe Anlage D 4 a.)

Wie für das Vermessen, so gibt es auch für das Abstecken von Bögen viele verschiedene Methoden, deren Anwendung vom Gelände und von der geforderten Genauigkeit abhängig ist.

Bei jeder Bogenabsteckung kommt es auf eine klare, zielbewußte Vermessungsarbeit an: erst gewissenhafte Rechen- und Planarbeit, ganz gleich, ob es sich um einen einfachen Bogen mit sehr kleinem Radius oder um schwierige Bogenformen, um Kreise oder Ellipsen, um Parabeln oder um Übergangsbögen handelt; dann erst geht es an die Feldarbeit, an das Abstecken des Bogens, die nach erfolgter Erkundung und richtig durchgeführten Vorarbeiten glatt und reibungslos zur

Freude und Zufriedenheit der Vermessungsfachleute ablaufen und der vertrauenden Zusammenabeit mit dem ausführenden Baupersonal dienen wird.

a) **Behelfsmäßiges Abstecken durch Viertelungsverfahren** (Bild 386), das brauchbare Werte ergibt und für die Absteckung kleiner Bögen im Straßenbau ausreichend ist:

1. Die Verlängerungen zweier Achsen, gleichzeitig Tangenten an die beide Achsen zu verbindende Kurve, treffen si chin T. (Pflock);
2. A und E festlegen, falls noch nicht bekannt, und verbinden; die Strecke messen und halbieren (Pflock), Ms;
3. Tangentenlängen TE und TA = t messen;
4. TMs = a messen oder errechnen:

$$a = \sqrt{t^2 - \frac{s^2}{4}};$$

5. Bestimmung der Pfeilhöhe h:

a) bei bekanntem ∢ τ und r (Tangentenschnittwinkel τ in T messen), r errechnen:

$$r = t \cdot tg \frac{\tau}{2}$$

$$\alpha)\ h = r\left(1 - \cos\frac{\gamma}{2}\right)$$

$$\beta)\ h = r - \frac{s}{2} \cdot tg \frac{\gamma}{2}$$

$$\gamma)\ h = r - \sqrt{r^2 - \left(\frac{s}{2}\right)^2}$$

$$= r - \sqrt{\left(r + \frac{s}{2}\right)\left(r - \frac{s}{2}\right)}$$

b) bei bekanntem s, t und a

$$h = \frac{s \cdot a}{s + 2t}$$

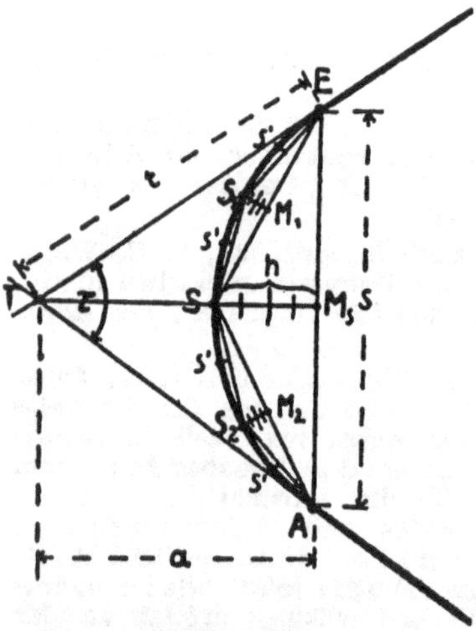

Bild 386

6. h auf MsS von Ms aus abmessen, Pflock, Scheitelpunkt S; Bogenhauptpunkt = 1. K u r v e n p u n k t;
7. S mit TA und TE verbinden und halbieren, M_1, M_2;
8. MsS = h vierteilen und $\frac{h}{4}$ auf dem Lot von M_1 und M_2 aus abmessen, Pflock, S_1, S_2 : 2. u n d 3. K u r v e n p u n k t ;
9. das gleiche Verfahren wie zu 6.—8. wiederholen, bis die Reihe der Kurvenpunkte ausreichend verdichtet ist.

b) **Kurvenabsteckung von der Tangente aus.**

1. **Kleine Kurven im Straßenbau** (Bordsteinbogen) werden, falls der Leierpunkt unzugänglich ist, von der Tangente aus nach Tabelle 4b, die mit den gebräuchlichsten Maßen nur wenig Platz in einer Ecke des Notizbuches einnimmt, abgesteckt:

Die Tangente steht im Berührungspunkt A senkrecht auf dem Halbmesser r, der gleichzeitig die y-Achse eines rechtwinkligen Achsenkreuzes bildet; auf der x-Achse (Tangente) werden gleiche Abschnitte von 1 Meter abgemessen; zu ihnen rechtwinklig werden je nach dem zu legenden Bogenhalbmesser die y-Werte der Tabelle entnommen und abgesteckt, nach 10 m wird die Tangente in A_2 gelegt und die y-Abstände von da aus abgetragen; die y-Werte errechnen sich aus der Formel:

$$y = r - \sqrt{r^2 - x^2}.$$

Tabelle s. D 4 b.

2. **Größere Kurven im Straßenbau** (Bild 387) können mit nachstehender Tabelle, die ebenfalls klein, doch ausreichend gehalten ist, abgesteckt werden:

Die Tangente steht im Berührungspunkt A senkrecht auf dem Halbmesser r. In dem sich bildenden Achsenkreuz wird der Kurvenhalbmesser als y-Ordinaten-Achse und die Tangente als x = Abszissen-Achse aufgefaßt.

Für jeden Kurvenpunkt ist $r = \sqrt{x^2 + (r-y)^2}$. Die Koordinaten jedes Punktes stehen somit in einem bestimmten Abhängigkeitsverhältnis zueinander und zum Kurvenhalbmesser r gem. untenstehender Tabelle.

Beispiel: Eine Kurve mit einem Halbmesser von 120 m soll abgesteckt werden; die Abszissen- und Ordinatenwerte sind gem. Tabelle zu errechnen, zusammenzustellen und im Gelände zuerst die Abszissen, dann rechtwinklig zur Tangente die Ordinaten abzumessen und zu verpflocken:

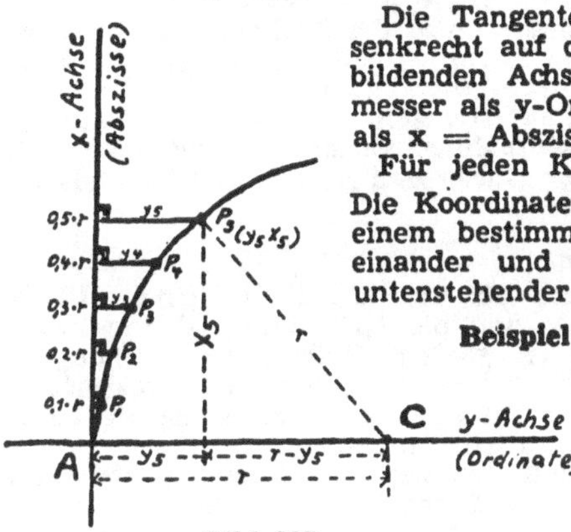

Bild 387

für r = 1

x	y
0,00	0,000
0,05	0,001
0,10	0,005
0,15	0,011
0,20	0,020
0,25	0,032
0,30	0,046
0,35	0,063
0,40	0,084
0,45	0,107
0,50	0,134
0,55	0,165
0,60	0,200
0,65	0,240
0,70	0,286
0,75	0,339
0,80	0,400
0,85	0,473
0,90	0,564
0,95	0,688
1,00	1,000

r = 120 m

x.120	y·120
0,00	0,000
6,00	0,120
12,00	0 600
18,00	1,320
24,00	2,400
30,00	3,840
usw.	usw.

c) **Genaues Abstecken** (siehe D 4a).

1. Das einfachste, genaue und unmittelbare Abstecken wird im Straßenbau zum Einbau von Bogenbordschwellen mit Leier und Schnurnagel durchgeführt; d. h. es wird wie mit einem Zirkel um den Mittelpunkt, mit der Leier um den Leierpunkt ein Kreisbogen geschlagen, der die genaue Lage des Bogens angibt; der Kreismittelpunkt (Leierpunkt) wird gewissenhaft erst mit den einfachsten Mitteln ermittelt.

Ist der Leierpunkt unzugänglich, so wird der Bogen zweckmäßig von der Tangente aus gem. b 1) abgesteckt.

2.) **Abstecken von Eisenbahnkurven.**

Für Absteckung von Eisenbahnkurven genügen vorstehend erwähnte Verfahren nicht ganz. Eisenbahnkurven werden nach dem Verfahren b 2) von der Tangente aus, jedoch in Abständen, die dem Krümmungshalbmesser entsprechen, nach vorangegangener genauer Vermessung und Ausfluchtung mit Theodolit abgesteckt, wobei Tabellenwerte für die Koordinatenabstände (Abszisse und Ordinate) benutzt werden. Als weitere Verfahren, die besonders bei Bauten in Tunnel oder an Engpässen, angewandt werden, dienen der Streckenzug, die Absteckung mit Hilfe von Polarkoordinaten, und von der Sehne aus, während das Nalenz-Höfer-Verfahren, frei von Koordinaten, sich der Pfeilhöhenmessung bei feststehender Sehnenlänge (10 oder 20 m) bedient und sich für die Rohabsteckung und für Gleiskorrekturen besonders eignet.

An der Kurve und an den Hauptstrecken werden meist Gleisfestpunkte, oft im Netz der Landesaufnahme, vermessen und dauerhaft vermarkt. So kann die Lage jeder Kurve nachgeprüft und im Bedarfsfall wieder hergestellt werden.

d) **Abstecken von Übergangsbögen.**

Tecknik und Schönheit fordern oft das Einschalten eines „Übergangsbogens" zwischen die Gerade und die Krümmung oder zwischen zwei Krümmungen mit verschieden großem Halbmesser (Korbbogen).

Auch hier finden wieder verschiedene Methoden und Vorschriften Anwendung. Beschrieben sei hier die kubische Parabel, da sie leicht zu errechnen ist. (Bild 388)

Der Punkt P mit den Koordinaten x und y sei ein beliebiger Parabelpunkt einer Parabel mit dem Anfangspunkt A dem Endpunkt E und der Länge f, auf die y-Achse bezogen.

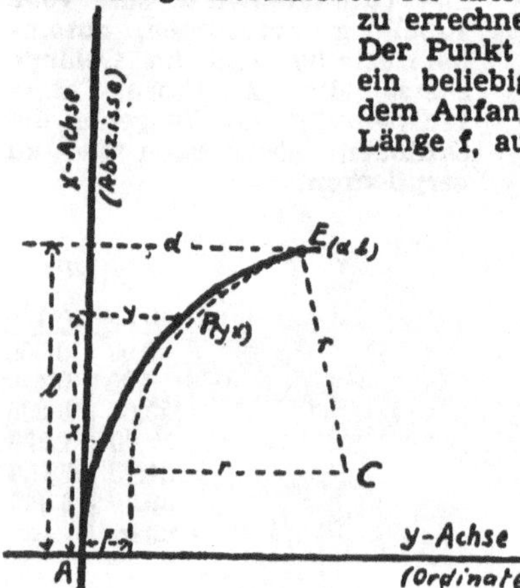

Bild 388

x	$y = \frac{x^3}{6p}$
m	m
5	0,006
10	0,046
15	0,156
20	0,370
25	0,723
30	1,250

aa) Nach der Parabelgleichung ist

$$y = \frac{x^3}{6\,p}, \text{ wobei}$$

p der Parameter der Parabelgleichung $= l \cdot r$ ist.

bb) Errechnung von E:

$x = l;$

$$y = d = \frac{l^3}{6\,p}$$

cc) Einziehung des Hauptbogens um $f = \frac{d}{4}$

dd) **Errechnung** der **Zwischenpunkte** nach der Parabelgrundgleichung:

Beispiel: $r = 120\,m;\ l = 30\,m$

$p = l \cdot r = 3600;$

$6\,p = 21\,600$

ee) **Absteckung** des Bogens nach vorbesprochenem Verfahren mit den in nebenstehender Tabelle errechneten Werten.

4. Flächen.

Die Absteckung von Flächen setzt sich aus der Absteckung von Linien, Bögen und Höhen zusammen und steht oft in Abhängigkeit von einer Achse, z. B. Fundamentabsteckung von Hoch- und Tiefbauten; Flächenabsteckung von Plätzen und der Einteilung in einem Gebäudeplan.

Die Arbeiten hierfür und die zweckmäßig zu beachtenden Punkte der Praxis sind an den entsprechenden Abschnitten dargelegt.

Die für den Benutzer zweckmäßigste Absteckung ist zu vereinbaren. Die Fluchtlinie muß eindeutig markiert sein. Die Höhenpflöcke müssen so stehen, daß sie einfach zu benutzen sind.

Bei Abstecken von Flächen und Fundamenten ist mehr als bei jeder anderen Vermessungsarbeit auf Durchführung von Kontrollen während der Außenarbeit zu achten! Es gibt keine Flächenabsteckung ohne Kontrolle durch ein zweites, vom ersten unabhängiges Vermessungsverfahren! Die Diagonalprobe ist möglichst immer zur Überprüfung rechtwinkliger Flächen anzuwenden: Für die Flächenabsteckung gilt mehr als für jede andere Vermessungsarbeit vor deren Beendigung der Grundsatz:

„Mißtraue der eigenen Arbeit!"

Erst, wenn diese wirklich überprüft ist, kann man von dem Ort der Handlung abtreten.

5. Höhen.

Das Abstecken der Höhen ist gleichwichtig der Horizontalabsteckung.

Die Höhenentnahme geschieht bei der Eisenbahn stets vom Reichs- und Landeshöhennetz; in der Bautechnik ist der Anschluß an das gültige Höhennetz anzustreben; oft genügt die Höhenfestlegung auf Grund örtlicher Messungen.

Stets muß darauf geachtet werden, daß der Nutznießer der gesetzten Höhenpflöcke diese mit einfachem gesunden Menschenverstand benutzen kann und sich nicht erst umständliche Gedanken über deren Anwendung machen muß; d. h. für den praktischen Gebrauch sind die Höhenpflöcke entweder so hinzusetzen, daß ihre Oberkante die erforderliche Höhe für Oberkante Gleis, Pflaster, Fundament angibt, d. h. sie werden „auf Höhe" gesetzt, oder sie werden aus bestimmten Gründen um ein stets gleichbleibendes Maß höher gesetzt, wieder, um die praktische Arbeit zu erleichtern; z. B. die Oberkante der Pflöcke für Pflasterungen zeigen zweckmäßigerweise nicht auf die endgültige Oberkante Pflaster (Rammhöhe), sondern die um 3 cm höher liegende „Setzhöhe", weil diese Höhe für die Pflasterarbeiten beim Setzen der Steine das Primäre ist! Es kann die „Rammhöhe" mit einem „schwarzen" die Kieshöhe mit einem „roten" und die „Planumhöhe" mit einem „blauen" Strich vermarkt werden. Alles das bedeutet für den Vermessungsmann keine große Mühe; es erleichtert jedoch die praktische Arbeit und macht ihn dadurch auch in der Baupraxis zu einem stets gern gesehenen, hilfsbereiten Gast auf jeder Baustelle!

Die Entfernung der Höhenpflöcke voneinander richtet sich nach der Zweckmäßigkeit für die erleichterte Bauausführung. Warum soll sie z. B. bei Pflasterarbeiten nicht so gering sein, daß das Richtscheit von Höhenpunkt zu Höhenpunkt aufgelegt werden kann und die Arbeit mit der Wasserwaage erübrigt? Wenn Zeit vorhanden ist, garantiert ein engmaschiges Höhennetz eine saubere und leichte Arbeit!

Der Vermessungsmann soll überall als Helfer erscheinen! So kann er auch beim Festlegen der Höhen von Betonmauern und -rampen helfend beistehen. Nach Setzung einer Schalwand kennzeichnet er nach Messung mit dem Nivelliergerät mit Nägeln, die mit Draht verbunden werden, in etwa 1—2 m Entfernung voneinander die einzuhaltende Höhe; diese Markierung ist dauerhaft, haltbar und leicht erkennbar.

Die genaue Höhenlage eines Pfahlrostes wird leicht und sicher hergestellt, wenn der Vermessungsmann mit seinem Nivellier schnell einspringt und die Hauptpfeiler gleich „auf Höhe" rammen läßt; die Zwischenpfeiler werden dann leicht eingewogen.

Die Höhenpfähle bei Achsabsteckungen werden seitlich heraus in einem Abstand von etwa 1 m von der Straßendecke gesetzt. Trotzdem ist es zweckmäßig, entweder die Achspflöcke oder die Pflöcke neben den Achsbaken und die Seitenpflöcke ebenfalls auf Höhe zu setzen. Die Gleisfestpunkte erhalten Höhenkerben und Höhenmarken.

Die Höhen- und Böschungswinkel für Dämme und Einschnitte werden durch Lattenprofile, deren waagerechte Oberkante mit der endgültigen Gelände- und Bauoberkante übereinstimmen soll, abgesteckt. Böschungsdreiecke, rechtwinkelige Dreiecke, deren Katheten im Verhältnis der Böschungshöhe zur Böschungsbreite gefertigt sind, erleichtern die Bauausführung; sie werden mit der Hypothenuse auf die Böschung gelegt; bei richtigem Böschungsverhältnis spielt die auf die horizontale Kathete aufgesetzte Libelle ein.

In allen Fällen ist darauf zu achten, daß die Höhenpfähle die praktischen Arbeiten nicht behindern; sie werden dann nur beschädigt, verfehlen ihren Zweck und gefährden das Bauwerk. Sie müssen so stehen, daß sie voraussichtlich vor Beschädigungen sicher sind und erhalten bleiben; trotzdem sind stets in der Nähe befindliche dauerhafte Punkte ihrer Höhe nach einzumessen, die im Notfalle einspringen müssen. Bei Straßen- und Bahnachsabsteckungen ist es zweckmäßig auch dauerhafte Höhenfestpunkte wie die Achspunkte (alle 2-300 m) auf etwa 400 m Entfernung voneinander zu setzen und zu sichern.

Zur Höhenabsteckung in engen, winkeligen Räumen (Keller, Fundamente) ist der Gebrauch der Schlauchwaage besonders zu empfehlen.

Über jede Höhenabsteckung muß eine Punktbeschreibung mit Lage und Höhenangabe der Einzelpunkte angefertigt und dem Benutzer zur Ausschaltung jeglicher Zweifel übergeben werden. s. Teil D, 11.

6. Bauwerkspläne.

Die Absteckung beginnt mit der **Horizontalabsteckung**, die grundsätzlich von den Achsen der Bauprojekte oder von Parallelen zu diesen durchgeführt wird: Unter Beachtung der vorgeschriebenen Baufluchtlinien werden die Bauwerkslinien sachgemäß vom Plan in das Gelände übertragen.

Es ist zweckmäßig, die „Absteckungshauptpunkte" besonders zu kennzeichnen und durch ein dreieckiges Holzgatter, bei Großbaustellen durch einen Eisenstab in einem Betonklotz, zu sichern. Bei sehr genauen Absteckungsarbeiten z. B. für nachfolgende Stahl- und Betonbauten werden die vermessenen Punkte durch einen Nagel oder eine Kreuzkerbe auf dem Pfahl gekennzeichnet oder durch ein Eisenrohr in einem Betonklotz vermarkt.

Vor der endgültigen Vermarkung ist bei rechtwinkeligen Absteckungen stets die Diagonalprobe, bei Absteckungen anderer Gebilde eine Kontrollmessung auf einem vom ersten Verfahren möglichst unabhängigen Wege durchzuführen.

Für Hoch- und Tiefbauten werden die eingemessenen Punkte auf Schnurkreuze aufgelotet, um die Absteckungspfähle entbehrlich zu machen und die Bauausführung zu ermöglichen:

In einer Entfernung von mindestens 0,80 m — abhängig vom Baugrund — vom geplanten Bau werden im rechten Winkel zueinander drei kräftige Pfähle **standfest** eingeschlagen. An diesem werden horizontale Bretter befestigt, die der Höhe nach bestimmt werden. Es ist zweckmäßig, sämtliche Horizontalbretter auf gleiche Höhe einzuwägen, um später von ihnen aus mit der Wasserwaage kurze Nivellements durchführen zu können.

Über die Horizontalbretter dieser Schnurgerüste werden Schnüre gelegt derart, daß die Schnurkreuze **peinlich genau lotrecht über der Marke** des Absteckungspfahls liegen; die Schnurlage wird durch eine Kerbe am Brett gekennzeichnet (Kerbe **innen** senkrecht!); die Absteckungspfähle sind nun überflüssig! An den Brettern können weitere Markierungen durch Nägel oder Striche angebracht werden z. B. für die Breite der Ausschachtung, für die Wandstärke usw.

Bei sehr großen Bauten werden Schnurgerüste außer an den Enden noch innerhalb der Baugrube aufgestellt. Absteckungshauptpunkte gewinnen bei Großbauten an Bedeutung und müssen dauerhaft vermarkt werden.

Der Einschnitt für Zwischenmauern geschieht durch Abmessen der vorgesehenen Maße von den Marken auf dem Schnurgerüst für die Umfassungslinien (Grenzlinien). Gegen Verwechselungen schützen beigeschriebene Markierungszeichen, z. B. F = Fundament, S = Sockel usw.

Verläuft die Baulinie im Bogen, so wird sie meist als Sehne oder Tangente abgesteckt; es ist dabei zu beachten, daß die **Absteckungslinie mit keinem Punkt innerhalb des Bauwerks** zu liegen kommt!

Schnurgerüste dienen nicht nur als Bauhilfsmittel, sondern auch zur Sicherung und Überprüfung gewisser Eigentumsgrenzen und der innezuhaltenden Bauvorschriften (Baufluchtlinien).

Die **Vertikalabsteckung** erfolgt nach Abschnitt 5. Die innezuhaltenden Höhen über N. N. oder über einem örtlichen Nullpunkt werden durch besondere Höhenpfähle gekennzeichnet. Auch die Oberkanten der Schnurgerüstbretter werden ihrer Höhe nach eingemessen. Um sie später zu Ausgangspunkten für einfache Einwägungen mit der Wasserwaage zu machen, ist es zweckmäßig, ihre Höhe von Anfang an in eine Abhängigkeit zu den Bauwerkshöhen zu bringen; z. B. 1 m über Fundamentoberkante, 1 m über örtlichen Nullpunkt. Anzustreben ist die gleiche Höhe mit dem Nullpunkt!

Teil D

Tafeln und Tabellen

1. Oft wiederkehrende Zahlen.

Bezeichnung	Wert	lg
Kreisumfang:		
in Grad	360°	2.55 630 25
in Minuten	21 600'	4.33 445 37
in Sekunden	1 296 000''	6 11 260 50
sin 1°	$0{,}17\,452\,41 \cdot 10^{-1}$	0.24 185 53—2
sin 1'	$0{,}29\,088\,82 \cdot 10^{-3}$	0.46 372 61—4
sin 1''	$0{,}48\,481\,37 \cdot 10^{-5}$	0.68 557 49—6
Zum Bogen 1 gehörende Winkel:		
in Altgrad: $\rho(^0)$	57,29 577 95 °	1.75 812 26
in Altminuten: $\rho(')$	3437,74 677 '	3.53 627 39
in Altsekunden: $\rho('')$	206 264,8063 °	5.31 442 51
in Neugrad: $\rho(^g)$	63,66 197 72 ^{g}	1.80 388 01
in Neuminuten: $\rho(^c)$	6366,197 72^c	3.80 388 01
in Neusekunden: $\rho(^{cc})$	636 619,7723^{cc}	5.80 388 01
Zum Winkel 1 gehörender Bogen:		
1 Altgrad °	0,01 745 33	0.24 187 74—2
1 Altminute '	0,00 029 09	0.46 372 61—4
1 Altsekunde ''	0,00 000 48	0.68 557 49—6
1 Neugrad ^{g}	0,01 570 80	0.19 611 99—2
1 Neuminute ^{c}	0,00 015 71	0.19 611 99—4
1 Neusekunde ^{cc}	0,00 000 16	0.19 611 99—6

Bezeichnung	Wert	lg
Für den Halbmesser r = 1 beträgt der halbe Kreisumfang		
$\pi =$	3,14 159 265	0.49 714 987
2π	6,28 318 53	0.79 817 99
3π	9,42 477 81	0.97 427 12
4π	12,56 637 18	1.09 920 99
π^2	9,86 960 45	0.99 429 98
$\pi/2$	1,57 079 63	0.19 611 99
$\pi/3$	1,04 719 76	0.02 002 86
$4\pi/3$	4,18 879 03	0.62 208 86
$\pi/4$	0,78 539 82	0.89 508 99—1
$3\pi/4$	2,35 619 42	0.37 221 12
$\pi/6$	0,52 359 88	0.71 899 86—1
$\pi/180$	0,01 745 33	0.24 187 74—2
$1/\pi$	0,31 830 89	0.50 285 01—1
$1/2\pi$	0,15 915 51	0.20 182 01—1
$1/\pi^2$	0,10 132 12	0.00 570 02—1
$1/\sqrt{\pi}$	0,56 418 96	0.75 142 51—1
$1/\sqrt[3]{\pi}$	0,68 278 40	0.83 428 34—1
$2/\pi$	0,63 662 98	0.80 388 01—1
$3/\pi$	0,95 492 96	0.97 997 14—1
$3/4\pi$	0,23 873 24	0.37 791 14—1
$6/\pi$	1,90 985 93	0.28 100 13

Bezeichnung	Wert	lg
$\sqrt{\pi}$	1,77 245 39	0.24 857 49
$\sqrt{2\pi}$	2,50 662 83	0.39 908 99
$\pi\sqrt{2}$	4,44 288 29	0.64 766 49
$\sqrt{3/\pi}$	0,97 720 49	0.98 998 57–1
$\sqrt{4/\pi}$	1,12 838 13	0.05 245 51
$\sqrt[3]{\pi}$	1,46 459 19	0.16 571 66
$\sqrt[3]{2\pi}$	1,84 526 1	0.26 605 99
$\sqrt[3]{\pi^2}$	2,14 502 9	0,33 143 33
$\sqrt[3]{3/4\pi}$	0,62 035 0	0.79 263 71–1
$\sqrt[3]{\pi/6}$	0,80 59$\bar{9}$ 6	0.90 633 29–1
$\sqrt{2}$	1,41 421 37	0.15 051 50
$\sqrt{3}$	1,73 205 06	0.23 856 06
$\sqrt{10}$	3,16 227 76	0.50 000 00
$1/\sqrt{2}$	0,70 710 68	0.84 948 50–1
$1/\sqrt{3}$	0,57 735 03	0.76 143 94–1
g	9,81 05	0.99 169 1
g^2	96,23 61	1.98 334
$1/2g$	0,05 096 8	0.70 730–2
$\sqrt{g}$	3,13 209 2	0.49 583
$\sqrt{2g}$	4,42 944 7	0.64 635
$\pi\sqrt{g}$	1,00 303 3	0 00 132
$\pi\sqrt{2g}$	0,70 925 2	0.85 080–1

Bezeichnung	Wert	lg
e	2,71 828 2	0.43 429
e^2	7,38 905 6	0.86 859
$1/e$	0,36 787 9	0.56 571–1
$1/e^2$	0,13 533 5	0.13 141–1
$\sqrt{e}$	1,64 872 1	0.21 717
M	0,43 429 45	0 63 778 43–1
$1/M$	2,30 258 51	0.36 221 57
Erddimensionen:		
Erdachsen:		
Clarke 1856: a=	6 378 249,17 m	6.80 471
b=	6 356 514,99 m	6.80 325
Hayford 1910: a	6 378 388,00 m	6.80 471
b	6 356 911,95 m	6.80 314
Bessel 1841: a	6 377 397,156 m	6.80 464 346
b	6 356 078,963 m	6.80 318 928
Äquatorgrad	111 306,57 810 m	5.04 652 083
Geogr. Meile = $1/15^0$	7 420,43 854 m	3.87 042 957
Mittlerer Meridiangrad $44^0/45^0$ Br.	111 109,7 m	5.04 575

D 2

2 Funktionstafel.

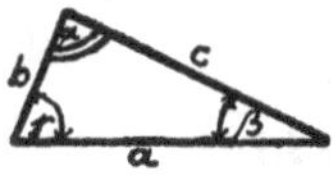

$\alpha = 1R$

$\sin\beta = \frac{b}{a}$, $\cos\beta = \frac{c}{a}$,
$\sin\gamma = \frac{c}{a}$; $\cos\gamma = \frac{b}{a}$.

a) Sinus/Cosinuswerte

← Cosinus ←												
Grad	10	9	8	7	6	5	4	3	2	1	0	Grad
00	0,00000	0,01745	0,03490	0,05234	0,06976	0,08716	0,10463	0,12187	0,13917	0,15643	0,17365	80
10	0,17365	0,19081	0,20791	0,22495	0,24192	0,25882	0,27564	0,29237	0,30902	0,32557	0,34202	70
20	0,34202	0,35837	0,37461	0,39073	0,40674	0,42262	0,43837	0,45399	0,46947	0,48481	0,50000	60
30	0,50000	0,51504	0,52992	0,54464	0,55919	0,57358	0,58779	0,60182	0,61566	0,62932	0,64278	50
40	0,64278	0,65606	0,66913	0,68200	0,69466	0,70711	0,71934	0,73135	0,74314	0,75471	0,76604	40
50	0,76604	0,77715	0,78801	0,79864	0,80902	0,81915	0,82904	0,83867	0,84805	0,85717	0,86603	30
60	0,86603	0,87462	0,88295	0,89101	0,89879	0,90631	0,91355	0,92050	0,92718	0,93358	0,93969	20
70	0,93969	0,94552	0,95106	0,95630	0,96126	0,96593	0,97030	0,97437	0,97815	0,98163	0,98481	10
80	0,98481	0,98769	0,99027	0,99255	0,99452	0,99619	0,99756	0,99863	0,99939	0,99985	1,00000	00
Grad	0	1	2	3	4	5	6	7	8	9	10	Grad
→ Sinus →												

(Left margin: Sinus ↓; right margin: Cosinus ↑)

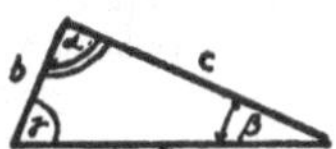

$\alpha = 1R$

$\tan\beta = \frac{b}{c}$, $ctg\,\beta = \frac{c}{b}$,
$\tan\gamma = \frac{c}{b}$; $ctg\,\gamma = \frac{b}{c}$.

b) Tangens/Cotangenswerte

← Cotangens ←												
Grad	10	9	8	7	6	5	4	3	2	1	0	Grad
00	0,00000	0,01746	0,03492	005241	0,06993	0,08749	0,10510	0 12278	0,14054	0,15838	0 17633	80
10	0,17633	0,19438	0,21256	0,23087	0 24933	0,26795	0,28675	0,30573	0,32492	0,34483	0,36397	70
20	0,36397	0,38386	0,40403	0,42447	0,44523	0,46631	0,48773	0,50953	0,53171	0,55431	0,57735	60
30	0,57735	0 60086	0,62487	0,64941	0,67451	0,70021	0,72654	0,75355	0,78129	0,80978	0,83910	50
40	0,83910	0,86929	0,90040	0,93252	0,96569	1,00000	1,03553	1,07237	1,11061	1,15037	1,19175	40
50	1,19175	1,23490	1,27994	1,32704	1,37638	1,42815	1 48256	1,53987	1,60033	1,66428	1,73205	30
60	1,73205	1,80405	1,88073	1,96261	2,05030	2,14451	2,24604	2,35585	2,47509	2,60509	2 74748	20
70	2,74748	2,90421	3,07768	3,27085	3,48741	3,73205	4,01078	4,33148	4,70463	5,14455	5,67128	10
80	5,67128	6,31375	7,11537	8,14435	9,51436	11,43005	14,30067	19,08114	28,63625	57,28996	∞	00
Grad	0	1	2	3	4	5	6	7	8	9	10	Grad
→ Tangens →												

(Left margin: Tangens ↓; right margin: Cotangens ↑)

Beispiel zum Gebrauch der Tangententafel zur Winkelermittlung und Winkelfestlegung:

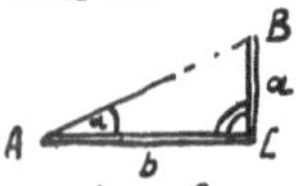

$tg\,\alpha = \frac{a}{b}$

1.) Gemessen. <u>b = 100 m</u> a = 16,00 m ∢ BCA = 1 R
$tg\,\alpha = \frac{16}{100} = 0{,}16$, ergibt α ~ 9°

2a) Gemessen b = 25,00 m a = 16,00 m ∢ BCA = 1 R
×4: <u>b = 100,00 m</u> a = 64,00 "
$tg\,\alpha = \frac{64}{100} = 0{,}64$, ergibt α ~ 33°

2b) 2a mit Interpolation: Tafelwert: 0,62487 ergibt für α: 32°
Rest 0,64000 − 0,62487 = 0,01513 : 0,00049 " 38′
Δ 32°/33° = 0,64941 − 0,62487 = 0,02454 für 60′
= 0,00049 " 1′
α = 32° 38′

3) Festlegen eines Winkels in umgekehrter Folge:
Für α = 40°:
b = 100. a = 83,91 m

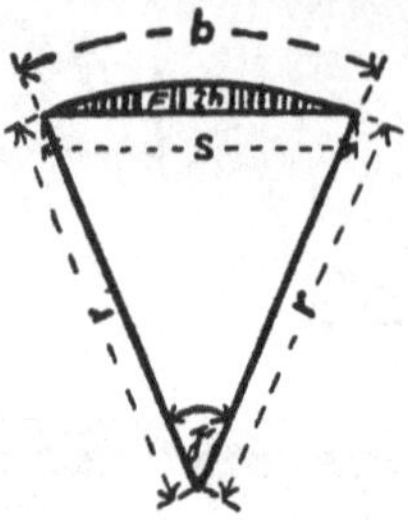

γ = Zentriwinkel
b = Bogenlänge
s = Sehnenlänge
h = Bogen-(Pfeil-)höhe
s/h = Verhältnis der Sehnenlänge zur Bogenhöhe
F = Flächeninhalt des Kreisabschnitts (Segment)
r = Radius, Halbmesser

3. Bogentafel.

für den Halbmesser 1.

D 3

γ Grad	b	s	h	s/h	F
1	0,0175	0,0175	0,0000	175,000	0,00 000
2	0,0349	0,0349	0,0002	174,500	0,00 000
3	0,0524	0,0524	0,0003	173,667	0,00 001
4	0,0698	0,0698	0,0006	116,333	0,00 003
5	0,0873	0,0872	0,0010	87,2000	0,00 006
6	0,1047	0,1047	0,0014	74,7857	0,00 010
7	0,1222	0,1221	0,0019	64,2632	0,00 015
8	0,1396	0,1395	0,0024	58,1250	0,00 023
9	0,1571	0,1569	0,0031	50,6129	0,00 032
10	0,1745	0,1743	0,0038	45,8684	0,00 044
15	0,2618	0,2611	0,0086	30,3605	0,00 149
20	0,3491	0,3473	0,0152	22,8487	0,00 352
25	0,4363	0,4329	0,0237	18,2658	0,00 686
30	0,5236	0,5176	0,0341	15,1789	0,01 180
35	0,6109	0,6014	0,0463	12,9892	0,01 864
40	0,6981	0,6840	0,0603	11,3433	0,02 767
45	0,7854	0,7654	0,0761	10,0578	0,03 915
50	0,8727	0,8452	0,0937	9,02 028	0,05 331
55	0,9599	0,9235	0,1130	8,17 257	0,07 039
60	1,0472	1,0000	0,1340	7,46 269	0,09 059
65	1,1345	1,0746	0,1566	6,86 207	0,11 408
70	1,2217	1,1472	0,1808	6,34 513	0,14 102
75	1,3090	1,2175	0,2066	5,89 303	0,17 154
80	1,3963	1,2856	0,2340	5,49 402	0,20 573
85	1,4835	1,3512	0,2627	5,14 351	0,24 367
90	1,5708	1,4142	0,2929	4,82 827	0,28 540

γ Grad	b	s	h	s/h	F
90	1,5708	1,4142	0,2929	4,82 827	0,28 540
95	1,6580	1,4746	0,3244	4,54 562	0,33 093
100	1,7453	1,5321	0,3572	4,28 919	0,38 026
105	1,8326	1,5867	0,3912	4,05 598	0,43 355
110	1,9199	1,6383	0,4264	3,84 217	0,49 008
115	2,0071	1,6868	0,4627	3,64 556	0,55 041
120	2,0944	1,7321	0,5000	3,46 420	0,61 418
125	2,1817	1,7740	0,5383	3,29 556	0,68 125
130	2,2689	1,8126	0,5774	3,13 924	0,75 144
135	2,3562	1,8478	0,6173	2,99 336	0,82 454
140	2,4435	1,8794	0,6580	2,85 623	0,90 034
145	2,5307	1,9074	0,6993	2,72 758	0,97 858
150	2,6180	1,9319	0,7412	2,60 645	1,05 900
155	2,7053	1,9526	0,7836	2,49 183	1,14 132
160	2,7925	1,9696	0,8264	2,38 335	1,22 525
165	2,8798	1,9829	0,8695	2,28 051	1,31 049
170	2,9671	1,9924	0,9128	2,18 274	1,39 671
175	3,0543	1,9981	0,9564	2,08 919	1,48 359
180	3,1416	2,0000	1,0000	2,00 000	1,57 080
57°17'45" 57,29 578°	1,0000	0,95 885	0,1224	7,83 270	0,07 926
60°	1,0472	1,0000	0,1340	7,46 269	0,09 059
180°	3,1416	2,0000	1,0000	2,00 000	1,57 080

Bogenlänge für
γ = 1° = 0,01 745 329
= 1' = 0,00 029 089
= 1' = 0,00 000 485

Absteckung von reinen Kreisbögen

Punktbezeichnung gem. DIN VERM 25

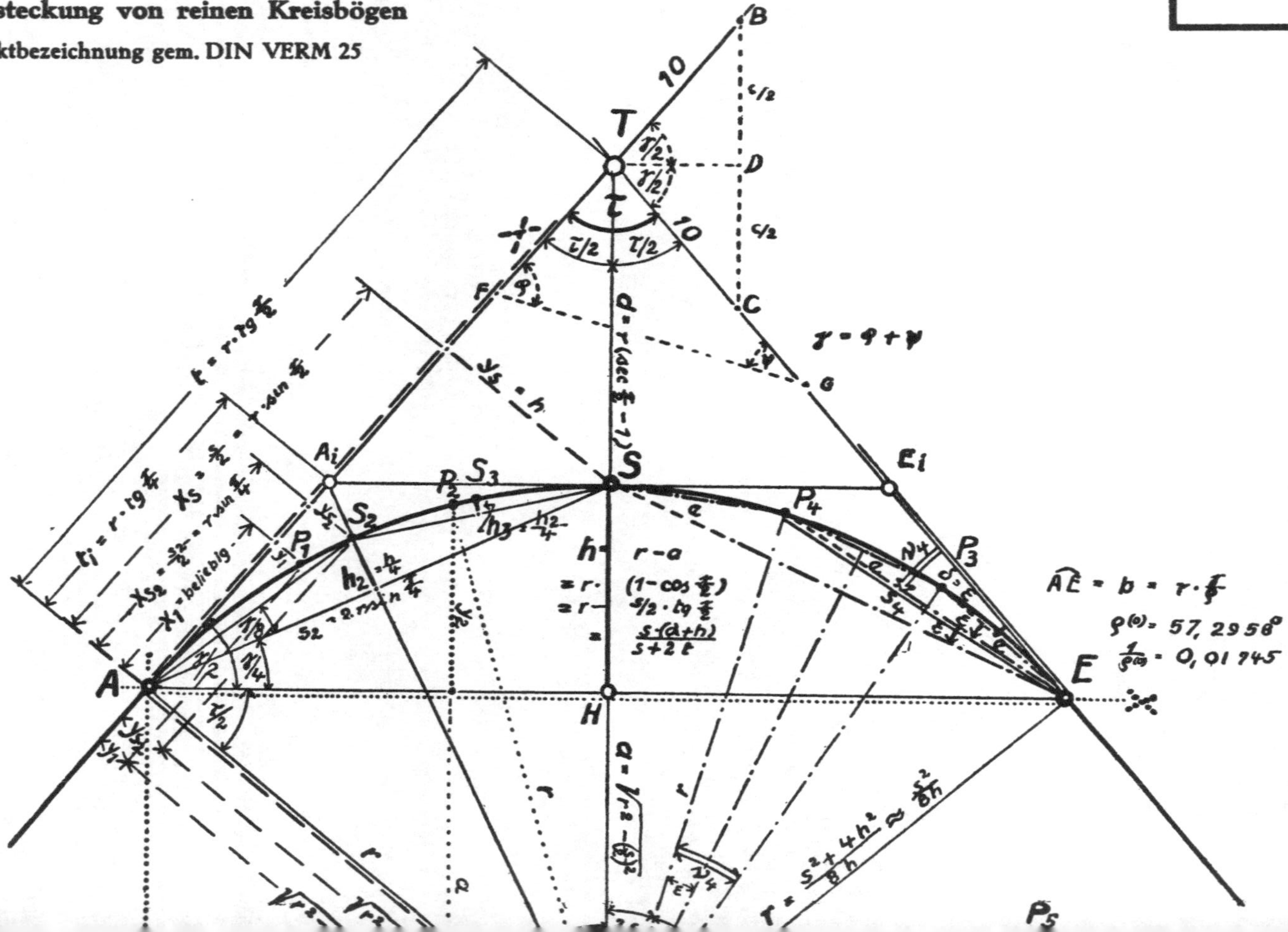

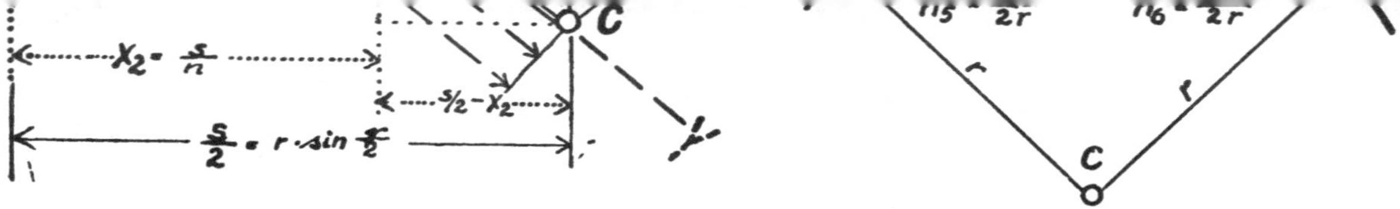

1. Von der **Tangente** aus mit Hilfe **rechtwinkeliger Koordinaten**: — — — —
   a) bei **gleichen Abszissenabständen** (P_1):

   $y = r - \sqrt{r^2 - x^2} = r - \sqrt{(r+x)(r-x)}$, x = beliebig S: $y_s = h = r - \sqrt{r^2 - \left(\frac{s}{2}\right)^2}$, $x_s = \frac{s}{2}$

   b) bei **gleichen Bogenteilen** (im Bild nicht dargestellt; Grundlagen wie zu 3.):
   β als n. Teil von γ ist von der gewünschten Bogenlänge b abhängig: $\beta = \frac{b}{r} \cdot \rho(') = 3437{,}75' \cdot \frac{b}{r}$

   $y_n = r - r\cos n \cdot \beta) = r(1 - \cos\ n \cdot \beta)$ $x_n = r \cdot \sin n \cdot \beta$ S: $y_s = r \cdot \left(1 - \cos\frac{\gamma}{2}\right)$ $x_s = r \cdot \sin\frac{\gamma}{2}$

   [n = Nr. = Folge des Kurvenpunktes = Anzahl der bis zu diesem Punkt benötigten Winkel β]

2. Von der **Sehne** aus:
   a) bei gleichen Abszissenabständen (P_2):

   $y = \sqrt{r^2 - \left(\frac{s}{2} - x\right)^2} - a$ $x = \frac{s}{n} \cdot$ Nr.=Folge S: $y_s = r - \sqrt{r^2 - \left(\frac{s}{2}\right)^2}$ $x_s = \frac{s}{2}$

   b) bei gleichen Bogenteilen (im Bild nicht dargestellt; Grundlagen wie zu 1b):

   $y_n = r\cos\left(\frac{\gamma}{2} - n \cdot \beta\right) - a$ $x_n = \frac{s}{2} - r\sin\left(\frac{\gamma}{2} - n \cdot \beta\right)$ S: $y_s = r - \sqrt{r^2 - \left(\frac{s}{2}\right)^2}$ $x_s = \frac{s}{2}$

3. Mit Hilfe von Peripheriewinkeln von einem festen Punkt aus (hier von E aus)
   a) unter Benutzung **kleiner Sehnen** (P_3 P_4): —·—·—·—·—
   Bogen=(Sehnen=)länge e nicht größer als 0,1 · r wählen!
   ε = n. Teil von γ oder glatte Gradzahl; $e = 2r \cdot \sin\varepsilon$ oder: e = glattes Längenmaß; $\sin\varepsilon = \frac{e}{2r}$ oder: Beide Vorbedingungen vereinen und Restwinkel mit zugehöriger Sehne errechnen.
   b) unter Benutyung von **Polarkoordinaten** (P_4): ═══

   ε = n. Teil von γ $\nu_n = n \cdot \varepsilon$; $s_n = 2r \cdot \sin\nu$ S: $\nu_s = \frac{\gamma}{4}$ $s_s = 2r \cdot \sin\frac{\gamma}{4}$

4. Mit **Sehnen-Polygonzug** (im Bild nicht dargestellt; Grundlagen wie zu 3): E—P_3—P_4—S: Benutzung der Sehnen als Polygonseiten. Bestimmung der Seiten und Brechungswinkel gem. 3.

5. Durch **Viertelsmethode** (S_2 S_3): ———
   $h_n = \frac{h_{n-1}}{4}$

6. Durch Einschaltung **weiterer Kleinpunkte** (P_5 P_6) (Parabelverfahren):
   über Sehne und Pfeilhöhe: $h_p = \frac{c^2}{2r}$ oder über beliebige Sehnenpunkte: $h_p = \frac{a \cdot b}{2r}$.

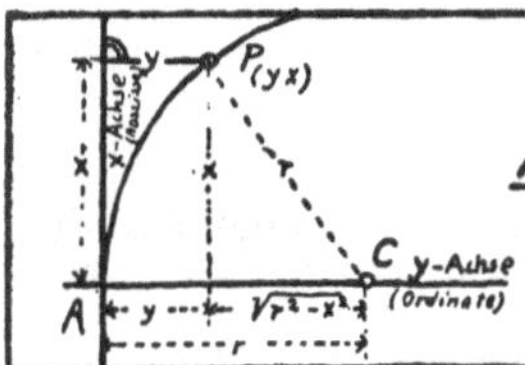

D4b

Abszissen-und Ordinatenabstände

für das Abstecken von reinen Kreisbögen von der Tangente aus

$$y = r - \sqrt{r^2 - x^2}$$

Abszissen-X-Abstände m	Ordinaten-Y-Abstände bei einem Halbmesser von									
	5 m	6 m	7 m	8 m	9 m	10 m	15 m	20 m	25 m	30 m
1	0,101	0,084	0,072	0,063	0,056	0,050	0,033	0,025	0,020	0,017
2	0,417	0,343	0,292	0,254	0,225	0.202	0,134	0.100	0,080	0,067
3	1,000	0,804	0,675	0,584	0,515	0,461	0,303	0,226	0.181	0,150
4	2,000	1,528	1,255	1,072	0,938	0,835	0,543	0.404	0,322	0,268
5	5,000	2,683	2,101	1,755	1,450	1,340	0,858	0.635	0,505	0,420
6		6,000	3,394	2,708	2,292	2.000	1,252	0.921	0,731	0,606
7			7,000	4,127	3,343	2,859	1,734	1,265	1,000	0,828
8				8,000	4,877	4,000	2,311	1,670	1,315	1,086
9					9,000	5,641	3,000	2,139	1,676	1,382
10						10,000	3,820	2,680	2,087	1,716
15							15,000	6,771	5000	4,019
20								20,000	10,000	7.639
25									25,000	13,417
30										30,000

m	35 m	40 m	45 m	50 m	60 m	70 m	80 m	90 m	100 m
2	0,057	0,050	0,045	0,040	0,033	0,028	0,025	0,022	0,020
4	0,229	0,201	0.178	0,160	0,134	0,114	0,100	0,089	0,080
6	0,518	0,453	0,402	0,361	0,301	0,258	0,225	0,200	0,180
8	0,927	0,808	0,717	0,644	0,536	0,459	0,401	0.356	0,321
10	1,459	1,270	0,125	1,010	0,839	0,718	0,627	0,557	0,601
15	3,377	2,919	2,574	2,303	1,905	1,626	1,419	1,259	1,131
20	6,277	5,359	4,689	4,174	3,431	2,918	2,540	2,250	2,020
25	10,505	8,275	7.583	6,699	5,456	4.617	4,006	3.642	3,175
30	16,972	13,542	11,459	10,000	8,038	6,754	5,838	5,147	4,606
35	35,000	20,635	16,716	14,293	11,266	9,378	8,063	7,084	6,325
40		40,000	24,384	20,000	15,279	12,554	10,718	9,377	8,348
45			45,000	28,206	20,313	16,381	13,856	12,058	10,697
50				50,000	26,834	21,010	17,550	15,167	13,397
55					36,021	26,699	21,905	18,761	16,484
60					60,000	33,944	29,085	22,918	20,000

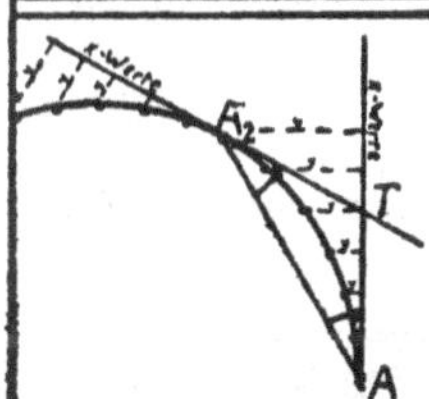

Anlegen einer neuen Tangente:

1. A mit A_2 verbinden
2. ∢ TAA_2 an AA_2 in A_2 antragen
3. Kontrollmessung: $TA = TA_2$
4. TA_2 über A_2 verlängern
5. Von A_2 aus auf der neuen Tangen erneut Abszissenwerte abtragen.

Bemerkung:
Die 3. Dezimalstelle der Ordinatenwerte wird für den praktischen Gebrauch nicht benötigt!
Fehlende Werte sind nach der Formel für y zu berechnen.

5. Maßstäbe.

a) Zahlentafel.

Der Maßstab gibt das Verjüngungsverhältnis der Länge einer Strecke in der bildlichen oder zeichnerischen Darstellung zur wirklichen Länge in der Natur an.

M = 1 : 100 heißt also: 1 cm im Plan = 100 cm in der Natur.

Zur Erleichterung der Zeichenarbeiten dienen nachstehende Zahlen- und graphische Maßstäbe.

Maßstab 1 :	Naturmaß: 1000 m	100 m	10 m	1 m	0,10 m	Abbildungsmaß: 0,01 m	0,001 m
	Abbildungsmaß in der Karte und Zeichnung, im Plan und im Bild in mm					Naturmaß: in m	in mm
300 000	3,3	0,3				3 000	300 000
200 000	5	0,5				2 000	200 000
100 000	15	1	0,1			1 000	100 000
50 000	20	2	0,2			500	50 000
25 000	40	4	0,4			250	25 000
10 000	100	10	1	0,1		100	10 000
5 000	200	20	2	0,2		50	5 000
1 000	1 000	100	10	1	0,1	10	1 000
500	2 000	200	20	2	0,2	5	500
400	2 500	250	25	2,5	0 25	4	400
300	3 333	333	33	3,3	0,3	3	300
250	4 000	400	40	4	0,4	2,5	250
200	5 000	500	50	5	0,5	2	200
150	6 667	667	67	6 7	0,7	1,5	150
100		1 000	100	10	1	1	100
50		2 000	200	20	2	0,5	50
20		5 000	500	50	5	0,2	10
10			1 000	100	10	0,1	10

Beispiele:

1. In einem Plan mit dem Maßstab 1 : 500 sind 100 m in der Natur gleich 200 mm im Plan oder 1 : 500 = 1 cm im Plan ist gleich 5 m in der Natur.
2. In einem Plan mit dem Maßstab $M \frac{L}{H} = 1 : \frac{1000}{500}$ sind die Längen im Maßstab 1 : 1000, die Höhen im Maßstab 1 : 500 dargestellt.
3. Ein Plan im Maßstab 1 : 20 ist herzustellen: Den Plan so einrichten, daß 100 m in der Natur gleich 400 mm im Plan darstellen.
4. Der Maßstab eines Planes ist zu ermitteln, in dem eine 125 m lange Strecke mit 25 mm dargestellt ist:

   a) $\frac{25}{125000} = \frac{1}{x}$; $x = \frac{125000}{25} = 5000$ $M = 1 : 5000.$

   b) $\frac{125 \cdot 4}{5} = 100$; $\frac{25 \cdot 4}{5} = 20$ aus der Tafel entnommener Wert: M = 1 : 5000.
5. Die graphischen Maßstäbe erlauben einen unmittelbaren Vergleich des Naturmaßes mit dem Abbildungsmaß und Ablesen des Verjüngungsverhältnisses.

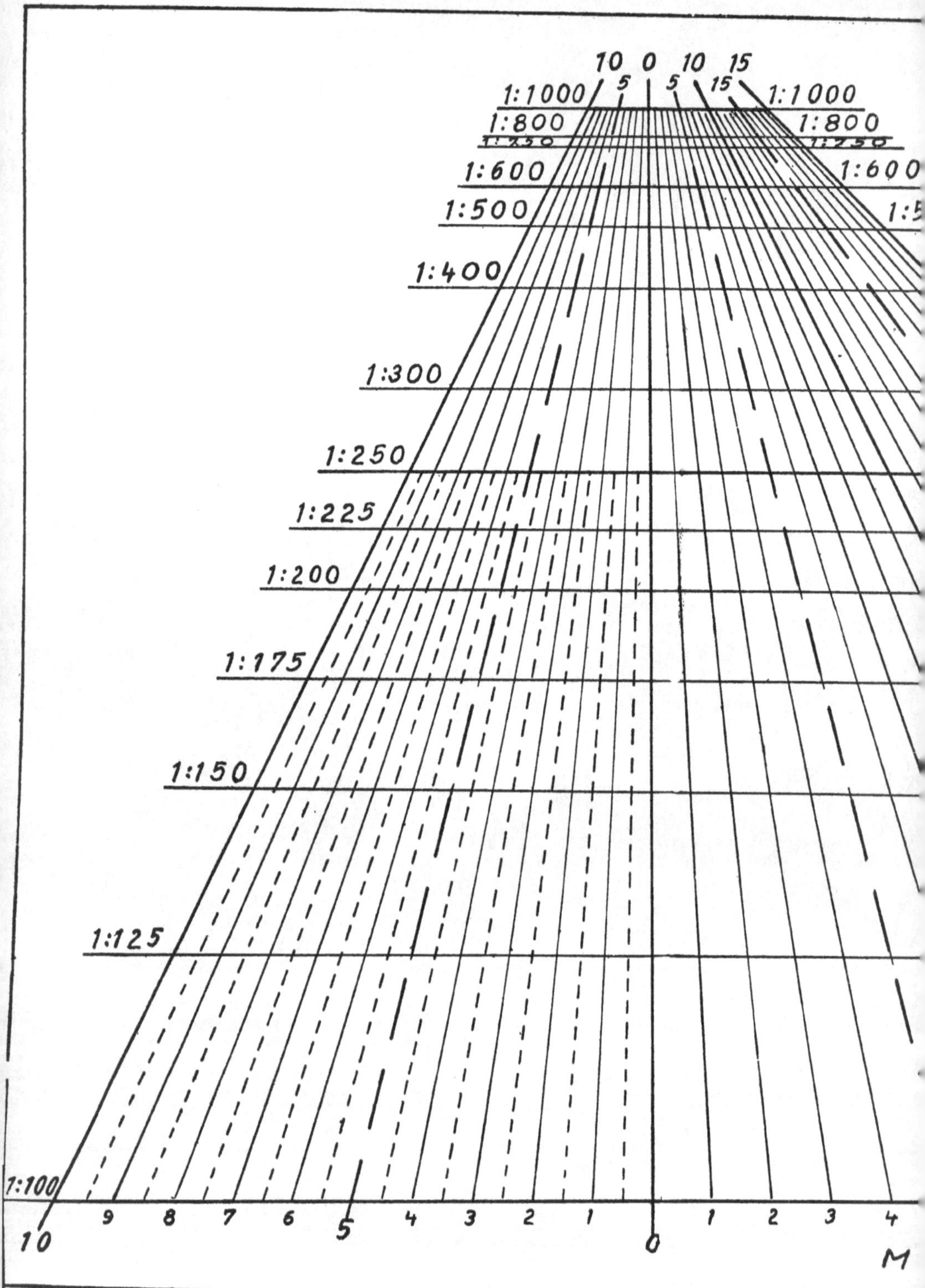

10 0 10 15
5 5 15
1:1000
1:800
1:750
1:600
1:500
1:400
1:300
1:250
1:225
1:200
1:175
1:150
1:125
1:100
10 9 8 7 6 5 4 3 2 1 0 1 2 3 4
M

D5b

Graphischer Maßstab 1:100 bis 1:1000

(K. Röhr)

METER

Umrechnungstabelle

1 Meter	= 1,094 yard	1 Yard	= 0,914 m
1 cm	= 0,033 Foot	1 Foot	= 30,48 cm
	= 0,394 inch	1 inch	= 2,540 cm
1 mm	= 0,039 inch		= 25,4 mm

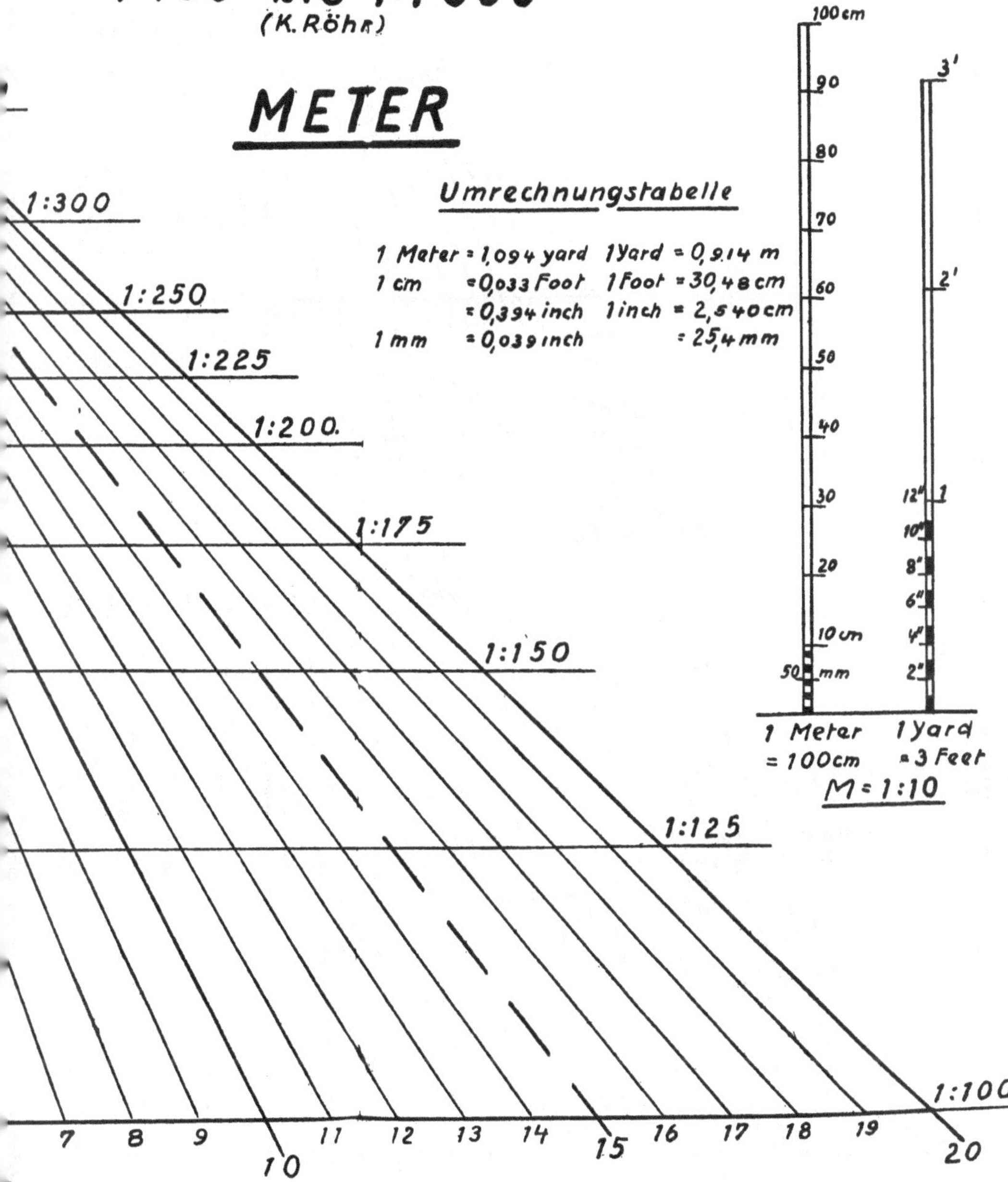

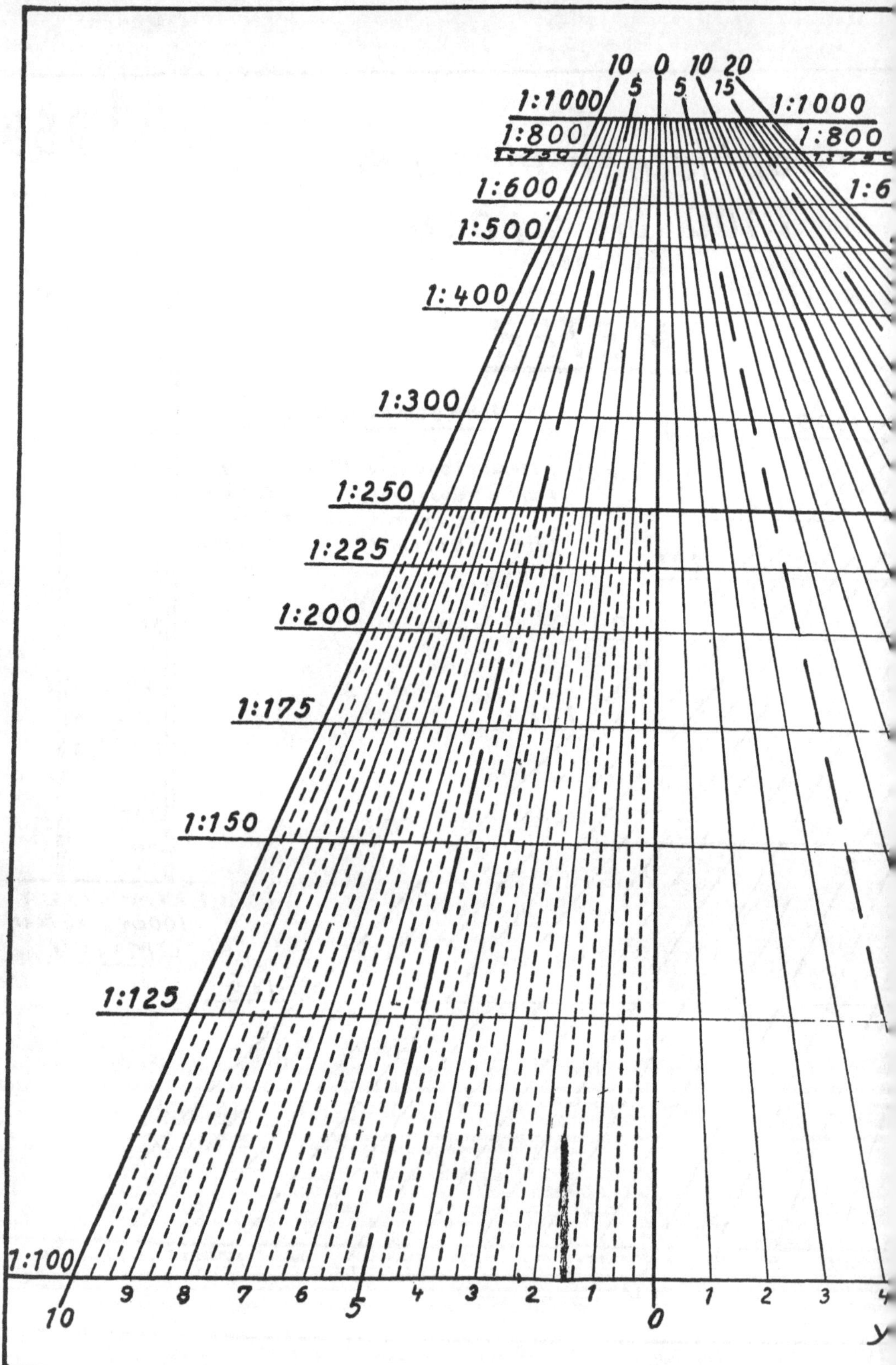

10 0 10 20
5 5 15
1:1000
1:1000
1:800
1:800
1:750
1:600
1:500
1:400
1:300
1:250
1:225
1:200
1:175
1:150
1:125
1:100
10 9 8 7 6 5 4 3 2 1 0 1 2 3 4
y

D5c

aphischer Maßstab 1:100 bis 1:1000

(K. Röhr)

YARD

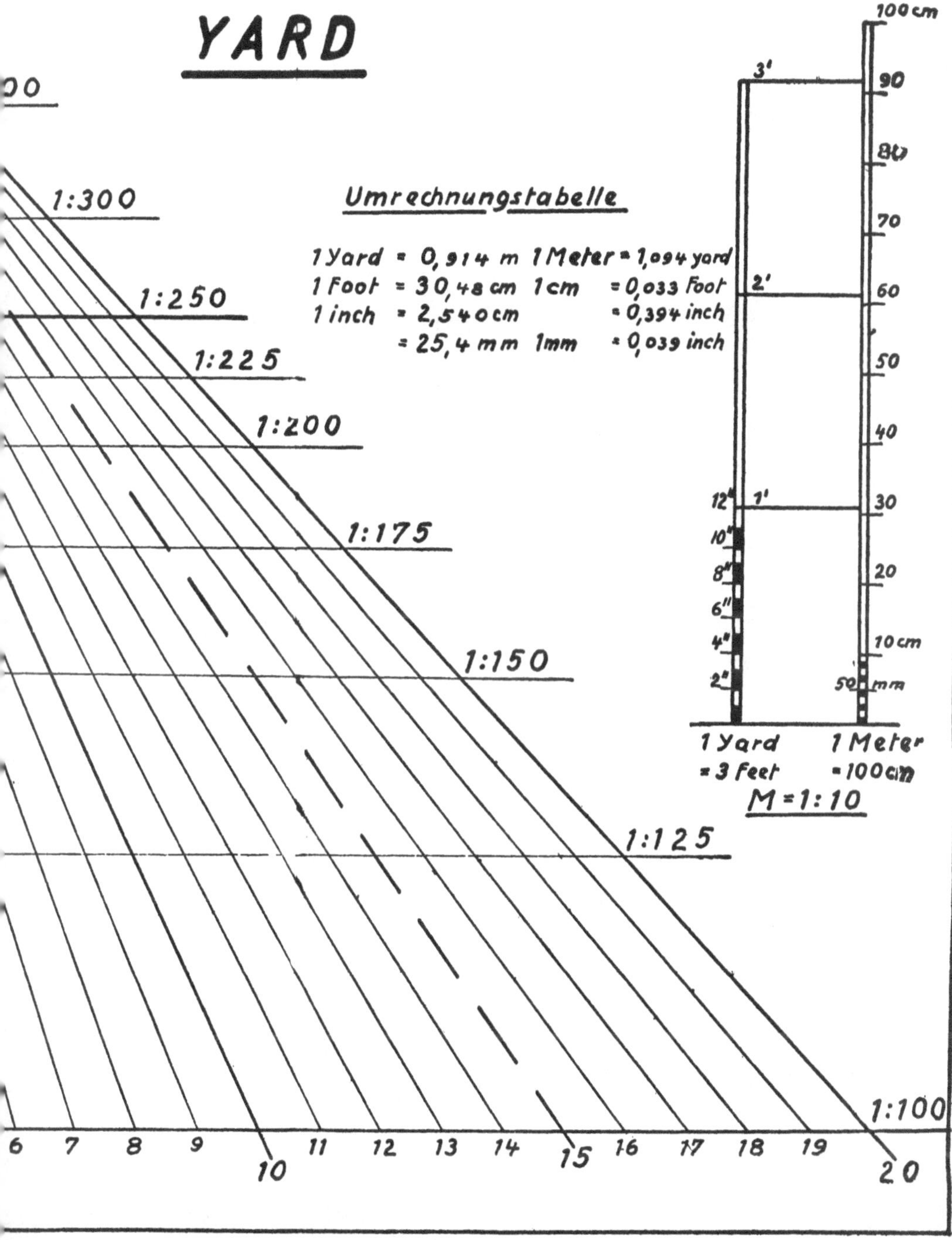

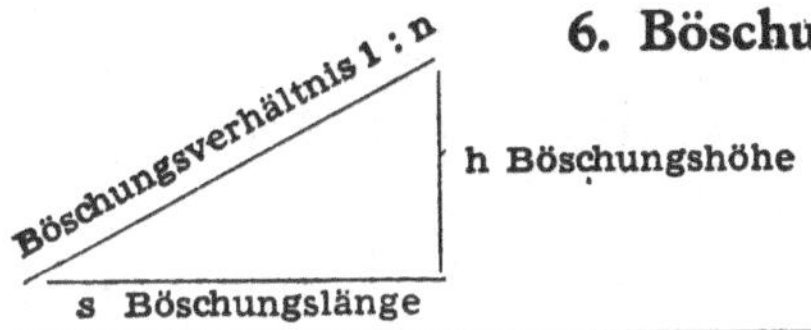

6. Böschungstabelle.

Böschungs-maß %	Auf eine **Böschungslänge** von 5[1])	10	20	30	40	50	60	70	80	90	100	Böschungs-verhältnis 1 :
	beträgt die **Böschungshöhe:**											
2)	1)											
1	0.05	1.10	0.20	0.30	0.40	0.50	0. 60	0.70	0.80	0.90	1.00	100
2	0.10	0.20	0.40	0.60	0.80	1.00	1. 20	1.40	1.60	1.80	2.00	50
3	0.15	0.30	0.60	0.90	1.20	1.50	1. 80	2.10	2.40	2.70	3.00	33.3...
4	0.20	0.40	0.80	1.20	1.60	2.00	2. 40	2.80	3.20	3.60	4.50	25
5	0.25	0.50	1.00	1.50	2.00	2.50	3. 00	3.50	4.00	4.50	5.00	20
6	0.30	0.60	1.20	1.80	2.40	3.00	3.60	4.20	4.80	5.40	6.00	16.6...
7	0.35	0.70	1.40	2.10	2.80	3.50	4.20	4.90	5.60	6.30	7.00	14.286
8	0.40	0.80	1.60	2.40	3.20	4.00	4.80	5.60	6.40	7.20	8.00	12.5
9	0.45	0.90	1.80	2.70	3.60	4.50	6.40	6.30	7.20	8.10	9.00	11.1...
10	0.50	1.00	2.00	3.00	4.00	5.00	6. 00	7.00	8.00	9.00	10.00	10
15	0.75	1.50	3.00	3.50	6.00	6.00	6.00	10.50	12.00	13.50	15.00	6.6...
20	1.00	2.00	4.00	6.00	8.00	10.00	12. 00	14.00	16.00	18.00	20.00	5
25	2.50	5.00	7.50	10.00	12.50	15.00	17. 00	17.50	20.00	22.50	25.00	4
30	1.50	3.00	6.00	9.00	12.00	15.00	15. 00	21.00	24.00	27.00	30.00	3.3...
35	1.75	3.50	7.00	10.50	14.00	17.50	21. 00	24.50	28.00	31.50	35.00	2.857
40	2.00	4.00	8.00	12.00	16.00	20.00	24. 00	28.00	32.00	36.00	40.00	2.5
45	2.25	4.50	9.00	13.50	18.00	22.50	27. 00	31.50	36.00	40.00	45.00	2.2...
50	2.50	5.00	10.00	15.00	20.00	25.00	30. 00	35.00	40.00	45.50	50.00	2
55	2.75	5.50	11.00	16.50	22.00	27.50	33.00	38.50	44.00	49.50	55.00	1.818...
60	3.00	6.00	12.00	18.00	24.00	30.00	36.00	42.00	48.00	54.00	60.00	1.66...
65	3.25	6.50	13.00	19.50	26.00	32.50	39.00	45.50	52.00	58.50	65.50	1.531
70	3.50	7.00	14.00	21.00	28.00	35.00	35.00	49.00	56.00	63.00	70.00	1.429
75	3.75	7.50	15.00	22.50	30.00	37.50	54.00	52.50	60.00	67.50	75.00	1.33...
80	4.00	8.00	16.00	24.00	32.00	40.00	48.00	56.00	64.00	72.00	80.00	1.25
85	4.25	8.50	17.50	25.50	34.00	42.50	51.00	59.50	68.00	76.50	85.00	1.177
90	4.50	9.00	18.00	27.00	36.00	45.00	54.00	63.00	72.00	81.00	90.00	1.11...
95	4.75	9.50	19.00	28.50	38.00	47.50	57.00	66.50	76.00	85.50	95.00	1.053
100	5.00	10.00	20.00	30.00	40.00	50.00	60. 00	70.00	80.00	90.00	100.00!	1

[1]) Als Maßeinheit ist die gleiche Längeneinheit einzusetzen.

[2]) Zwischenpunkte sind zu interpolieren.

Beispiel: a) s ≐ 100 m, h = 10 m dann ist $n = \frac{100}{10} = 10$; Böschungsverhältnis = 1 : 10.

b) s = 60 m, h = 15 m; dann ist $n = \frac{60}{15} = 4$; Böschungsverhältnis 1 : 4.

c) Böschungsmaß in % : alles auf s = 100 m beziehen! Beispiel b) : in Spalte s = 60 m, h = 15 m aufsuchen, dann in Spalte s = 100 gehen : h = 25; oder auf s = 60 bedeutet h = 15 eine Böschung von **25 %**.

7. Umrechnungstabelle Alt=Neugrad.

a) Beziehungen der Kreisteilungen zueinander.

Teilung	Zei=chen	Altgrad			Neugrad			Strich *)
		°	'	"	g	c	cc	—
Vollkreis:		360°	21 600'	1 296 000"	400^{g}	$40\,000^{c}$	$4\,000\,000^{cc}$	$6\,400^{-}$
Altgrad: 1 Grad	°	1°	60'	3600"	$1{,}11\,111^{g}$ $1^{g}\ 11^{c}\ 11{,}1^{cc}$	$111{,}111^{c}$ $111^{c}\ 11{,}1^{cc}$	$11111{,}11^{cc}$ $11111{,}11^{cc}$	$17{,}7778^{-}$
1 Minute	'	0,0167°	1'	60"	$0{,}01\,852^{g}$ $0^{g}\ 1^{c}\ 85{,}2^{cc}$	$1{,}852^{c}$ $1^{c}\ 85{,}2^{cc}$	$185{,}2^{cc}$ $185{,}2^{cc}$	$0{,}2963^{-}$
1 Sekunde	"	0,0003°	0,0167'	1"	$0{,}00\,031^{g}$ $0^{g}\ 0^{c}\ 3{,}1^{cc}$	$0{,}031^{c}$ $0^{c}\ 3{,}1^{cc}$	$3{,}1^{cc}$ $3{,}1^{cc}$	$0{,}0049^{-}$
Neugrad: 1 Grad	g	0,9° 0° 54'	54' 54'	3240" 3240"	1^{g}	100^{c}	$10\,000^{cc}$	16^{-}
1 Minute	c	0,0090° 0° 0' 32,4"	0,54' 0' 32,4"	32,4" 32,4"	$0{,}01^{g}$	1^{c}	100^{cc}	$0{,}16^{-}$
1 Sekunde	cc	0,00009° 0° 0' 0,32"	0,0054' 0' 0,32"	0,32" 0,32"	$0{,}0001^{g}$	$0{,}01^{c}$	1^{cc}	$0{,}0016^{-}$
Strich: *)	—	0,05 625° 0° 3' 22,5"	3,375' 3' 22,5"	202,5" 202,5"	$0{,}0625^{g}$ $0^{g}\ 6^{c}\ 25^{cc}$	$6{,}25^{c}$ $6^{c}\ 25^{cc}$	625^{cc} 625^{cc}	1^{-}

*) Die Strichteilung ist oft zur Angabe der Nadelabweichung auf den Isogonenkärtchen angewandt.

b_1 Umwandlung von Altgrad in Neugrad.

D 7 b_{1-3}

Grade °	0	1	2	3	4	5	6	7	8	9
	g	g	g	g	g	g	g	g	g	g
00	0,0..	1,1..	2,2..	3,3..	4,4..	5,5..	6,6..	7,7..	8,8..	10,0..
10	11,1..	12,2..	13,3..	14,4..	15,5..	16,6..	17,7..	18,8..	20,0..	21,1..
20	22,2..	23,3..	24,4..	25,5..	26,6..	27,7..	28,8..	30,0..	31,1..	32,2..
30	33,3..	34,4..	35,5..	36,6..	37,7..	38,8..	40,0..	41,1..	42,2..	43,3..
40	44,4..	45,5..	46,6..	47,7..	48,8..	50,0..	51,1..	52,2..	53,3..	54,4..
50	55,5..	56,6..	57,7..	58,8..	60,0..	61,1..	62,2..	63,3..	64,4..	65,5..
60	66,6..	67,7..	68,8..	70,0..	71,1..	72,2..	73,3..	74,4..	75,5..	76,6..
70	77,7..	78,8..	80,0..	81,1..	82,2..	83,3..	84,4..	85,5..	86,6..	87,7..
80	88,8..	90,0..	91,1..	92,2..	93,3..	94,4..	95,5..	96,6..	97,7..	98,8..
90	100,0..	101,1..	102,2..	103,3..	104,4..	105,5..	106,6..	107,7..	108,8..	110,0..
100	111,1..	112,2..	113,3..	114,4..	115,5..	116,6..	117,7..	118,8..	120,0..	121,1..
110	122,2..	123,3..	124,4..	125,5..	126,6..	127,7..	128,8..	130,0..	131,1..	132,2..
120	133,3..	134,4..	135,5..	136,6..	137,7..	138,8..	140,0..	141,1..	142,2..	143,3..
130	144,4..	145,5..	146,6..	147,7..	148,8..	150,0..	151,1..	152,2..	153,3..	154,4..
140	155,5..	156,6..	157,7..	158,8..	160,0..	161,1..	162,2..	163,3..	164,4..	165,5..
150	166,6..	167,7..	168,8..	170,0..	171,1..	172,2..	173,3..	174,4..	175,5..	176,6..
160	177,7..	178,8..	180,0..	181,1..	182,2..	183,3..	184,4..	185,5..	186,6..	187,7..
170	188,8..	190,0..	191,1..	192,2..	193,3..	194,4..	195,5..	196,6..	197,7..	198,8..

Minuten '	g	g	g	g	g	g	g	g	g	g
00	0,00 000	0,01 852	0,03 704	0,05 556	0,07 407	0,09 259	0,11 111	0,12 963	0,14 815	0,16 667
10	18 519	20 370	22 222	24 074	25 926	27 778	29 630	31 481	33 333	35 185
20	37 037	38 889	40 741	42 593	44 444	46 296	48 148	50 000	51 852	53 704
30	0,55 556	0,57 407	0,59 259	0,61 111	0,62 963	0,64 815	0,66 667	0,68 519	0,70 370	0,72 222
40	74 074	75 926	77 778	79 630	81 481	83 333	85 185	87 037	88 889	90 741
50	92 593	94 444	96 296	98 148	1,00 000	1,01 852	1,03 704	1,05 556	1,07 407	1,09 259

Sekunden "	g	g	g	g	g	g	g	g	g	g
00	0,00 000	0,00 031	0,00 062	0,00 093	0,00 123	0,00 154	0,00 185	0,00 216	0,00 247	0,00 278
10	00 309	00 340	00 370	00 401	00 432	00 463	00 494	00 525	00 556	00 586
20	00 617	00 648	00 679	00 710	00 741	00 772	00 802	00 833	00 864	00 895
30	0,00 926	0,00 957	0,00 988	0,01 019	0,01 049	0,01 080	0,01 111	0,01 142	0,01 173	0,01 204
40	01 235	01 265	01 296	01 327	01 358	01 389	01 420	01 451	01 481	01 512
50	01 543	01 574	01 605	01 636	01 667	01 698	01 728	01 759	01 790	01 821

b_2 Umwandlung der Minuten und Sekunden in Gradteile

Minuten	°	°	°	°	°	°	°	°	°	°
00'	0,00 00	0,01 67	0,03 33	0,05 00	0,06 67	0,08 33	0,10 00	0,11 67	0,13 33	0,15 00
10'	16 67	18 33	20 00	21 67	23 33	25 00	26 67	28 33	30 00	31 67
20'	33 33	35 00	36 67	38 33	40 00	41 67	43 33	45 00	46 67	48 33
30'	0,50 00	0,51 67	0,53 33	0,55 00	0,56 67	0,58 33	0,60 00	0,61 67	0,63 33	0,65 00
40'	66 67	68 33	70 00	71 67	73 33	75 00	76 67	78 33	80 00	81 67
50'	83 33	85 00	86 67	88 33	90 00	91 67	93 33	95 00	96 67	98 33

Sekunden	°	°	°	°	°	°	°	°	°	°
00"	0,00 00	0,00 03	0,00 06	0,00 08	0,00 11	0,00 14	0,00 17	0,00 19	0,00 22	0,00 25
10"	00 28	00 31	00 33	00 36	00 39	00 42	00 44	00 47	00 50	00 53
20"	00 56	00 58	00 61	00 64	00 67	00 69	00 72	00 75	00 78	00 81
30"	0,00 83	0,00 86	0,00 89	0,00 92	0,00 94	0,00 97	0,01 00	0,01 03	0,01 06	0,01 08
40"	01 11	01 14	01 17	01 19	01 22	01 25	01 28	01 31	01 33	01 36
50"	01 39	01 42	01 44	01 47	01 50	01 53	01 56	01 58	01 61	01 64

b_3 Umwandlung der Gradteile in Minuten und Sekunden

Grade	0	1	2	3	4	5	6	7	8	9
0,		6'	12'	18'	24'	30'	36'	42'	48'	54'
0,0		36"	1' 12"	1' 48"	2' 24"	3'	3' 36"	4' 12"	4' 48"	5' 24"
0,00		3,6"	7,2"	10,8"	14,4"	18"	21,6"	25,2"	28,8"	32,4"
0,000		0,4"	0,7"	1,1"	1,4"	1,8"	2,2"	2,5"	2,9"	3,2"

c) Umwandlung von Neugrad in Altgrad

Grade

g	0 ° '	1 ° '	2 ° '	3 ° '	4 ° '	5 ° '	6 ° '	7 ° '	8 ° '	9 ° '
00	0 0	0 54	1 48	2 42	3 36	4 30	5 24	6 18	7 12	8 6
10	9 0	9 54	10 48	11 42	12 36	13 30	14 24	15 18	16 12	17 6
20	18 0	18 54	19 48	20 42	21 36	22 30	23 24	24 18	25 12	26 6
30	27 0	27 54	28 48	29 42	30 36	31 30	32 24	33 18	34 12	35 6
40	36 0	36 54	37 48	38 42	39 36	40 30	41 24	42 18	43 12	44 6
50	45 0	45 54	46 48	47 42	48 36	49 30	50 24	51 18	52 18	53 6
60	54 0	54 54	55 48	56 42	57 36	58 30	59 24	60 18	61 12	62 6
70	63 0	63 54	64 48	65 42	66 36	67 30	68 24	69 18	70 12	71 6
80	72 0	72 54	73 48	74 42	75 36	76 30	77 24	78 18	79 12	80 6
90	81 0	81 54	82 48	83 42	84 36	85 30	86 24	87 18	88 12	89 6
100	90 0	90 54	91 48	92 48	93 36	94 30	95 24	96 18	97 12	98 6
110	99 0	99 54	100 48	101 42	102 36	103 30	104 24	105 18	106 12	107 6
120	108 0	108 54	109 48	110 42	111 36	112 30	113 24	114 18	115 12	116 6
130	117 0	117 54	118 48	119 42	120 36	121 30	122 24	123 18	124 12	125 6
140	126 0	126 54	127 48	128 42	129 36	130 30	131 24	132 18	133 12	134 6
150	135 0	135 54	136 48	137 42	138 36	139 30	140 24	141 18	142 12	143 6
160	144 0	144 54	145 48	146 42	147 36	148 30	149 24	150 18	151 12	152 6
170	153 0	153 54	154 48	155 48	156 36	157 30	158 24	159 18	160 12	161 6
180	162 0	162 54	163 48	164 42	156 36	166 30	167 24	168 18	169 12	170 6
190	171 0	171 54	172 48	173 42	174 36	175 30	176 24	177 18	178 12	179 6

Minuten

g	0 ' "	1 ' "	2 ' "	3 ' "	4 ' "	5 ' "	6 ' "	7 ' "	8 ' "	9 ' "
0,00	0 0,0	0 02,4	1 4,8	1 37,2	2 9,6	2 42,0	3 14,4	3 46,8	4 19,2	4 51,6
0,10	5 24,0	5 56,4	6 28,8	7 1,2	7 33,6	8 6,0	8 38,4	9 10,8	9 43,2	10 15,6
0,20	10 48,0	11 20 4	11 52,8	12 25,2	12 57,6	13 30,0	14 2,4	14 34,8	15 7,2	15 39,6
0,30	16 12,0	16 44,4	17 16,8	17 49,2	18 21,6	18 54,0	19 26,4	19 58 8	20 31,2	21 3,6
0,40	21 36,0	22 8,4	22 40,8	23 13,2	23 45,6	24 18,0	24 50,4	25 22,8	25 55,2	26 27,6
0,50	27 0,0	27 32,4	28 4,8	28 37,2	29 9,6	29 42,0	30 14,4	30 46,8	31 19 2	31 51,6
0,60	32 24,0	32 56,4	33 28,8	34 1,2	34 33,6	35 6,0	35 38,4	36 10,9	36 43,2	37 15,6
0,70	37 48 0	38 20,4	38 52,8	39 25,2	39 57,6	40 30,0	41 2,4	41 34 8	42 7,2	42 39,6
0,80	43 12,0	43 44,4	44 16,8	44 49,2	45 21,6	45 54,0	46 26,4	46 58,8	47 31,2	48 3,6
0,90	48 36,0	49 8,4	49 40,8	50 13,2	50 45,6	51 18,0	51 50,4	52 22,8	52 55 2	53 27,6

Sekunden

g	0	1	2	3	4	5	6	7	8	9
0,0000	0 00	0,32	0,65	0,97	1,30	1 62	1,94	2,27	2,59	2,92
0,0010	3,24	3,56	3,89	4,21	4,54	4,86	5,18	5,51	5,83	6,16
0,0020	6,48	6,80	7,13	7,45	7 78	8,10	8,42	8,75	9,07	9,40
0,0030	9,72	10 04	10,37	10,69	11,02	11,34	11,16	11,99	12,31	12,64
0,0040	12,96	13,28	13,61	13,93	14,26	14,58	14,90	15,23	15,55	15,88
0,0050	16,20	16,52	16,85	17,17	17,50	17 82	18,14	18,47	18,79	19,12
0,0060	19 44	19,76	20,09	20,41	20,74	21,06	21,38	21,71	22,03	22,36
0,0070	22,68	23,00	23,33	23,65	23,98	24,30	24,62	24,95	25,27	25,60
0,0080	25,92	26,24	26,57	26,89	27 22	27,54	27,86	28,19	28,51	28,84
0,0090	29,16	29,48	29,81	30,13	30,46	30,78	31,10	31,43	31,75	32,08

8. Umwandlungstabelle Gradmaß—Zeitmaß.

Gradmaß in Zeitmaß

°	h	m
'	m	s
"	s	1/60 s
1	0	4
2	0	8
3	0	12
4	0	16
5	0	20
6	0	24
7	0	28
8	0	32
9	0	36
10	0	40
11	0	44
12	0	48
13	0	52
14	0	56
15	1	00
16	1	4
17	1	8
18	1	12
19	1	16
20	1	20
21	1	24
22	1	28
23	1	32
24	1	36
25	1	40
26	1	44
27	1	48
28	1	52
29	1	56
30	2	00
31	2	4
32	2	8
33	2	12
34	2	16
35	2	20
36	2	24
37	2	28
38	2	32
39	2	36
40	2	40
41	2	44
42	2	48
43	2	52
44	2	56
45	3	00
46	3	4
47	3	8
48	3	12
49	3	16
50	3	20
51	3	24
52	3	28
54	3	36
53	3	32
55	3	40
56	3	44
57	3	48
58	3	52
59	3	56
60	4	00

Zeitmaß in Gradmaß

h	°		
m	X	°	'
s		'	"
1	15	0	15
2	30	0	30
3	45	0	45
4	60	1	0
5	75	1	15
6	90	1	30
7	105	1	45
8	120	2	0
9	130	2	15
10	150	2	30
11	165	2	45
12	180	3	0
13	195	3	15
14	210	3	30
15	225	3	45
16	240	4	0
17	255	4	15
18	270	4	30
19	285	4	45
20	300	5	0
21	315	5	15
22	330	5	30
23	345	5	45
24	360	6	0
25		6	15
26		6	30
27		6	45
28		7	0
29		7	15
30		7	30
31		7	45
32		8	0
33		8	15
34		8	30
35		8	45
36		9	0
37		9	15
38		9	30
39		9	45
40		10	0
41		10	15
42		10	30
43		10	45
44		11	0
45		11	15
46		11	30
47		11	45
48		12	0
49		12	15
50		12	30
51		12	45
52		13	0
53		13	10
54		13	30
55		13	45
56		14	0
57		14	15
58		14	30
59		14	45
60		15	0

1. Gradmaß in Zeitmaß:

$360^0 = 24^h$ $\quad 400^g = 24^h$

$1^0 = 4^m$ $\quad 1^g = 3{,}6^m$

$1' = 4^s$ $\quad 1^c = 2{,}16^s$

$1'' = 0{,}067^s$ $\quad 1^{cc} = 0{,}0216^s$

2. Zeitmaß in Gradmaß:

$24^h = 360^0 = 400^g$

$1^h = 15^0 = 16{,}6667^g$

$1^m = 15' = 27{,}778^c$

$1^s = 15'' = 46{,}296^{cc}$

Beispiele für Umwandlung:

1. $9^0 = 0^h\ 36^m$; $\quad 9^g = 9 \cdot 3{,}6^m = 32^m\ 24^s$

$9' = 0^m\ 36^s$; $\quad 9^c = 9 \cdot 2{,}16^s = 19{,}44^s$

$9''\ 0^s\ ^{36}/_{60} = 0{,}6^s$; $\quad 9^{cc} = 9 \cdot 0{,}0216^s = 0{,}1944^s$

$0{,}9'' = 0^s\ ^{36}/_{600} = 0{,}06^s$;

$0{,}9^{cc} = 9 \cdot 0{,}00216^s = 0\ 01944^s$

2. $9^h = 135^0 = 9 \cdot 16{,}6667^g = 150^g\ 0^c\ 3^{cc}$

$9^m = 2^0\ 15' = 9 \cdot 27{,}778^c = 2^g\ 50^c\ 0{,}2^{cc}$

$9^s = 2'\ 15'' = 9 \cdot 46{,}296^{cc} = 4^c\ 16{,}664^{cc}$

$0{,}9^s = {}^{15}/_{10} \cdot 9 = 13{,}5'' = 0\ 9 \cdot 46{,}296^{cc} = 41{,}664^{cc}$

3. $159^0\ 4'\ 4'' = 60^0 : 4^h$

(159 = 60 + 60 + 39) $60^0 : 4^h$

$39^0 : 2^h\ 36^m$

$4' : 16^s$

$4'' : 0{,}267^s$

$159^0\ 4'\ 4'' = 10^h\ 36^m\ 16{,}3^s$

9. Umwandlungstabelle der Wärmegrade.

	Reaumur	**Celsius**	**Fahrenheit**
Umrechnungsformeln:	$R^0 = \frac{R \cdot 5}{4} C^0$ $= \frac{R \cdot 9}{4} F^0 + 32^0$	$C^0 = \frac{C \cdot 4}{5} R^0$ $= \frac{C \cdot 9}{5} F^0 + 32^0$	$F^0 = (F^0 - 32^0) \cdot \frac{4}{9} R^0$ $= (F^0 - 32^0) \cdot \frac{5}{9} C^0$
Vergleich von 10 Grad:	$10\,R^0 = 12{,}5\,C^0$ $= 22\,5\,F^0$	$10\,C^0 = 8\,R^0$ $= 18\,F^0$	$10\,F^0 = 5{,}6\,C^0$ $= 4{,}4\,R^0$
Vergleich von 5 zu 5 Grad:	+ 80 Grad	+ 100 Grad	+ 212 Grad
	76	95	203
	72	90	194
	68	85	185
	64	80	176
	60	75	167
	56	70	158
	52	65	149
	48	60	140
	44	55	131
	40	50	122
	36	45	113
	32	40	104
	28	35	95
	24	30	86
	20	25	77
	16	20	68
	12	15	59
	8	10	50
	4	5	41
	± 0	± 0	32
	— 4	— 5	23
	— 8	— 10	14
	— 12	— 15	5
	— 14,22	— 17,78	± 0°
	— 16	— 20	— 4
	— 20	— 25	— 13
	— 24	— 30	— 22
	— 28	— 35	— 31
	— 32	— 40	— 40

Umrechnungsbeispiele:

1.) $20^0 R = \frac{20 \cdot 5}{4} = 25^0 C$

$= \frac{20 \cdot 9}{4} + 32 = 77^0 F$

2.) $-10^0 C = \frac{-10 \cdot 4}{5} = -8^0 R$

$= \frac{-10 \cdot 9}{5} + 32 = 14^0 F$

3.) $15^0 F = (15-32)\frac{4}{9} = -17 \cdot \frac{4}{9} = -7{,}55^0 R$

$= (15-32)\frac{5}{9} = -17 \cdot \frac{5}{9} = -9{,}4^0 C$

4.) $-25^0 F = (-25-32)\frac{4}{9} = -57 \cdot \frac{4}{9} = -25{,}3^0 R$

$= (-25-32)\frac{5}{9} = -57 \cdot \frac{5}{9} = -31{,}7^0 C$

10. Umrechnungstabellen für Maße und Gewichte

D 10 a

a) Längenmaße

Metrisches System (M): Einheit ist das Meter, etwa der viermillionste Teil des Erdumfanges

Maß	Kilometer km	Hektometer hm	Dekameter Dm (dkm)	Meter m	Dezimeter dm	Zentimeter cm	Millimeter mm	Mikrometer (Mikron) µm (µ)	Nanometer (Millimikron) nm (mµ)
km	1	10	100	1000	10 000	100 000	1 000 000		
hm	0,1	1	10	100	1 000	10 000	100 000		
Dm	0,01	0,1	1	10	100	1 000	10 000		
m	0,001	0,01	0,1	1	10	100	1 000	1 000 000	1 000 000 000
dm				0,1	1	10	100	100 000	
cm				0,01	0,1	1	10	10 000	
mm				0,001	0,01	0,1	1	1 000	1 000 000
µm				0,000 001	0,000 01	0,000 1	0,001	1	1 000
nm							0,000 001	0,001	1

1 000 km = 1 Megameter

Land	Einheit Maß	Belgien Meter (m)	Deutschland Meter (m)	Frankreich Meter (m)	Großbritannien Yard (yd)	Rußland Archin	Ver. St. v. Amerika Yard (yd)
Belgien	1 M m [1 Belg. Postmeile]	M [7 800]	M [7 800]	M [7 800]	1,093 623 [8 530]	1,406 1 [10 968]	1,093 623 [8 530]
Deutschland	1 M m [Geogr. Meile] (1 Km)	M [7 420,438 54] (1000)	M [7 420,438 54] (1 000)	M [7 420,438 54] (1000)	1,093 623 [8 114,99] (1 093,6)	1,406 1 [10 433,88] (1 406,1)	1,093 623 [8 114,99] (1 093,6)
Frankreich	1 M m [Frz. Linie]	M [4 452,26]	M [4 452,26]	M [4 452,26]	1,093 623 [4 869,094]	1,406 1 [6 260,323]	1,093 623 [4 869,094]
Großbritannien	1 yard [Brit. Meile] zu 5 280 Ft	0,914 392 [1 609,329 6]	0,914 392 [1 609,329 6]	0,914 392 [1 609,329 6]	1 [1 760]	1,285 8 [2 263,01]	1 [1 760]
Rußland	M außerdem 1 Archin [1 Meile zu 10 Werst] (1 Werst)	M 0,711 2 [10 668] (1 066,781)	M 0,711 2 [10 668] (1 066,781)	M 0,711 2 [10 668] (1 066,781)	1,093 623 0,777 8 [11 666] (1 166,55)	M 1 [15 000] (1 500)	1,093 623 0,777 8 [11 667] (1 166,55)
Ver. St. v. Am.	1 yard [1 Meile zu 5280 Ft]	0,914 392 [1 609,329 6]	0,914 392 [1 609,329 6]	0,914 392 [1 609,329 6]	1 [1 760]	1,285 8 [2 263,01]	1 [1 760]

Einzelheiten.

Belgien. Früher Brabanter Elle = 0,686 m

Deutschland 1 pr. Elle = 25,5 Zoll = 0,67 m
1 pr. Fuß = 12 Zoll (= 12 · 0,026 m) = 144 Linien (= 144 · 2,18 mm) = 0,313 853 50 m
1 Rute = 12 Fuß = 3,766 241 97 m
Wegemaß 1 deutsche Landmeile = 2 000 Ruten = 7,532 485 km
1 Meter = 3,1862 pr. Fuß = 1,5 pr. Ellen
= 3,078 444 Pariser Fuß = 0,513 074 Pariser Toisen = 443,296 Pariser Linien
= 39,370 4 brit. Zoll (in) = 3,280 869 brit. Fuß (ft) = 1,093 623 brit. yards (yd)
1 Kilometer = 0,134 763 Geogr. Meilen = 0,539 052 Seemeilen
= 0,539 6 brit. nautical mile = 0,621 4 statute mile
= 0,937 382 russ. Werst = 0,093 738 russ. Meilen

Frankreich: 1 Pariser Toise = 6 Fuß (= 6 · 0,324 839 m) zu je 12 Zoll (= 12 · 0,027 070 m)
zu je 12 Linien (= 12 · 2,255 829 mm) = 1,949 036 m

Großbritannien: 1 Imperial Standard Yard (yd) = 3 Feet (Ft) (= 3 · 0,333 yd / 3 · 30,479 7 cm) zu 12 inches (in) = (36 · 0,0278 yd / 12 · 0,833 Ft / 12 · 2,540 0 cm)
zu 2 halves (= 2 · 1,270 0 cm), zu 2 Fourths (= 2 · 0,635 0 cm) zu 3 lines (= 3 · 0,211 7 cm)
1 Furlong = 220 yds = 201,166 m; 1 Chain = 22 yds = 20,117 m
1 Pole, perch, rod = 5½ yds = 5,029 m, 1 Fathom (fm) = 6 feet = 1,829 m
Wegemaß: 1 Statute (British) Mile = 1 760 yds = 5 280 Ft = 1 609,329 6 m
1 English Mile = 1 667 yds = 5 000 Ft = 1 523,986 3 m
1 Knot (nautical mile) = 1 Seemeile = 1/60 Äquatorgrad = 2 028 yds = 6086 Ft = 1 857,965 0 m
Gedächtnismaße: 12 yards = 11 Meter, 82 Yards = 75 Meter 26 inches = 66 cm

Rußland: 1 Saschen = 3 Arschin (3 · 71,120 0 cm) = 7 Fuß (= 7 · 30,480 0 cm) zu 12 Djuim (Zoll) (= 12 · 25,400 mm)
zu je 10 Linien (= 10 · 2,540 mm) = 2,133 60 m 1 Sotka = 1/100 Saschen = 21,336 mm
1 Werst = 500 Saschen (Faden) zu je 3 Arschin zu je 16 Werschok (= 16 · 4,445 00 cm) = 1 066,781 m [= 1,067 km]
Gedächtnismaße: 45 Arschin = 32 Meter

Ver. St. v. Amerika 1 Rod zu 5½ yds = 5,029 0 m
1 American Mile = 8 Furlongs = 220 yards = 1 609,329 6 m.

D10b

b.) Flächenmaße

Metrisches System (M): Einheit ist das Quadratmeter, eine Quadratfläche mit 1m Seitenlänge

	Quadrat-Kilometer km^2 (qkm)	Hektar*) ha	Ar*) a	Quadratmeter m^2 (qm)	Quadratdecimeter dm^2 (qdm)	Quadratzentimeter cm^2 (qcm)	Quadratmillimeter mm^2 (qmm)
km^2	1	100	10 000	1 000 000			
ha	0,01	1	100	10 000	1 000 000		
a	0,0001	0,01	1	100	10 000	1 000 000	
m^2	0,000 00	0,000 1	0,01	1	100	10 000	1 000 000
dm^2				0,01	1	100	10 000
cm^2				0,0001	0,01	1	100

*) Landmaße

Land	Einheit Maß	Belgien ha	Deutschland ha	Frankreich ha	Großbritannien acre	Rußland Dessjatine	Ver St v Am acre
Belgien	M 1 ha	M	M	M	2,471 15	0,915 298	2,471 15
Deutschland	M 1 ha [Quadratmeile] (qkm)	M [5 506,2905] (100)	M [5 506,2905] (100)	M [5 506,2905] (100)	2,471 15 [13 606,8690] (247,115)	0,915 298 [5 039,907 8] (91,5298)	2,471 15 [13 606,8690] (247,115
Frankreich	M 1 ha	M	M	M	2,471 15	0,915 298	2,471 15
Großbritannien	1 acre = 4840 squ yds [Squ. mile]	0,404 669 9 [259,146 ha oder 2,591 46 km^2]	0,404 669 9 259,146 ha oder 2,591 46 km^2	0,404 669 9 259,146 ha oder 2,591 46 km^2]	1 [640]	0,370 3935 [237,051 84]	1 [640]
Rußland	Dessjatine [Quadratwerst]	1,092 54 [113,806]	1,092 54 [113,806]	1,092 54 [113,806]	2,699 832 [281,232]	1 [≈ 104]	2,699 832 [281,232]
Ver St. v Amerika	1 acre	0,404 6699	0,404 6699	0,404 6699	1	0,370 3935	1

Außerdem:

Belgien

Deutschland 1 preuß. Morgen = 180 Quadratruten (180 · 14,185 m^2) = 25 920 Quadratfuß = 0,255 32 ha
1 hann. Morgen = 120 Quadratruten (120 · 21,85 m^2) = 0,262 1 ha
1 bayr. Tagewerk = 400 Quadratruten = 0,340 727 09 ha 1/100 Tagewerk = 34,07 m^2
Gedächtnisregel 1 ha = 3,92 (~4) pr. Morgen = 3,82 (~4) hann Morgen = 2,94 (~3) bayr. Tagewerk
1 Quadratmeter = 1,196 011 br. Qu Yards = 1,977 03 russ. Qu Arschinen = 10,7639 russ. Qu. Fut
1 Hektar = 2,471 15 brit acres = 0,915 298 russ. Dessjatine
1 Quadratkilometer = 0,385 879 brit. Qu Meilen = 0,878 685 russ. Qu. Werst
1 Quadratmeile = 55,062 905 qkm = 0,047 064 brit. Qu Meilen

Frankreich.

Großbritannien 1 acre = 160 squ. rods = 4 840 squ yds (4840 · 8 361,123 cm^2) zu 9 squ feet (9 · 0,111 1 squ yd / 9 · 929,031 721 cm^2) = 43 560 squ feet = 4 046,699 m^2 = 0,405 ha
1 squ. foot = (0,111 1 squ yd = 0,0929 m^2 = 929,013 721 cm^2) = 144 squ. inches (144 · 6,4515 cm^2)
1 Yard of land (Hof) = 30 acres = 12,140 35 ha
1 Hide of land (Hufe) = 100 acres = 40,468 ha

Rußland: 1 Qu. Werst ≈ 104 Dessjatinen = 1,138 06 Qu Kilometer
1 Dessjatin = 2 400 Qu. Ssaschen (Qu Faden) (2 400 · 4,552 25 m^2) zu 9 Qu. Arschin (9 · 0,505 805 m^2) zu [256 Qu. Werschok (256 · 19,758 cm^2)]
1 Qu Ssaschen = 490 Qu. Fut (490 · 929,030 cm^2) zu 144 Qu. Djuim (144 · 6,451 60 cm^2) = 4,552 25 m^2
Gedächtnisregel 117 600 russ. oder brit. Qu Fuß = 109,25 a = 2,7 acres

Ver. St. v. Amerika 1 acre of land = 40,47 a
1 Town ship zu 36 sections = 0,932 4 a

c) Körper- und Hohlmaße

D 10c/1

Metrisches System (M): Einheit für Körpermaße ist das Kubikmeter, ein Würfel mit der Einheit des Längenmaßes einem Meter, als Seitenlänge.

Einheit für Hohlmaße ist das Liter gleich dem Raum den ein Kilogramm reinen Wassers (= einem Kubikdezimeter) bei +4°Celsius und einer Atmosphäre Druck einnimmt

Maß	Kubikmeter m³ (cbm) (= 1 t)	Hektoliter hl	Kubikdezimeter Liter dm³ (cdm), l (= 1 kg)	Deziliter dl (= 1 hg)	Zentiliter cl	Kub Zentimeter Milliliter cm³ (ccm), ml (= 1 g)	Kub Millimeter Mikroliter mm³ (cmm) µl (= 1 mg)	Nanoliter nl (= 1 µg)
m³	1	10	1 000	10 000	100 000	1 000 000		
hl	0,1	1	100	1 000	10 000	100 000		
dm³, l	0,001	0,01	1	10	100	1 000	1 000 000	
dl	0,000 1	0,001	0,1	1	10	100	100 000	
cl	0,000 01	0,000 1	0,01	0,1	1	10	10 000	
cm³, ml	0,000 001	0,000 01	0,001	0,01	0,1	1	1000	1 000 000
mm³, µl			0,000 001	0,000 01	0,000 1	0,001	1	1000
nl						0,000 001	0,001	1

Land	Einheit	Belgien, Deutschland, Frankreich		Großbritannien		Rußland		Ver Staaten von Amerika	
	Körper-/Hohl-Maß	m³	l	cubic yard	Imperial gallon	Kubikarschin	Garnez	cubic yard	gallon
Belg. Deutschland	M 1 m³	1		1,308 045		2,779 84		1,308 045	
Frkrch	M 1 l [1 Hektoliter]		1 [100]		0,220 090 [22,090]		0,304 892 [30,489 2]		0,264 180 [26,418 0]
Großbritannien	1 cubic yard [1 Reg. Ton: 100 ft³]	0,764 534 [2,831 6]		1 [3,703 858 7]		2,125 29 [7,871 440]		1 [3,703 858 7]	
	1 Imp. gallon [1 Imp. Quarter]		4,543 6 [290,789 2]		1 [64]		1,385 31 [88,659 84]		1,200 328 [76,820 9]
Rußland	1 Kub. Arschin [1 Kub. Ssaschen]	0,359 729 [9,712 68]		0,470 543 [12,704 66]		1 [27]		0,470 543 [12,704 66]	
	1 Garnez [1 Tschetwert]		3,279 84 [209,909]		0,721 860 [46,198 9]		1 [64]		0,866 468 [55,453 73]
Ver St v. Amerika	1 cubic yard [1 ton zu 320 bush]	0,764 534 [1,127 398]		1 [1,474 621]		2,125 29 [3,134 00]		1 [1,474 621]	
	1 gallon [1 Indian barrel]		3,785 3 [75,706 0]		0,833 107 [16,662 144]		1,154 111 [23,082 211]		1 [20]

Einzelheiten:

Belgien

Deutschland: 1 Klafter = 108 Kubikfuß (= 108 · 0,030 959 m³) = 3,343 6 m³

1 pr. Scheffel = 16 Metzen (= 16 · 3,435 75 l) = 48 Quart (= 48 · 1,144 583 l) = 54,96 l

1 Oxhoft = 3 Eimer (= 3 · 68,7 l) = 6 Anker (= 6 · 34,35 l) = 180 Quart (= 180 · 1,144 583 l) = 2,061 hl

1 pr. Fuder = 4 Oxhoft = 6 Ohm (6 · 137,403 l) = 8,244 2 hl

1 Liter = 0,873 pr. Quart

= 1,759 8 brit. pint = 0,880 brit. quart = 0,220 brit. gallon

= 0,304 892 russ Garnez = 0,038 111 6 russ Tschetwerik

= 2,288 330 am. pints = 1,056 747 am. quart = 0,264 180 am gallon

1 Hektoliter = 87,3 Quart = 1,81 pr. Scheffel = 0,485 2 Oxhoft

= 2,751 130 brit. bushels = 0,687 784 brit. comb = 0,343 8 brit. Quarte.

= 30,489 2 russ Garnez = 3,811 16 russ Tschetwerik = 0,476 395 russ Tschetwert

= 2,838 393 am bushels = 0,354 799 am Quarter = 1,320 899 am. Indian barrel

1 Kubikmeter = 0,299 079 pr. Klafter — = 357,14 brit. cubic feet = 1,307 brit cubic yard = 0,840 8 brit. [Frachttonne]

= 2,779 8 russ. Kubikarschin = 0,102 957 Kubikssaschen

= 0,886 999 am. ton zu 320 bushels = 0,882 891 am. ton of shipping

noch c) Körper- und Hohlmaße

D 10 c/2

Frankreich: 1 velte = 4 pots zu je 2 pintes = 7,450 54 l
1 tirçon = 20 veltes = 152 l
1 tonneau Wein = 4 barriques zu je 30 veltes = 912 l

Großbritannien: 1 cubicyard = 27 cubicfeet (= 27 · 28 316,084 1 cm³) zu je 1728 cubic inches (= 1728 · 16,3866 cm³)
zu je 1728 cubic lines (= 1728 · 9,483 0 mm³) = 76 450,0 cm³ = 0,764 5 m³
1 Frachttonne = 42 cubic feet = 1,189 276 m³
1 Reg. ton = 100 cubic feet = 2,831 608 m³
1 (Imperial) gallon = 2 pottles (= 2 · 2,271 8 l) zu je 2 quarts (= 2 · 1,135 9 l) zu je 2 pints (= 2 · 0,567 9 l)
zu je 4 gills (1/32 gallon) (= 4 · 0,142 0 l) = 4,543 6 l
1 barrel = 5 bushels (= 5 · 36,348 7 l) = 10 puncheons (= 10 · 18,174 4 l) zu je 4 gallons = 181,744 l
1 (Imperial) Quarter = 2 combs (= 2 · 145,394 6 l) zu je 4 bushels (= 4 · 36,348 7 l) zu je 4 pecks
(= 4 · 9,087 2 l) zu je 2 gallons (= 2 · 4,543 6 l) = 290,789 2 l = 2,907 892 hl

Gedächtnisregel: 17 cubicyard = 13 m³; 37 Frachttonnen = 44 m³
46 gallons = 209 l; 76 Quarters = 221 hl; 95 Reg. tons = 269 m³
5 brit. gallons = 6 am. gallons; 32 brit. bushels = 33 am. bushels

Rußland: Außer metrischem System:
1 Kubikssaschen = 27 Kubikarschinen (= 27 · 0,359 729 m³) = 9,712 68 m³
1 Tschetwert = 8 Tschetwerik (= 8 · 26,238 7 l) zu je 8 Garnez (= 8 · 3,279 84 l) = 209,909 l
1 Last = 16 Tschetwert = 3 358,544 l = 33,585 44 hl [= 2,099 1 hl]
1 Wedro (Eimer) = 10 Kruschka (= 10 · 1,230 l) = 16 Winnaja Butylka (Weinflaschen) (= 16 · 0,768 712 l)
= 20 Wodotschnaja Butylka (Schnapsflaschen) (= 20 · 0,614 970 l) = 12,299 l
1 Anker = 30 Kruschka = 36,90 l   1 Kruschka = 10 Tscharka; 1 Tscharka = 0,122 989 l
1 Botschka (Faß) = 40 Wedro = 491,976 l = 4,919 76 hl

Gedächtnisregel: 87 Kubikssaschen = 845 m³
67 Tschetwert = 150 hl; 25 Garnez = 82 l
61 Tschetwerik = 16 hl

Ver. St. v. Amerika: 1 Bushel = 4 pecks (= 4 · 8,81 l) = 2 150 cubic inches = 35,237 19 l
1 ton = 40 Quarters (= 40 · 281,849 5 l) zu je 8 bushels (= 8 · 35,237 19 l) = 1,127 398 m³
1 ton of shipping = 40 cubicfeet (= 40 · 28 316,084 1 cm³) = 1,132 643 m³
1 gallon = 4 quarts (= 4 · 0,946 3 l) zu je 2 pints (= 2 · 0,473 l) zu je 4 gills (= 4 · 0,118 29 l) = [3,785 3 l]
1 Indian barrel = 20 gallons = 75,706 l
1 Barrel Flüssigkeit, zu 30 gallons = 113,5 l
1 " Bier " 31 " 117,3 l
1 " Petrol " 42 " 158,98 l ≈ 130,9 kg

Gedächtnisregel: 55 tons = 62 m³, 83 tons of shipping = 94 m³
14 gallons = 53 l; 56 quarts = 53 l
11 Quarters = 31 hl
6 am. gallons = 5 brit. gallons; 33 am. bushels = 32 brit. bushels

d) Gewichte

D 10 d/1

Metrisches System (M): Einheit ist das Gramm gleich dem Gewicht von einem Kubikzentimer reinem Wasser bei +4° Celsius und einer Atmosphäre Druck oder 1/1000 des Kilogramms, das Gewichts von einem Liter reinem Wasser bei gleicher Temperatur und gleichem Druck

Gewicht	Tonne t	Kilogramm kg	Hektogramm hg	Gramm g	Dezigramm dg	Zentigramm cg	Milligramm mg	Mikrogramm µg	Nanogramm ng
t	1	1000	10 000	1000 000					
kg	0,001	1	10	1000	10000	100000	1000 000		
hg	0,0001	0,1	1	100	1000	10 000	100 000		
g		0,001	0,01	1	10	100	1000	1000 000	
dg		0,0001	0,001	0,1	1	10	100	100 000	
cg		0,00001	0 0001	0,01	0,1	1	10	10 000	
mg		0,000 001	0,000 01	0,001	0,01	0,1	1	1000	1 000 000
µg				0,000 001	0,000 01	0,0001	0,001	1	1000
ng							0,000 001	0,001	

Land	Einheit Maß	Belgien kg	Deutschland kg	Frankreich kg	Großbritannien pound (lb)	Rußland Pfund	Ver. St. v. Am. pound (lb)
Belgien	M 1 kg [1 Tonne]	M [1 000]	M [1000]	M [1000]	2 204 621 [2 204,621]	2,441 928 4 [2 441,928 4]	2 204 621 [2 204,621]
Deutschland	M 1 kg [1 Tonne]	M [1000]	M [1 000]	M [1 000]	2, 204 621 [2 204,621]	2,441 928 4 [2 441,928 4]	2,204 621 [2 204,621]
Frankreich	M 1 kg [1 tonne]	M [1 000]	M [1 000]	M [1 000]	2,204 621 [2 204,621]	2,441 928 4 [2 441,928 4]	2,204 621 [2 204,621]
Großbritannien	1 pound avoirdupois zu 16 ounces (1 long ton)	0,453 592 7 [1 016,047 5]	0,453 592 7 [1 016,047 5]	0,453 592 7 [1 016,047 5]	1 [2 240]	1,107 641 [2 481,115 84]	1 [2 240]
Rußland	1 Pfund zu 96 Solotnik [1 Pud zu 40 Pfund]	0,409 512 41 [16,380 496]	0,409 512 41 [16,380 496]	0,409 512 41 [16,380 496]	0,902 819 7 [361,127 88]	1 [40]	0,902 819 7 [361,127 88]
Ver. St. v. Amerika	1 pound [1 long ton]	0,453 592 7 [1 016,047 5]	0,453 592 7 [1 016,047 5]	0,453 592 7 [1 016,047 5]	1 [2 240]	1,107 641 [2 481,115 84]	1 [2 240]

Einzelheiten

Belgien

Deutschland: 0,5 kg = 30 Lot (30 · 16,67 g) = 300 Quentchen (300 · 1,667 g) = 30 000 Lot (30 000 · 0,016 67 g) = 500 g
1/5 g = 1 metrisches Karat (k) = 205 mg 100 kg = 1 Doppelzentner (dz) 50 kg = 1 Zentner
1 kg = 0,019 7 brit cwt = 2,204 brit lbs = 35,273 brit ozs = 2,441 928 russ Pfund = 0,022 0 am cwt [= 2,204 am lbs]
50 kg = 0,984 1 brit cwt = 3,052 411 russ Pud = 1,102 3 am. cwt
1 t = 0,984 206 brit long ton = 61,048 211 russ Pud

Frankreich. 1 Livre poids zu 12 Onces zu 4 gros = 489,505 8 g
1 tonneau métrique = 10 quinteaux zu 100 kg = 1 000 kg

Großbritannien 1 pound (lb) zu 16 ounces (oz) (= 16 · 28,349 5 g) zu je 16 drams (dr) (= 16 · 1,771 8 g) = 0,453 592 7 kg
1 dram zu 3 scruples (= 3 · 0,596 0 g) zu 10 grains (= 10 · 59,061 5 mg)
1 hundredweight (cwt) = 4 quarters (qr) (= 4 · 12,700 6 kg) zu 28 pounds (= 28 · 0,453 592 7 kg) = 112 lbs = 50,802 4 kg
4 quarters zu je 2 stones (st) (= 2 · 6,350 3 kg) zu je 14 pounds (lb) (= 14 · 453,592 7 g)
1 long ton (t) = 20 cwts = 80 qrs = 160 sts = 2 240 lbs = 1 016,047 5 kg = 1,016 t
1 short ton (Schiffstonne) = 2 000 lbs = 907,185 kg
1 metric ton = 1 000 kg

Kleinste Gewichte: Für Gold 25/1000 ounce = 0,777 6 g
" Silber: 5/10 ounce = 15,551 7 g
" " auch 1 third of a thousand = 10,367 8 g
" Juwelen: 1 carat = 4 grains = 0,205 3 g
1 grain = 0,051 3 g
1/64 carat = 3,207 9 mg

Gedächtnismaße: 63 cwts = 64 Zentner = 3 200 kg
75 lbs = 34 kg
6 ozs = 170 g

Rußland: 1 Pfund = 32 Lot (= 32 · 12,797 262 6 g) = 96 Solotnik (= 96 · 4,265 754 2 g)
zu je 96 Dolja (= 96 · 44,434 940 mg) = 409,512 41 g
1 Pud = 40 Pfund zu 32 Lot zu je 3 Solotnik zu je 96 Dolja = 16,380 496 kg
1 Berkowetz = 10 Pud = 400 Pfund = 163,804 964 kg
1 Last = 12 Berkowetz = 1 965,66 kg

Gedächtnismaße: 58 Pud = 19 Zentner = 950 kg 11 Pfund = 4,5 kg

Ver. St. v. Amerika. 1 pound (lb) zu 16 ounces (oz) (= 16 · 28,349 5 g) zu 16 drams (= 16 · 1,771 8 g) = 453,592 7 g
1 hundredweight (centweight) (cwt) = 4 quarters = 100 pounds = 45,359 3 kg
1 quarter zu 25 pounds = 11,339 8 kg
1 long ton = 2 240 lbs = 1 016,047 5 kg
1 short ton = 20 Centals zu je 100 lbs = 907,185 3 kg
1 Cental = 100 lbs = 45,359 265 kg

Gedächtnismaße: 97 cwts = 88 Zentner = 4 400 kg 75 lbs = 34 kg 6 ozs = 170 g

(Firmenbezeichnung)	**Höhenmessung** Baustellen-Nr.: 789 Name: Wegebau Olzen	D 11

1. Feldmessung:

Datum 7.3.1945. Instr.-Nr.: 3100. Wetter: wolkig. Beobachter: Schulze

Meßpunkt	Ablesung Rückwärts m	Ablesung Zw. Pkt m	Ablesung Vorwärts m	Steigen m	Fallen m	Höhe Sehlinie üb. O-Pkt m	Höhe Punkt üb. N.N. m	Bemerkungen
O-Punkt: N.P. 6921	1,014	,	,	,	,	11,031	10,017	Nordostecke Brauerei
P_1	,	,	1,124	,	0,110	,	9,90~~7~~ 7	
P_1	1,917	,	,		,	11,824	9,90~~7~~ 7	W.P.
P_2	,	,	2,769	,	0,852	,	9,05~~5~~ 6	O.K. Pfahl
P_2	2,901	,		,	,	11,956	9,05~~5~~ 6	" " W.P.
P_3	,	0,050	,	,	,	,	11,90~~6~~ 9	" "
P_4	,	0,876	,	,	,	,	11,08~~0~~ 4	" "
P_5	,	1,920	,	,	,	,	10,0~~36~~ 41	" "
P_6	,	0,727	,	,	,	,	11,2~~29~~ 35	" "
P_7	,	0,318	,	,	,	,	11,6~~38~~ 44	" "
P_8	,	0,129	,	,	,	,	11,8~~27~~ 33	" "
P_9	,	,	0,411	2,490	,	,	11,5~~45~~ 51	" "
P_9	2,916	,	,	,	,	14,461	11,5~~45~~ 51	" " W.P.
N.P. 7014	,		1,017	1,899		,	13,4~~44~~ 52	Südostecke Brücke N.N. 13,452
	8,748	Δ=3,427	5,321	4,389	0,962 Δ=3,427		Diff. zw.	O-Punkt u. Endp.: 3,435 m

2 Punktbeschreibung:

Ungef. Maßstab 1 : 1500

(Lageplan)

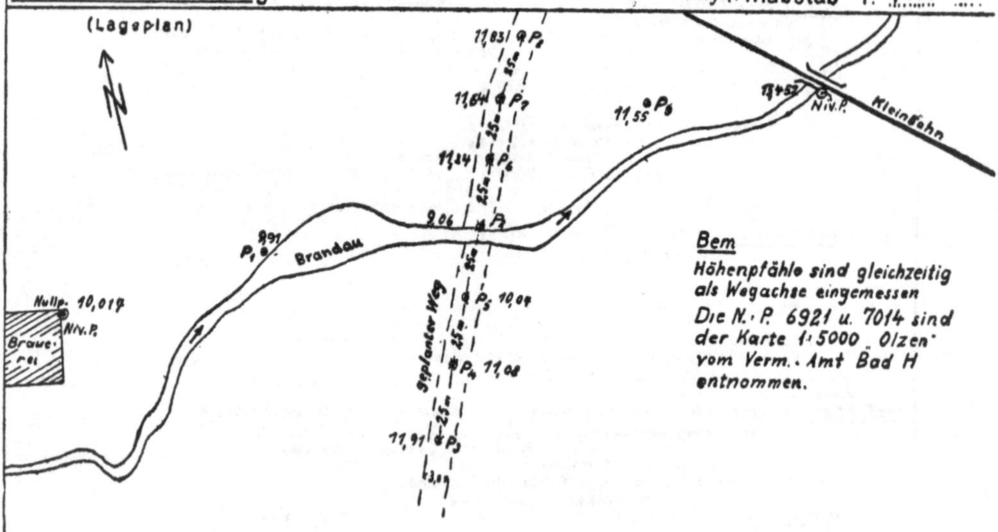

Bem

Höhenpfähle sind gleichzeitig als Wegachse eingemessen

Die N.P. 6921 u. 7014 sind der Karte 1:5000 „Olzen" vom Verm.-Amt Bad H entnommen.

Schulze, Polier

Unterschrift

12. Grad- und Koordinatennetze

1. Geographisches Koordinatensystem: a Erdkugel

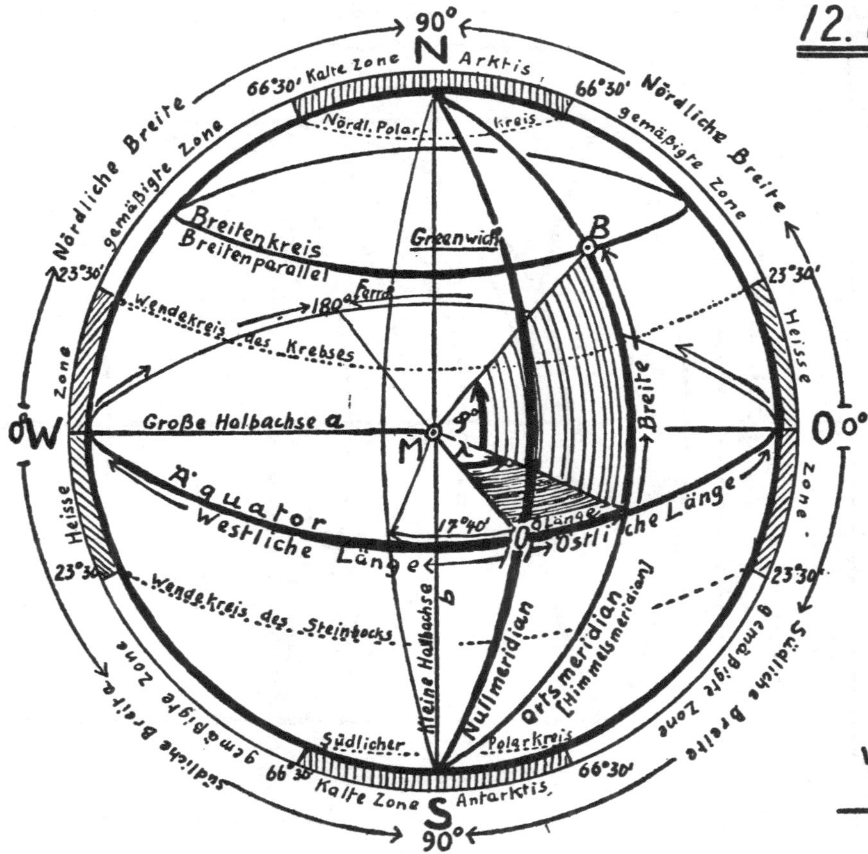

Punktbezeichnung für B:

Geogr. Länge: $\lambda = 6°52'43{,}2''$ O
Geogr. Breite: $\varphi = 48°21'32{,}5''$ N

Achsenkreuz:

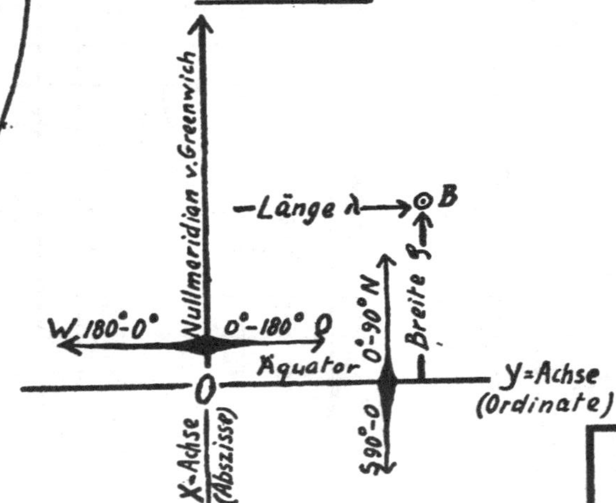

D 12a/1

2. Gauß-Krügersches Koordinatensystem:

Erdkugel mit waagerecht (O-W) darüber liegendem Projektionszylinder. Berührungsmeridian: 3°

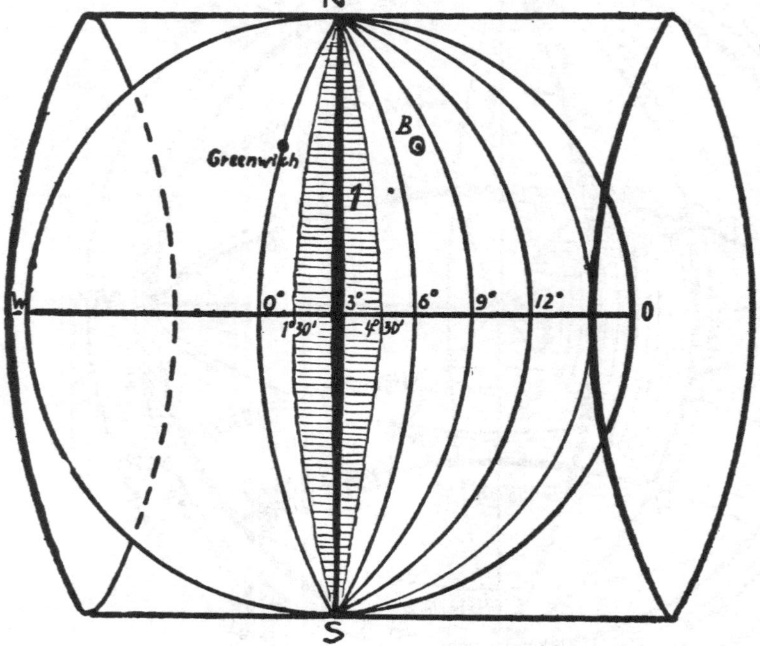

• Der Zylinder wird nacheinander so gedreht, daß jeder 3. (oder 6. oder 8.) Meridian Berührungs-meridian wird.

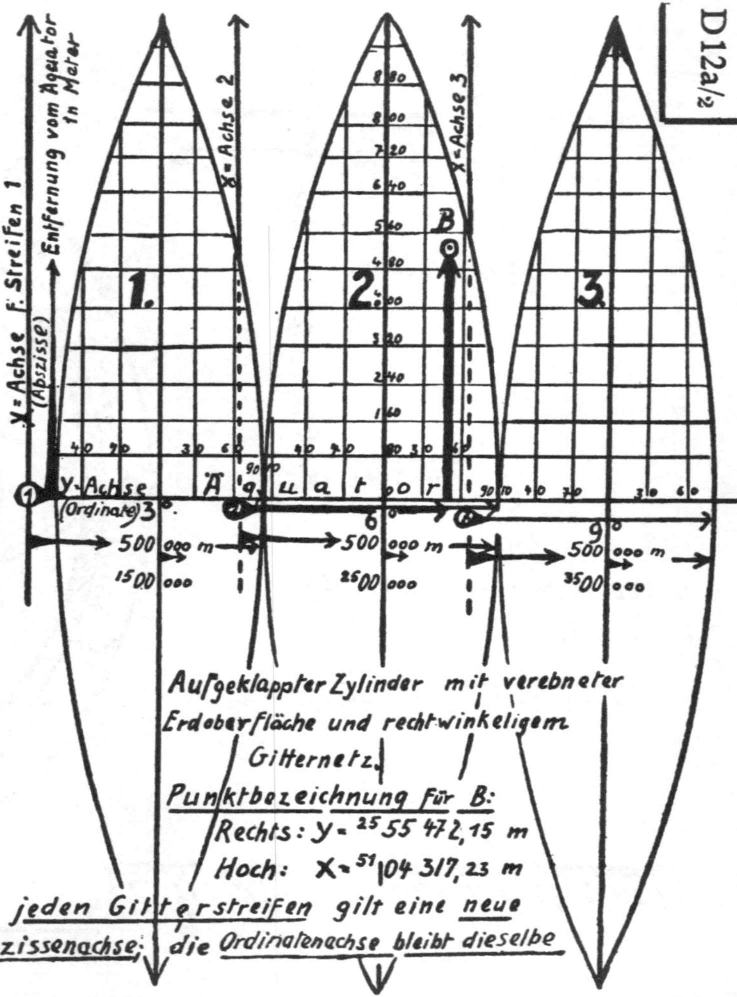

Aufgeklappter Zylinder mit verebneter Erdoberfläche und rechtwinkeligem Gitternetz.

Punktbezeichnung für B:

Rechts: y = 25 55 472,15 m

Hoch: X = 51 04 317,23 m

Für jeden Gitterstreifen gilt eine neue Abszissenachse; die Ordinatenachse bleibt dieselbe

1. Äquatorialkoordinatensystem: b Himmelskugel

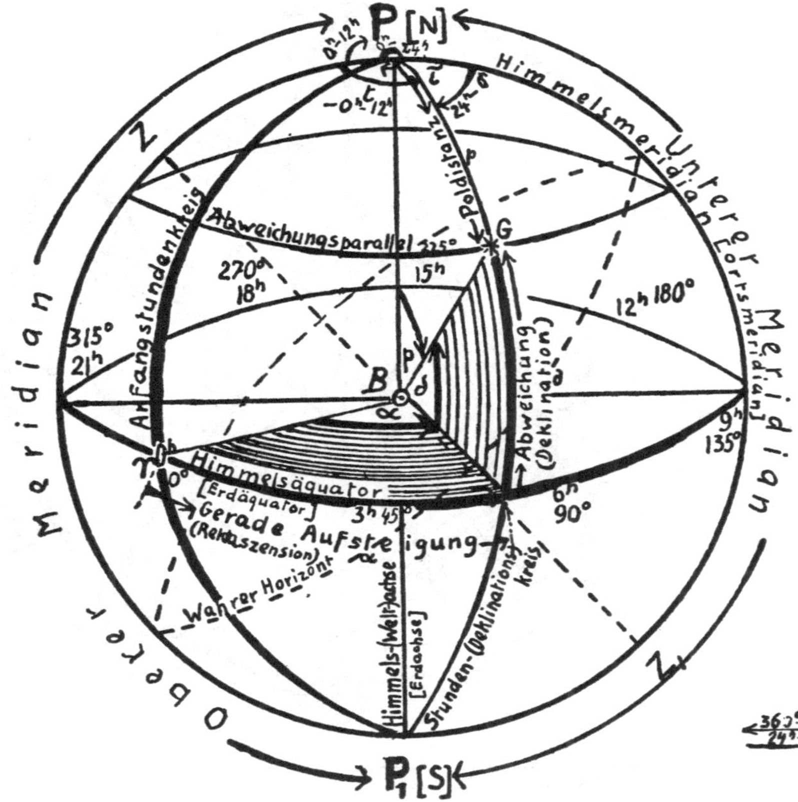

Punktbezeichnung für G:

Gerade Aufsteigung (AR): (Rektaszension)	$\alpha = 5^h\,38^m\,18^s$ oder $84°\,34'\,30''$
Abweichung: (Deklination)	$\delta = N\,57°\,14'\,22''$
oder:	
Stundenwinkel:	$t = -7^h\,34^m\,40^s$ oder $119°\,40'$
Poldistanz:	$p = 32°\,45'\,38''$

Achsenkreuz:

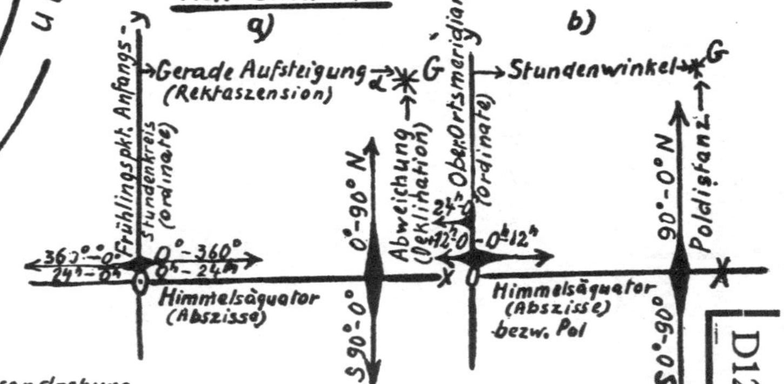

Sternzeit = Ger. Aufsteigung + Stundenwinkel.

Anm: [...] = konforme Bezeichnungen der Erdkugel
Erdmeridiane und Stundenkreise sind infolge der Achsendrehung der Erde nicht gegenseitig zugeordnet

2. Horizontalkoordinatensystem:

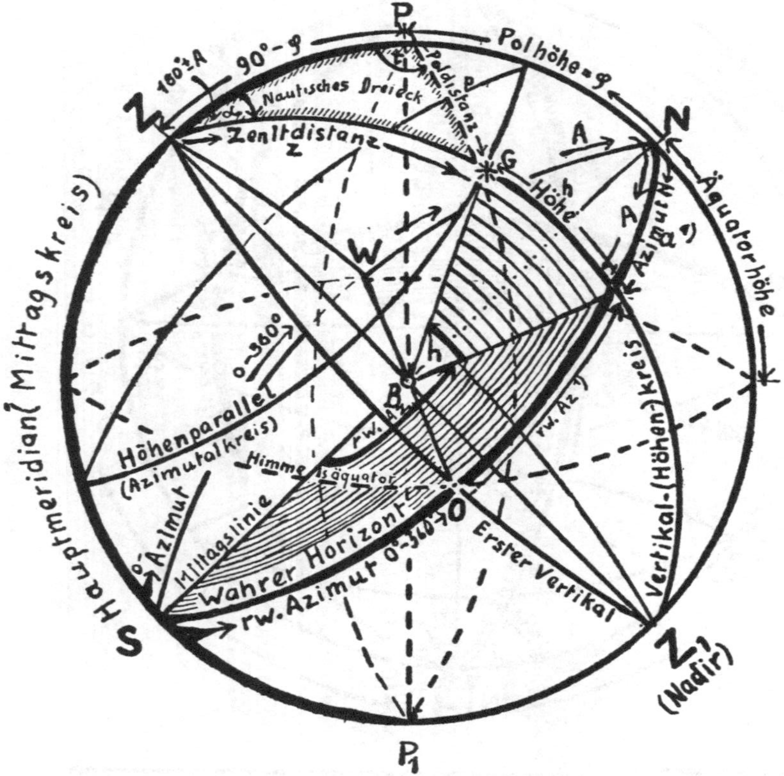

Punktbezeichnung für G:

	A = 218° 15′ 1)
Azimut (Az) 1):	rw. Az = 141° 45′ 1)
	a = N 38° 15′ O 1)
Höhe:	h = + 40° 38′ 27″
oder Zenitdistanz.	z = 49° 21′ 33″

Achsenkreuz:

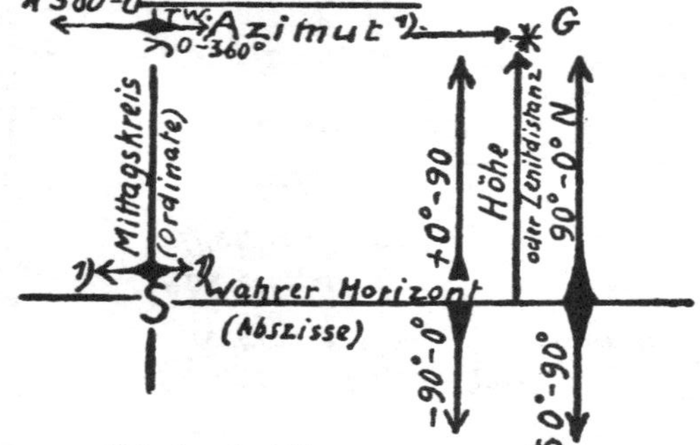

1) **Azimutzählung:**

I. Vom Vertikalkreis durch den sichtbaren Pol, von S zum Vertikalkreis des Gestirns

a) über W, N, O von 0°–360°

b) „ „ O, N, W von 0°–360° (rw. Azimut)

c) „ O von 0°–180°

„ W „ 0°–180°

d. nach O „ 0°–90°

„ W „ 0°–90°

II von N nach O von 0° – 90°

„ N „ W „ 0° – 90° zählend.

Nachwort.

Diese Auflage des Kleinen Handbuchs ist in der Notzeit geboren. Infolge der Ereignisse des letzten Kriegsjahres sind die meisten Unterlagen vernichtet worden oder abhandengekommen, so daß der gesamte Text neu bearbeitet werden mußte.

Im Fachinteresse darf ich daher alle Leser um rege Mitarbeit bitten, die in Vorschlägen für Änderungen und Neuaufnahmen und in Kritik am Aufbau des Kleinen Handbuchs und an Überflüssigem bestehen.

Für beides wird der Leserkreis und der Verfasser dankbar sein!

Entsprechende Zuschriften bitte ich an mich zu richten. ten.

Der Verfasser.

FSC
www.fsc.org
MIX
Papier | Fördert gute Waldnutzung
FSC® C083411

Zeitfracht Medien GmbH
Ferdinand-Jühlke-Straße 7
99095 Erfurt, Deutschland
produktsicherheit@kolibri360.de